科学出版社"十四五"普通高等教育本科规划教材
普通高等教育农业农村部"十四五"规划教材
新农科"智慧农业"专业系列教材

农作系统模拟

朱 艳 主编

科学出版社

北 京

内 容 简 介

本书在概述农作系统模拟模型的基本定义、发展历程、功能特点和建模原理及技术的基础上，根据农作系统模拟模型的构建流程，系统阐述了作物气象环境、作物阶段发育与器官建成、作物光合生产与干物质积累、作物同化物分配与产量和品质形成、作物功能结构、土壤水分平衡与水分胁迫、作物养分效应、作物胁迫响应、农田温室气体排放等过程的模拟理论与方法，进一步从作物模型参数估算与不确定性分析、情景模拟与效应评估、基于模型的农作决策支持系统的设计与实现等方面，重点介绍了农作系统模拟模型的应用领域和未来发展。本书的编写人员在农作系统模拟各相关领域具有较为深厚的研究积累，从而确保了各章内容的先进性和科学性。

本书主要适合作为智慧农业类专业农作系统模拟与智能决策相关课程的高年级本科生和研究生教材，同时也可作为智慧农业与信息农业科技和管理人员普适性、专业化的参考书。

图书在版编目（CIP）数据

农作系统模拟 / 朱艳主编. --北京：科学出版社, 2025.6. -- (科学出版社"十四五"普通高等教育本科规划教材). -- ISBN 978-7-03-082281-9

Ⅰ. S126

中国国家版本馆 CIP 数据核字第 2025N37T74 号

责任编辑：丛 楠 韩书云 / 责任校对：郝甜甜
责任印制：赵 博 / 封面设计：马晓敏

科学出版社 出版
北京东黄城根北街 16 号
邮政编码：100717
http://www.sciencep.com

天津市新科印刷有限公司印刷
科学出版社发行 各地新华书店经销

*

2025 年 6 月第 一 版 开本：787×1092 1/16
2025 年 10 月第 二 次印刷 印张：17
字数：435 000
定价：69.80 元
（如有印装质量问题，我社负责调换）

《农作系统模拟》编委会

主　编　朱　艳

副主编　刘　兵　罗忠奎　何建强　张　稳

编　者　（按姓氏笔画排序）

吕尊富（浙江农林大学）

朱　艳（南京农业大学）

刘　兵（南京农业大学）

刘蕾蕾（南京农业大学）

汤　亮（南京农业大学）

杨晓亚（南京信息工程大学）

肖浏骏（南京农业大学）

何建强（西北农林科技大学）

张　稳（中国科学院大学）

邵丽萍（南京农业大学）

罗忠奎（浙江大学）

常丽英（上海交通大学）

前　言

近年来，随着新一代信息技术的快速发展及其与农业科技的交叉融合，数字农业与智慧农业正成为现代农业创新发展的重大趋势，催生了深刻的农业产业变革，并呈现出广阔的应用前景。其中，农作系统模拟模型是智慧农业系统中的关键核心技术，是智慧农业系统中的决策大脑模块。农作系统是一个复杂而独特的多因子动态系统，受气候条件、土壤特性、品种遗传特征、技术措施等多种因素的综合影响，具有显著的时空变异性和区域性。利用农作系统模拟模型可以动态模拟作物生长发育过程及其与气候因子、土壤特性和管理技术之间的动态关系，从而有效突破传统农业生产管理中较强的时空局限性，并减少对经验的过度依赖，为优化农作系统表现，从而达到优质、高产、高效、生态、绿色、安全的综合目标提供了数字化工具。目前，农作系统模拟模型在农作系统的动态模拟、定量预测、优化设计、智能管理等方面具有重要的应用价值和发展前景，已经在国内外获得广泛的认可，并展现出强大的生命力和影响力。

农作系统模拟自20世纪60年代开创以来，虽然不断发展并形成了较为完整的学科理论体系，但近10年来随着农业适度规模经营的普及，以及人工智能、大数据技术的快速发展与成熟，农作系统模拟理论与技术体系经历了一轮全新的变革。在当前智慧农业蓬勃发展的国际趋势和日益迫切的产业需求下，智慧农业相关科教单位和企业等对智慧农业领域的专业人才渴求旺盛，相关专业人才的培养显得尤为必要。尽管"农作系统模拟"已经被很多学校列为智慧农业相关专业本科生的核心课程，但适合该课程教学的相关教材却极为匮乏，因此编写《农作系统模拟》教材可为智慧农业相关专业的人才培养、专业建设方案与教学体系完善等提供重要支撑，同时也可以为智慧农业科技和管理人员提供一本普适性、专业化的参考书。

2000年，南京农业大学组织出版了《作物系统模拟及智能管理》，此书自出版以来获得了许多高校的广泛使用和充分认可，并入选教育部"研究生教学用书"。为了适应当前智慧农业产业发展和科技进步对人才培养提出的新要求，我们于2022年组织国内农作系统模拟领域权威专家教授重新编写了新一版的教材。本书共14章，在传承农作系统模拟的经典理论与关键技术的基础上，充分吸纳了当前农作系统模拟在智慧农业行业的发展热点与研究前沿。在组织结构和内容体系上更突出系统性、知识性、先进性、适用性，既涉及农作系统模拟的基本原理和方法，也涵盖了农作系统模拟模型的主要算法过程，同时还特别注重介绍农作系统模拟模型在应用方面的最新进展。比如，突出介绍了农作系统温室气体排放模拟、农作系统模拟模型的不确定性、基于基因效应的农作系统模型、农作系统模拟模型在作物生产过程的中智决策、作物表型参数的智能预测、气候变化的响应与气候智能型农业、区域作物生产力预警与粮食安全风险评估等方面的最新进展。各章节循序渐进，特色鲜明，较好地克服了以往教材中过于偏重基础理论的不足，在农作系统模拟的基本理论和应用领域均有鲜明特色。

本书第一章由朱艳、刘蕾蕾编写，第二章由朱艳、刘兵编写，第三章由杨晓亚编写，第四章由汤亮编写，第五章由邵丽萍编写，第六章由刘蕾蕾编写，第七章由常丽英编写，第八章由何建强编写，第九章由罗忠奎编写，第十章由肖浏骏编写，第十一章由张稳编写，第十二章由吕尊富编写，第十三章由刘兵编写，第十四章由汤亮编写。在各章分工编写的基础上，全书由朱艳教授负责审稿和统稿，力求整体内容的协调与统一。在本书的准备和写作过程中，得到了各位编者及审稿专家的大力支持和帮助，并提出了宝贵的意见和建议。在此，一并表示衷心感谢。

  作为交叉领域，农作系统模拟涉及内容广泛且发展迅速，部分理论和技术目前尚不够成熟和完善，书中不足之处在所难免，恳请读者提出宝贵建议，以便再版时更正。

编　者

2024 年 12 月

目 录

第一章　农作系统模拟模型概述 1
　　第一节　农作系统模拟模型的定义和类型 1
　　第二节　农作系统模拟模型的发展与特点 2
　　第三节　农作系统模拟模型的功能与作用 5
　　复习思考题 6
第二章　农作系统模拟原理与技术 7
　　第一节　农作系统特征分析 7
　　第二节　农作系统表示方法 12
　　第三节　农作系统模拟基本技术 14
　　第四节　农作系统模拟模型构建流程 16
　　第五节　农作系统情景模拟技术 23
　　复习思考题 26
第三章　作物气象环境模拟 27
　　第一节　太阳辐射与日长计算 27
　　第二节　土壤温度模拟 30
　　第三节　冠层小气候模拟 31
　　第四节　未来气象生成模型 36
　　复习思考题 38
第四章　作物阶段发育与器官建成模拟 39
　　第一节　作物阶段发育与器官建成的基本模式及关系 39
　　第二节　作物阶段发育与物候期模拟 42
　　第三节　作物器官建成模拟 49
　　复习思考题 59
第五章　作物光合生产与干物质积累模拟 60
　　第一节　绿色面积指数模拟 60
　　第二节　冠层光能分布和截获模拟 63
　　第三节　叶片和冠层光合作用模拟 65
　　第四节　呼吸作用模拟 70
　　第五节　干物质积累模拟 73
　　复习思考题 73
第六章　作物同化物分配与产量和品质形成模拟 74
　　第一节　作物同化物分配模拟 74
　　第二节　作物产量形成模拟 78

第三节 作物品质形成模拟 80
复习思考题 87

第七章 作物功能结构模拟 88
第一节 作物功能结构动态关系 88
第二节 作物形态结构模拟模型 89
第三节 作物功能结构模拟模型 96
第四节 作物生长可视化 101
复习思考题 111

第八章 土壤水分平衡与水分胁迫模拟 112
第一节 土壤水分平衡 112
第二节 水分胁迫因子 120
第三节 水分胁迫对作物影响的模拟 122
复习思考题 127

第九章 作物养分效应模拟 128
第一节 农作系统养分平衡 128
第二节 土壤养分动态过程 130
第三节 植株养分吸收与分配 140
第四节 养分效应因子 151
复习思考题 154

第十章 作物胁迫响应模拟 155
第一节 极端温度胁迫响应模拟 155
第二节 病虫草害胁迫响应模拟 164
第三节 盐胁迫响应模拟 175
复习思考题 177

第十一章 农田温室气体排放模拟 178
第一节 农田 N_2O 排放过程模拟 178
第二节 农田 CH_4 排放过程模拟 185
第三节 农田土壤有机碳动态模拟 190
第四节 农作系统温室效应评估 193
复习思考题 196

第十二章 作物模型参数估算与不确定性分析 197
第一节 作物模型参数敏感性分析 197
第二节 作物模型不确定性分析 201
第三节 作物模型参数估算 203
第四节 基因效应与品种参数估算 208
复习思考题 210

第十三章 情景模拟与效应评估 211
第一节 农作系统模拟模型升尺度技术 211
第二节 气候变化效应评估与应对 216
第三节 作物管理方案优化设计 225

  第四节　作物表型指标设计 ··· 233
  复习思考题 ··· 237
第十四章　基于模型的农作决策支持系统 ··· 238
  第一节　农作决策支持系统的概念、特征与功能 ·· 238
  第二节　农作决策支持系统的设计与实现 ·· 242
  第三节　典型农作决策支持系统的介绍 ·· 250
  第四节　农作决策支持系统发展展望 ··· 254
  复习思考题 ··· 257
主要参考文献 ··· 258

视频资源

第十一章　农田温室气体排放模拟

1. 农田温室气体排放模型平台介绍 -DNDC 　　2. 基于 DNDC 模型的农田温室气体排放模拟预测

第十二章　作物模型参数估算

3. 作物模型参数估算 -DSSAT 　　4. 作物模型参数估算 -RiceGrow

第十三章　情景模拟与效应评估

5. 气候变化对作物生产力影响效应评估 　　6. 作物生产管理智能决策 ----播期优化

7. 作物生产管理智能决策 ----氮肥优化 　　8. 作物生产管理智能决策 ----灌溉优化

第十四章　基于模型的农作决策支持系统

9. 作物生长模拟平台介绍 -DSSAT 　　10. 作物生长模拟平台介绍 -CropGrow

11. 作物生长模拟平台介绍 -APSIM-Wheat 　　12. 作物生长模拟平台介绍 -ORYZA v3

《农作系统模拟》教学课件索取

  凡使用本教材作为授课教材的高校主讲教师,可获赠教学课件一份。通过以下两种方式之一获取:

1. 扫描左侧二维码,关注"科学EDU"公众号→样书课件,索取教学课件。
2. 填写下方教学课件索取单后扫描或拍照发送至联系邮箱。

姓名:		职称:		职务:	
电话:		电子邮箱:			
学校:		院系:			
所授课程(一):				人数:	
课程对象:□研究生 □本科(年级) □其他				授课专业:	
使用教材名称 / 作者 / 出版社:					
所授课程(二):				人数:	
课程对象:□研究生 □本科(年级) □其他				授课专业:	
使用教材名称 / 作者 / 出版社:					
您对本书的评价及下一版的修改意见:					
推荐国外优秀教材名称/作者/出版社:				院系教学使用证明(公章):	
您的其他建议和意见:					

咨询电话:010-64034871   联系邮箱:congnan@mail.sciencep.com

第一章
农作系统模拟模型概述

2022年12月23日习近平总书记在中央农村工作会议上指出:"建设农业强国,基本要求是实现农业现代化。"智慧农业是现代信息技术与农业生产经营深度融合而形成的农业形态,发展智慧农业对于推动农业现代化建设具有重要意义。农作系统模拟模型是一个新兴的交叉学科领域,融合了农作物生理生态、农业气象、计算机科学等相关研究领域的重大进展,是智慧农业的关键技术之一,被称为智慧农作大脑。它是以系统分析原理和计算机模拟技术来定量描述农作物的生长发育和产量、品质形成过程及其对环境和管理技术的响应,是农作物生理生态知识的高度综合与有效集成,有助于理解、预测和调控农作物生长发育及其与环境和管理技术之间的关系,是数字农业与智慧农业的核心内容之一。

第一节 农作系统模拟模型的定义和类型

一、农作系统模拟模型的定义

农作系统是一个复杂而独特的多因子动态系统,受基因型、环境和管理技术等多种因素的影响,具有显著的时空变异性和区域性,从而使得农作生产管理专家难以综合考虑多因子互作来预测农作物生产趋势并量化生产管理措施。农作系统模拟模型是利用系统分析方法和计算机模拟技术,综合作物生理学、生态学、气象学、土壤学和农学等学科的最新研究成果,对农作物生长发育过程及其与环境和管理技术之间的动态关系进行定量描述和预测。因此,农作系统模拟模型能够克服传统农业生产研究中较强的地域性和时空局限性,为不同条件下的农作生产预测提供有力的定量化工具。农作系统模拟模型研究的核心是对整个农作物生长和生产系统进行知识综合,并对农作物生理生态过程进行量化表达,而农作物生理生态知识是建立模型的关键,系统分析方法是模拟研究的基础,计算机软件技术则是模型实现不可缺少的辅助工具。

农作系统模拟模型是把农作物生长过程的各种生理生态机制概括为数学表达式,把其中非结构性问题表达为知识性逻辑关系,通过程序设计形成综合的计算机仿真系统,因此具有较强的机理性、系统性和通用性。农作系统模拟模型的成功开发和应用实现了农作物生长发育规律由定性描述向定量分析的转化,为农作物生产决策支持系统的开发与应用奠定了定量化基础,特别是为数字农业和智慧农业发展提供了关键核心技术。

二、农作系统模拟模型的类型

按不同的功能特征及建模的目的和方法,大致可以将农作系统模拟模型分为经验模型与机理模型、描述模型与解释模型、统计模型与过程模型或应用模型与研究模型等。其中,前一类模型相对简单一些,经验性的成分多一些,注重模型的预测性和应用性;后一类模型则要复杂一些,机理性的成分多一些,强调模型的解释性和研究性。

（一）经验模型与机理模型

前者建立在数据统计分析的基础上，较少涉及过程性和机理性，偏重模型的预测性和应用性；后者对内在过程与机理有较好的阐释，强调模型的解释性和研究性。

（二）描述模型与解释模型

前者以简单的方式描述一个系统的行为，而对引起行为的机理，模型较少或不予反映，可以通过测定的试验数据推导出来，其建立相对比较简单；后者侧重对引起系统行为的机理和过程进行定量描述，这些描述即科学理论和假设的清晰表达，模型是通过综合整个系统的机理和过程描述来建立的。例如，解释性的作物生长模型包括光合作用、呼吸作用、同化物积累与分配、形态发生与器官建成、产量与品质形成等过程，作物生长则是这些基本过程的综合结果。为了建立解释性模型，需要对整个系统进行分析，并分别对它的过程和机理进行定量化表达。

（三）统计模型与过程模型

前者是一种最常使用的模型，主要通过对数据进行多元回归和拟合来预测系统的表现，其解释性较差，并且局限于试验资料所在地特定的大气环境、土壤条件和品种类型，难以推广到不同的环境条件和品种类型；后者用于定量描述生物与非生物的一些基本过程，具有较好的机理性和解释性，适用于不同的环境条件和生产系统。

（四）应用模型与研究模型

前者主要倾向于应用推广，因而具有便于使用、较为粗放和方向比较单一的特点；后者主要用于科研，对其机理性的要求较高，因而具有操作复杂、参数较多、灵敏度高等特点。

总体上，所有农作系统模拟模型从更微观的层次看都可认为是经验性模型，而从更宏观的层次看又都可看作机理性模型。因此，任何一个模拟模型都体现了经验性和机理性的相对平衡与协调。

第二节　农作系统模拟模型的发展与特点

一、农作系统模拟模型的发展

农作系统模拟模型的发展经历了从定性的概念模型到定量的模拟模型，从数量植物生理学中的生理生态过程模拟慢慢发展成为综合的农作系统模拟模型。自20世纪60~70年代由荷兰的de Wit和美国的Duncan等开创农作系统模拟模型以来，随着系统科学和计算机技术的快速发展，以及作物学、土壤学、大气科学等知识的不断积累，作物模拟研究得到了快速发展，进而促使对农作系统的综合分析和科学决策也成为现实。农作系统模拟模型发展的动力主要来源于计算机科学与技术的发展、作物学的知识积累、管理决策的定量要求、农业推广中的技术转移，以及农作系统固有的独特性和变异性。国际上有关农作系统模拟模型研究的发展，大体上可以概括为以下4个主要阶段（图1-1）。

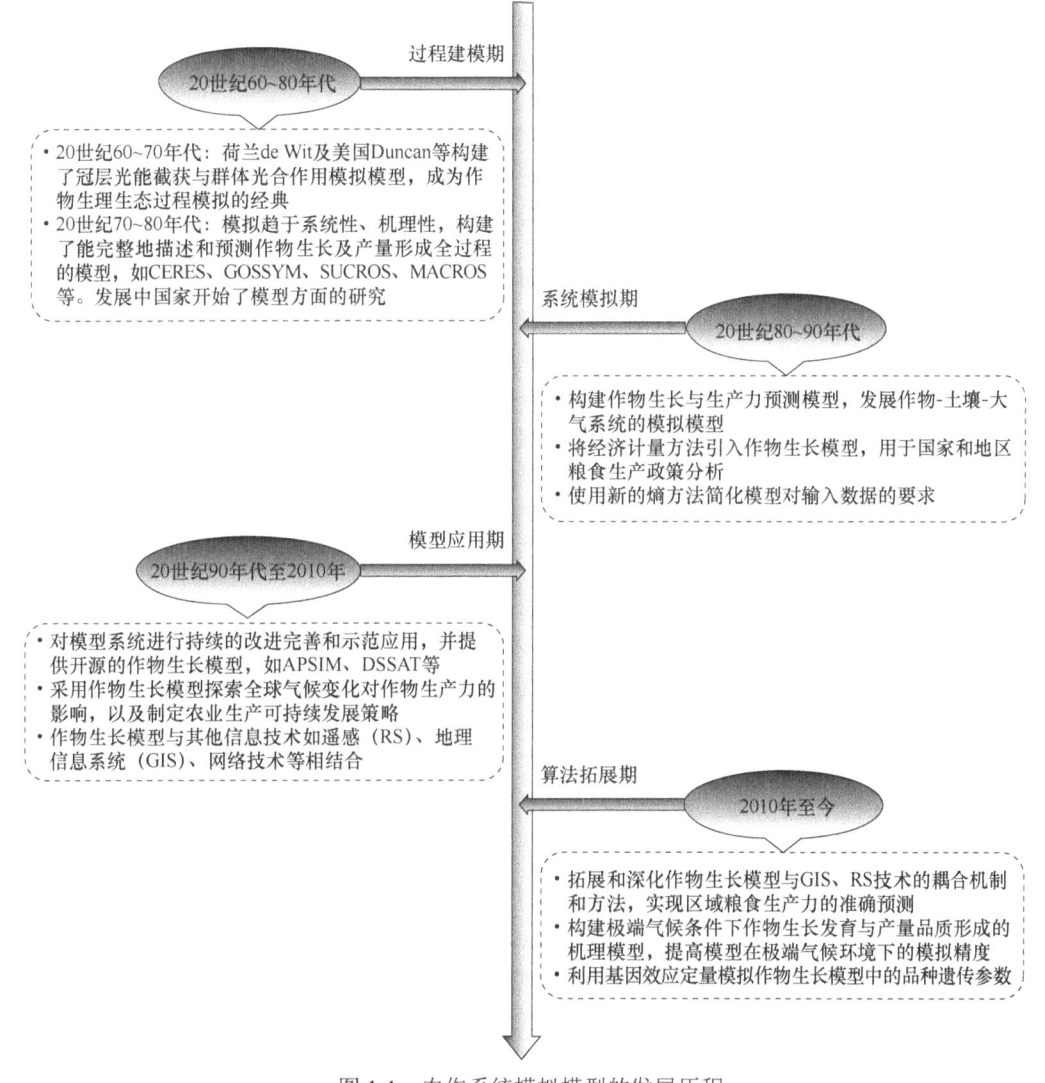

图 1-1 农作系统模拟模型的发展历程

（一）过程建模期

20 世纪 60~80 年代，生理生态过程的数量分析和模拟研究的诞生与发展，为农作物生长模型的研究奠定了基础。荷兰的 de Wit 及美国的 Duncan 等相继发表了冠层光能截获与群体光合作用模拟模型，从系统论的角度，以作物生理学和作物生态学为主要学科基础，研究了作物生长发育与光合产量形成的过程及其与生态环境因子之间的定量关系，把作物生长过程的各种生态与生理机制概括为简单的数学表达式，成为作物生理生态过程模拟的经典之作。此后的一二十年间，作物模拟研究迅速发展，进一步趋向于系统性、机理性，实现了从不同生长发育过程的模拟到完整的生长周期的模拟，作物模型在深度与广度上都得到了较好的发展。这一时期，关于作物生长与产量模型的研究以荷兰和美国最为突出，特别是 20 世纪 80 年代提出的 CERES（crop environment resource synthesis）、GOSSYM（*Gossypium* simulation model）、SUCROS（simple and universal crop growth simulator）、MACROS（modules for annual crop simulation）等作物模型，都能完整地描述和预测作物生长及产量形成的全过程。在此期间，我国的科学家也开始了农作系统模拟模型方面的研究工作，并在植物生理生态过程的模拟方面取得了可喜的成绩，初步提出了水稻等作物产量形成模型。

（二）系统模拟期

20世纪80~90年代，研究人员在过程模型的基础上，运用整体性系统方法，围绕农作系统，构建作物生长与生产力预测模型，发展作物-土壤-大气系统的模拟模型。这一时期，作物模拟进一步向机理性和应用性方向拓展。一方面，作物模拟工作者对系统进行不断的分解和细化。例如，澳大利亚的Evans和Vogelmann及Buckley和Earquhar建立的电子传递速度与光强、大气CO_2浓度、气孔CO_2分压、水汽压等的关系模型，将作物光合作用的模拟深入到了生物化学领域。美国的Norman和Arkebauer提出的Cupid模型，详细地模拟了每张叶片每分钟的光合、呼吸、蒸腾等过程，在模拟的精度上大大超过了20世纪70~80年代的模型。另一方面，模拟研究又强调系统的通用性与可靠性，因此解决系统的机理性与通用性之间的矛盾给建模提出了新的要求和挑战。虽然在美、荷、英、澳等国家已研制出多种作物的模拟模型及特定作物的不同模拟模型，并开始将其应用于生产实践。比如，将经济计量方法引入作物生长模型，用于国家和地区粮食生产政策分析。但多数生长模型经过不断扩展和细化，过分偏重理论或假说对生长发育和产量形成等生理过程的解释而缺少必要的验证和广泛的测试。此外，为了模型应用与推广，部分学者开始尝试使用新的熵方法简化模型对输入数据的要求。

（三）模型应用期

20世纪90年代至2010年，对模型的应用价值和局限性有了比较客观的认识，模型被视为一种启发式的工具，成为整个农业科学界普遍接受与采用的方法。在此期间，模拟工作者对模型系统进行持续的改进完善和示范应用，一些开源的作物生长模型系统开始逐步出现，比如APSIM和DSSAT。在指导作物管理、育种、施肥、灌溉等方面获得了成功的实践。例如，Hearn研制出棉花决策支持系统OZCOT，为澳大利亚地区的棉花生产提供风险分析、水分管理和虫害控制等方面的决策咨询。该时期，我国也自主研发了若干各具特点的作物生长模型及决策系统，并在示范应用方面做了大量的开发研究工作。另外，20世纪90年代以来，许多研究利用作物模型来探索全球气候变化对作物生产力带来的影响，并制定相应的农业生产可持续发展策略等。这一时期作物生长模型还开始与其他信息技术如遥感（RS）、地理信息系统（GIS）、网络技术等相结合，在信息农业和现代农业发展中表现出更好的应用价值。

（四）算法拓展期

2010年至今，研究人员着重提升模型的预测性和可靠性。虽然20世纪60年代至2010年的50年间，作物生长模拟有了长足的发展，但是由于影响作物生长发育的主要因子存在显著的时空变异，因此需要拓展和深化作物生长模型与GIS、RS技术的耦合机制和方法，更好地实现区域粮食生产力的准确预测。同时，随着全球变暖，极端气候事件（如高温、低温、干旱、寡照等）的发生频率和强度不断增强，探讨极端气候条件对作物生长发育与产量和品质形成影响的生理机制，提高模型在极端气候环境下的模拟精度，也是目前作物模拟关注的重点之一。此外，现代基因测序技术的飞速发展使得作物基因信息的高通量快速获取变成现实，进而为量化作物生长模型中品种遗传参数与基因效应之间的关系奠定了良好基础。因此，利用基因效应来定量模拟作物生长模型中的品种遗传参数，探索主要性状基因效应与环境效应之间的互作机制和定量方法，进一步明确不同基因型品种对生态环境及管理措施的响应模式，有效提升作物生长模型对作物表型的预测潜能等，也是目前作物模拟研究的热点。

二、农作系统模拟模型的特点

农作系统是由作物、土壤、大气等组成的有机系统，综合了作物遗传潜力、环境效应和技术调控之间的因果关系。作物模拟就是运用系统分析的原理和方法，对作物生长发育及生产力形成过程与环境条件、技术措施、品种特性之间的动态关系进行定量表达，并构建作物生长模拟算法。因此，通过作物模拟，人们能够理解与认识作物生长发育过程的基本规律和量化关系，并对农业生长系统的动态行为和产量品质进行定量预测，从而辅助作物生长和生产系统的优化管理与定量调控，实现高产、优质、高效、可持续的作物生产目标。

农作系统模拟模型是对农作物生长和发育过程的基本规律及其与环境和技术之间关系的量化表达，具有基础性和一般性的意义。较理想的农作系统模拟模型应具有以下几个特征。

1. 系统性　　对作物生长发育过程进行系统、全面的分析与描述。

2. 动态性　　包括受环境因子和品种特性驱动的各个状态变量的时间过程变化及不同生长发育过程间的动态关系。

3. 机理性　　通过进行深入的支持研究，模拟较为全面和多层次的系统等级水平，并将其进行有机融合，从而提供对主要生理过程的理解或解释。

4. 预测性　　通过确立模型的主要驱动变量及其与作物状态变量之间的动态关系，为系统行为提供可靠的定量描述。

5. 通用性　　原则上所构建的作物生长模型应适用于不同生态点、生长季节和品种类型，可利用一般的气候要素、土壤理化特性及作物品种特征等数据来驱动模型。

6. 灵活性　　可方便地进行修改和扩充，以及与其他系统相耦合，适用于相关领域的模拟研究与应用。

在上述若干特征中，动态性和预测性是作物生长模型最显著与最重要的特征。

第三节　农作系统模拟模型的功能与作用

农作系统模拟模型可以动态模拟农作物生长发育过程及其与气候因子、土壤特性、品种性状和管理技术之间的关系，从而能有效克服传统农业生产管理研究中较强的时空局限性，为不同条件下的作物生产力预测预警与效应评估等提供量化工具，具有其他研究手段不可替代的功能。

一、农作系统模拟模型的功能

成功的农作系统模拟模型之所以受到作物科学家的肯定和重视，主要是因为其具有理解、预测和设计这三大功能。

1. 理解　　农作系统模拟模型是以农作物生长发育的内在规律为基础，综合作物遗传潜力、环境效应、调控技术之间的因果关系，能够定量描述和预测农作物生长发育过程及其与环境、品种和技术之间的动态关系，因此能够帮助人们理解和认识农作物生长发育过程的基本规律与量化关系。

2. 预测　　农作物生产过程是随时间和空间而发展的，表现为明显的时空变化特征。

建立农作系统模拟模型主要不是为了解释农作系统的过往历史，而是为了指导当前与今后的农作生产管理。因此，一个成功的农作系统模拟模型应当具有良好的预测功能，能对不同条件下农作系统的动态行为和最后的产量、品质等进行可靠的预测。

3．设计　　农作系统模拟模型可以辅助实现农作物生长和生产系统的优化设计与合理调控，实现丰产、优质、高效和可持续发展的目标。例如，通过不同播种期、密度、氮肥、灌溉等单一或组合方案的多年情景模拟试验，可以确定不同概率下的最适管理方案；通过评价不同品种遗传参数组合下生育期、株型、光合作用及产量等方面的表现，可以生成理想的品种遗传参数组合，为农作物优良品种的设计与选育等提供有效支撑。

二、农作系统模拟模型的作用

农作系统模拟模型的主要应用有 4 个方面，即教学、研究、管理和评估。较理想的农作物生长模型，不仅具有良好的机理性和预测性，还具有较强的通用性和灵活性，因此适合不同的生态地区和各种层次的用户使用。

1．教学　　应用农作系统模拟模型开展现代农学的辅助教学和科技推广活动，提供有关农作物生物学过程及其与环境和技术关系的直观动态教学及科普工具。

2．研究　　利用农作系统模拟模型在计算机上进行假设测验和模拟试验，研究生理生态过程的响应模式、栽培管理的技术途径及品种改良的目标性状等，可以避免实验研究中干扰因素多、周期长、费用高等不足。

3．管理　　基于农作系统模拟模型建立管理决策支持系统等，可在播前进行栽培方案的数字化设计，并在生长过程中优化管理调控措施，为智慧农业的实施提供系统动力学工具和决策支持平台。

4．评估　　计算机模拟试验有助于评估作物生产系统的综合表现及可持续发展能力，进行土地生产力的定量预测、资源利用与环境质量的动态模拟、全球气候变化效应的量化评估、农业政策分析与策略制定等研究。

复习思考题

1．简述农作系统模拟模型的含义和类型。
2．较理想的作物生长模型应具有哪几个特征？
3．举例说明农作系统模拟模型的功能。

第二章
农作系统模拟原理与技术

农作系统模拟模型的研究涉及农学、气象学、土壤学、植物营养学、生态学、系统学、统计学、计算机科学等多学科原理和知识的综合运用，因此对模拟科学家的专业领域提出了较高要求。对于一个面向机理过程的农作系统模拟模型而言，最重要的基础可能是作物生理生态原理、系统分析方法、软件工程及情景模拟技术。其中作物生理生态原理是建立农作系统的概念模型直至量化模型的专业基础，系统分析方法是作物模拟研究的科学理论，软件工程是模拟模型实现的辅助工具，而情景模拟技术是作物模型应用的重要途径。本章主要介绍农作系统模拟模型构建和应用的基本原理、方法与技术。

第一节 农作系统特征分析

农作系统是一个复杂而独特的多因子动态系统，受气象条件、土壤特性、品种遗传特征、技术措施等多种因素的综合影响，具有显著的时空变异性和区域性。因此，在构建农作系统模拟模型之前，必须对农作系统进行整体分析。运用系统分析的原理和方法可以更好地解析农作系统的特征，简化作物生长与环境、技术之间的复杂动态关系，从而建立农作系统的动力学模型。任何一个系统都有不同的纵向层面和等级属性，因而具有不同的模拟研究水平，可以构建出不同尺度和不同内容的计算机模拟模型。对于特定层面的农作系统，不同环境下影响生物与非生物过程的限制因素不尽相同，模拟研究的生态范围和系统覆盖面也有所不同。因此，开展作物系统特征分析，就是要明确所研究系统的成分、环境及界面，进而确定所模拟系统的生产水平及各个水平下作物生产系统的限制因子，为农作系统模拟模型构建奠定架构基础。

一、农作系统分析方法

系统是一个包含相关成分的集合体。因此，系统既有结构性，又有整体性，可以分解成不同的结构成分，也可合成为一个整体系统。系统研究的主要目的是预测系统的行为，改善系统的控制或设计新的系统。系统研究可分为两个主要领域或阶段，即系统分析和系统合成。系统分析是将一个系统分解成主要成分，研究系统的成分及其关系，提供系统的定量描述（系统模型）来预测系统的行为。系统合成主要研究如何运用从系统分析中获得的知识或算法来改良系统（系统控制或系统管理）或设计新系统（系统设计）。描述系统组成的基本属性是系统的成分、界面和环境。其中，系统成分是构成系统的内在实体元素，系统环境是影响系统行为的外部因素，系统界面是系统的内在成分与系统环境之间的分界线。例如，在作物系统中，系统成分一般包括作物和土壤，系统环境包括气象条件、管理措施等系统的输入及生育期、生物量、生产力等系统的输出（图2-1）。

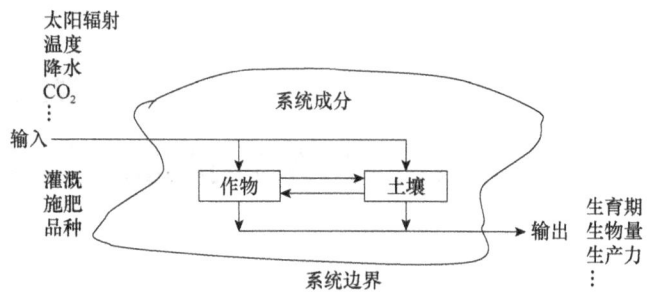

图 2-1　农作系统的主要成分、界面和环境

系统的输入与输出即系统的源与库，而输入与输出之间的关系，即源与库之间的关系，涉及系统成分的许多过程及相互关系。系统输入是影响系统行为而不受系统影响的环境因子，如气象变量等，又称驱动变量。开放系统有一个以上的输入，封闭系统没有输入。系统输出代表系统的特征和行为，为模拟者所感兴趣。

系统的参数是模型成分的特征，通常在模拟中恒定不变，而输入则随时间而变，为变量。系统中的状态变量主要描述系统成分的状况或水平，具有动态特征，如生物量。如果状态变量随时间而变，为动态模型；如果状态变量受到不同过程的影响而变，比如生物量受光合作用和呼吸作用的影响而变，则为过程模型或连续模型。

二、农作系统的等级性

根据系统成分和影响因素的差异，农作系统一般可分解成区域、农区、农田生态、作物群体、植株个体、器官、器官位、组织、细胞、分子、基因等不同层次或等级，如图 2-2 所示。在这些不同的系统层面上，可以构建出不同尺度和不同内容的计算机模拟模型。

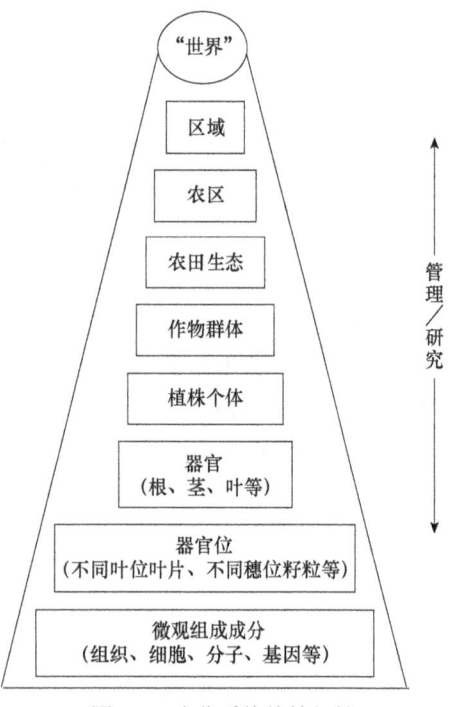

图 2-2　农作系统的等级性

农作系统模拟研究的一般规则是，对于一个机理性和经验性兼顾的农作系统模拟模型而言，模拟的层次应低于研究目标的两个级别。例如，研究作物群体产量表现的模型，必须能模拟个体与器官的生长发育过程。当然，对于一个机理性和解释性较强的模型来说，其模拟研究的层面可能低于目标的 3 个级别，这取决于资料的可用性和精确性，以及对系统的理解和解析程度。

三、农作系统的水平和过程

对于特定层面的农作系统，不同环境下影响生物与非生物过程的限制因素不尽相同，模拟研究的生态范围和系统覆盖面也有所不同。根据生态限制因子对作物生理过程和生产系统的影响进行分类，按照产量递减的顺序，可以把农作系统分为 5 个水平。

(一)第一生产水平:光温潜力

即使在最优栽培条件下,农作系统通常也要受到光照和温度的制约,因此光温条件是任何农作系统模拟模型最基本的驱动因子或驱动变量。如果作物具有丰富的水分和营养条件,则作物的生长速率只取决于当时的作物状态和当时的天气状况,尤其是辐射与温度。这是作物发挥"潜在生长速率"所产生的"潜在产量"。这些生长条件只有在精耕细作的作物系统中或在温室的控制条件下才能实现。

辐射强度、光能截获和利用效率是影响生长速率的关键因子。图 2-3 指出了在第一生产水平下模型基本要素之间的关系。光照是驱动变量,光合同化物通常以一种易利用的形式储存下来,如淀粉("储存物"),以后用于维持或生长。温度也是驱动变量,能改变作物发育速率和光合作用。在生长过程中,储存物以一种特殊效率转变为结构生物量。结构生物量由那些不再在植株中因维持状态或促进生长过程而向别处运转的成分组成。生物量在根、叶、茎、储藏器官间的分配与作物的生理年龄密切相关,而生理年龄本身又是温度的函数。

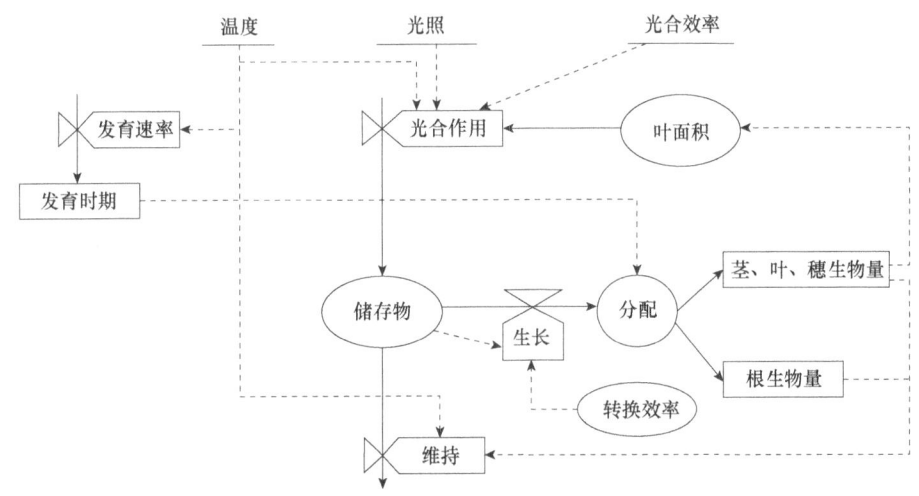

图 2-3 第一生产水平的系统关系图

光照和温度为驱动变量,光合效率是常数;矩形代表数量(状态变量);阀符号代表流速(速率变量);圆形代表辅助变量;下划线表示驱动变量和其他外界变量;实线表示物质流,虚线表示信息流。下同

(二)第二生产水平:水分限制

作物生长至少在部分生长季节里受到水分可用性的限制。这是干旱和半干旱地区雨养作物生产系统的主要特点之一。另外,在土壤肥力较好及施肥水平较高的条件下,作物生长还会受到灌溉条件的显著影响。

在第二生产水平,关键因子是土壤水分的蒸发程度和作物的水分利用效率(图 2-4)。缺水会导致气孔关闭,同时 CO_2 同化量减少,蒸腾作用降低。水分利用效率是光合作用与蒸腾速率的比值。实际蒸腾速率与潜在蒸腾速率的比值表明了碳素和水分平衡间的联系。潜在蒸腾作用及随后的潜在光合速率可能实现的程度取决于水分的有效性。土壤中的贮水量是降水、毛细管上升水与水分损失过程间的缓冲库。其缓冲能力及同时发生的由蒸腾和非生产性过程导致的水分损失,使得作物生长速率仅间接地依赖于降水量。作物生长与该系统中主要驱动变量的关系是间接的。

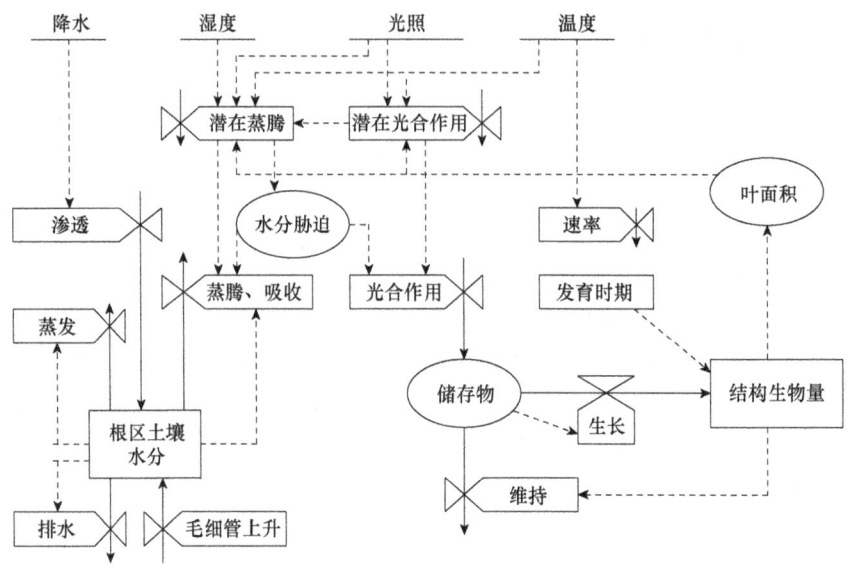

图 2-4 第二生产水平的系统关系图

(三) 第三生产水平: 氮素调控

作物生长至少在部分生长季节受氮素不足的制约, 或同时还受水分短缺或恶劣天气的影响。施氮不足是各种农作系统经常发生的问题, 特别是在多熟制的耕作制度下, 作物更易表现出缺氮的现象。

在第三生产水平, 作物组织内的氮分为两部分: 可运转的氮与固定的氮 (图 2-5)。可运转的氮经降解以氨基酸的形式输出, 组织中的固定氮被固定在稳定态的蛋白质中。用于新生器官生长的可运转的氮素通常是相当多的。成熟组织的含氮量, 可能在它丧失功能前, 减少到其最大值时的 1/2 或 1/4。在任何时刻, 氮素在植物内部的贮存量均能促进作物干物质生产。当内部贮存氮素被利用完时, 作物生长与氮素吸收率有直接关系。总体上, 这一生产水平上的生长速率取决于植株内部贮存氮和土壤中氮的可利用性。土壤氮的可利用性与水分相似, 其中无机氮数量是易变的, 大部分能被靠近的根系利用。土壤中的有机氮是作物不能利用的, 但通过矿化作用对有机物分解, 可转变为无机态氮。

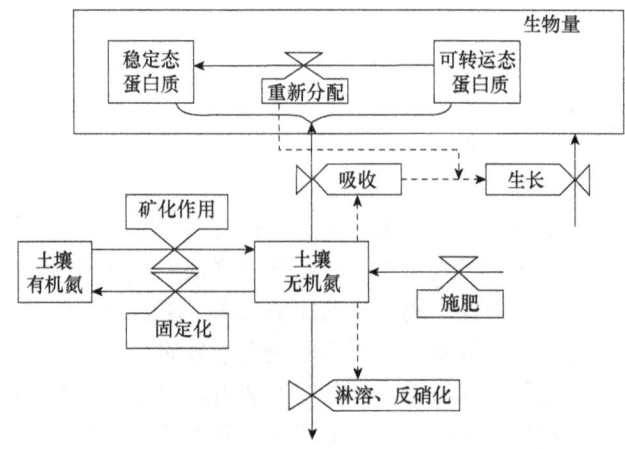

图 2-5 第三生产水平的系统关系图

（四）第四生产水平：磷、钾等养分的调控

作物生长还受土壤中磷、钾及其他矿物元素的影响。这种情况通常发生在土壤过度利用的作物生产系统或具有特殊土壤理化性状的地区。

在第四生产水平下，作物生长的关键过程与第三生产水平相似（图2-6）。例如，对磷素而言，衰老组织中磷的浓度，以与氮相似的方式降低；与氮一样，植物内部也贮存磷。但是磷被根系利用的过程与氮不同。植株需要有更稠密的根系才能充分摄取土壤中的磷。而土壤中溶解磷的数量是如此之少，以至于它的补充速率决定着供应根系的磷。通过增加土壤的开发容积，菌根很可能促进磷的吸收。土壤中无机与有机化合物均可能提供也可能截获溶解的磷。

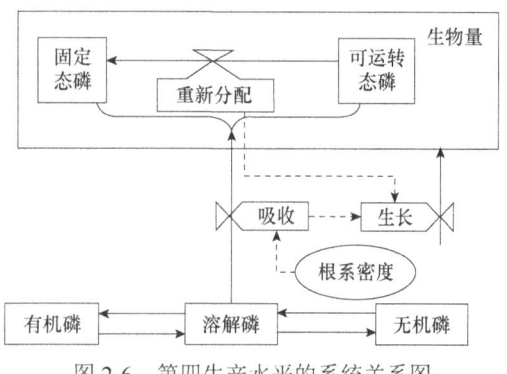

图2-6 第四生产水平的系统关系图

（五）第五生产水平：病虫草害等生物灾害的影响

在这种生产水平下，作物系统除受到气候、水分和矿质营养等非生物环境因素的影响外，还受到病虫草害等生物因子或逆境的干扰和抑制。

在实际作物生产系统中，很少有情况完全符合以上任一种生产水平，但把一些具体情形归入不同的类型，就可集中研究主要环境因子的动态变化及作物的生理反应。那些没有限制效应的环境因子可以不考虑在内，因为它们不决定作物的生长速率。相反，生长速率可能制约着非限制因子的吸收速率或利用效率。例如，如果植物生长由氮素营养制约，那么研究CO_2同化或蒸腾作用的意义就不大，而应将重点放在氮素的可利用性、氮素平衡和植物对氮的响应上。可见，对植物生产系统的限制因子进行分析，可简化生产系统，缩小研究主题，从而加快研究进程。

在上述生产水平的基础上，荷兰科学家进一步提出了作物生产系统分类的修订方法。这种方法的核心是将作物生长状况分为潜在生长、可获得生长、实际生长三大类（图2-7）。其中，潜在生长主要由大气CO_2浓度、太阳辐射、温度和作物特性所确定（生长确定）；可获得生长主要受到水分和养分（如氮、磷、钾）等限制因子的影响（生长限制）；实际生长由于受到杂草、病害、虫害及污染物的影响而低于可获得的生长（生长下降）。在这些不同生产状况下，农作系统模拟模型的建立具有不同的层级和路径，依研究工作的目的而各有特点。

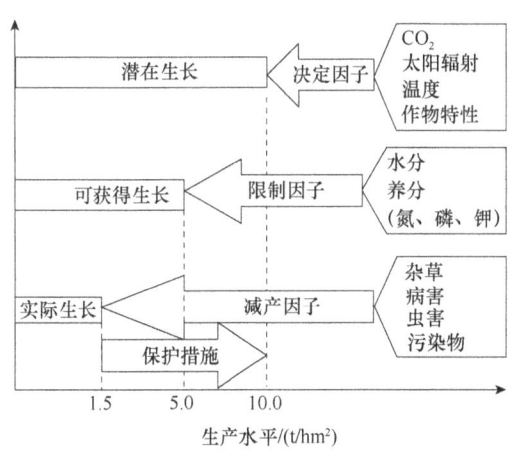

图2-7 不同生产水平下作物潜在产量、可获得生长、实际生长与决定因子、限制因子、减产因子的关系

在现代作物生产系统中，病虫草害通常能得到一定程度的控制，且作物生长一般通过施肥、灌溉等投入来进行管理调控，其中肥料的影响又以氮素为主。因此，模拟受水分和氮素影响的作物生长状况最有现实意义和应用价值。

只有光温反应的农作系统模拟模型则有助于探索作物的最优生长动态与光温生产潜力。

第二节 农作系统表示方法

农作系统表示是指对农作系统特征进行分析之后，即可利用概念图示方法对系统成分、环境及系统输入、输出之间的关系进行描述，可称之为构建一个概念模型。概念模型的构建，可以帮助建模人员理解复杂的系统关系，可以为下一步构建农作系统模拟模型算法提供重要支撑，同时也可以为模型使用者理解和应用模型提供指导。

一、模拟模型的结构成分

任何一个复杂系统的模拟模型均可以根据其自身的特性分解成相互关联的结构成分。例如，整个农作系统一般可分解成6个相互关联的亚系统。

第一亚系统为作物的阶段发育与物候期，主要是有关以温光反应为基础的茎顶端发育阶段，以及以外部形态特征变化为标志的生育期，如小麦的小穗分化期、小花分化期等及分蘖期、拔节期、抽穗期等。

第二亚系统为作物植株的形态发生与器官建成过程，包括根系、叶片、茎秆、小穗、小花、籽粒等器官发生与形成的规律、数量与质量等。

第三亚系统为植株的光能利用与同化物生产，包括叶片和冠层的光合作用、呼吸作用、碳水化合物积累及生物量的计算等。

第四亚系统为不同器官间的物质分配与利用，包括同化物分配系数或分配指数和分配量的实时变化、器官的生长和大小、产量和品质的决定等。

第五亚系统为土壤-植物-大气水分关系，包括土壤水分的移动、吸收、蒸发蒸腾、植物组织的水分平衡等。

第六亚系统为土壤养分（氮素）动态与植株利用，包括主要养分元素在土壤中的转化、根系吸收、体内分配和利用等。

以上第一至第四亚系统为农作系统模拟模型的基础成分，且不同作物的生长发育过程有很大的区别，其中温光条件为贯穿于各亚系统的主导因子，直接作用于不同的生理过程，作物基因型差异则是系统运行的内在动力。因此，第一至第四亚系统的研究被认为是作物生长模拟研究的重点。第五和第六亚系统受气候和土壤环境因子的影响较大，且通过土壤与根系过程间接地作用于作物的生长发育过程，同时在很大程度上受到技术措施的调控，故需作为并行的亚系统单独进行模拟。对水分和养分调控系统的模拟，特别需要作物科学家与土壤及气象科学家的密切合作。另外，此类生态模型对于不同的作物具有一定的共性，一般经适当修改参数进行调整后可与不同的作物类型相耦合。

以上各结构成分通过物质和信息的交流连成一个作物生长的动态平衡系统，如小麦生长模拟模型的基本结构框架见图2-8。

因此，作物生长模拟研究中最主要的工作就是对特定作物的生长发育过程及其与环境和技术的动态关系进行系统分析和定量描述，从而预测作物的阶段发育、形态发生、物质积累和分配与产量和品质形成等。

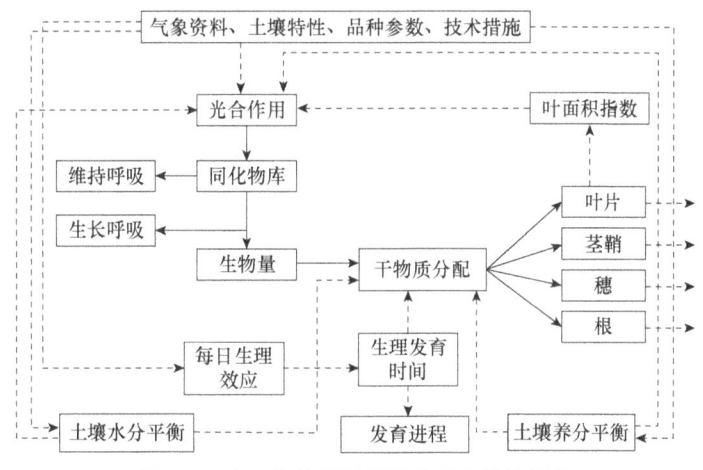

图 2-8　小麦生长模拟模型的基本结构框架

实线表示物质流，虚线表示信息流

二、概念模式与图示

对所需要模拟的系统进行分析从而构建系统的概念模式，是建立系统模拟模型的前提。一般采用分室模型的方法来表示一个概念模型。在分室模型中，以云朵代表系统的输入源，小室代表系统中的状态变量，阀符号代表过程的速率，以实线表示物质流，虚线表示信息流（图 2-9）。另外，将影响速率的输入因子和参数称为附属变量。

概念模型由代表系统相关成分的小室及其他与小室相关的符号组成，小室由代表流量的直线连接，从而形成概念模式的流程图（图 2-10）。

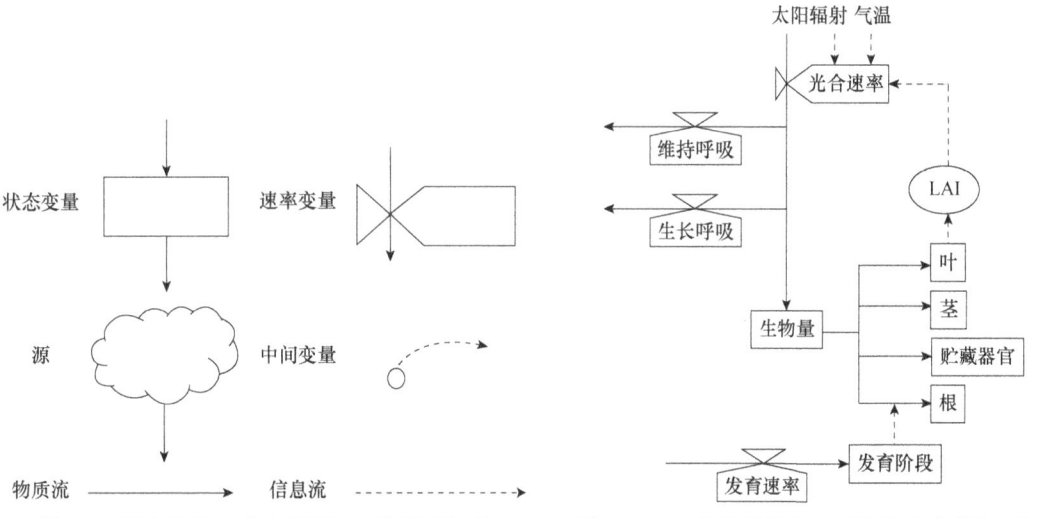

图 2-9　概念模型（分室模型）中使用的符号　　图 2-10　一个典型的农作系统模拟模型的流程图

LAI: leaf area index，叶面积指数，是指单位土地面积上植物叶片总面积与土地面积的比值

三、输入、输出资料

模型的输入资料以最少为原则，既可容易获得，又可简化模拟运算。例如，农作系统模

拟模型的输入资料，总体上可分为气象、土壤、品种、管理措施四大类。其中气象资料一般要求逐日资料，主要包括日最高气温、日最低气温、日照时数或日辐射量、日降水量等，有些机理性模型还要求风速和相对湿度等气象资料。土壤资料是指土壤的基本理化特性及不同深度土层的养分含量等，一般包括耕层厚度、pH、物理性黏粒含量、容重、裸土反射率、凋萎系数、田间持水量、饱和含水量，以及作物生长季开始时不同深度土层水分和养分状况，包括土壤实际含水量、有机质含量、全氮含量、矿化无机氮含量、速效磷含量、速效钾含量及盐分含量等。品种资料是指与品种相关的主要遗传参数。管理措施是指农业生产过程中所实施的栽培方案及技术措施，如作物模拟模型中一般包括播种期（或移栽期）、播种量、施肥量、施肥日期、灌水量、灌水日期等。

模型的输出要求动态、完整、易于理解，具有先进的可视化特点。可利用数据表格、图形、图像、动画等多种形式来综合实现，结果可同时输出到屏幕、文件、打印机等。输出的步长一般以天（d）为单位。同时，模型输出步长和方式都可由用户根据各自需求而动态设定。

第三节　农作系统模拟基本技术

农作系统模拟的本质是构建描述作物生长发育过程与环境因素及管理措施之间关系的定量方程。而定量这些关系并建立方程，首先需要考虑定量表达的时间与空间尺度，即模拟研究的尺度。其次需要考虑如何定量不同因素之间的相互作用，以及这些定量关系在不同作物基因型之间的差异。其中前者一般是通过析因方法与系数化方法实现，而后者一般是通过引入遗传参数来实现。

一、模拟研究的尺度

作物生长模拟不仅需要对不同学科的复杂问题进行横向的联系，而且需要在不同的时空尺度上对模拟对象进行纵向整合。因此作物模拟的尺度具有三维的特性：时间性、空间性、复杂性。尽管这些量纲像三维图上的 X、Y、Z 轴一样相对独立，但其复杂性趋向于随时间和空间而增加。因此，作物模拟必须面对不同的尺度和研究范围，即研究较长的时间宽度、较广的空间领域、较复杂的系统成分。随着一些解决实际问题的模拟工具的进一步发展，人们更加需要具有不同尺度的模拟系统。

模拟的时空尺度决定了适宜模型的选择及模拟方法的采用。大尺度模型往往注重宏观的经验性和描述性，而小尺度模型则注重微观的机理性和解释性。对于作物生长模拟研究来说，时间步长的确定取决于作物生长状态变化的速率，在生长相对快的时期，步长宜短一些；在生长相对慢的时期，步长可选大一些。作物生长模拟研究的时间步长一般为 1d，但不超过 10d。例如，土壤水分含量是一个重要的时间变量，在几天内可能有很大的变化。短时间的水分逆境可能会降低光合作用，因此用较长时间内的平均土壤水分状况来模拟作物的光合作用或生长速率就不如逐日计算的精度高。此外，气象资料通常是逐日观测和输入的，从而为以天（d）为单位的时间尺度的模拟研究奠定了基础。因此，时间步长为 1d，是大多数农作系统模拟模型采用的合理尺度。

从一天内的温度变化来看，作物生长季节内的温度波动一般在反应曲线的极限值以内。在这个范围内，作物的生长反应几乎是线性的，因此 24h 内的平均值是易于接受的模拟尺度。

在这种情况下,考察作物在少于1d时间内的状态变化,通常没有实际意义。然而,如果温度经常超过特定过程响应的临界值时,或者对环境条件的反应是非线性时,则需要应用更短的时间步长,以精确地量化昼夜温度的不同效应。例如,按昼夜温度变化模式将一天24h分成均等的8个时段,分别计算不同时段的响应值,就能比日平均温度更好地反映昼夜温差的实际效应。

二、析因方法与系数化方法

作物生长发育与产量形成是品种遗传特征、气候因子、土壤特性及管理措施综合作用的结果,涉及复杂的过程和众多的影响因子。为了简化影响因子的相互作用,可以采用建模的层次性理论:首先建立由太阳辐射、CO_2浓度、温度和作物遗传特性所决定的潜在生长状况下的生长模型;然后在潜在生长模型的基础上视情况添加氮素、水分、磷钾、杂草等影响因子的限制效应,进而得到实际生长条件下的生长模型。

定量不同环境因子的互作主要是通过单个因子的系数互作,而非复合因子的多元回归。析因方法的主要特征是以系数的形式来分别建立不同单因子的响应模型或效应因子模型,然后以一定的数学方法来定量这些系数间的互作,即将多因子响应模式进行简化处理。

系数化方法是指将效应因子的特征值一般设定在0~1(图2-11)。单因子效应模型应尽可能地基于生理生态和生物学规律。对于暂时难以获取详细资料的部分,可采用经验性较强的方法代替,以使模型的分辨能力大体上与观测资料的精细程度相匹配。

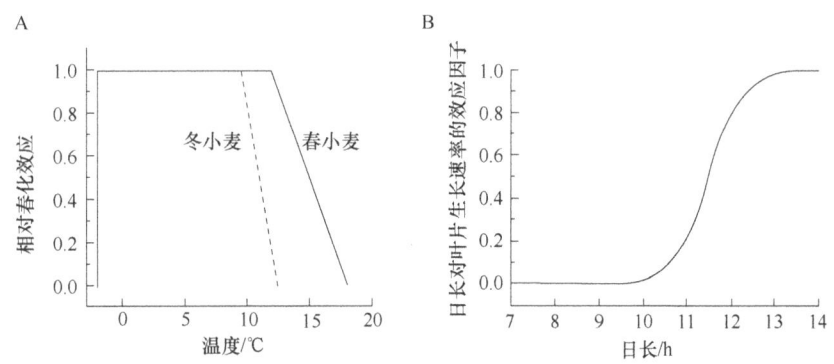

图2-11 小麦作物生长过程对不同因子的响应系数和影响因子

系数互作的计算方法主要有最小法和乘积法。最小法依据最小因子法则,认为系统的表现主要受最小系数的限制。乘积法则依据不同因子的相互作用原则,认为系统的表现同时受多因子的影响,而并非与最小因子的水平呈线性关系。因此,不同的方法所得结果差别很大。目前尚难以用理论证明哪一种方法最好,主要靠模型的预测性来评判。一般情况下,当系统的因子水平较低或表现限制因子作用时,最小法可能更合适。但当因子水平较高或表现报酬递减作用时,乘积法在理论和实践上都更合适。

三、遗传参数

遗传参数是指描述非逆境下作物物种或品种基本遗传性状的一组特征值,多数情况下也称为品种参数或品种遗传参数。为使得模型能适用于不同的基因型,需要选用适当的一组遗传参数来表征不同品种的典型遗传性状。一个品种的遗传参数一般选10~15个比较合适。遗传参数既要符合作物生理学的规律,又要为作物育种学家所理解和接受,主要是量化品种间最基本的遗传性状差异。例如,在小麦的发育模型中,一般包括生理春化时间、光周期敏感性、灌浆持续期因子、温度敏感性、基本早熟性 5 个品种遗传参数,分别体现了不同品种小麦在春化作用、光周期反应及灌浆期长短、热效应方面的遗传特性。遗传参数一般依据试验数据通过试错法、基于人工智能算法的全局或局部优化算法等参数校正方法进行确定。有条件时,也可直接通过控制环境下的试验研究获得,如不同小麦品种的生理春化要求(表 2-1)。

表 2-1　WheatGrow 模型中小麦品种遗传参数及其含义

参数名称	参数含义
PVT	生理春化时间（d）
PS	光周期敏感性
FDF	灌浆持续期因子
TS	温度敏感性
IE	基本早熟性
AMX	理想条件下的最大光合速率 [kg/(hm^2·h)]
TA	潜在分蘖能力
SLA	比叶面积（hm^2/kg）
GW	千粒重（g/1000 粒）
HI	收获指数

第四节　农作系统模拟模型构建流程

农作系统模拟模型研制的步骤可简要概括为模型选择与系统定义、资料获取与算法构建、模块设计与模型实现、模型检验与改进完善 4 个阶段。其中,模型构建工作的重点和难点是在深入解析和科学把握系统内涵与特征的基础上,研究和建立农作系统模拟模型的算法结构。

一、模型选择与系统定义

对所模拟的农作系统进行明确定义和综合分析是建立一个概念模型,直至量化模型的关键。首先要弄清楚模拟研究的目的、水平及对象,以明确模拟研究的范围和成分。如果建模的主要目的是过程研究和机理解释,那么模拟的系统水平和层次就应该低一些,模拟的对象可能包括器官及器官位,甚至是组织或者分子水平。反之,对于一个应用性较强或注重宏观预测的模型而言,研究的系统水平就要高一些,系统的成分简单一些。通过这项工作,可以先建立一个描述系统结构与组分关系的概念模式或概念模型。

图 2-12 所示即一个典型的稻麦生长系统的概念模型结构图。从图中可以看出,农作系统的输入信息主要包括气象、土壤、品种、管理措施等,系统内部主要包括作物物候发育、光合作用、干物质积累与分配、产量和品质形成、土壤水分动态和土壤养分动态等主要过程。

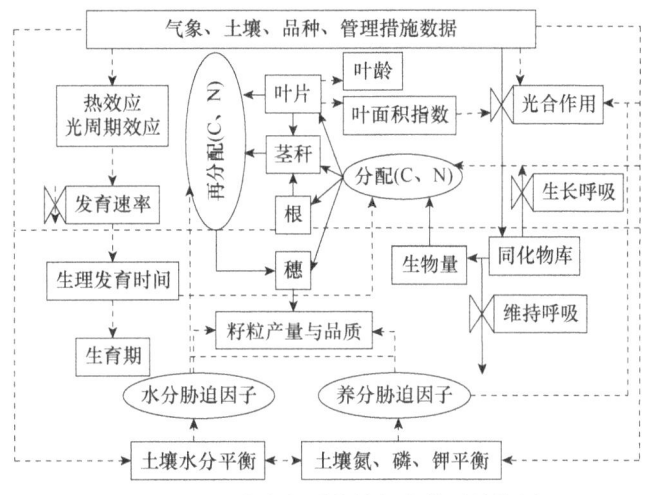

图 2-12　稻麦生长系统的概念模型结构图

二、资料获取与算法构建

（一）资料获取

农作系统模拟研究是对不同条件下作物生产系统的定量化、数字化描述，因此，构建所模拟的农作系统输入、输出、中间状态等相关变量的数据资料集，是开展农作系统模拟研究的首要与关键。建立模型所需的资料大概有以下两种类型。

1. 已有的研究工作积累或历史文献资料　　其中文献资料主要包括国内外在相关领域所取得的科研成果、出版的专著与教材、科技期刊及学术会议上发表的论文等，以及各地的土壤志、品种志、气象资料等。可以是建模者已有的工作积累，或者是通过合作途径从同行科学家那里获取感兴趣的相关资料。为支撑作物模拟研究，通常用到的不同类型历史资料主要有以下两种。

（1）**辅助模型运行所需的历史资料**　　主要是指模型的输入变量及模拟结果变量，如历史的气象观测资料、土壤观测资料、作物生长观测资料、作物管理技术资料等。这类历史资料一方面是支撑模型运行的输入资料，另一方面部分观测资料可用于模型参数的校正。资料来源主要是各种气象资料共享网、土壤数据库、作物观测数据集等。

（2）**支撑模型算法构建的历史资料**　　主要是指有关作物生长发育和生产力形成过程相关的数据资料。通过对这类历史资料的收集和利用，可以总结分析作物生长发育某些过程的规律性认识并在此基础上提出部分模型算法。这类资料通常来自已有的工作积累、文献资料或科研成果，可以通过检索已公开的文献数据库获得，也可以通过合作途径从同行科学家那里获取部分未公开的相关资料。

此外，在当前全球科技数据共享与再利用的趋势下，越来越多的科技数据资料得以公开，这也成为获取历史资料的一个重要途径。目前主要的公开科研数据资料的方式包括 3 种：①科学家在发表相关科研成果的同时可以选择将相关研究的详细数据库作为研究成果的补充材料进行公开。②部分科学家选择将数据上传到相关的数据仓储设施。例如，哈佛大学 Dataverse 平台即属于典型的通用科学数据仓储设施（https://dataverse.harvard.edu）。③近年来，数据期刊的出现也使得科学家可以将相关研究数据集以正式期刊论文形式进行公开发表，通常称之为数据论文。此类论文的重点并非报道研究结果，而是主要包括相关科学数据集及对科学数据集的描述和使用说明等。总体而言，上述3类数据公开方式的根本目的均是更好地发现、获取、理解、再利用数据。对于农作系统模拟领域而言，近年来有不少作物模拟科学家选择将相关试验和模拟数据集发表在荷兰瓦赫宁根大学图书馆支持创办的数据期刊 *Open Data Journal for Agricultural Research*（https://odjar.org）。

2. 模拟的支持研究 主要是指根据建模的需要，围绕某个方面获得全新的资料。一般而言，模型研制所需的数据资料大多来源于历史资料及试验研究。直接利用以往的历史资料可以节省大量的人力和物力，但此类资料通常难以全面涵盖农作系统的各个方面。此外，尽管已有的文献资料和数据积累可以提供许多作物生长发育的基本规律及其与环境和技术之间的相互关系，但不少算法的推导和构建还必须依赖于逻辑性的理论假说和实验性的研究分析。因此，需要有针对性地组织实施大量试验研究来服务于作物生长模拟算法的构建，称之为模拟的支持研究。

一般认为，农作系统模拟的支持研究主要有两个方面：一是已知因果关系或基本模式，但缺乏特定的数量表达或算法程序；二是相对不了解而有待探索的某些过程，称为黑箱。前者如作物器官建成与阶段发育的关系；后者如根系生长与土壤环境及叶片生长的关系。因此，随着研究工作的不断深入，作物生长发育过程中的未知成分及模型中的假设会逐渐具体化、实质化和定量化。在此基础上，建立系统数据库并实行资源交流和共享，是作物模拟研究成功的关键。

开展农作系统模拟的支持研究，主要是围绕农作系统模拟的某一方面开展针对性试验研究。与传统农学试验相比，作物模拟支持研究的试验更加注重以下几个方面。

（1）**研究设施的多样性** 由于农作系统受到气象、土壤、管理措施、品种等多方面的影响，因此模拟的支持研究中涉及的试验环境和条件也是多样的。典型的试验设施包括人工温室、防雨设施、田间试验小区等。特别是模拟作物生长发育对气象环境因子的响应，经常需要开展环境控制试验。此外，为了模拟作物根系的生长发育，可能还需要开展土柱试验等。

（2）**试验因素的系统性** 虽然模拟的支持研究通常是围绕某一方面开展试验研究，但由于研究对象为农作系统，而农作系统受到多因素的影响且部分因素在生理生态过程中存在显著的交互作用。因此，支持研究的试验在设计过程中应该注重处理因素的系统性，特别是注重多因素的交互作用，以便所构建的模型更具综合性。例如，研究作物生长对氮素水平响应时，应该同时考虑不同氮素利用效率的品种对氮素响应的差异性。

（3）**处理水平的连续性** 作物系统模拟注重作物生长发育和生产力形成对影响因素的过程性响应，且构建的模型算法理论上应该适用于该因素的所有水平，而非局限于某一特定范围。而作物生长过程对部分因素通常存在非线性响应，且部分过程对某些因素的响应存在临界阈值（如高温胁迫对作物结实率的影响）。因此，在处理水平的设置上要更加注重多个处理连续水平，以尽可能涵盖该因素在作物生长发育过程中可能面临的全部范围。如表2-2所示，为定量模拟水稻生长发育和产量、品质形成对花后低温胁迫的响应规律，试验在低温胁迫的设置上既考虑了低温发生的不同时期的差异，还考虑了不同持续时间和不同温度水平的影响。

表 2-2 人工气候室水稻低温胁迫试验设计

品种	处理时期	低温持续时间/d	低温水平（最高温/最低温）/℃
淮稻 5 号	开花初期（S_1）	3（D_1）、6（D_2）、9（D_3）	T_1（27/21）
	开花盛期（S_2）		T_2（23/17）
	灌浆中期（S_3）		T_3（19/13）
南粳 46	开花初期（S_1）		T_4（15/9）
	开花盛期（S_2）		
	灌浆中期（S_3）		

（4）观测指标的过程性　　为构建具有较强机理性和解释性的农作系统模拟模型，需要明确作物生长发育和产量、品质形成的不同生理生态过程对试验处理因素的动态响应。因此，测试指标通常更有系统性，涉及作物生长发育和产量、品质形成的各个过程，如生育期、光合速率、叶面积、器官碳氮含量、器官生物量、产量结构、品质指标等，而不是仅关注最终的作物产量与品质水平。同时，对部分指标（如光合速率、叶面积、器官碳氮含量、器官生物量等）还需要多次连续观测，以明确其在不同时间尺度上的动态变化模式。

根据模拟需要，成功获取这两类数据资料才能有效支撑作物模拟研究。其中，已有的成果积累或文献资料，如果相对比较完整和可靠，则主要用于模型算法的构建；合作途径所获得的资料，主要用于模型参数的调试及系统测试；补充试验或支持研究的资料，一部分用于模型算法的构建，另一部分用于模型参数的调试及系统测试。

（二）算法构建

在资料获取的基础上，即可进行数理统计分析，构建算法方程，这是整个模型构建过程中最重要的步骤之一。一般是在系统分析基础上，将要模拟的系统分解成不同的子系统，进一步确定各个子系统中需要模拟的各个过程并构建相应的算法方程。构建算法方程的核心是弄清需要模拟过程的生理生态机理与驱动因素，进而建立驱动因素与相应的状态变量之间的数学关系。算法方程构建过程中需要重点明确各个过程模拟算法的方程形式、输入及输出变量。最后将不同过程的模拟算法整合，即可得到整个系统的模拟算法。

对于一些暂时无法获得的资料或难以量化的过程，必须采用黑箱模拟的方法，借助于逻辑性的合理假设和数学推导，得出描述系统过程的理论方程。应当指出的是，黑箱模拟运用的程度，完全取决于对系统的正确理解和可靠把握。如果信心不足，则尽量减少黑箱模拟。

三、模块设计与模型实现

模块设计与模型实现主要是借助软件工程技术，在计算机软硬件环境下开发模拟系统。首先要选择恰当的编程语言来组织模拟系统，编程语言包括模拟算法编程语言和界面编程语言。早期的模拟算法编程主要使用面向过程语言 Fortran 和面向对象语言 C++等，界面编程较多使用 Visual Basic、Visual C++、Delphi。面向过程语言可按功能设置模块，以过程为主线，通过过程函数封装作物的发育、生物量同化与分配、生长和产量等算法；面向对象语言可以对植株与器官等实体进行抽象，以对象为主线，如将作物植株、叶片、茎、根、穗等封装为多个对象，协同实现模拟过程。随着计算机技术的发展，Java、C#、R、Python、Javascript 等更丰富、更方便、更人性化的编程语言也在不断被应用到模拟系统实现与扩展中。

为便于模型使用及后期的改进完善，模块设计与编程须注意以下4个方面：①将主程序和亚程序设置成合理的模块化结构；②突出模块的可读性与解释性，以及可编辑性与灵活性；③友好的人机界面和可操作性；④将模型的运行时间降到最短。

此外，模型的实现还须研究模型的输入、输出内容和形式。模型的输入资料要求容易、可获取，特别是天气、土壤、作物遗传资料等。对于输入误差大的资料，要尽量少用。模型的输出结果要求直观、综合、易分析比较，一般采用表格和图形两种主要形式。随着计算机技术的快速发展，农作系统模拟模型的图像输出、可视化虚拟生长、多媒体技术等已经越来越多地得到应用。此外，随着计算机存储能力的进步，尽可能多输出模型运行过程中系统的状态变量将有效辅助模拟者对模拟结果和预测的系统行为进行阐释。

四、模型检验与改进完善

模型的检验包括对模型的敏感性分析、校正、核实及不确定性分析4个主要过程；模型的改进则是在检验模型的过程中，对模型进行必要的改进与完善。

（一）敏感性分析

敏感性分析（sensitivity analysis）是对模型灵敏度和动态性的测验，分析模型对主要参数和变量反应的灵敏度，测验模型的结构与过程及系统成分，也可看成是某种形式的假设模拟试验。一般是通过改变参数或变量来观察输出变量的响应，结果通常以±值来表示模型的反应程度，小麦发育阶段的敏感性分析如表2-3所示。通过模型的敏感性分析，一方面可以分析模型的平衡性与稳健性，用于支撑模型的未来改进与发展；另一方面可以确定对模型模拟结果影响最大的参数，在后期的模型参数校正中需要重点关注这些参数。

表2-3　小麦发育阶段对环境温度和日长及品种春化要求天数和光周期敏感性的反应

参数	变幅*	发育阶段变化/d		
		二棱期	顶小穗形成期	抽穗期
温度/℃	−2	+25	+10	+10
	+2	−14	−15	−11
日长/h	−2	+10	+6	+4
	+2	−7	−5	−4
春化要求天数/d	−10	−9	−3	−2
	+10	+8	+3	+1
光周期敏感性	−0.002	−9	−5	−4
	+0.002	+9	+5	+3

*以小麦在南京地区种植为模拟对照，春化要求天数为20d，光周期敏感性为0.004

敏感性分析一般可分为局部敏感性分析和全局敏感性分析。局部敏感性分析是通过一次改变一个输入参数或变量同时保持其他输入固定来获得输出变量的局部敏感性。该方法高效且易于使用，因此已被普遍应用于早期许多模型的敏感性研究中。而随着农作系统模拟模型结构和参数的复杂性日益增加，不同参数和变量之间的相互作用受到广泛关注，进而发展出了全局敏感性分析方法，主要分析输出变量在整个输入参数空间上的综合敏感程度。

(二) 校正

校正 (calibration) 是调整模型的参数和关系，使得模型的输出符合特定的环境和资料，主要检验模型系统的综合表现及对综合变量的反应。在农作系统模拟模型中，许多描述作物生长发育和产量、品质形成过程的方程均含有大量的参数，而这些参数可能是因时、因地、因品种类型而异，在实际应用模型之前需要对这些参数进行修正，即参数校正。参数校正是运用实际观测数据验证模型和运行模型的前提。参数校正的原则是首先应保证参数的生理生态意义符合实际，其次是具体数值的准确。模型建立过程中一般会确定各个遗传参数在所有基因型中可能的取值范围，参数校正的过程就是获取某一基因型遗传参数具体数值的过程。对于不同类型的品种，其遗传参数范围可能随着遗传基础差异表现为不同取值范围。

参数校正一般是利用研究区域获得的实测数据，通过改变模型的参数值，减小实测值与模拟值之间的误差，提高模拟值与实测值之间的符合度，从而找到符合度最高时的参数值，而此时的参数值是最优参数值。不同的参数校正路径和校正方法对参数校正结果有较大影响。

农作系统模拟模型利用一系列的公式来描述作物生长的过程，这些公式可以单独描述作物生长过程中的某一部分，也可以把这些单独的部分组合在一起形成一个整体的模拟系统。因此，参数校正一般有两个路径：一是按照一定步骤循环试错模型的初始参数，调整一部分参数的同时，固定其他部分参数值，从而单独估计与该过程相关的参数值，即局部最优算法；二是研究整个模拟系统，通过使整个系统的模拟值接近实测值来估计所有的参数，即全局最优算法。目前，在实际参数调试过程中，很多模型通过局部最优算法来进行参数调试，主要包括手工试错法、循环替代法等。模型使用者往往通过手工或者借助于计算机等方式，按照一定的步骤循环试错模型设置的初始参数，利用专家经验来比较模型模拟的生育期、产量、叶面积指数等关键变量的模拟值与实测值之间的吻合程度，从而确定最优参数值。该方法要求参数调试人员具备良好的作物品种知识、农作系统模拟模型知识及与参数调试相关的经验。因此，该方法受参数调试人员的主观影响较大，且参数调试过程需要不断重复，需要大量的人力和物力，效率较低。全局最优算法则是利用大量的试验结果，从大数据的角度来拟合实际环境中的生育期、产量、叶面积指数等指标的实测值。该方法不依赖专业人员的经验知识，因此不受参数调试人员的主观影响。目前，遗传算法、粒子群算法等全局优化算法在农作系统模拟模型的品种遗传参数校正方面已经得到了较为广泛的应用。

(三) 核实

核实 (validation) 是指验证模型是否适用于模型研制和校正以外的完全独立的资料，是多年、多点、多试验实测值与模拟值的比较，可采用如下3种方法进行：①将模拟结果与实际结果进行回归分析，但模拟值与实测值的显著相关不足以证明模型的可靠性和预测性，因为当模型的模拟结果与实测值显著相关时，二者之间的差异有可能很大。②将实际结果与模拟结果直接绘图进行比较，一般可按同一时间坐标绘制1∶1图进行直观展示（图2-13A）；此外，对于一些随作物生育期变化而改变的状态变量，还可以绘制时间序列图形，一般以作物生育期为X轴，以待核实的状态变量为Y轴，模拟数据用连续性曲线表示，而实测数据用小圆圈表示（图2-13B）。③检验模拟值与实测值之间的平均误差，其中模拟值与实测值的平均误差可以通过以下一些统计方法计算得到。不同的统计参数从不同角度考虑了模型的偏差，因此为综合评价模型的预测效果，通常可同时选用多个统计参数用于模型的综合评价。

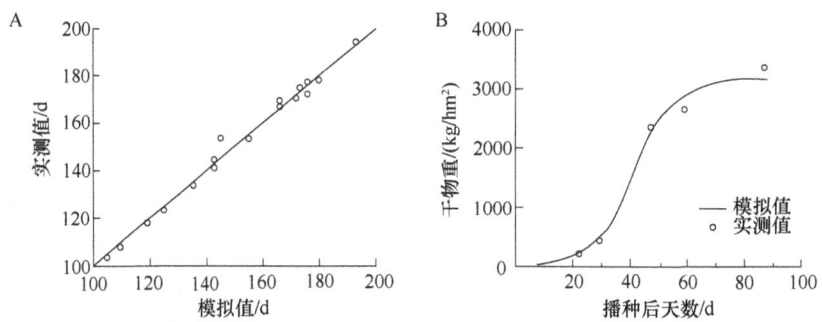

图 2-13　模拟值与实测值之间的 1∶1 作图（A）和模拟值与实测值的时间序列图（B）

（1）平均离差（mean deviation，MD）　即预测值与实测值之差总和的平均值，可以指示模拟值偏差的大小和方向。

$$MD = (\sum ERR_i)/n \quad (2\text{-}1)$$
$$ERR_i = Y_i - X_i$$

式中，n 为样本数；Y_i 和 X_i 分别为第 i 次的模拟值和实测值。

（2）平均预测误差（mean prediction error，MPE）　即预测值与实测值之差绝对值总和的平均值，反映模型的精度。

$$MPE = (\sum |ERR_i|)/n \quad (2\text{-}2)$$

（3）预测均方差（mean square error of prediction，MSEP）　即预测值与实测值之差平方总和的平均值，是比较模型间精确度较好的指标。

$$MSEP = \sum (ERR_i)^2/n \quad (2\text{-}3)$$

（4）均方根误差（root mean square error，RMSE）　即预测均方差的开平方，能更直观地反映模拟值与实测值之间的误差。

$$RMSE = \sqrt{MSEP} \quad (2\text{-}4)$$

此外，要比较不同模拟变量的预测效果，需要使用无量纲的统计参数。此时可以将 RMSE 归一化处理，用 NRMSE 表示。

$$NRMSE = RMSE/\bar{X} \times 100\% \quad (2\text{-}5)$$

式中，$\bar{X}$ 为实测值的平均值。

（5）一致性系数（index of agreement，IA）　主要反映模型模拟效率，用于衡量模拟值残差在多大程度上接近于 0。其取值为 0～1，以接近 1 的值表示更好的模拟效果。

$$IA = 1 - \sum(Y_i - X_i)/\sum(|Y_i - \bar{X}| + |X_i - \bar{X}|) \quad (2\text{-}6)$$

（6）偏差（bias）　即模拟值与实测值无截距回归方程斜率与 1 的偏差，表示通过原点的拟合直线与 1∶1 线的偏斜程度（%）。

$$偏差 = 100\% \cdot (b_0 - 1) \quad (2\text{-}7)$$

式中，b_0 为模拟值与实测值之间的 0 截距直线回归方程（截距 $a=0$）的斜率。

（7）直接比较单个模拟值的绝对误差（ERR_i）和相对误差（RE）

$$ERR_i = Y_i - X_i \quad (2\text{-}8)$$
$$RE = ERR_i/X_i \quad (2\text{-}9)$$

（四）不确定性分析

随着农作系统模拟模型的广泛应用，其预测的准确性和可靠性逐渐成为模型应用研究中的热点。由于农作系统模拟模型是运用数学语言对复杂的农作系统进行精简化表达，模型只是现实世界中生物和非生物因素相互作用的不完美近似，因此模型模拟结果与实际系统表现必然存在一定程度的简化和偏离。农作系统模拟模型的不确定性主要是指模型的模拟结果与实际观测值的偏离性。分析模型模拟结果准确度的过程即模型的不确定性分析。不确定性分析（uncertainty analysis）是基于模型的风险分析和决策的重要组成部分，它能够给风险分析人员和决策者提供模型输出结果的准确性程度。可以用式（2-10）来简化表达农作系统模拟模型：

$$Y=f(X;\theta) \qquad (2-10)$$

式中，Y 为模型模拟值；f 为模型结构；X 为模型输入；θ 为模型参数。

研究模型的不确定性，主要就是量化模拟值（Y）的不确定性。从式（2-10）可知，影响模型模拟值（Y）的因素主要包括模型输入（X）、模型结构（f）和模型参数（θ）。因此，根据模型模拟结果的决定因素，一般从模型参数的不确定性、模型输入的不确定性和模型算法的不确定性等三个方面的来源量化模拟结果的不确定性。这就是说，模型的结构、输入和参数选择的不确定性直接影响了模型模拟结果的准确度。对于模型结构不确定性而言，主要是指模型算法本身的局限性导致预测结果的误差。模型参数不确定性是在模型参数校正过程中产生的，主要反映的是参数校正方法和校正过程中所用的数据，导致难以准确获取所模拟对象的真实准确参数值。模型输入的不确定性则主要体现在模型输入值观测记录不准确或者缺失，进而影响了模拟结果。关于农作系统模拟模型不确定性分析的原理、方法及案例具体可见本书第十二章。

在模型检验过程中，如果发现明显的偏差，还需要重复上述模型校正和核实的整个过程，并对模型算法进行必要的修订和改进。

第五节 农作系统情景模拟技术

在农作系统模拟模型构建和验证之后开展模型的应用研究，是建立模型的根本目的。一般认为，农作系统模拟研究是作物科学中的一种新方法、新技术。其中农作系统情景模拟技术是实现农作系统模拟模型预测和调控功能的主要手段。利用农作系统模拟模型在计算机上进行情景假设模拟试验，研究作物生理生态过程的响应模式，优化作物栽培管理技术，评估不同因子（基因型、气候条件、土壤特性及管理技术等）对作物生长发育和产量、品质形成的影响，预测未来情景下的作物生产力等，已成为现代作物科学中一种有效的定量化研究手段。

一、农作系统情景模拟思路

情景模拟技术主要是通过多重情景的模拟预测和比较分析，为作物生产的数字化设计与决策提供支撑。通过针对农作系统模拟模型的四大类主要输入模块，设计不同的输入情景，运行模型之后对不同输出情景进行分析，得出优化系统运行的决策支持结果（图2-14）。输入情景可以是单一因素的不同水平，也可以是多个因素的交互作用。情景模拟技术可以有效避免传统农学试验研究中干扰因素多、周期长、费用高等不足，目前已经成为农作系统模拟模型应用中最关键的技术之一。

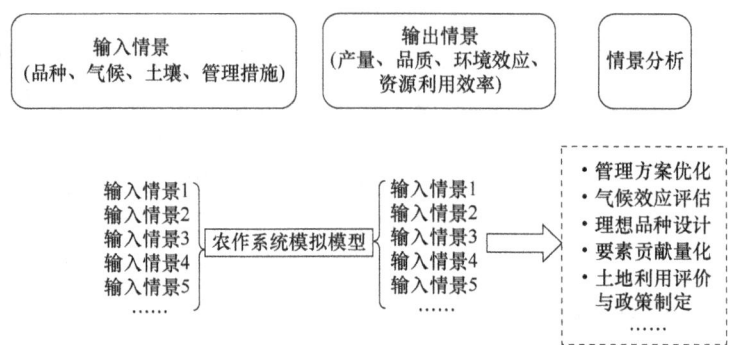

图 2-14 基于农作系统模拟模型的情景模拟技术示意图

二、农作系统情景模拟应用

（一）作物管理方案的优化设计

通过将不同的作物管理方案输入到农作系统模拟模型，可以模拟不同管理措施下的作物生产力变化情况。主要设计的管理方案可以包括播种期/移栽期、种植密度、施肥量及时间、灌溉量及时间等。以水分管理为例，主要是通过输入不同的灌溉时间和灌溉量等情景，可以在作物播前进行不同灌溉方案的比较（表 2-4），从而选出特定环境下最适宜的肥水管理方案。

表 2-4 不同灌溉水平和叶型对皮棉产量效应的模拟

叶型	不同灌溉水平的皮棉产量/(kg/hm²)			
	AAA	ABB	ADD	平均
超鸡脚爪型	1769	1429	958	1385
鸡脚爪型	1583	1885	991	1486
正常型	1468	1719	1210	1465

注：AAA 表示整个生长季土壤水分含量维持在田间持水量的灌溉水平；ABB 表示从播种到始花期土壤水分含量维持在田间持水量水平，始花期后当根层土壤水势低于 -0.06MPa 时才进行灌溉；ADD 表示从播种到始花期土壤水分含量维持在田间持水量水平，始花期后当根层土壤水势低于 -0.23MPa 时才进行灌溉。

（二）作物生产力的气候效应评估

气候是影响作物生长发育的主要环境因子，对作物产量和品质形成极为关键。当今世界正面临着以气候变化为突出特征的全球环境变化挑战，科学、准确地评价气候变化对作物生产带来的可能影响正受到世界各国政府、科学家和公众的广泛关注。传统的气候控制试验通常耗费大量的时间和资源，且局限于少数站点尺度的研究，而利用农作系统模拟模型的预测能力，结合对气候变化情景的预估，可以有效开展区域乃至全球尺度的气候变化效应评估。通常做法是利用全球气候模型（GCM）预估出研究区域的气候情景，然后将预估的气候情景经预处理后输入到农作系统模拟模型中，从而得出不同气候变化情景下作物生产力的变化情况。基于农作系统模拟模型既可以开展多个气候因子变化的综合效应评估，也可以通过控制变量方式来量化评估单个气候因子变化（如温度、降水、辐射、CO_2等）带来的效应。

（三）作物理想品种设计

农作系统模拟模型可以模拟基因型（G）、环境（E）和管理技术（M）及其互作（G×E×M）对作物生长发育和产量、品质形成的影响。其中，遗传参数作为一类重要的模型输入变量，可以量化不同基因型的主要遗传特征。因此，通过预测和评价不同遗传参数组合在不同环境条件下的作物生育期、株型、光合作用及产量品质等方面的可能表现，可以生成适合不同区域的遗传参数组合及理想品种，为不同区域作物生产中优良品种的设计与选育提供有效支撑。传统的作物改良大多通过实际测定不同基因型在不同环境中的表型性状来选择合适的基因型，而利用农作系统模拟模型设计不同的基因型组合，进而预测其表型性状，则可以减少大量的田间表型鉴定工作。在品种遗传参数组合的情景设计中，需要考虑不同遗传参数的生理意义与可能范围及参数之间的互作。

（四）作物生产要素的贡献量化

作物生长发育及产量和品质形成是由不同因子调控的动态过程，这些因子包括品种要素、环境要素（气候、土壤）、管理要素（播种期、密度、水分和养分管理）等。量化不同要素对作物生产力的贡献率，明确不同要素对作物生产影响的差异性及作用规律，将对探求关键的调控措施、协调不同要素的效应、挖掘作物生产潜能等具有重要的现实意义。作为综合性模拟预测系统，利用农作系统模拟模型在量化单一要素对作物生产力效应的同时，也可以量化不同要素之间的互作效应。通过设计不同要素的输入情景组合，可以解析和比较各个要素的相对贡献。

表 2-5 以中国水稻主产区近 30 年气候变化、品种更新及措施优化对水稻产量变化的贡献率研究为例，设置了 4 种不同年代气候条件、品种特性和管理措施组合情景。将 20 世纪 80 年代和 21 世纪初（2000～2009 年）的气象数据、品种参数和管理数据输入 3 套水稻生长模拟模型（CERES-Rice、ORYZA v3 和 RiceGrow）中，分别模拟中国水稻主产区不同年代气候、品种和管理措施组合下的水稻产量，并通过分析不同情景组合下的水稻产量差，定量估算出主产区 3 类要素对水稻产量的贡献。

表 2-5 不同气候条件、品种特性和管理措施组合的模拟情景设定

模拟情景	气候条件	品种特性	管理措施
模拟 1（S1）	20 世纪 80 年代	20 世纪 80 年代	20 世纪 80 年代
模拟 2（S2）	2000～2009 年	20 世纪 80 年代	20 世纪 80 年代
模拟 3（S3）	2000～2009 年	2000～2009 年	20 世纪 80 年代
模拟 4（S4）	2000～2009 年	2000～2009 年	2000～2009 年

（五）土地利用评价与政策制定

在宏观的土地利用决策评价方面，利用农作系统模拟模型预测作物单产和周年产能及环境效应，进一步结合区域土地利用情景，即可估算出区域耕地生产力；同时结合资源投入、环境代价及粮食供需情况，可以评价作物种植区域的适宜性和可用性，为农业土地利用规划

与政策制定等提供定量化支持。而在微观层面上，可以基于农作系统模拟模型设计不同的作物种植情景，包括不同作物种类和不同种植模式（如轮作、间套作等），分析不同情景下作物生产力及经济与生态产出，为提升农民土地种植收益及生态保护提供决策支撑。

复习思考题

1. 名词解释：光温生产潜力、遗传参数、模型校正、RMSE。
2. 简述农作系统的生产力水平及其影响因素。
3. 简述农作系统模拟模型的构建流程。
4. 列举常见的农作系统模拟模型模拟效果的评价指标。
5. 论述农作系统模拟模型在智慧农业发展中的典型应用。

第三章
作物气象环境模拟

气象条件是影响农作物生长发育的重要外部环境因素。作物生长季的气象要素，包括太阳辐射、温度、降水量等，是运行农作系统模拟模型的必要输入数据。历史的逐日气象要素数据可以由气象站点直接观测来提供，而未来的气象或气候数据通常来源于气象预报或者由气候模型模拟生成。除了气象台常规观测的日照时数、气温及降水量，作物生长模型中经常还需要用到太阳辐射、日长、散射辐射比例等，这些气象要素通常需要根据已知的气象要素进行模拟计算。此外，直接影响农作物的生长发育且起重要作用的是最贴近作物本身的小尺度气象条件，因此在部分农作系统模拟模型中还涉及作物冠层小气候的模拟及作物地下部土壤温度的模拟。本章主要介绍常见的农业气象要素的计算、土壤温度的模拟、冠层小气候模拟及未来气象资料的生成方法等，可以为农作系统模拟模型的运行提供必要的气象环境要素输入。

第一节 太阳辐射与日长计算

太阳辐射是驱动地表能量平衡，决定区域气候特点，影响农业生产布局的重要气象因素之一。太阳辐射也是作物进行光合作用的能量来源，是作物模型运行的重要驱动因子。然而相较于常规气象要素（日照时数、气温、降水等），太阳辐射的观测站点较少，因此常常需要用统计模型或理论模型基于常规气象要素的观测值来模拟太阳辐射。太阳辐射由直接辐射和散射辐射组成，近年来越来越多的研究强调散射辐射比例（散射辐射/太阳辐射）的增加可使作物光能利用率和水分利用率呈线性增加，因此在运用作物模型时需要考虑散射辐射变化的影响。在模拟太阳辐射的过程中，必须要用到一个重要的变量，即日长。日长是指日出到日落的时间，即最大可能日照时数。本节主要介绍日长、太阳辐射和散射辐射模拟的计算方法。

一、日长计算

严格定义的日长属于天文因子，但是由于日长与许多气候因子有密切联系，并且在农作物生长发育中具有重要意义，一般也被归为气候要素来考虑。日长随着季节与纬度的变化而变化，它是由当地的天文因素决定的，不受当地气候因素的影响。

日长主要有两方面的生理意义：一是多数农作物的生长发育对日长敏感，短日照作物（如水稻、大豆等）在发育的一定阶段，当日长短于临界日长时，发育期会缩短；长日照作物（如小麦、油菜等）在发育的一定阶段，当日长长于临界日长时，发育期也会缩短。二是日长直接与每日的太阳辐射总量有关。一个地区的日长（N）主要受到季节和纬度变化的影响，其计算公式为

$$N=\frac{24}{\pi}w_S \tag{3-1}$$

式中，w_S 为日落时角（°），其计算公式为

$$w_S=\arccos[-\tan(\varphi)\tan(\delta)] \tag{3-2}$$

式中，φ 为当地的纬度（°）；δ 为太阳赤纬角（°），其计算公式为

$$\delta=0.409\sin\left(\frac{2\pi}{365}D-1.39\right) \tag{3-3}$$

式中，D 为日序，取值从 1（1月1日）到 365 或 366（12月31日）。

二、太阳辐射计算

太阳辐射按照照射方向不同可以分为直接辐射和散射辐射。直接辐射是太阳光线不受干扰地直接照到地面或作物冠层的辐射。散射辐射是直接辐射受到大气中的气体、水汽、微尘、气溶胶等散射作用而形成的辐射。在晴朗天气条件下，天空中主要是直接辐射，对作物的光合作用提供光照和能量，并对作物的形态建成也较为有利。在阴天条件下，天空全部是散射辐射。散射辐射过高会使作物植株变高，使叶片生长比茎鞘快，产量降低。近年来的研究表明，在天空有部分云量覆盖的中等辐射条件下（晴空指数为 0.6 左右时），森林、草地和农田生态系统的净碳交换量均可达到最大值。这主要是因为，散射辐射占总辐射比例的增加提高了冠层的光能利用率，进而促进了作物光合产物的累积。Yang 等（2019）提出，在作物模型中必须考虑散射辐射对光能利用率的影响，才能在气候变化背景下提高作物模型模拟的准确度。因此除太阳辐射外，散射辐射也是作物模型运行需要的重要驱动变量。

在缺少太阳辐射观测值的站点，需要根据经验模型，利用日照时数或气温等常规气象观测值来模拟太阳辐射。模拟太阳辐射的经验模型可以分为三类，即基于温度的模型、基于日照时数的模型和混合模型。在有日照时数观测数据的情况下应该首先应用基于日照时数的模型，这类模型的模拟准确度最高。在基于日照时数的模型中，最为经典且应用最为广泛的是 Prescott（1940）改进的埃斯屈朗方程（Angstrom，1924），根据日照百分率（n/N）和逐日天文辐射（R_a）来模拟逐日的太阳总辐射（R_S）：

$$R_S=\left(a+b\frac{n}{N}\right)R_a \tag{3-4}$$

式中，R_S 为太阳总辐射 [MJ/($m^2 \cdot d$)]；n 为实际观测到的日照时数（h）；N 为最大可能日照时数（h），也叫日长；a 和 b 为经验系数（埃斯屈朗系数），联合国粮食及农业组织给出了这两个经验系数的推荐值（表 3-1），也可以由当地的实测数据来拟合这两个系数；R_a 为逐日天文辐射 [MJ/($m^2 \cdot d$)]，可由式（3-5）进行计算。

表 3-1　联合国粮食及农业组织在不同地区所采用的埃斯屈朗系数

地区	a	b
寒带和温带	0.18	0.55
干旱的热带	0.25	0.45
湿润的热带	0.29	0.42

逐日天文辐射可以由太阳常数、太阳赤纬角和一年中的时间来计算：

$$R_a = \frac{24(60)}{\pi} G_{SC} d_r [w_S \sin(\varphi)\sin(\delta) + \cos(\varphi)\cos(\delta)\sin(w_S)] \tag{3-5}$$

式中，R_a 为逐日天文辐射 [MJ/($m^2 \cdot d$)]；G_{SC} 为太阳常数，等于 0.082MJ/($m^2 \cdot min$)；w_S 为日落时角（°），其计算方法见式（3-2）；φ 为当地的纬度（°）；δ 为太阳赤纬角（°），其计算方法见式（3-3）；d_r 为日地距离，其计算公式为

$$d_r = 1 + 0.033\cos\left(\frac{2\pi}{365}D\right) \tag{3-6}$$

式中，D 为日序。

三、散射辐射模拟计算

直接辐射与散射辐射的光谱组成，以及在作物冠层的消光特性等差异较大。目前许多气象观测站点没有太阳辐射的观测，能区分直接辐射与散射辐射的观测站点就更少。因此，许多研究者提出了用晴空指数、日照时数、气温、相对湿度等变量来模拟日尺度散射辐射的经验模型。

Wang 等（2019）利用中国 1993～2015 年 17 个站点的逐日太阳辐射和散射辐射数据，在对比研究包含 11 个变量的 97 套散射辐射模型的基础上，将 97 套模型根据变量个数的不同分成了 5 类，虽然每类模型在每个站点的模拟效果不尽相同，但是总体来说包含 4 个不同变量的第 4 类模型的表现最好，且优于已有模型。该研究推荐了在全国所有站点都表现较好的 4 套模型，可以在中国的任何一个站点使用，其基本形式如下：

$$K_d = a + bK_t + c\left(\frac{n}{N}\right)^2 \tag{3-7}$$

$$K_d = a + bK_t + cK_t^2 + dK_t^3 + e\left(\frac{n}{N}\right) + f\left(\frac{n}{N}\right)^2 + g\left(\frac{n}{N}\right)^3 \tag{3-8}$$

$$K_d = a + bK_t + c\left(\frac{n}{N}\right) + d\delta \tag{3-9}$$

$$K_d = a + bK_t + c\left(\frac{n}{N}\right) + dT_{mean} + eR_h \tag{3-10}$$

式中，K_d 为日尺度散射辐射比例，即散射辐射/地表太阳辐射；K_t 为日尺度晴空指数，为地表太阳辐射与逐日天文辐射的比值，即 R_S/R_a；n 为日照时数观测值；N 为日长；δ 为太阳赤纬角（°）；T_{mean} 为日平均温度（℃）；R_h 为相对湿度；a、b、c、d、e、f、g 均为经验系数，可由当地站点的观测数据来拟合。

Zhu 等（2021）在中国不同的气候区对比并改进了散射辐射模型，研究强调了增加云量变量可以提高模拟的准确度。研究结果认为，包含晴空指数、相对日照（n/N）、总云量、气温、相对湿度、风速和日序的新模型的模拟效果优于其他经验模型。在研究中还采用了人工神经网络的方法来模拟散射辐射，其模拟效果优于所有经验模型。

而对于小时尺度的散射辐射的模拟，也有不少研究者提出了以晴空指数、太阳高度角、气温和相对湿度等为变量的经验模型，并且多数研究认为以 BRL（Boland-Ridley-Lauret）模型（Ridley et al., 2010）的模拟效果最好（Kuo et al., 2014）。BRL 模型的基本形式为

$$k_{\mathrm{d}}=\frac{1}{1+\exp\left(-5.38+6.63k_t+0.006\mathrm{AST}-0.007\beta+1.75K_t+1.31\phi\right)} \tag{3-11}$$

式中，k_d 为小时尺度散射辐射比例；k_t 为小时尺度晴空指数；AST 为当地太阳时（h）；β 为太阳高度角（°）；K_t 为日尺度的晴空指数，即一日内地表水平面接收到的总辐射之和与一日内天文辐射之和的比值；ϕ 是为了考虑日出日落晴空指数变化的问题增加的新变量，其计算方法为

$$\phi = \begin{cases} \dfrac{(k_{t+1}+k_{t-1})}{2} & \text{日出}<t<\text{日落} \\ k_{t+1} & t=\text{日出} \\ k_{t-1} & t=\text{日落} \end{cases} \tag{3-12}$$

BRL 模型中的参数也可以根据研究地点的观测数据来拟合，进而得到适用于本地的模型，其对散射辐射的模拟准确度理论上会更高。

第二节　土壤温度模拟

土壤温度不仅影响作物根系的生长，而且影响土壤中微生物的活动和有机质的分解等一系列发生在土壤中的生物、物理及生化过程。土壤温度是农作系统模拟模型中必需的物理量。目前中国气象局在全国设有 2000 多个土壤温度观测站，但在空间上分布不均匀，在一些站点依然需要对土壤温度进行模拟。土壤温度受到土壤特征和气象变量的影响，如空气温度和太阳辐射，这些变量同时影响植物的发育、成熟。基于站点尺度的土壤温度模拟，经常采用土壤水热耦合模拟数值模型，常用的模型包括 SHAW（simultaneous heat and water）、CoupModel（coupled heat and mass transfer model）、EPIC（environmental policy integrated climate）等模型。近年来有学者采用人工神经网络、小波神经网络、蚁群算法等新的模拟方法对不同土层的温度进行模拟计算，取得了更为准确的结果（Saeid et al.，2020）。机器学习算法可以用来预测土壤温度，但是模拟过程是黑箱，不能基于物理学理论来解释模型的行为。这些最新的土壤温度模拟方法与作物模型的结合还需要更进一步的研究。

在作物模型中对土壤温度的模拟通常采用较为简单的计算方式，一般根据气温、太阳辐射量等要素来进行计算。土壤温度与气温一样具有周期性年变化特征，遵从正弦或余弦曲线，但振幅较气温小，位相较气温落后（图 3-1）。土壤温度随着土层变深逐渐变化，在作物模型中需要分层模拟。地表温度 $T_\mathrm{s}(1)$ 可根据气温、太阳辐射量（Q；ly/d，$1\mathrm{ly}=700\mathrm{W/m^2}$）及地表对太阳辐射的反照率（ALBEDO）来计算：

$$T_\mathrm{s}(1)=(1-\mathrm{ALBEDO})\times\left(T_{\min}+(T_{\max}-T_{\min})\times\left(\frac{Q}{800}\right)^{0.5}\right)+\mathrm{ALBEDO}\times T_{\mathrm{s,p}}(1) \tag{3-13}$$

式中，$T_{\max}$ 和 $T_{\min}$ 分别为日最高气温和日最低气温；$T_\mathrm{s,p}(1)$ 为前一天的地表温度。

地表温度的五日滑动平均值 $[T_\mathrm{s}(1)_\mathrm{5mean}]$ 与当日长期平均气温（$T_\mathrm{a,mean}$）的差值 DT，被用于计算各层土壤温度 $T_\mathrm{s}(L)$：

$$T_\mathrm{s}(L)=T_\mathrm{ay}+\left[\frac{(T_\mathrm{maxy}-T_\mathrm{miny})}{2}\times\cos(\mathrm{ALX}+\mathrm{ZD})+\mathrm{DT}\right]\times e^{\mathrm{ZD}} \tag{3-14}$$

$$\mathrm{DT}=T_\mathrm{s}(1)_\mathrm{5mean}-T_\mathrm{a,mean} \tag{3-15}$$

$$T_{a,mean}=T_{ay}+(T_{maxy}-T_{miny})\times\cos(ALX)/2 \tag{3-16}$$

$$ZD=-\frac{DLAYER(1)+DLAYER(2)+\cdots+DLAYER(L)}{T_w} \tag{3-17}$$

$$ALX=2\pi(D-200)/365 \tag{3-18}$$

式中，T_{ay}、T_{maxy}、T_{miny} 分别为长期年平均气温、长期最热月和长期最冷月平均气温，是模型的输入参数；DLAYER(1)+DLAYER(2)+…+DLAYER(L) 为第 L 层深度，即第 L 层深度为第一层至第 L 层厚度之和；T_w 为当天土壤的湿润深度，一般通过土壤水分平衡模块模拟得到。

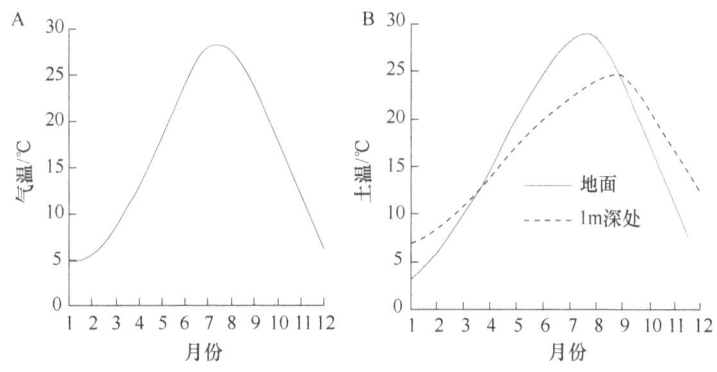

图 3-1　气温（A）和土温（B）的年变化曲线

第三节　冠层小气候模拟

冠层小气候是指作物冠层内的光照与辐射、空气温度与湿度、风与 CO_2 浓度等状况。冠层小气候是作物在生长过程中与周围环境进行辐射、热量和水汽交换而形成的特定气候条件。它的特点是空间尺度范围小，不同下垫面的差别大。作物冠层中太阳辐射的衰减剧烈，能量分配不均，小气候差异很大。并且作物冠层的垂直尺度较小，导致观测难度增大。因此在农田小气候的研究中，作物冠层内部的小气候是一个薄弱环节。冠层小气候主要受到作物群体结构特征的影响，还会受到栽培模式、灌溉等管理措施的影响。

对于冠层小气候的模拟，主要包括对作物冠层内辐射传输的模拟，可以模拟冠层内任一水平面的光强；对冠层温度的模拟，需要涉及土壤-作物-大气连续体（soil-plant-atmosphere continuum，SPAC）中能量（热量）和物质（水分）的传输转化过程，必须详细了解 SPAC 中这种水热传输过程，才能准确模拟农田小气候的变化。在本节的最后再介绍一种基于过程模型的冠层小气候模拟模型，这个模型可以综合模拟冠层能量平衡和水热传输，输出冠层表面能量平衡、表面辐射温度、冠层中叶温、气象要素、土壤温度廓线等要素。

一、冠层辐射传输模拟

冠层辐射传输过程是指研究作物冠层对光辐射的截获、反射、透射和吸收，以及辐射光能在冠层内的传输和分布。作物群体中的辐射状况取决于：①入射太阳辐射，包括直接辐射和散射辐射；②作物群体的光学性质，包括吸收率、反射率、透射率随叶片结构、叶龄、光谱成分、入射角度等的变化；③地面光学性质，包括反射率与土壤性质、干湿程度等；④群体结构，包括植株在地面上的分布、叶片在植株空间的分布、叶片大小和方位等。太阳辐射在冠层中呈负指数规律衰减。长波辐射在冠层中有大气、土壤和作物三种来源，在冠层中的分布比较复杂，因此与大气和冠层温度的差异有关。

由于作物冠层结构的复杂性及观测资料的缺乏，研究人员会根据不同的研究目的来建立复杂程度不同的辐射模式。迄今为止已建立几十种数学模型，用于描述和模拟光辐射在植物群体中的传播。本部分只展开介绍其中一种经典的冠层辐射传输模型。

到达作物冠层顶部的太阳短波辐射分为直接可见光辐射、直接近红外辐射、散射可见光辐射和散射近红外辐射。假设冠层叶片在水平方向上均匀分布，利用比尔定律（Beer law），Monsi 和 Saeki（1953）研究得出冠层内任一水平面的光强（I）随着距冠层顶的深度增加而呈指数递减，即

$$I = I_0 e^{-kL} \tag{3-19}$$

式中，I_0 为冠层顶的光强（W/m²）；k 为消光系数；L 为在这一水平面上的累积叶面积指数（m²/m²）。

由于冠层和土壤对直接辐射与散射辐射的消光系数及反射率不同，需要分别计算。根据 Goudriaan（1977）的处理方法，冠层对不同太阳倾角的直接可见光 $[k_v(i)]$ 和直接近红外辐射 $[k_i(i)]$ 的消光系数分别为

$$k_v(i) = 0.0353 + 0.946\,23 k_{hv} k_b(i) \tag{3-20}$$

$$k_i(i) = 0.0353 + 0.946\,23 k_{hi} k_b(i) \tag{3-21}$$

式中，i 从 1 到 9 分别表示太阳倾角为 0°～10°，…，81°～90°；k_b 为冠层为黑体时的消光系数；k_{hv} 和 k_{hi} 分别为冠层为水平叶片时对可见光和近红外辐射的消光系数。

冠层对可见光散射辐射（k_{dv}）和近红外散射辐射（k_{di}）的消光系数分别为

$$k_{dv} = -\ln\left[\sum_{i=1}^{9} B_u(i) e^{-k_v(i) L}\right] / L \tag{3-22}$$

$$k_{di} = -\ln\left[\sum_{i=1}^{9} B_u(i) e^{-k_i(i) L}\right] / L \tag{3-23}$$

式中，B_u 为散射辐射的正态分布函数；k_v 为冠层对直接可见光的消光系数；k_i 为冠层对直接近红外辐射的消光系数。

冠层对长波辐射的消光系数（k_l）为

$$k_l = -\ln\left[\sum_{i=1}^{9} B_u(i) e^{-k_b(i) L}\right] / L \tag{3-24}$$

冠层对直接可见光（ρ_{fv}）和直接近红外辐射（ρ_{fi}）的反射率分别为

$$\rho_{fv} = 1 - e^{-2\rho_{hv}\left(1 + \frac{LAI k_{dv}}{1 + k_{dv}}\right)\left(\frac{k_b}{1 + k_b}\right)} \tag{3-25}$$

$$\rho_{fi} = 1 - e^{-2\rho_{hi}\left(1 + \frac{LAI k_{di}}{1 + k_{di}}\right)\left(\frac{k_b}{1 + k_b}\right)} \tag{3-26}$$

式中，ρ_{hv} 和 ρ_{hi} 分别为当冠层为水平叶片时对可见光和近红外辐射的反射率。

冠层对散射可见光（ρ_{dv}）和散射近红外辐射（ρ_{di}）的反射率分别为

$$\rho_{dv} = \sum_{i=1}^{9} B_u(i)[-0.011\,154\,4 + 1.117 \rho_{fv}(i)] \tag{3-27}$$

$$\rho_{di} = \sum_{i=1}^{9} B_u(i)[-0.011\,154\,4 + 1.117 \rho_{fi}(i)] \tag{3-28}$$

农田的辐射平衡方程为

$$R_n = (1-\rho_a)Q - F_n \tag{3-29}$$

式中，R_n 为冠层上方的净辐射通量（W/m^2）；ρ_a 为冠层和土壤对太阳辐射的反射率；Q 为太阳辐射量（W/m^2）；F_n 为地表有效辐射量（W/m^2）。

地表和冠层的辐射平衡方程分别为

$$R_{ns} = S_{dv}[1-(-0.0111544+1.117\rho_{fv})]e^{-k_v L} + S_{di}[1-(-0.0111544+\\ 1.117\rho_{fi})]e^{-k_i L} + S_{sv}(1-\rho_{dv})e^{-k_{dv}L} + S_{si}(1-\rho_{di})e^{-k_{di}L} - R_{ls} \tag{3-30}$$

$$R_{nc} = S_{dv}[1-(-0.0111544+1.117\rho_{fv})](1-e^{-k_v L}) + S_{di}[1-(-0.0111544+1.117\rho_{fi})]\\ (1-e^{-k_i L}) + S_{sv}(1-\rho_{dv})(1-e^{-k_{dv}L}) + S_{si}(1-\rho_{di})(1-e^{-k_{di}L}) - R_{lc} \tag{3-31}$$

式中，R_{ns} 和 R_{nc} 分别为土壤和冠层吸收的净辐射量（W/m^2）；S_{dv} 为冠层顶部直接可见光辐射（W/m^2）；S_{di} 为直接近红外辐射量（W/m^2）；S_{sv} 为散射可见光辐射量（W/m^2）；S_{si} 为散射近红外辐射量（W/m^2）；R_{ls} 为土壤的长波辐射量（W/m^2）；R_{lc} 为冠层的长波辐射量（W/m^2）。

二、冠层温度模拟

太阳辐射到达陆地表面后，部分用于植物光合作用，部分以感热和蒸发潜热的形式返回到大气中。早在 20 世纪中叶就陆续有学者致力于农田水热通量的模拟，根据研究方法的不同分为统计模型和过程模型。统计模型是基于长时间历史序列数据，研究潜在蒸散与太阳辐射、气温、湿度等气象要素的相关关系，进而得出的一些经验模型（Jensen et al.，1969；Samani et al.，1985）。统计模型的优点是形式简单，对大范围的水热通量模拟具有指导意义，但是这类模型的经验性强，理论基础差，普适性差，难以推广至其他地区。过程模型是指通过模拟影响水热通量传输的物理和生理过程（包括光合作用、蒸腾作用等过程）来揭示环境因子与水热过程的相互作用。当叶面积足够大并且下垫面供水充分时，可以把土壤和冠层视为一个整体，这时单层模型可以较好地模拟农田能量平衡过程，其中代表性的模型有 Penman 公式、Penman-Monteith 公式、Priestley-Taylor 公式。但是在干旱半干旱地区或植被稀疏的情况下，冠层和土壤两个表面的通量显著不同，Shuttleworth 和 Wallace（1985）提出了将冠层和土壤分开考虑的双源模型。本部分将基于 Shuttleworth-Wallace 公式来详细介绍模拟冠层和土壤温度的过程。

农田的能量平衡方程为

$$R_n = H + \lambda E + G + D + J + M \tag{3-32}$$

式中，R_n 为农田净辐射；H 为感热通量；E 为蒸发蒸腾量 [kg/(m^2·s)]；λE 为潜热通量；G 为土壤热通量；D 为由平流作用从水平方向移走的能量；J 为农田内部因物理作用而消耗的能量；M 为植物光合作用消耗的能量；所有项的单位均为 W/m^2。在农田能量平衡研究中，后三项经常忽略不计，则冠层和土壤的能量平衡方程分别为

$$R_{nc} = H_c + \lambda E_c \tag{3-33}$$

$$R_{ns} = H_s + \lambda E_s + G \tag{3-34}$$

式中，H_c 和 H_s 分别为冠层和土壤的感热通量；λE_c 和 λE_s 分别为冠层和土壤的潜热通量。对于冠层潜热和土壤潜热可采用 Shuttleworth-Wallace 公式来计算。

$$\lambda E_{\mathrm{c}} = \frac{\Delta (R_{\mathrm{n}} - R_{\mathrm{ns}}) + \rho c_{\mathrm{p}} \mathrm{VPD}_0 / r_{\mathrm{a}}^{\mathrm{c}}}{\Delta + \gamma (1 + r_{\mathrm{s}}^{\mathrm{c}} / r_{\mathrm{a}}^{\mathrm{c}})} \tag{3-35}$$

$$\lambda E_{\mathrm{s}} = \frac{\Delta (R_{\mathrm{ns}} - G) + \rho c_{\mathrm{p}} \mathrm{VPD}_0 / r_{\mathrm{a}}^{\mathrm{s}}}{\Delta + \gamma (1 + r_{\mathrm{s}}^{\mathrm{s}} / r_{\mathrm{a}}^{\mathrm{s}})} \tag{3-36}$$

冠层和土壤感热通量的计算公式分别为

$$H_{\mathrm{c}} = \rho c_{\mathrm{p}} \frac{T_{\mathrm{c}} - T_{\mathrm{a}}}{r_{\mathrm{a}}^{\alpha} + r_{\mathrm{a}}^{\mathrm{c}}} \tag{3-37}$$

$$H_{\mathrm{s}} = \rho c_{\mathrm{p}} \frac{T_{\mathrm{s}} - T_{\mathrm{a}}}{r_{\mathrm{a}}^{\alpha} + r_{\mathrm{a}}^{\mathrm{s}}} \tag{3-38}$$

式中，ρ 为空气密度（1.293kg/m³）；c_{p} 为空气定压比热 [1012J/(kg·K)]；λ 为水的汽化潜热 [2.49×10⁶J/(kg·K)]；Δ 为饱和水汽压随温度变化的斜率（×10²Pa/K）；γ 为干湿表常数（0.67hPa/K）；T_{a} 为参考高度的气温（℃）；T_{c} 为冠层温度（℃）；T_{s} 为土壤温度（℃）；VPD_0 为冠层源高度的水汽压差（×10²Pa）；r_{a}^{α} 为冠层源高度到参考高度的空气动力学阻力（s/m）；$r_{\mathrm{a}}^{\mathrm{c}}$ 为冠层表面边界层阻力（s/m）；$r_{\mathrm{a}}^{\mathrm{s}}$ 为土壤表面到冠层源高度的空气动力学阻力（s/m）；$r_{\mathrm{s}}^{\mathrm{c}}$ 为冠层阻力（s/m）；$r_{\mathrm{s}}^{\mathrm{s}}$ 为土壤阻力（s/m）。

一般采用迭代的方法来计算地表和冠层温度。首先给定冠层温度和地表温度的初始值，代入 Shuttleworth-Wallace 模型中的冠层和土壤的感热通量计算公式，求出冠层和土壤的感热通量，将其值代入能量平衡方程中，对于冠层来讲，如果感热和潜热通量之和与净辐射通量相差小于 0.1W/m²，则认为迭代完成，此时的冠层温度为正确值。对于土壤，如果感热、潜热、土壤热通量之和与土壤净辐射通量相差小于 0.1W/m²，则认为迭代成功，此时的地表温度为正确值。

三、基于过程模型的冠层小气候模拟

SHAW 模型是一个基于过程的土壤-作物-大气的综合模型，可以模拟冠层能量平衡和包含多种作物的冠层内的水热传输。SHAW 模型由 Flerchinger 和 Saxton 于 1989 年建立，1991 年由 Flerchinger 和 Pierson 修改加入了作物蒸腾和作物冠层。该模型中将作物冠层分为 10 层。冠层内的辐射分为短波和长波辐射，短波辐射由直接辐射和散射辐射组成。每层的能量平衡包括对入射太阳辐射的阻截及相邻层的透射和反射。每层的水分传输和感热通过迭代计算得到，直到叶片能量平衡中的叶温达到闭合。利用该模型可以模拟冠层表面能量平衡、表面辐射温度、冠层中叶温、气象要素、土壤温度廓线等要素。肖薇（2005）描述了模型对冠层表面和冠层中的能量通量与水汽通量的详细计算过程。

Xiao 等（2006）利用 SHAW 模型模拟了禹城站玉米冠层中小气候要素的日变化、能量平衡的变化、冠层温度和土壤温度的变化。结果表明该模型较好地模拟了地表能量平衡的日变化，对净辐射值、潜热和显热通量的模拟效率分别达到 0.97、0.80 和 0.78（图 3-2）。模型较好地模拟了冠层 2/3 高度以上的气温、相对湿度和风速，越接近地面，模拟效果越差。模型低估了地表的土壤温度，高估了深层次的土壤温度，对浅层土壤的模拟误差较大（图 3-3）。总体来看，SHAW 模型对华北玉米冠层的小气候特征和能量平衡有较理想的模拟能力，模拟结果比较稳定、可靠。

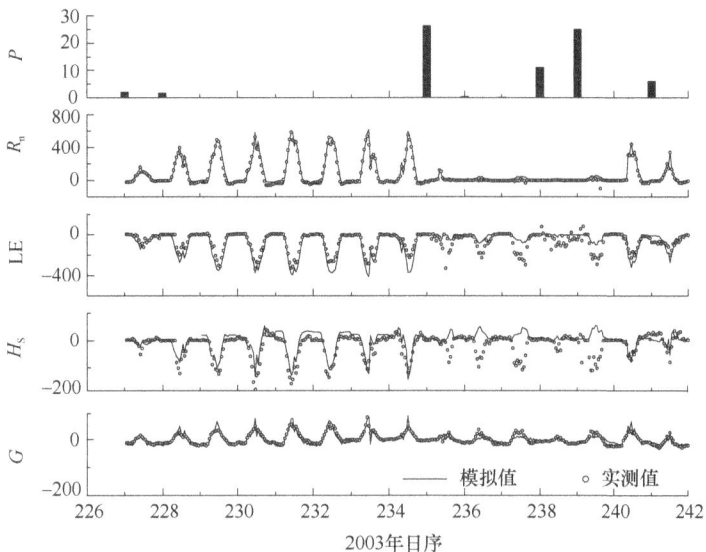

图 3-2 禹城站 2003 年 8 月 15～30 日（日序 227～242）玉米冠层中净辐射（R_n）、潜热通量（LE）、显热通量（H_s）和土壤热通量（G）模拟值和实测值的对比（改绘自 Xiao et al., 2006）

P 为降水量（mm）；所有能量通量的单位为 W/m²

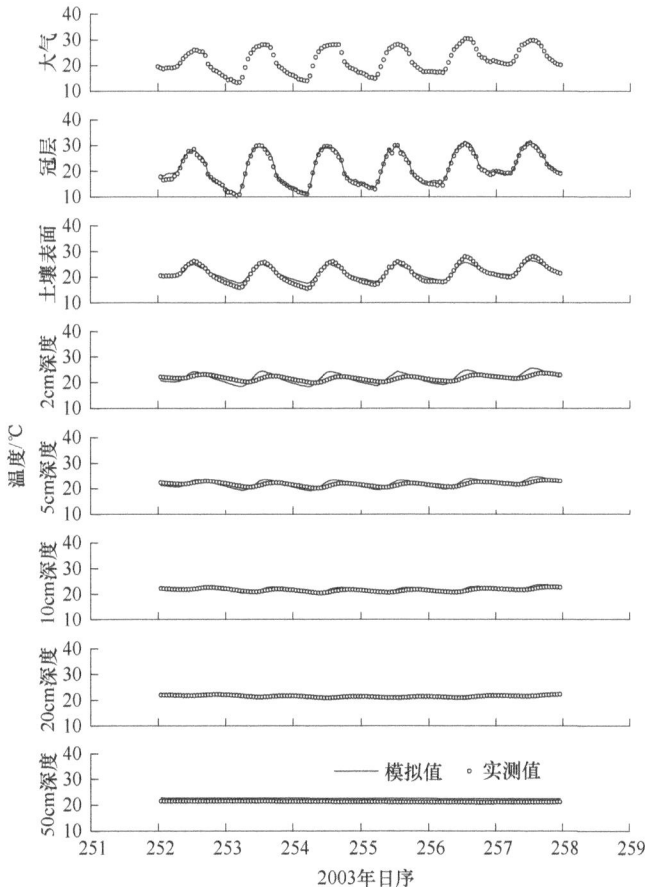

图 3-3 禹城站 2003 年 9 月 9～15 日（日序 252～258）从冠层顶部至土壤下层的温度模拟值与实测值对比（改绘自 Xiao et al., 2006）

第四节 未来气象生成模型

评估气候变化对作物生产效应的第一步是明确需要评估的气候变化情景。当评估历史气候变化效应时,可以将直接基于观测的历史气象数据输入作物生长模型。而对于未来气候变化效应评估来说,首要的是明确未来气候变化情景,并生成适用于作物生长模型的气候数据。随着气候模拟技术的发展,气候模型已经可以提供具有一定可信度的未来气候变化情景,可将气候模型输出的未来气候情景与作物模型相耦合,以模拟未来特定气候变化情景对作物生长发育和生产力形成的可能影响。目前,气候模型输出的气候变化情景与作物模型相耦合,是评估未来气候变化对作物生产影响的主要方法。气候模型可用来模拟未来全球或区域尺度的气候变化状况,为作物模型运行提供了所需的气象数据。

一、全球气候模型

全球气候模型(global climate model,GCM)是近年来大气科学家根据能量守恒、物质守恒等理论建立的模拟海洋-陆面-大气系统基本物理过程的大型数值模型,主要用于模拟海洋-陆面-大气系统的基本物理过程。GCM 采用各种参数和复杂的状态方程组来描述决定气候的诸多因子,包括太阳辐射、海洋、云量及其光学特性、大地形、下垫面反射率等之间错综复杂的相互作用。GCM 建立在物理学机制之上,具有较强的科学性和合理性。有关全球气候变化的一些主要研究结论都是根据 GCM 的模拟结果提出来的,这些结论不仅得到了全球范围内观测资料的支持,还得到了联合国政府间气候变化专门委员会(Intergovernmental Panel on Climate Change,IPCC)、世界气象组织(World Meteorological Organization,WMO)等权威机构的一再确认。但是 GCM 仍有许多局限性:一是对自然界还缺乏透彻的认识,特别是海洋内部热传递过程、海-气之间气热交换过程的机制尚未完全清楚;二是对海洋和大地形的处理过于简单;三是空间分辨率较低(目前一般在 200km 以上),即网格面积过大,忽略了复杂地形、地理位置和生态环境对区域气候的影响。

鉴于 GCM 是为研究全球气候变化而研制的,其空间分辨率过于粗略,因此在区域研究中不宜直接使用 GCM 的输出结果。需要对 GCM 的输出结果做降尺度处理,以生成分辨力较高的区域气候变化情景,或在 GCM 的基础上进一步研制具有较高分辨力的区域气候模型,以满足降尺度的需要。

GCM 对未来气候数据的输出一般采用逐网格月值形式,而作物模型一般需要逐日数据的输入。因此,对于 GCM 数据的时间降尺度通常采用历史资料叠加法、天气发生器等统计降尺度方式生成逐日尺度的气候数据。天气发生器(weather generator,WGEN)是气候变化及影响评价研究中的一种有效工具,常用来生成与研究区域各气候要素统计特征值相一致的气候要素时间序列。近年来,不少学者将 WGEN 与基准气候(一般取近 30 年历史气候资料的逐日数据)相结合,应用于气象变量的降尺度研究,旨在为作物生长模型提供驱动性输入。WGEN 的优点是可以生成任意长度的时间序列,有些功能强大的 WGEN(EPIC 模型自带的天气发生器 WXGEN)甚至可以在一个区域内同时生成多站点的气象数据(刘永和等,2010)。需要注意的是天气发生器只是将 GCM 的输出结果与同一网格内各站点的基准气候结合起来,以达到降尺度的目的,它并不能提高 GCM 的分辨率。目前应用较多的天气发生器有农业技术转移决策支持系统模型(DASSAT)中的天气发生器(Richardson and Wright,1984)、稻麦模拟优化决策系统（R/WCSODS）中的天气发生器（高亮之等，1992）和中国天气发生器（廖要明等，2004）。

二、区域气候模型

自 20 世纪 90 年代以来，科学家一直致力于提高 GCM 模拟区域气候及其变化的能力。他们提出在研究区域加入分辨率高且物理过程更为完善的区域气候模型（regional climate model，RCM），并使其与 GCM 嵌套，一些大尺度大气环流模拟由 GCM 来处理，区域问题则让 RCM 来完成。由此建成的 RCM 在中尺度天气模式框架中加入一些气候过程，具有机理性强、时空分辨率高（一般在 10～50km）的特点，目前已成为区域气候变化研究的主流方向。该方法也称为基于动力降尺度方法进行 GCM 的空间降尺度。RCM 数据能够细致描述部分区域性信息，并逐渐将传统意义上的天气过程与气候发展演变联系起来，已成为研究区域气候变化的重要途径。RCM 对小尺度气候变化极为敏感，尤其在复杂地形、沿海、岛屿或者土地覆被高度异质性的区域表现明显。

由美国国家大气研究中心（NCAR）研制的 RegCMs 是世界上应用最广的区域气候模型，目前已经发展到 RegCM5。RegCMs 系列模型已经在全世界范围内气候模拟及气候变化预估等方面得到了广泛的应用。

RCM 虽然可以模拟不同地区的气候，但是模拟结果仍有很强的地区依赖性。要想很好地模拟区域气候或其中的一些特定因子，应该根据本地实际情况对 RCM 中各种参数化过程进行相应的调整改进。目前在区域气候模型的研究领域已发表了许多令人鼓舞的成果，包括对历史极端气候事件的模拟和未来气候变化的预测等。但是区域气候是多尺度扰动和多圈层相互作用的结果，人们对其中一些复杂的物理过程，特别是土壤湿度作用及云反馈过程还缺乏深刻理解，因此区域气候模型研究还面临着许多挑战。

三、国际耦合模式比较计划

国际耦合模式比较计划（Coupled Model Intercomparison Project，CMIP）收集了全球变暖的理想场景下不同控制实验、不同碳排放情景下的气候模型结果，意在为评估气候变化提供数据支持。CMIP 的模式结果直接支撑着 IPCC 评估报告的撰写（周天军等，2019），对古气候的研究、未来气候变化的预估、政府决策的制定、政府间协议的签署等具有重要意义。从 2016 年开始，第 6 次国际耦合模式比较计划（CMIP6）的模拟数据至今已基本提交完毕。CMIP6 是 CMIP 实施以来参与的模式数量最多的一次（表 3-2），它的主要特点是采用了一种新的、更具联合特色的组织结构，它将很多单独设计的模式比较计划纳入了联合活动，以此来满足气候学界日益广泛的科学需要。

表 3-2 CMIP6 中 32 个全球气候模型的基本信息

气候模型名称	研究机构和国家	空间分辨率	气候模型名称	研究机构和国家	空间分辨率
ACCESS-CM2	ACCESS，澳大利亚	192×144	CanESM5	CCCMA，加拿大	128×64
ACCESS-ESM1-5	ACCESS，澳大利亚	192×145	CESM2-FV2	NCAR，美国	144×96
AWI-ESM-1-1-LR	AWI，德国	192×96	CESM2-WACCM-FV2	NCAR，美国	288×192
BCC-CSM2-MR	CMA，中国	320×160	CESM2-WACCM	NCAR，美国	144×96
BCC-ESM1	CMA，中国	128×64	CESM2	NCAR，美国	288×192

续表

气候模型名称	研究机构和国家	空间分辨率	气候模型名称	研究机构和国家	空间分辨率
CMCC-CM2-SR5	CMCC，意大利	288×192	KACE-1-0-G	NIMS，韩国	192×144
EC-Earth3-Veg-LR	ECMWF，欧洲10国	320×160	MIROC6	MIROC，日本	256×128
EC-Earth3-Veg	ECMWF，欧洲10国	512×256	MPI-ESM-1-2-HAM	MPI，德国	192×96
EC-Earth3	ECMWF，欧洲10国	512×256	MPI-ESM1-2-HR	MPI，德国	384×192
FGOALS-f3-L	CAS，中国	288×180	MPI-ESM1-2-LR	MPI，德国	192×96
FGOALS-g3	CAS，中国	180×80	MRI-ESM2-0	MRI，日本	320×160
GFDL-CM4	GFDL，美国	288×180	NESM3	NUIST，中国	192×96
GFDL-ESM4	GFDL，美国	288×180	NorESM2-LM	NCC，挪威	144×96
INM-CM4-8	INM，俄罗斯	180×120	NorESM2-MM	NCC，挪威	288×192
INM-CM5-0	INM，俄罗斯	180×120	SAMO-UNICON	SNU，韩国	288×192
IPSL-CM6A-LR	CNES，法国	144×143	TaiESM1	CAS，中国	288×192

注：空间分辨率数据为经向网格数×纬向网格数。ACCESS. 澳大利亚联邦科学与工业研究组织；AWI. 阿尔弗雷德韦格纳研究所；CMA. 中国气象局；CCCMA. 加拿大气候模拟与分析中心；NCAR. 美国国家大气研究中心；CMCC. 欧洲-地中海气候变化研究中心；ECMWF. 欧洲中期天气预报中心；CAS. 中国科学院；GFDL. 美国国家海洋与大气管理局；INM. 数值计算研究所；CNES. 法国国家空间研究中心；NIMS. 韩国气象科学研究院；MIROC. 日本气候系统研究中心；MPI. 马克斯-普朗克气象研究所；MRI. 日本气象研究所；NUIST. 南京信息工程大学；NCC. 挪威气候研究中心；SNU. 首尔国立大学

Chen等（2020）评估了CMIP6模式对全球重点区域极端气候的模拟能力，发现CMIP6可以较好地重现中国和北美洲地区极端降水在东南和西北两地的显著差异。Zhu等（2020）利用12个CMIP6模式比较了CMIP6与CMIP5对中国极端气候模拟能力的差异，表明CMIP6多模式集合相较于CMIP5多模式集合，对气候态和年际变率两方面的模拟能力都有较大的改进。

复习思考题

1. 什么是冠层小气候，它的特点是什么？
2. 请根据某地市2020年的逐日日照时数数据来计算逐日太阳辐射。
3. 如何对GCM的模拟结果进行处理，使之能应用于作物模型？

第四章
作物阶段发育与器官建成模拟

在作物的生长发育过程中会发生许多量和质的变化,对于数量上的变化如生物量和叶面积等相对容易定量模拟,而对于质量上的变化如植株的生理年龄和物候期的量化模拟则比较困难。由于植株的发育时期或生理年龄直接影响作物的器官发生及生物量分配等生理过程,因此生长发育时期模拟的准确性直接影响到整个农作系统模拟模型的准确性。作物器官建成主要指植株上不同器官的发生和形成过程,决定了植物的形态特征。器官发生的时间与阶段发育过程密切相连,发生的数量和大小与同化物的分配和利用相关。对于多数农作物来说,植株上的器官主要包括根、叶、茎、穗、花、粒等部分。其中,根、叶、茎的发生和发育决定了植株的营养生长,而穗、花、粒的分化和发育决定了植株的生殖生长。

第一节 作物阶段发育与器官建成的基本模式及关系

植株的发育阶段可以根据茎顶端的阶段发育时期来划分,称为发育期;也可根据植株的外部形态学变化来划分,称为物候期。作物不同器官(叶、茎、花、穗等)在不同的阶段生长发育,形成了不同生育期(如分蘖期、拔节期、孕穗期、开花期、抽穗期、灌浆期、成熟期等)特定的形态特征。掌握阶段发育与器官建成的基本模式和相互关系,是作物生长模拟的基础工作。

一、作物阶段发育的基本模式

作物生长具有一定的规律,这种规律在正常的情况下基本不变化,也就是具有基本的生长模式,但生长发育受到生态因子和生理特性的影响,因此定义和划分作物生长发育阶段、厘清生理因子,有助于理解和模拟作物阶段发育过程。

(一)发育阶段的定义与划分

一般可将发育期分为营养发育期和生殖发育期,分别以茎顶端的显著伸长和生殖器官(如穗)的发育为标志。物候期可以分为出苗期、分蘖(分枝)期、开花期、成熟期等。然而,不同的作物类型具有不同的阶段发育特点和形态建成过程,因此发育阶段的划分也不尽相同。对于小麦等冷季作物来说,根据穗发育阶段可分为生长锥伸长期、小穗分化期、小花分化期、雌雄蕊分化期、四分体期、开花期等;根据形态发育特征可分为出苗期、分蘖期、拔节期、抽穗期、灌浆期、成熟期等。由于作物群体中的个体生长发育期并非完全一致,一般将群体50%的个体优先到达某生长发育阶段的日期记录为群体所处的生长发育期。例如,群体中50%的植株开花了,我们就认为这个群体到了开花期。应当指出,禾谷类作物植株的发育期和物候期密切相关,特别是花器官分化开始以后可根据物候期来大致推测茎顶端的内部穗发育期。

（二）阶段发育的生理因子与概念模式

对于大多数作物来说，从播种到成熟的生长发育时期大体可划分为三个阶段，即播种到出苗、出苗到抽穗或开花、抽穗（开花）到成熟。其中，出苗以前和开花以后主要受积温效应的影响，表现为受温度驱动的生长过程，而出苗以后到开花则受到多种发育因子的影响，表现为受发育进程驱动的阶段发育过程。

阶段发育的生理过程一般包括对温度的反应和对光周期的反应。对温度的反应表现为两种形式：一种是所有作物普遍具有的热响应，发育速率随着热效应而加快；另一种是冷季作物所特有的春化作用，具有一定时期的低温需求。大多数作物在一定时期的温度作用期以后，发育速率开始对光周期或日长表现敏感，即光周期现象。其中，短日作物需要感应较短的日长才能完成正常的发育，长日作物需要感应较长的日长才能完成正常的发育，而日长中性的作物对日长的变化则相对不敏感。

除了温光反应特性，许多作物还表现了一种内在的基本发育因子，即在最适宜的温光条件下，不同基因型到达开花期的时间长度不同，因而也导致成熟期的差异。这是阶段发育模拟中必须考虑的另一个生理因子。例如，将不同小麦品种的种子春化后，同时生长在长日照和适温下，使其阶段发育不受温光反应的限制，但在开花期仍表现明显的差异，一般变异范围为 30~40d。另外，水稻在温光反应敏感期之前的基本营养生长期也表现为一种由基因型决定的基本发育因子。

因此，模拟作物的阶段发育必须量化热效应、光周期反应、基本发育因子等生理过程及其相互作用对发育速率的影响。对于越冬的冷季作物来说，还必须同时模拟春化作用的过程及强度。例如，决定小麦的发育速率因子包括春化作用、光周期反应、热效应及基本早熟性等，这些因子在不同时期具有不同的作用强度。在发育过程中，每天的春化进程与光周期效应的互作共同决定了每天的发育速率或热效应的作用程度，即热敏感性。春化作用完成以前，光周期效应对发育的影响受到每天春化进程的调节；春化作用完成以后，相对光周期效应成为影响发育的主导因子，此后越接近抽穗期光周期反应越弱，对发育速率的影响也逐渐减小。

除了考虑受环境调节的发育生理过程，还需要采用遗传参数来量化不同基因型在这些过程中的发育差异。遗传参数因为能反映不同品种特有的基因型差异，符合发育生理学的规律，所以具有明确的生物学意义，同时易于通过试验研究获得或估计。例如，影响小麦发育进程的品种遗传参数为温度敏感性（TS）、生理春化时间（PVT）、光周期敏感性（PS）和基本早熟性（IE），它们分别体现了不同品种小麦在热效应、春化作用、光周期反应及到达开花所需的最短生理时间这 4 个方面的遗传特征值，共同决定了不同品种到达各发育阶段所需的生理发育时间。

二、作物器官建成的基本模式

不同的作物类型具有不同类型、数量和质量的器官，因此器官发育的模式及模拟的方法因作物而变。植株上不同器官的发生具有一定的时间和空间上的序列性，由一系列发育生理过程调控。对于禾谷类作物而言，茎顶端是地上部非常活跃的器官发生中心，因而是作物器官发育模拟的重点之一。茎顶端发育首先决定了叶原基与叶片的数量及叶片分化和出现的速率，也决定着穗分化时间的早晚、小穗小花的数量和结实情况，因而是植株个体发育的核心。茎顶端器官分化速率从快到慢依次是小花、小穗、叶片。此外，叶片出现的速率又低于叶片分化的速率。

随着主茎上叶片的出现，当叶片数到达一定的基数时，发生分枝或分蘖。在禾谷类作物中，分蘖与单茎叶片数（N）具有特定的数量关系，一般为$N-3$。即当主茎第 4 叶（L_4）出现时，发生第一个分蘖（T_1），第 5 叶（L_5）出现时，发生第二个分蘖（T_2），其余类推（图 4-1）。当植株的叶片余数剩下不到总叶数的 1/3 时，茎秆开始伸长和长粗，即拔节。同时，分蘖开始两极分化，大量弱小分蘖开始死亡，至孕穗期，穗数基本稳定。

任何一个器官完整的发育周期都经历分化、出现、扩展、衰老 4 个相互关联的过程。其中，分化和出现主要受发育因子的影响，如温度和光周期，而扩展和衰老受生长因子的影响相对较大，如植株的水分和养分状况等。

同阶段发育一样，器官发育也表现为明显的基因型差异，因此在描述器官建成的模型中，必须引入品种特定的遗传参数。这些遗传参数主要与植株的器官发育和形态建成相

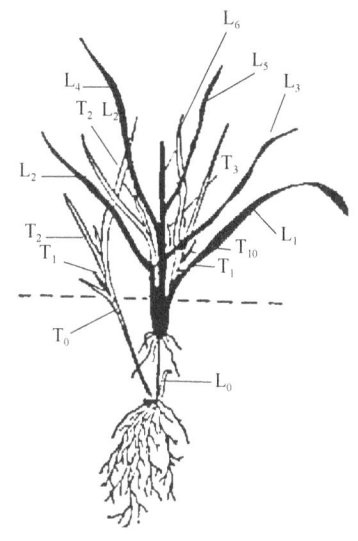

图 4-1 小麦叶片出现与分蘖发生的模式图

L 表示叶片，T 表示分蘖

关。例如，品种特定的叶热间距、株高、小穗和籽粒数、籽粒重等分别反映不同品种在叶片、节间、结实特性、籽粒生长等方面的差异性。这些遗传参数要求生物学意义明确，解释性好，且容易获得和估计。

三、阶段发育与器官建成的关系

作物的发育总体上包括阶段发育与器官发育。阶段发育是指受温光反应驱动的植株茎顶端发育的质量性变化，主要是一种生殖发育过程，导致茎顶端发育阶段的变化，表现为穗发育期。器官发育是指在植株发育过程中不同器官的发生和形态建成过程，导致植株外部形态学上的变化，构成物候期。可以说阶段发育是植株内在的本质性生理变化，通常以器官发育为形态标志。因此，形态发育是阶段发育的外部表现。作物个体发育的核心是茎顶端的发育，其不仅决定着作物阶段发育的进程，而且关系到各种营养器官和生殖器官形成的数量与质量及时空分布。作物生殖模拟必须以茎顶端发育为主线，以温光反应为基础，将阶段发育与形态发育的生理生态过程进行系统分析，以建立茎顶端发育与器官形成的机理调控模型。

对于冷季作物而言，春化作用和光周期反应是制约阶段发育的主要生态生理过程，即所谓的春化阶段和光周期阶段。最近的研究证明，春化作用和光周期反应是自出苗后就同时存在的两个生理过程。发育首先依赖于春化作用和光周期反应的相互作用，春化作用结束后则依赖于光周期反应。从遗传角度来看，凡是温光要求严格、温光互作效应较为明显的品种，其最短苗穗期和最长苗穗期的差异值较大，故器官数目的可变性较大。通过一定的阶段发育过程，凡是能够抽穗的作物都具备了正常成熟的内在素质。因此，抽穗期可视为作物温光反应的终止期。

禾谷类作物生长锥的发育与植株外部形态特别是叶片发育具有一定的对应关系。这是因为植株器官的发生和形态特征的变化是内部生理过程的外在表现，在发生的时间和空间上有着密切的联系。例如，小麦叶片分化的速率与数量受幼穗发育进程所调节，特别是春化和光周期环境对叶龄的影响很大。叶龄与穗发育进程的对应关系并非一种生理上的因果关系，真

正调控叶片发育的基础应该是茎顶端阶段发育的速率,其生理机制主要是春化作用和光周期反应的进程。其他过程诸如器官的发生和衰老都与茎顶端的发育相协调,以保证其生长发育的有效性。通过主茎顶端的系统发育,以确定总体发育的速率。由此可见,以作物基因型为内因,温、光环境为主要外因,决定了作物的茎顶端发育速率,以此为基础顺序出现各种器官,完成作物个体发育的一生。

第二节 作物阶段发育与物候期模拟

阶段发育与物候期的模拟主要是建立温度、光周期等环境因子对作物发育速率影响的模型。由于作物发育进程机理的复杂性,我们不能简单地用日历天数来描述作物的发育进程。作物模型学家一般通过一定的数值来表示发育时期,也就是发育尺度,其值随着发育进程而逐渐增大,然后通过计算温度、光周期等因素影响下的发育速率(发育速率的量纲为每天),可从发育速率与时间步长的乘积得到发育时期的进展。不同的作物生长模型选用的发育尺度是不一样的。例如,荷兰"de Wit"系列的模型,菲律宾国际水稻研究所的 ORYZA 模型、SUCROS 模型等,0.0 代表播种,1.0 代表开花,2.0 代表成熟;美国的 CERES 系列模型,0.0 代表播种,2.0 代表开花,4.0 代表成熟;中国的 RiceGrow 模型,0 代表播种,32 代表抽穗,57 代表成熟。不同的模型发育尺度不一样,模型的算法、结构及参数都有差异,但是模拟的生理过程都是相似的。

本节主要以南京农业大学研制的 WheatGrow 模型为例,介绍作物发育期的模拟。该模型中影响小麦发育进程的品种遗传参数为温度敏感性、生理春化时间、光周期敏感性和基本早熟性,它们分别体现了不同品种小麦在热效应、春化作用、光周期反应及到达开花所需的最短生理时间这 4 个方面的遗传特征值,共同决定了不同品种到达各发育阶段所需的生理发育时间。

一、作物温光反应模拟

作物发育的温光反应主要是作物发育对温度和光周期的反应,在模拟作物发育时,要考虑如何来量化温度和光周期对作物的影响。

(一)平均温度

日平均温度(T_{mean})的计算方法主要有三种:第一种方法是通过日最低温度(T_{min})和日最高温度(T_{max})的简单平均或加权平均方法获得;第二种方法是先估计一天中不同时段的温度值 T_i,然后再计算平均数;第三种方法是综合考虑白天温度、夜间温度和日长的共同影响而获得的。

1. 平均法 日平均温度的简单平均方法为

$$T_{mean}=(T_{min}+T_{max})/2 \tag{4-1}$$

日平均温度的加权平均方法为

$$T_{mean}=aT_{min}+bT_{max} \tag{4-2}$$

式中,a 和 b 为加权系数,二者之和为 1,具体数值可根据昼夜温度变化模式或日长模式而确定。例如,假设夜间温度对日平均温度的影响大于白天温度的影响,那么 a 可定为 0.6,b 可定为 0.4。

2. 时段法　　大多数模型都用上述方法计算的日平均温度来表示每天的气温，这种方法简便易算，适用于昼夜温差较小的地区。然而，由于这种计算方法没有考虑到昼夜温差的作用，不能真实客观地描述作物对每日温度的实际反应，因此对于昼夜温差较大的地区，所估计的温度效应误差较大。所以，近年来，有些模型将一天 24h 分成 8 个时段或 24 个时段，利用温度变化因子（T_{fac}）及日最高温和最低温来计算每个时段的温度，得到 8 个或 24 个代表昼夜温度变化模式的温度值。这种方法比日平均温度更准确地反映了作物生长发育与温度的关系。例如，利用每天 8 个时段计算生长度日 [$T_{fac(i)}$] 的公式为

$$T_{fac(i)} = 0.931 + 0.114i - 0.0703i^2 + 0.0053i^3 \quad i=1, 2, 3, \cdots, 8 \quad (4\text{-}3)$$

$$T_i = T_{min} + T_{fac(i)}(T_{max} - T_{min}) \quad (4\text{-}4)$$

3. 温度/日长法　　在这种方法中，日平均温度是由白天温度、夜间温度和日长共同计算而来的。白天温度（T_{day}）由在日出和日落之间的温度曲线积分而得，假设日最高温度出现在 14:00，而最低温度出现在日出，则

$$T_{day} = T_{mid} + (\text{SUNSET} - 14) \times \text{AMPL} \times \sin(\text{AUX})/(\text{DL} \times \text{AUX}) \quad (4\text{-}5)$$

$$T_{night} = T_{mid} - \text{AMPL} \times \sin(\text{AUX})/(\pi - \text{AUX}) \quad (4\text{-}6)$$

其中：

$$T_{mid} = (T_{max} + T_{min})/2 \quad (4\text{-}7)$$

$$\text{AMPL} = (T_{max} - T_{min})/2 \quad (4\text{-}8)$$

$$\text{SUNRISE} = 12 - \text{DL}/2 \quad (4\text{-}9)$$

$$\text{SUNSET} = 12 + \text{DL}/2 \quad (4\text{-}10)$$

$$\text{AUX} = \pi \times (\text{SUNSET} - 14)/(\text{SUNRISE} + 10) \quad (4\text{-}11)$$

式中，T_{day} 为白天温度（℃）；T_{night} 为夜间温度（℃）；DL 为日长（即白天的长度，小时数）；SUNRISE 为日出的时间（h）；SUNSET 为日落的时间（h）；AMPL、T_{mid}、AUX 分别为计算时采用的中间变量；π 为圆周率（3.141 59）。

日平均温度（T_{mean}）则是相应的一天中的白天温度（T_{day}）、夜间温度（T_{night}）和日长（DL）的函数：

$$T_{mean} = [T_{day} \times \text{DL} + T_{night} \times (24 - \text{DL})]/24 \quad (4\text{-}12)$$

（二）生长度日

一般来说，作物的发育进程随温度的升高而加快，虽然超过一定的温度范围，发育速率会有所下降（图 4-2）。然而，在作物生长季节的大多数时间内，温度一般都低于发育的最高

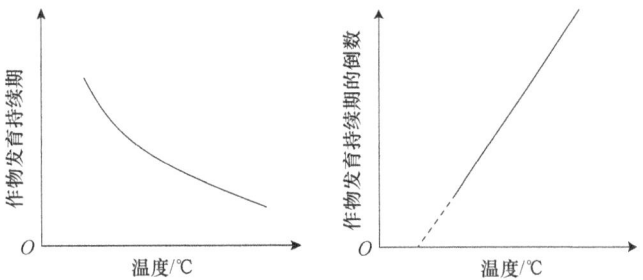

图 4-2　温度对作物发育持续期（t）及其倒数（发育速率，$1/t$）的影响

虚线表示是推测的结果

温度。因此，在高于基点温度、低于最适温度的范围内，发育速率与累积的热时间或生长度日呈正相关关系。这种累积生长度日成为预测作物发育阶段的主要尺度之一。

每天的生长度日（growing degree day，GDD），通常又称有效积温或者热时间（thermal time），是指高于基点温度的日平均温度。累积生长度日是一定时期内日平均温度与发育基点温度差值的累积值，其单位是℃·d。每天生长度日的计算公式为

$$GDD = \text{sum}(T_{\text{mean}} - T_b) \quad (4\text{-}13)$$

式中，T_b 为发育基点温度；每天生长度日的累积形成累积生长度日。

如果计算的温度是 8 个或 24 个时段的温度值，则需分别计算每天生长度日后再获得每天的平均生长度日：

$$GDD = 1/8 \times \sum_{i=1}^{8}(T_i - T_b)\text{sum}(T_{\text{mean}} - T_b) \quad (4\text{-}14)$$

应当指出，如果作物的发育进程主要受温度的影响，那么可以利用累积生长度日来粗略地估计作物特定的发育阶段。然而，生长度日对发育阶段的预测有时会存在明显的误差，因为作物对温度的反应并不是线性的，这样在较高或较低温度范围内预测发育速率就不够精确。另外，如果采用统一的基点温度计算一生中的生长度日，则发育后期的累积生长度日偏高，从而会影响发育速率与生长度日之间的线性关系。例如，小麦发育的最低、最适及最高温度随着发育阶段的变化而变化，从播种到成熟期发育的最低、最适及最高温度均呈增加的趋势。小麦一生中基于同一基点温度的有效积温与阶段发育速率呈曲线关系，但以不同基点温度为基础的有效积温与阶段发育速率之间呈直线关系（图 4-3）。

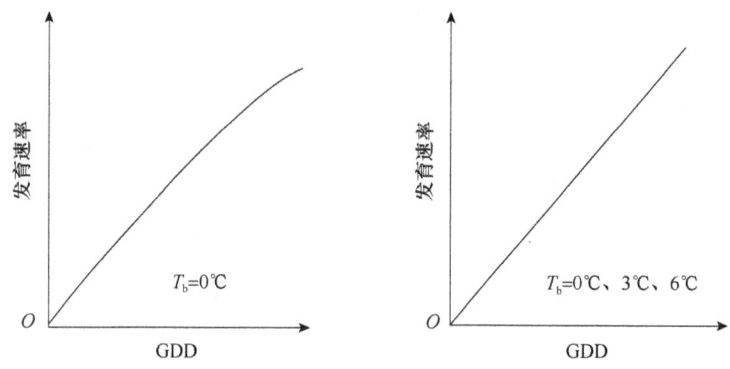

图 4-3　基于不同基点温度的每天生长度日与小麦发育速率之间的关系

此外，以每日最低和最高温度的平均数表示的生长度日仅反映了日平均温度的效应，而没有考虑到昼夜温差的影响，这样当昼夜温差较大时或者实际温度接近发育温度的下限或上限时，生长度日的准确性也会下降。利用一日不同时段的温度值来计算生长度日就可在一定程度上克服这一问题。其生理依据是，尽管作物的生理过程对日平均温度的反应是曲线型的，但对短时温度的反应几乎是线性的。

（三）热效应

热效应是依据作物生长发育过程对温度的反应曲线所决定的相对于最适水平的效应因子，是一种相对的热生理日。一般情况下，作物任何一个生长发育阶段对温度的反应都很敏感，所以温度的热效应是对作物发育进程具有重要影响的驱动变量之一。有的作物模型的热效应是通过每日生长度日简单地累加，但一般研究表明，温度对作物发育进程的影响是非线

性的,因此一般用正弦函数、Beta 函数等非线性函数来量化热效应。WheatGrow 模型中的每日热效应(DTE)的计算基于小麦生长的基点温度(T_b)、最适温度(T_o)、最高温度(T_m)及实际温度(T)。可用正弦指数方程来描述(图 4-4),如下式所示:

$$TE_i = \begin{cases} \left[\sin\left(\dfrac{T_i-T_b}{T_o-T_b}\times\dfrac{\pi}{2}\right)\right]^{ts} & T_b \leqslant T_i \leqslant T_o \\ \left[\sin\left(\dfrac{T_m-T_i}{T_m-T_o}\times\dfrac{\pi}{2}\right)^{\left(\frac{T_m-T_o}{T_o-T_b}\right)}\right]^{ts} & T_o \leqslant T_i \leqslant T_m \end{cases} \quad (4\text{-}15)$$

$$DTE = 1/8 \times \sum_{i=1}^{8} TE_i \quad (4\text{-}16)$$

式中,ts 为基因型特定的温度敏感性。基点温度(T_b)、最适温度(T_o)及最高温度(T_m)可随小麦生育期而变。小麦的基点温度、最适温度及最高温度在二棱期以前分别为 0℃、20℃、32℃,二棱期到抽穗期分别为 3.3℃、22℃、32℃,抽穗期到成熟期分别为 8℃、25℃、35℃。

(四)春化效应

春化作用是小麦完成发育所必需的一种低温反应。春化效应的大小取决于品种的内在春化要求及环境中适宜春化的温度范围与持续期。一天中春化作用的强弱以春化效应(VE)来表示。作物的春化效应一般是通过春化效应对春化的临界温度的线性和非线性响应来模拟的,在 WheatGrow 模型中,利用正弦指数函数、线性函数及正弦指数函数三段函数来量化描述:

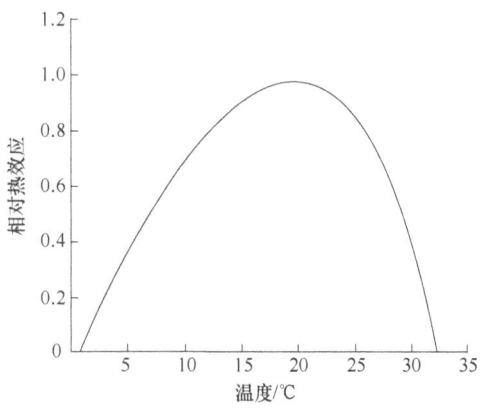

图 4-4 小麦的相对热效应与温度之间的曲线关系

$$VE(i) \begin{cases} \left[\sin\left(\dfrac{T-T_{bv}}{T_{ol}-T_{bv}}\times\dfrac{\pi}{2}\right)\right]^{0.5} & T_{bv} \leqslant T < T_{ol} \\ 1 & T_{ol} \leqslant T < T_{ou} \\ \left[\sin\left(\dfrac{T_{mv}-T}{T_{mv}-T_{ou}}\times\dfrac{\pi}{2}\right)\right]^{vef} & T_{ou} \leqslant T < T_{mv} \\ 0 & T_{mv} \leqslant T \text{ 或 } T < T_{bv} \end{cases} \quad (4\text{-}17)$$

式中,T 为每天实际温度;T_{bv} 为小麦春化最低温度;T_{ol} 为春化最适温度范围的下限值,分别为-1℃和 1℃;T_{ou} 为春化最适温度范围的上限值;T_{mv} 为春化最高温度;vef 为春化效应因子,它们的值均随不同小麦品种生理春化时间(PVT)的不同而连续变动,可用下列方程表示:

$$T_{ou} = 10 - PVT/20 \quad (4\text{-}18)$$

$$T_{mv} = 18 - PVT/8 \quad (4\text{-}19)$$

$$vef = 1/(2 - 0.0167 \times PVT) \quad (4\text{-}20)$$

生理春化时间是发育模型中出现的另一个品种特定的遗传参数，在小麦中为 0~60d。即对于极强春性品种来讲，其生理春化时间为 0d，而对于极强冬性品种则为 60d。因此，强春性小麦品种春化的最适上限温度及最高温度分别为 10℃和 18℃，强冬性小麦品种为 7℃和 10.5℃，而春化效应因子则为 0.5~1.0。

春化效应因子的含义是不同基因型小麦品种对春化作用的反应不同，其取值随品种特定的生理春化时间的不同而变化，间接体现了品种间的遗传差异。对于冬性品种，其生理春化时间相对较长，因而春化效应因子较大，春化效应的曲线表现较陡，因而对温度的反应相对较敏感，它的最适春化温度范围就相对较窄，最高春化温度也较低。对于春性品种，情况就恰恰相反。图 4-5 中的两条曲线分别是生理春化时间为 60d 的极强冬性品种和生理春化时间为 0d 的极强春性品种（实际上没有春化作用）的相对春化效应曲线。这两条曲线代表两个极端，其他所有品种的春化最适温度的上限值及最高春化温度随品种的生理春化时间而变，从而使得不同品种的春化效应曲线、春化最适温度范围及春化最高温度也随之连续变动。

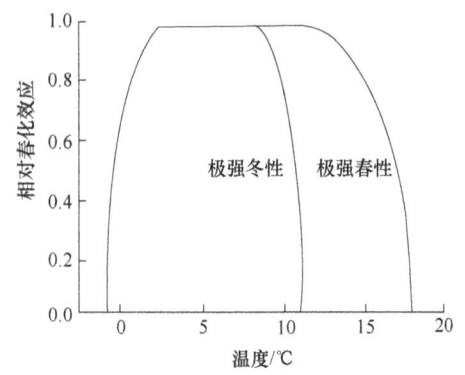

图 4-5 小麦的相对春化效应与温度的曲线关系

春化天数（VD）为每日生理春化效应的累积值。对于小麦来说，当春化天数累积不超过特定品种生理春化时间的 1/3 左右时，若温度高于 27℃，就会发生脱春化作用，且脱春化效应（DVE）随温度的升高而加强。有资料表明气温每升高 1℃，会减少 0.5 个春化天数：

$$DVE=(T-27)\times 0.5 \quad T>27 \quad (4-21)$$

当春化天数累积达到某一特定品种生理春化时间的 1/3 后，则不会再发生脱春化作用。

因此，实际春化天数受到每天的春化效应和脱春化效应的共同影响，而春化进程（VP）则用累积的春化天数占生理春化时间的分数来表示［式（4-24）］，函数关系如图 4-6 所示。

$$VD_1=\sum(VE-DVE) \quad 0<VD<0.3PVT \quad (4-22)$$
$$VD_2=\sum VE \quad 0.3PVT\leqslant VD\leqslant PVT \quad (4-23)$$
$$VP=(VD_1+VD_2)/PVT \quad PVT=0时，VP=1 \quad (4-24)$$

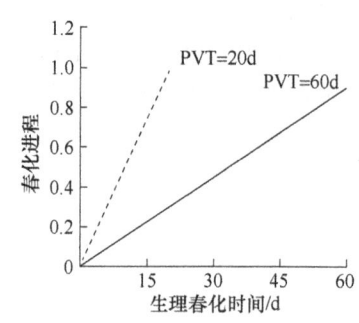

图 4-6 春化进程与生理春化时间及品种生理春化要求的关系

（五）光周期效应

光周期效应取决于光周期的长短及基因型的光周期敏感性（PS）。不同的作物对光周期的反应不一样。例如，水稻一般表现为短日照对发育速率的促进作用，而小麦一般表现为长日照有促进作用。20h 光周期是小麦发育的临界日长，低于 20h，发育开始受到抑制，短日抑制发育的程度随品种的 PS 而变化（图 4-7）。因此，临界日长和 PS 均可以作为品种特定的遗传参数，在 WheatGrow 模型中将 PS 作为一个品种特定的遗传参数，临界日长作为模型常数。光周期随季节（DAY）和纬度（Lat）而规律性地改变，光周期的变化模式及光周期效应（RPE）可由式（4-25）获得：

$$RPE = 1 - PS \times (20 - DL)^2 \qquad (4\text{-}25)$$

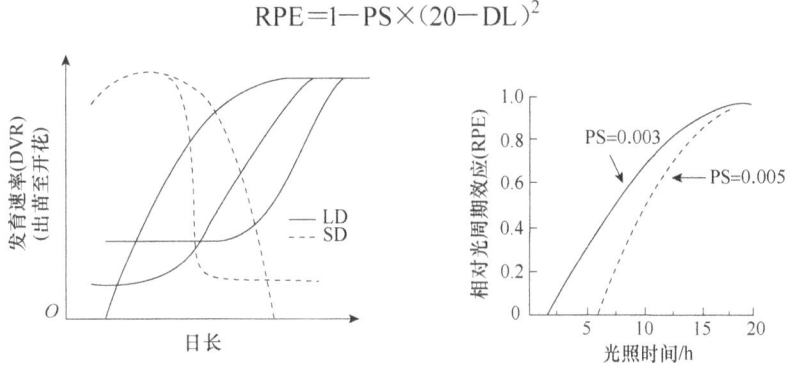

图 4-7　光周期对不同日长类型作物发育的效应
LD. 长日照作物；SD. 短日照作物。不同的曲线代表不同种类的植物

二、发育进程与物候期预测

生理发育时间是定量发育进程和物候期预测的发育尺度，通过计算每天热敏感性和热效应的互作效应，得到每天生理发育时间，累积的生理发育时间就是作物的发育进程，从而可以进行物候期的预测。

（一）每天热敏感性

热敏感性代表了作物对热效应的生理敏感程度，实际上是一种没有考虑热效应因子的生理发育速率。对于小麦作物而言，热敏感性取决于每天春化进程与光周期效应的互作。小麦作物在出苗后，随着发育进程的推移，春化量逐渐积累，春化进程逐渐增大直至为 1，则春化作用完成。此前，光周期效应对每天热敏感性的影响受到每天春化进程的调节；此后，光周期效应成为影响每天热敏感性的主导因子。然后，接近孕穗期时，光周期反应逐渐减弱，即对光周期的敏感性逐渐下降，光周期对每天热敏感性的影响也越来越小，而每天热敏感性的实测值则在逐步增加，到抽穗期增加到最大值 1。至此小麦的阶段发育完成，之后的生长主要受热时间的调控（图 4-8）。小麦的每天热敏感性（DTS）可采用下述算法获得。

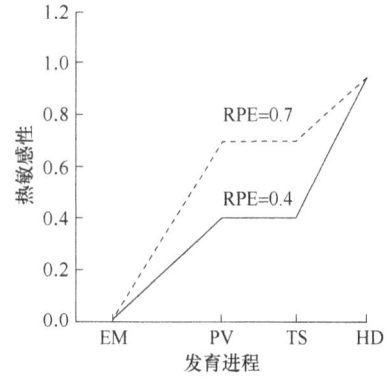

图 4-8　假设相对光周期效应恒定的条件下每天热敏感性的阶段性变化
PV. 春化；EM. 出苗；TS. 孕穗；HD. 抽穗

$$DTS = \begin{cases} RPE \times VP & VD < PVT \\ RPE & VD \geqslant PVT \text{ 或 } PDT \leqslant PDTTS \\ RPE + (1-RPE) \times \dfrac{PDT - PDTTS}{PDTHD - PDTTS} & PDTTS < PDT < PDTHD \end{cases} \qquad (4\text{-}26)$$

式中，PDT 为累积的生理发育时间；PDTTS 和 PDTHD 分别为顶小穗形成期和抽穗期对 PDT 的要求。

（二）生理发育时间

生理发育时间，又称生理发育日、发育生理日，是一种最适宜发育环境下的时间尺度，或者是一种去除发育因子影响的时间尺度。对于小麦作物而言，生理发育时间就等于春化后的种子生长在长日照和适温环境下积累的时间。每天的热效应（DTE）和热敏感性（DTS）的互作决定了每日生理效应（DPE），其累积形成了生理发育时间（PDT）：

$$DPE = DTE \times DTS \qquad (4-27)$$
$$PDT = \sum DPE \qquad (4-28)$$

（三）顶端发育阶段的预测

理论上讲，生理发育时间是体现品种基本发育因子的内在属性。如果将作物发育最适的温光条件下的一天定义为一个生理日，到达抽穗期或开花期所需的生理发育时间对于某个基因型是固定不变的，即在任何温光条件下，特定品种完成某一发育阶段的生理日数基本上是恒定的。因此，可以用生理发育时间恒定的原理来预测特定基因型在不同环境条件下的发育阶段，即当生理发育时间累积到特定基因型开花期所要求的定值时，植株就会到达开花期。

然而，由于基本发育因子的作用，即使最佳的温光发育条件下，不同基因型到达开花期的最短热时间也是不同的，即开花期的生理发育时间具有基因型差异，是一个品种特定的遗传参数。这样，需要用不同的生理发育时间尺度来预测不同基因型的发育阶段。

为了统一不同基因型的生理时间尺度，可利用基本发育因子来调节生理发育时间积累的速率，从而使得开花期的生理发育时间在不同基因型之间恒定不变。

$$PDT_n = PDT \times BDF \qquad (4-29)$$

式中，PDT_n 为通过 BDF 统一各基因型生理发育时间后的 PDT；BDF 为基本发育因子，是品种特定的遗传参数，抽穗前和抽穗后可能需要用不同的系数来表示，因为这两段生育期的长短随基因型而变，且基因型的差异在两段生育期上也不一致。在小麦中，其取值为 0.6~1.0。对于最早熟的基因型，基本早熟性为 1.0，而对于极晚熟的基因型，基本早熟性为 0.6，其他所有品种的基本早熟性均介于两者之间。

如果生理发育时间包括了不同基因型的基本发育因子，则可用生理发育时间恒定的原理来预测作物的不同基因型在不同环境下的顶端发育阶段。小麦不同阶段所需的生理发育时间大概为，二棱期 10、小花原基分化期 15、四分体期 21、抽穗期 27、开花期 31、灌浆始期 39、成熟期 56。水稻不同阶段所需的生理发育时间大概为，分蘖期 9、穗分化期 13、孕穗期 28、抽穗期 32、开花期 34、成熟期 57。

（四）物候期的预测

物候期的预测可通过生长度日法及特定物候期与相应茎顶端发育阶段的同步性来实现。一般来说，受温光反应影响较小的生育前期和生育后期的物候期主要用生长度日来预测，而生殖发育阶段的物候期主要依据物候期与顶端发育阶段的同步性来预测。

水稻播种后，当日平均温度在 15~42℃时，土壤含水量适宜，从播种到出苗所需热时间（EM）由生长度日（GDD）和播种深度（SDEPTH, cm）决定。小麦播种后，当 GDD 超过 40℃·d，且土壤含水量达到田间持水量的 70%~75% 时，到达萌发期，否则种子不萌发。对于小麦来讲，胚芽鞘在土壤中每伸长1cm所需的生长度日为10.2℃·d，则到达出苗所需的热时间（EM）与播种深度（SDEPTH，cm）的关系可由下列方程表示：

$$EM = 40 + 10.2 \times SDEPTH \quad (4\text{-}30)$$

对于常规栽培小麦，出苗后经330℃·d到达分蘖期。越冬期和返青期则完全按照每天实际气温来预测。分蘖后，当日平均温度连续3d低于3℃时，小麦进入越冬期，开春后当日平均温度连续3d高于3℃时即到达返青期。当生殖发育开始后，物候期的预测应以茎顶端发育阶段为主线，根据物候发育与顶端发育的同步关系来预测物候发育期。例如，小麦中的物候拔节期与雌雄蕊原基分化期同步，孕穗期与四分体期同步。

第三节　作物器官建成模拟

作物器官建成的模拟主要是对顶端原基的形成与分化、叶片的出现、根系与茎秆的生长及籽粒的发育与衰老等个体器官生长动态的模拟，以及叶面积指数、茎蘖动态与成穗等群体器官生长动态的模拟。模拟个体器官可帮助人们理解作物器官的形成过程，支撑群体生长模拟；模拟群体器官生长动态，可为光合生产、产量构成等模拟提供基础。

一、作物个体器官建成模拟

作物器官发育主要是指植株上不同器官的发生和形成过程，决定了植物的形态特征。器官发生的时间与阶段发育过程密切相连，发生的数量和大小与同化物的分配和利用相关。对于多数农作物如禾谷类作物来说，植株上的器官主要包括根、叶、茎、穗、花、粒等。其中，根、叶、茎的发生和发育决定了植株的营养生长，而穗、花、粒的分化和发育决定了植株的生殖生长。

（一）顶端原基的分化

定量分析和模拟作物茎顶端原基的形成与发育有助于理解与预测叶片和花粒器官的发生，顶端原基的模拟包括叶、小穗、小花等原基分化的模拟。

1. 叶原基分化　叶原基在种子形成时就开始分化，在禾谷类作物中，叶原基的分化一直延续到茎顶端发育的单棱期。叶原基分化速率可采用叶原基间距（PLCH）表示，即连续两个叶原基分化之间的热时间间隔，它有别于叶热间距，后者是衡量叶片生长速率快慢的尺度。在小麦作物中，叶原基分化速率比叶片生长速率快2~3倍，在种子萌发以前已分化了3个叶原基，且几乎一半的叶原基在出苗前已分化。每天分化的叶原基数（DLPN）可通过叶原基间距和生长度日来预测（图4-9）：

$$PLCH = PHYLL / 2.5 \quad (4\text{-}31)$$

$$DLPN = \frac{1}{PLCH} \times GDD \times RAI \quad (4\text{-}32)$$

式中，PHYLL为叶热间距；RAI为资源有效指数或资源丰缺因子，是反映土壤氮素和水分丰缺程度的因子，取值为0~1。

2. 小穗原基分化　在禾谷类作物中，叶原基分化结束后即开始小穗原基的分化。因此，小穗原基分化的持续期为二棱期到顶小穗形成期。在小麦作物中，小穗原基的分化速率是叶原基分化速率的3~4倍（图4-9）。假定同一品种所有茎秆的小穗原基分化速率相同，且分化速率恒定，而且每天每穗分化的小穗原基数（DSPN）受到土壤氮素和水分状况的影响。

$$\text{DSPN} = \frac{1}{\text{PLCH}} \times 3.5 \times \text{GDD} \times \text{RAI} \tag{4-33}$$

3. 小花原基分化 穗上分化的小穗数能否结实主要在于小花发育的程度。在禾谷类作物中，顶小穗形成标志着小穗原基分化的结束，小花原基加速分化，小花原基数显著增加，直至幼穗分化接近四分体期时，小花原基分化数达到最大值，之后小花原基开始退化，所有小花原基的退化集中在开花以前，这时可孕小花数趋于稳定。开花以后，土壤、气候等条件的不适常常导致可孕小花的败育（图4-10）。

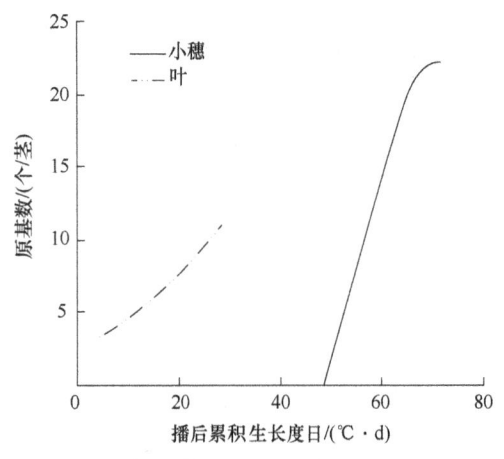

图4-9 小麦叶原基分化、小穗原基分化与生长度日的关系

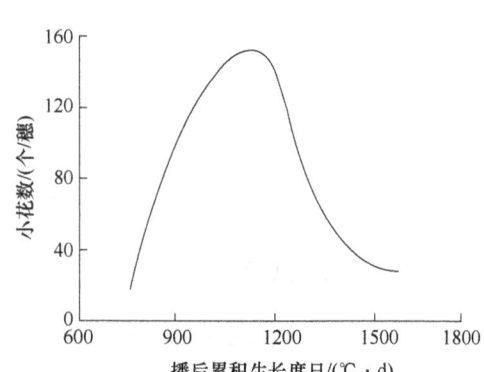

图4-10 小麦小花原基分化与累积生长度日的关系

研究表明，分化的小花原基数主要受到阶段发育进程的调控，而受水肥条件的影响较小。每天每穗分化的小花原基数（DFLN）可用下列方程来描述：

$$\text{DFLN} = \frac{\text{MAXFLNUM}}{\text{PT-TETRAD} - \text{PT-FLORET}} \times \text{DPE} \times \text{RAI} \times \text{DSPN} \tag{4-34}$$

式中，MAXFLNUM 为每个小穗分化的最大小花原基数，一般为 10，随基因型变化较小；DSPN 为每穗分化的小穗原基数，在小穗原基分化子模型中模拟；PT-TETRAD 为到达四分体期的生理发育时间；PT-FLORET 为到达小花原基分化期的生理发育时间；DPE 为每日生理效应，它们的值在小麦发育期模型中模拟得到。

（二）叶片的出现

叶片生长的模拟主要包括叶片生长速率、单叶的生长扩展与单叶面积的动态。

1. 叶片的出现 叶片出现是作物个体发育的重要方面，它与分蘖发生、节间伸长、根系生长及幼穗分化进程等存在同伸关系，因此出叶动态的预测对作物器官建成模拟及栽培管理调控等都具有重要意义。许多作物的叶片出现是一个相对稳定的发育过程，叶片出现速率在特定环境下与生长度日呈线性关系（图 4-11）。这种线性关系斜率的倒

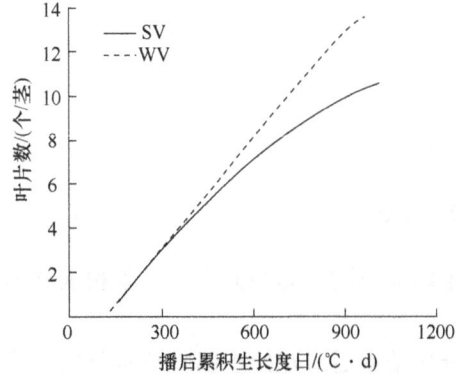

图4-11 小麦叶片出现与累积生长度日的关系
SV. 春性小麦；WV. 冬性小麦

数即叶热间距，即每个叶片出现所需的平均生长度日（℃·d）。作物一生较为恒定的叶热间距已成为作物生长模型中预测叶片出现及器官形成的主要参数。

也有资料表明，作物的叶热间距因播种期、纬度及品种而变化，其可在 70~110℃·d 变化。研究表明，叶热间距的这种变化与温度和光周期的作用相关（Cao et al.，1989a，1989b，1989c）。特定播种期环境下作物一生中叶热间隔的相对稳定性是温度和光周期对叶片发育综合作用的结果。叶热间距往往在生殖生长开始后会有所下降，取决于幼穗发育的进程（图 4-11）。

准确地模拟作物叶热间距对于预测叶片生长速率、叶片和茎秆的生长、穗花发育等有着重要的意义。在现有的生长发育模拟模型中，预测叶片和节间等器官生长速率时，主要采用叶热间距这一方法。

叶热间距的模拟有几种方法。早期的作物生长模型中将叶热间距设为恒定值，即假定作物一生中每张叶片均以相同的速率出现，尽管这种方法简便易行，但显然有悖于实际情况。之后，不同的学者提出了叶热间距与出苗后的日长变化的关系、叶热间距与温度和日长之比的关系、叶片生长速率与温光之间的曲线关系。这些方法对叶热间距的估算都有明显的误差，且适用性不强。很多研究表明，作物叶片生长速率与温度之间表现为非线性关系。例如，在小麦上的研究表明，一生中叶热间距受阶段发育进程的调控呈阶段性变化，且以护颖原基分化期作为叶片生长速率的转折点。这是因为护颖原基分化期是小麦一生中由春化作用反应敏感期转向光周期反应敏感期，以及由根叶生长中心向茎穗生长中心转化的重要时期。基于此，叶热间距可由如下算法获得：

$$PHYLL = MAXPHYLL - DEVEDIFFER \times DPE \qquad (4\text{-}35)$$

式中，PHYLL 为叶热间距；DPE 为每日生理效应，其值在小麦生育期模型中模拟得到；MAXPHYLL 为品种参数，表示最大叶热间距；DEVEDIFFER 为发育差异性，反映小麦生长前期和后期的阶段发育速率差异，由于春性品种阶段发育后期的光周期敏感性强，阶段发育速率相对缓慢，因而春性品种的 DEVEDIFFER 值比冬性品种的大。这一关系可由式（4-36）表达：

$$DEVEDIFFER = 98.9 - 0.23 \times PVT \qquad (4\text{-}36)$$

式中，PVT 为生理春化时间，是反映不同类型品种冬性强弱的品种参数，在阶段发育模型中模拟得到。

图 4-12 表明，每日生理效应越大，生理发育时间积累得越快，阶段发育进程也越快，而叶热间距则越小，小麦叶片生长速率就越快；反之，每日生理效应小，发育进程慢，叶热间距大，小麦叶片生长速率则减慢。因此，将叶热间距与每日生理效应之间的关系线性化，可以很好地体现叶热间距与发育进程的关系。

2. 叶片的扩展与单茎叶面积 叶面积由叶

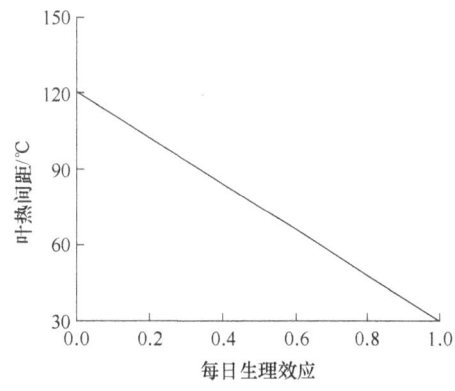

图 4-12 小麦叶热间距与每日生理效应的关系

片的数量和大小所决定，因此准确地模拟叶片的大小是预测叶面积的基础。叶片生长和叶面积的模拟可以单茎为基础，也可以群体为基础。当然，群体叶面积对于生物量的模拟更为重要和可靠。

模拟单茎上叶片生长的指标主要包括每天主茎叶龄（DMSLA）、每天叶长（DLLen）、每天叶宽（DLWid）、每天叶面积（DLA）及主茎绿叶数（MSGLN）。预测主茎的叶龄首先要模拟主茎叶片生长速率。利用叶热间距子模型中计算的叶热间距（PHYLL）来表示叶片生长速率，以热时间（GDD）为基础即可计算出每天的主茎叶龄。叶片生长速率在一般生产条件下不受土壤水分和氮素胁迫的影响。

$$DMSLA = 1/PHYLL \times GDD \tag{4-37}$$

叶片的生长意味着叶片在长度和宽度两方面的增加，一般与温度呈线性相关，如大麦叶片伸长速率与空气温度及土壤温度呈线性关系（图4-13）。在小麦模型中，采用如下方法模拟每天叶长（DLLen，mm）和每天叶宽（DLWid，mm）：

$$MAXLLen = 86 \times \exp(0.15x) \tag{4-38}$$
$$MAXLWid = 3.44 \times \exp(0.15x) \tag{4-39}$$
$$DLLen = MAXLLen / PHYLL \times GDD \times RAI \tag{4-40}$$
$$DLWid = MAXLWid / PHYLL \times GDD \times RAI \tag{4-41}$$

式中，MAXLLen为最大叶长（mm）；MAXLWid为最大叶宽（mm）；x为单茎上总叶片数，取值范围依品种而定；RAI为土壤水分和氮素的综合资源有效指数。

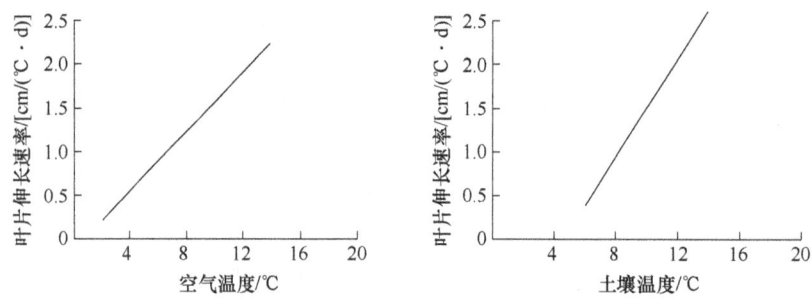

图4-13　大麦叶片伸长速率与空气温度及土壤温度的线性关系

由每天的叶长和叶宽及校正系数可以计算每天叶面积（DLA，mm^2），如下列方程所示：

$$DLA = DLLen \times DLWid \times 0.74 \tag{4-42}$$

对于主茎第一片叶子，由于其叶尖较钝，故而叶面积的校正系数为0.83。通常，无环境胁迫条件下的主茎最多维持6.5片绿叶数，其他的叶片则相继死亡。而在环境条件并不是最佳状态时，主茎上的绿叶数就会减少。可以用土壤水分和氮素的综合资源有效指数（RAI）来计算主茎上实际的绿叶数：

$$MSGLN = 6.5 \times RAI \tag{4-43}$$

（三）根系与茎秆的生长

根系与茎秆是作物主要支撑器官与传输器官，模拟根系与茎秆的生长动态可为水分与养分的吸收及生产管理决策提供支持。

1. 根系的生长　根系的生长动态可由根深和根分布特征来描述。根深是衡量根系生长活力的一个重要指标。有效根深是指作物有效地吸收水分的深度，而不是指少量根能达到的极限深度。此外，纤维根的长度变化相当大，但对根重没有很大的影响。因此，根深的模拟可不考虑根群重量的增长。

从发芽开始，根系不断生长，通常在开花时停止生长。每天的根深（DRTDEP，cm）与根系向下生长的速率 [RTGR，如小麦根的平均生长速率是 0.22cm/(℃·d)]、土壤水分（WAI）及每天的热时间（GDD）有关：

$$DRTDEP = RTGR \times GDD \times WAI \qquad (4-44)$$

根深能以每天 1~6cm 的速率增加，但受到土壤物理、化学和生物因子的影响而有所降低（表 4-1）。例如，水分胁迫和低的土壤温度均会使根系生长变慢。可以假定温度对根生长的影响等同于温度对光合作用的影响，水分胁迫对根系下扎速率的影响与根系水分吸收速率所受到的影响相同。当 20cm 以下深度土壤中空气含量低于 5%时，根深增长可以设定为 0，这样就可计算厌氧条件对根系向下扩展的影响。

表 4-1 主要作物在适宜温度和土壤水分条件下根系下扎速率和有效根深

作物	根系下扎速率/(m/d)	有效根深/m
大麦	0.030	1.5
棉花	0.025	1.8
玉米	0.060	1.5
马铃薯	0.014	0.8~1.0
水稻（旱地）	0.020	0.4~0.8
水稻（水田）	0.010	0.3
高粱	0.050	1.4
大豆	0.035	1.7
冬小麦	0.018	1.3
春小麦	0.012	1.8

此外，如果假设根系的生长不受土壤条件的限制，根系可向下生长到某一最大深度。根系生长的最深深度依作物种类而异，其值一般为 0.5~1.5m 或更大（表 4-1）。可以在开花前后测定根系在土壤剖面坑中的最大深度，方法是直接用根系观察管测定，或是通过在排水不明显时监测（用中子探测仪）水分含量下降的深度而进行间接测定。这一特性在不同的种及品种之间表现为明显的基因型差异。

致密的土壤产生机械阻力，阻碍根系向下扩展，降低根系可达到的最大深度。例如，在 0.3~0.8m 的土壤深处，特别是在犁底层之下可能出现高密度土壤。扎根深度的物理限制可用土壤特性的最大深度来估计。模拟时可由土壤和作物类型来确定合理的扎根深度。此外，模型还必须考虑到衰老根系的根深会逐步减小。

除了根深，根长密度也是描述根系分布的重要指标。以小麦为例，根长密度可通过以下方程来量化：

$$RLV = WAI \times WR \times RLNEW / TRLDF - 0.01 \times RLV \qquad (4-45)$$

$$RLNEW = GRORT \times PLANTS \times 1.05 \qquad (4-46)$$

$$TRLDF = SUM(WAI \times WR \times DLAYER) \qquad (4-47)$$

式中，RLV 为根长密度；WR 为不同土层的根系偏好因子，取值为 0~1；RLNEW 为每天增加的根长（cm）；TRLDF 为总根长密度因子；GRORT 为每天分配到根中的生物量（g）；PLANTS 为每平方米的植株数；系数 1.05 为分配到根中的生物量转换为每平方米土壤的根长参数；DLAYER 为每层土壤的深度（cm）。

2. 茎秆的生长　　茎秆的生长是节间伸长生长的结果。茎长不仅与品种特性有关，

还受土壤氮素和水分的影响。在小麦作物中,每天节间长度(DINLen,mm)可采用下列方法计算:

$$\text{MAXINLen} = 10.89 \times s \times n^{1.73} \quad (4\text{-}48)$$

$$\text{DINLen} = \text{MAXINLen} / \text{PHYLL} \times \text{GDD} \times \text{RAI} \quad (4\text{-}49)$$

$$s = 1.57 + 2.22 \times \text{PHT} \quad (4\text{-}50)$$

式中,n 为地上部伸长节间数;MAXINLen 为特定节间的最大节间长度,它随节间不同而变;s 为品种参数,表明该品种的株高特性,它与株高(PHT)呈线性关系。

(四)籽粒发育与衰老

籽粒发育与衰老是作物产量形成过程的重要部分,作物籽粒发育一般包括开花、生长、结实等动态过程,这些过程具有一定的生长规律,通过研究其生长影响因素及规律,可量化这些规律,进而构建籽粒发育与衰老模拟模型。

1. 小花的退化与结实　小花的结实模式一般与分化模式及开花模式是一致的,具有明显的时空序列性。例如,在一个小麦穗上,中部小穗先开始小花分化,同一小穗小花从基部向上顺序分化,基部 1~4 朵花的分化强度大,平均 1~2d 形成 1 朵,以后分化强度转缓,2~3d 形成 1 朵。顶小穗形成前后,小花分化数显著增长,直到旗叶全部抽出小花分化方停止。但是,至顶小穗形成,有效小花数可能已基本确定。正常情况下,每个小穗的小花数比较稳定,一般基部和顶部小穗 6~7 朵,中部小穗 8~10 朵花。每小穗小花数目主要是在小花分化期至四分体形成期决定的。

尽管小麦每穗可分化 150 朵以上小花,但小花的结实率通常只有 20%~30%。从小花分化开始到最后籽粒形成要经过前后联系的两个两极分化过程,其中挑旗期为小花的两极分化期,开花授粉期则是子房的两极分化期。小花退化的集中点是在药隔形成期至四分体分化期。当一个穗上发育最早的小花进入四分体后,1~2d 内凡能进入四分体的各小花都集中进入四分体,并进一步形成花粉,成为有效花;凡未能进入四分体分化的小花,由停止发育转向退化萎蔫。

与小花的分化顺序相一致,小麦的开花顺序可以归纳为由内向外,由中部向两端的椭圆形放射状开放模式。当外界环境温度<15℃时开花极少,温度>15℃时开花量增加,20℃左右时开花量达高峰。

外界环境如温度和水肥条件是影响作物花器官退化及败育的关键因子。每穗总小穗数和总小花数在不同水肥条件下比较稳定,而不育小穗数和结实小花数对水肥条件反应敏感。此外,孕穗期每朵小花干物质占有量和可孕花率呈现极显著正相关。可见,作物花器官的结实与穗粒数形成主要是"源限制",而非"库限制"的过程。

在小麦作物中,每天每穗退化的小花原基数(DDFLN)及每天每穗败育的小花原基数(DIFLN)可分别用下述方程来描述:

$$\text{DDFLN} = \frac{\text{MAXDFLNUM}}{2 \times \text{PHYLL}} \times \text{GDD} \times \text{RAI} \times \text{DSPN} \quad (4\text{-}51)$$

$$\text{DIFLN} = \frac{\text{MAXIFLNUM}}{3.5 \times \text{PHYLL}} \times \text{GDD} \times \text{RAI} \times \text{DSPN} \quad (4\text{-}52)$$

式中,MAXDFLNUM 为每个小穗退化的最大小花原基数,一般为 5,不同品种有所变化,且随小穗位而异,但总体为分化小花数的 50% 左右(图 4-14);MAXIFLNUM 为每个小穗败育的最大小花原基数，一般为分化小花数的 20%，即 2 左右。

2. 籽粒的生长 同一穗子上的不同小穗，或同一小穗上的不同小花，由于其着生的位置、开花期的不同，其灌浆先后、籽粒体积和重量都不相同，表现出明显的籽粒发育的不均衡性（图 4-15）。此外，土壤水分和氮素水平也影响籽粒重的大小。土壤含水量低，上部叶片早衰，光合产量低，籽粒干瘪瘦小；水分过多，根系生长不良或死亡，籽粒细小。氮肥过多，植株容易贪青晚熟，输往籽粒的碳水化合物显著减少，籽粒重降低；氮肥过少，容易早衰，不利于籽粒灌浆增重，且蛋白质含量降低。

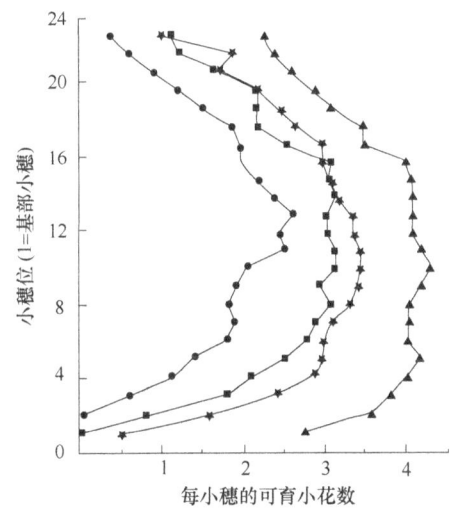

图 4-14 不同减光及增光条件下小麦穗上不同小穗位的可育小花数分布
▲为增光，★为对照，■为比对照减光 40%，●为比对照减光 70%

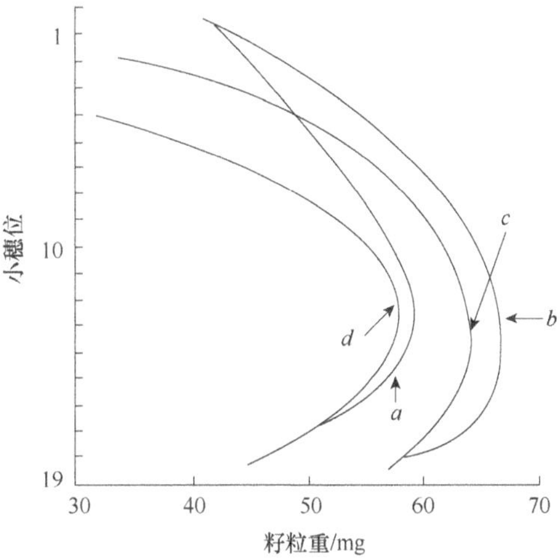

图 4-15 小麦穗上不同小穗位与不同小花位（a、b、c、d）的籽粒重分布

在小麦作物中，每天的籽粒干重（DGDW）可由以下方法来预测。

$$DGDW = \frac{PWT}{FD \times 0.3} \times GDD \times SINKSF \times RAI \tag{4-53}$$

式中，PWT 为籽粒潜在重量（mg），是籽粒在最适的环境条件下生长所能达到的干重，其值随品种而定，大穗型品种比多穗型品种大；FD 为品种参数，表示灌浆期所需要的生长度日；系数 0.3 则为调节籽粒达到潜在重量时所需的生长度日；SINKSF 为库强因子，该因子反映了籽粒生长由开花受精时间的不同而导致的不均衡性，其值为 0~1，值的大小由受精时间决定，受精时间越早，库强因子越大。

$$SINKSF = 1.0 - TFT \times 0.1 \tag{4-54}$$

式中，TFT 为受精时间，表示受精时间的早晚。当 TFT 为 0 时，表示最早受精，籽粒发育得最早；当 TFT 为 10 时，表示受精最迟，籽粒发育得最晚。TFT 值根据分化小花的小穗位和小花位即小花分化的序列性来具体确定（图 4-16）。

如图 4-16 所示，可将不同的小穗位分组（总小穗数/5）：第一组由总小穗数×0.3 处的小穗至总小穗数×0.3＋4 处的小穗组成；第二组由总小穗数×0.3 处下面紧接的两个小穗和总小穗数×0.3＋4 处上面紧接的三个小穗组成；以下各组依次类推。

根据小穗的位置和小花分化的先后顺序来确定小花的受精时间。第一组小穗分化的第一朵小花的受精时间均为0，第一组小穗分化的第二朵小花和第二组小穗分化的第一朵小花的受精时间均为2，第一组小穗分化的第三朵小花、第二组小穗分化的第二朵小花和第三组小穗分化的第一朵小花的受精时间均为4，第一组小穗分化的第四朵小花、第二组小穗分化的第三朵小花和第三组小穗分化的第二朵小花、第四组小穗分化的第一朵小花的受精时间均为6，第一组小穗分化的第五朵小花、第二组小穗分化的第四朵小花、第三组小穗分化的第三朵小花、第四组小穗分化的第二朵小花、第五组小穗和顶小穗分化的第一朵小花的受精时间均为8，其余的小花受精时间均为10。

3. 植株衰老 植株的衰老过程主要包括叶片、分蘖、根系的衰老。其中，对叶片衰老的模拟特别重要，因为叶面积直接影响同化物的生产。即使在生长季节内和没有环境胁迫的条件下，植株茎秆也只能保持一定数量的绿叶数，随着新叶的出现，老叶都会相继衰老死亡。例如，小麦作物的主茎最多维持6片绿叶数，当受到环境条件的影响时，主茎上的绿叶数就会减少，在实际田间条件下，茎秆上一般保持4~5片绿叶。此外，在抽穗开花后，植株分配到叶片中的生物量

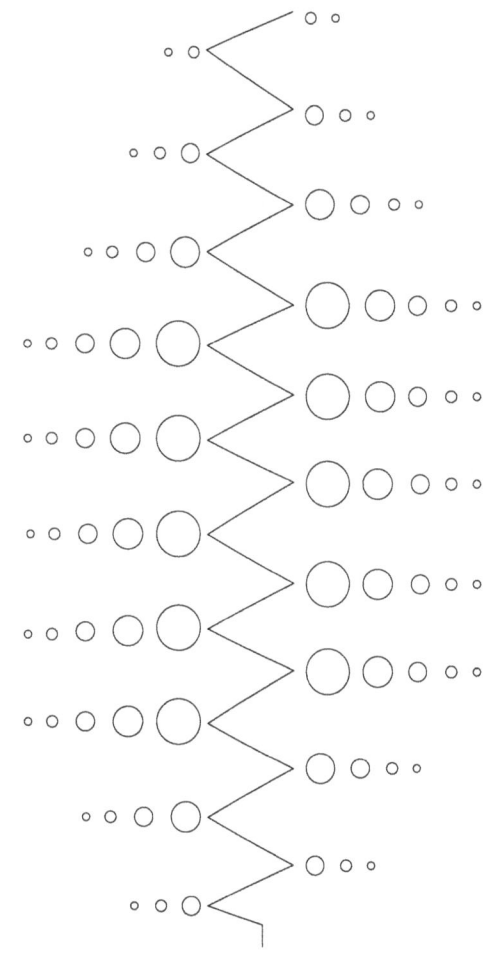

图 4-16 麦穗内不同部位籽粒的库强因子的定性描述
圆圈的直径越大，表明该籽粒的库强因子越大

逐渐减少，从而限制叶片的生长而促进叶片的衰老。叶片衰亡过程的具体定量方法见第六章中"同化物分配模拟"。

二、作物群体器官建成模拟

作物群体是由众多的植株个体组成的，然而植株个体在群体中生长，会在空间和资源上互相竞争，因此研究作物群体器官的表现可为理解作物产量和品质形成的机理提供支持。群体器官建成的模拟主要包括群体叶面积指数和分蘖、成穗等动态的模拟。

（一）群体叶面积指数

群体叶面积指数（LAI）可以通过模拟群体叶片比叶面积与叶片干重的动态来模拟，而比叶面积的动态受到温度、水氮等环境因素的影响（叶宏宝等，2008；刘铁梅等，2001）。

1. 比叶面积的模拟 比叶面积是作物生长模型中的一个重要指标。在以往的生长模型中，一般将比叶面积作为一个定值进行模拟。经研究发现，比叶面积是一个非常敏感的参数，随着生育进程表现出显著的动态变化。例如，对于水稻的比叶面积的模拟，首先确定水

稻某个品种在不受营养限制条件下的潜在比叶面积（SLA_P），SLA_P 为 GDD 的函数，当 GDD 小于 1200 时，SLA_P 随 GDD 的增加而逐渐降低；当 GDD 大于 1200 后，SLA_P 稳定为一恒定值，而且随着氮素水平的变化呈现一定的变化规律（图 4-17）：

$$SLA_P = \begin{cases} a\text{GDD}^2 - b\text{GDD}^2 + c & \text{GDD} \leqslant 1200 \\ 200 & \text{GDD} > 1200 \end{cases} \quad (4\text{-}55)$$

式中，a、b、c 均为曲线系数。

2. 叶面积指数的模拟 作物叶面积指数在增长过程中直接受到库、源关系的影响，库或者源限制下的叶面积增长模式不同。在实际的模拟过程中，一般采用库源限制下的两种模拟相结合的方法进行。

（1）库限制下的叶面积指数模拟 一般作物在生长的初期，不受源的限制，能够得以充分地生长。在此时期，水分、养分、密度及病虫害等条件都不会限制作物的生长，叶片的增长主要由温度驱动，温度是影响叶片细胞分裂和扩大的主要因素。这一阶段叶片的增长有充足的同化物供应，主要受作物类型、品种和叶片发生速率等影响，其增长呈指数形式。但随着叶面积指数的增加，遮阴效应逐渐增大，当叶面积指数增加到某一最大叶面积指数（LAIMAX）时停止增加。这一关系可以用式（4-56）和式（4-57）来描述：

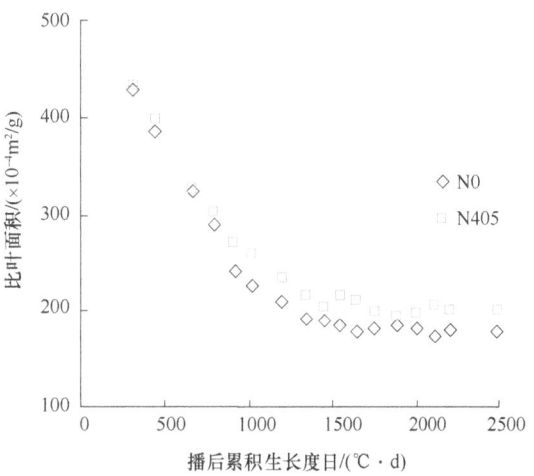

图 4-17 水稻品种 '9325' 在不同氮素水平下比叶面积与播后累积生长度日的关系

N0 和 N405 分别代表不施氮和施氮量为 405kg N/hm²

$$\Delta\text{LAI} = \text{rg} \times \text{LAI} \times \left(1 - \frac{\text{LAI}}{\text{LAIMAX}}\right) \quad (4\text{-}56)$$

$$\text{LAI}_{i+1} = \text{LAI}_i + \Delta\text{LAI} \quad (4\text{-}57)$$

式中，ΔLAI、LAI_i 和 LAI_{i+1} 分别为第 i 天增加的叶面积指数、第 i 天的叶面积指数和第 $i+1$ 天的叶面积指数；rg 为叶面积指数潜在相对生长速率，不同作物、品种及管理方式都会导致取值不同。

（2）源限制下的叶面积指数模拟 随着作物生育进程的推进，叶片不再是生长中心，分配到叶片的光合同化物随之减少，叶面积指数的增长受到源的限制。此时，由于叶片增长到了一定程度后互相开始遮阴而出现衰亡，叶面积指数的增长不再呈指数增长。由于这一阶段主要是受碳水化合物源供应不足的限制，因此采用比叶面积法来模拟叶面积指数的增长过程：

$$\text{LAI} = \text{SLA} \times \text{AWGL} \quad (4\text{-}58)$$

式中，AWGL 为实际绿色叶片干重（kg/hm²），由干物质积累和分配子模型提供；SLA 为比叶面积（hm²/kg）。

作物的营养生长和生殖生长在很长的时间内会共同发生，库、源限制下的两种叶面积增长模式没有明显的时间界限，因而难以单纯以发育时期来区分哪种增长模式，所以综合这两种增长模式，使最终的叶面积指数取两种增长模式下的最小值。

（二）分蘖动态与成穗

分蘖与成穗是禾本科作物的主要形态特征，分蘖在群体中受到水氮等环境因子的影响，也受到群体自身大小的影响，模拟分蘖动态与成穗过程考虑了作物自身生长规律、环境因素及群体大小等。

1. 分蘖动态 正常条件下，禾谷类作物主茎上分蘖的发生与主茎叶片数保持 $n-3$ 的同伸关系，以后分蘖叶的出生也与主茎叶龄保持同步关系。在水肥环境特别适宜的条件下，分蘖与主茎的同步关系可能会缩短到 $n-2.5$，称为超同伸现象。

根据上述同伸关系，可推算出单株理论茎蘖数（STCN），单株理论茎蘖数与主茎叶龄（i）的关系呈斐波那契奇数列 [式（4-59）]：

$$STCN_i = STCN_{i-1} + STCN_{i-2} \quad (i \geqslant 2.5) \tag{4-59}$$

式中，主茎第 i 片叶时的单株理论茎蘖数（$STCN_i$）是主茎第 $i-1$ 片叶和第 $i-2$ 片叶的单株理论茎蘖数之和，当 $i < 2.5$ 时，$STCN_i = 1$。

叶面积指数通过改变群体基部的光照条件而影响同化物供应，进而影响分蘖的发生。基本苗数越多，分蘖高峰期出现得越早，峰值越高；反之，分蘖高峰期出现得越晚，峰值越低。基本苗数与叶面积指数密切相关。例如，水稻叶面积指数对分蘖发生率影响的效应因子（FL）与叶面积指数之间的函数关系见式（4-60）和图 4-18：

$$FL = \begin{cases} 1 & LAI \leqslant 1.6 \\ 18.91 \times \exp(-1.84 \times LAI) & 1.6 < LAI \leqslant LAI_c \\ 0 & LAI > LAI_c \end{cases} \tag{4-60}$$

式中，1.6 为叶片开始相互遮阴时的 LAI，在此之前，LAI 对茎蘖增长没有影响；LAI_c 为分蘖停止发生时的 LAI，即临界 LAI，取值为 4.5；FL 取值为 0~1。

以上同伸关系只有在播种期播种量适宜、肥水条件满足时才可能出现。一般情况下，在大田生产中单株实际茎蘖数（SACN）由于水肥条件不适，因而常常少于理论茎蘖数。这种环境效应可采用资源有效指数（RAI）来调节：

$$SACN_i = STCN_i \times RAI \tag{4-61}$$

植株从开始分蘖起，随着主茎叶龄的增加，分蘖数量不断增加，到拔节后，分蘖大量消亡，因而拔节期分蘖数达到最高峰（图 4-19），即当上式中 i 为拔节期叶龄时，分蘖达到最大

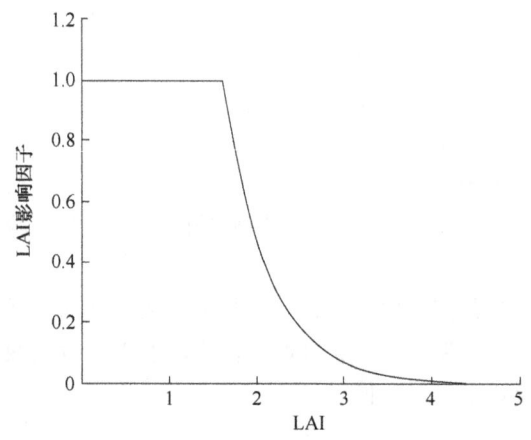

图 4-18 水稻叶面积指数（LAI）对茎蘖数增长的影响

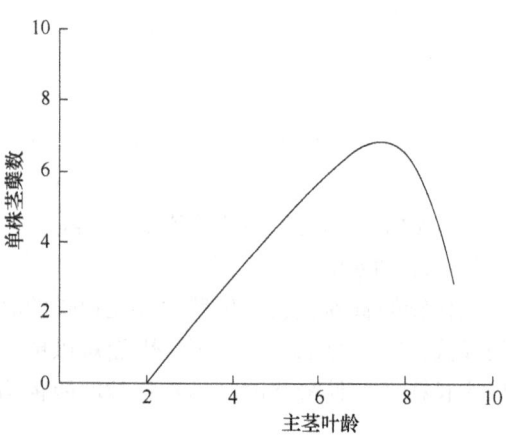

图 4-19 单株茎蘖数与主茎叶龄之间的变化曲线

值。拔节期叶龄（$i_{jointing}$）计算采用以下的方法：

$$i_{jointing}=N-n+2 \qquad (4-62)$$

式中，N 为主茎总叶数；n 为地上部伸长节间数，可以是模型的输入数据。对于特定的品种，主茎总叶数和伸长节间数较为恒定。

2. 分蘖的成穗　分蘖能否成穗，其内在的生理基础是分蘖有无足够的生长发育时间，形成自身的独立根系和自养能力。以有效分蘖可靠叶龄期作为植株发生有效分蘖的终止期，即有效分蘖可靠叶龄期前发生的分蘖为有效分蘖，以后发生的分蘖均为无效分蘖。有效分蘖可靠叶龄期（$i_{availtiller}$）的算法如下：

$$i_{availtiller}=N-n-tN+3 \qquad (4-63)$$

式中，tN 为植株拔节期有效分蘖可靠叶片数，其值随品种类型和土壤水肥状况而异。

对于小麦而言，9 及 10 叶品种的 tN 值为 3，11 及 12 叶的品种为 4，13 及 14 叶的品种为 5，15 及 16 叶的品种为 6。这种一般性量化关系可进一步用以下方程来表示：

$$tN=\begin{cases}(0.5\times N-2)\times RAI & 0.5\leqslant RAI<1.0 \\ N-4 & RAI<0.5\end{cases} \qquad (4-64)$$

作物生理和生态学研究表明，分蘖的消亡取决于植株个体同化物的供需平衡及群体冠层的透光性。因此，分蘖衰老的模拟既要考虑到植株个体的大小及成穗能力，又要考虑到群体的大小及光能利用率。例如，水稻单株的分蘖成穗数与孕穗期冠层底部的透光率呈显著的负相关。

复习思考题

1. 通过查阅资料，说明不同作物如小麦、水稻、玉米、棉花、油菜等在温光反应上的差别及在建模过程中的注意要点。
2. 简要说明不同温度效应模拟方法的优缺点。
3. 如何开展试验来研究作物的顶端发育与器官建成的模拟？
4. 通过查阅文献或者自主思考，提出一种不同于教材中叶面积指数模拟的新方法。

第五章
作物光合生产与干物质积累模拟

光合生产与干物质积累是作物生长与产量和品质形成的物质基础，因而成为农作系统模拟模型的核心组成部分。作物生长模型中计算作物光合生产与干物质积累的方法一般有两种：一是根据冠层截获的太阳辐射，结合冠层光能利用率（radiation use efficiency，RUE）进行模拟，如 CERES 系列模型；二是根据冠层光合作用，结合作物的呼吸消耗进行模拟，如 ORYZA、CropGrow 等模型。作物光合生产与干物质积累主要涉及冠层光合作用和呼吸作用等生理生态过程，第一种方法无法体现环境条件差异对这些过程的影响，近年来的作物生长模型中常采用第二种方法进行作物干物质积累的模拟。

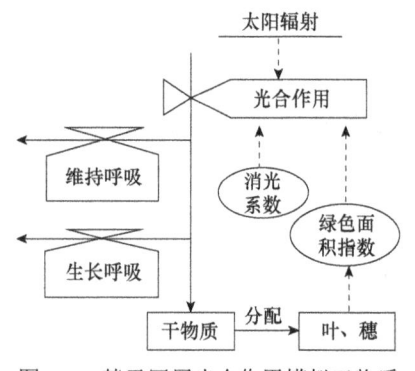

图 5-1 基于冠层光合作用模拟干物质积累的过程示意图

作物冠层光合作用的模拟包括绿色面积指数、作物冠层中光合有效辐射（photosynthetically active radiation，PAR）的分布和截获，以及叶片和冠层光合速率的模拟。作物的呼吸作用包括维持呼吸和生长呼吸两部分，其中维持呼吸速率的大小与作物本身的大小（用干物质量表示）和温度有关，而生长呼吸则取决于作物最终形成的干物质的化学成分。光合作用同化产物减去呼吸消耗掉的同化产物之后剩下的部分形成最终的干物质量。如图 5-1 所示，凡是影响作物光合作用和呼吸作用的因子，也会对作物干物质积累有影响。本章首先介绍如何模拟作物绿色面积指数，然后介绍如何根据作物光合作用与环境影响因子的关系模拟从叶片到作物冠层的光合作用，再介绍如何模拟作物维持呼吸和生长呼吸，最后介绍如何在作物冠层光合作用和呼吸作用模拟的基础上计算作物的干物质生产。

第一节 绿色面积指数模拟

作物绿色叶片是冠层光截获和光合作用的主要器官，但许多作物的非叶器官或组织，如茎秆、花器、果实和某些气生根等，也具有实际的或潜在的光合能力。因此，作物模型中要完整地描述光合作用的生理生态特征，不仅要考虑叶面积指数，还必须考虑叶片以外的光合器官。对于禾谷类作物，穗是籽粒灌浆期间的重要光合器官，可以将植株的绿色面积指数（green area index，GAI）分成叶面积指数（leaf area index，LAI）和穗面积指数（ear area index，EAI）两大部分。

一、叶面积指数模拟

叶面积指数的模拟作为作物群体光合作用模拟的关键部分，其模拟准确性极大地影响着冠层光合生产与干物质积累模拟的精度。早期大田作物叶面积指数的模拟主要有以下几种方法：第一种是假设叶片扩展不受同化物供应的限制，通常采用 Logistic 等生长函数或者温度函数来模拟，该方法在适宜条件下的模拟结果准确，但不具有广泛的适用性；第二种是假设在理想条件下叶面积增长到潜在的最大尺寸或作为群体茎蘖数的函数，采用同化物供应、水分和氮胁迫的限制来修正叶面积的生长，但其模拟结果偏低；第三种是假设叶片扩展受到同化物供应的限制，基于绿叶干重与比叶面积（specific leaf area，SLA）进行模拟，该方法对 SLA 非常敏感，SLA 微小的测定误差都会大大降低 LAI 的模拟精度。后续研究中又提出了分段叶面积模型，这些模型将叶面积的发展分为温度限制和同化物供应限制两个阶段，从出苗至某一临界 LAI 之前，用指数函数来描述 LAI 随有效积温的变化，之后用绿叶干重和比叶面积来计算，这一方法在一定程度上降低了由 SLA 测量误差带来的模拟误差。此外，还有一部分模型如 GECROS，则认为 LAI 受碳氮限制，LAI 则取氮限制和碳限制的叶面积指数两者中的最小值。分段叶面积模型在当前的作物生长模型如 ORYZA、CropGrow 中有比较广泛的应用，下面主要介绍该方法。

禾谷类作物 LAI 在出苗至抽穗阶段逐渐增长，抽穗以后开始下降，至成熟收获时趋近于零或很低的水平。在 LAI 的变化动态中，影响其变化特征的因素主要有两个：叶片生长速率 [GLAI，$m^2/(m^2 \cdot d)$] 和叶片衰亡速率 [DLAI，$m^2/(m^2 \cdot d)$]。因此，LAI 可以通过式（5-1）和式（5-2）来计算：

$$LAI_{i+1} = LAI_i + RLAI \tag{5-1}$$

$$RLAI = GLAI - DLAI \tag{5-2}$$

式中，LAI_{i+1}、LAI_i 分别为第 $i+1$ 天和第 i 天的叶面积指数；RLAI 为叶面积指数的变化率 [$m^2/(m^2 \cdot d)$]。

（一）叶片生长速率

叶片生长速率（GLAI）可根据物候发育阶段计算，出苗之前，GLAI 等于 0；出苗后，叶片生长速率受光照和温度的影响。作物生长初期，叶片生长速率及其最终面积主要受到温度对细胞分裂和扩大速率影响的限制，而不是同化物供应的限制，即温度是叶面积增长的主要影响因素。此时，叶面积随有效积温呈指数式增长，GLAI 的计算公式为

$$GLAI = LAI_i \times \exp(RGRL \times DTEFF) \tag{5-3}$$

式中，RGRL 为指数阶段的叶面积相对增长速率 [$1/(℃ \cdot d)$]；DTEFF 为每日有效积温（℃）。在小麦中，LAI<0.75 和（或）DVS（发育阶段）<0.3 为 LAI 指数增长阶段，RGRL 可取值 0.009 [$1/(℃ \cdot d)$]。当叶面积指数增大到一定程度后，叶片开始相互遮阴，叶片的扩展越来越受到同化物供应的限制，LAI 指数增长阶段结束，GLAI 由叶片干物质增长速率 [GLV，$g/(m^2 \cdot d)$] 与比叶面积（SLA，m^2/g）决定，计算公式如下：

$$GLAI = SLA \times GLV \tag{5-4}$$

GLV 是由每日同化物分配到叶片的量来决定的，其计算公式为

$$GLV = FLV \times FSH \times GTW \tag{5-5}$$

式中，FLV 为地上部同化物分配到叶片的比例；FSH 为光合同化物分配给地上部的比例；GTW 为每日的光合同化物总量 [$g/(m^2 \cdot d)$]。

虽然可以将 SLA 设定为一生不变，如小麦中可取值为 $0.022m^2/g$，但在大多数作物的发育进程中，叶面积扩展的速率与叶片干物质积累的速率是不一致的，因而 SLA 也呈现升高或

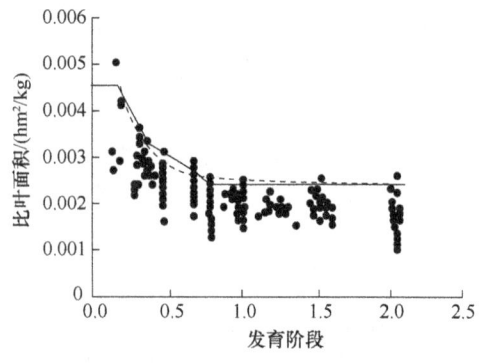

图 5-2 水稻比叶面积随发育阶段的变化
（引自 Bouman et al., 2001）

下降的趋势。根据作物的特点，可以对 SLA 与 DVS 的关系（图 5-2）进行适当的修订：

$$SLA = a + b \times \exp[c \times (DVS - d)] \quad (5-6)$$

式中，a、b、c、d 为经验系数。

（二）叶片衰亡速率

叶片衰亡速率（DLAI）由叶片相对死亡速率（RDR，d^{-1}）和 SLA 共同决定：

$$DLAI = SLA \times RDR \quad (5-7)$$

在 RDR 计算中，采用在叶片的自然衰亡速率（RDRDV，d^{-1}）和叶片互相遮阴造成的衰亡速率（RDRSH，d^{-1}）中取较大值的方法，即

$$RDR = \max(RDRDV, RDRSH) \quad (5-8)$$

式中，max 为输出两者中较大值的函数。

RDRDV 主要受温度影响。在其计算中，假设作物开花后叶片开始出现自然衰老死亡，即

$$RDRDV = \begin{cases} 0 & 0 \leqslant DVS < 1 \\ RDRT & DVS \geqslant 1 \end{cases} \quad (5-9)$$

式中，RDRT 为日平均温度（T_{mean}，℃）对 RDR 的影响，其计算公式如下：

$$RDRT = \begin{cases} 0.033 & T_{mean} \leqslant 15℃ \\ 0.033 + 0.004 \times (T_{mean} - 15) & T_{mean} > 15℃ \end{cases} \quad (5-10)$$

在 RDRSH 的计算中，假设 LAI 达到某一数值时出现叶片的互相遮阴而造成衰老，计算公式如下：

$$RDRSH = \begin{cases} 0 & LAI \leqslant LAICR \\ 0.03 \times (LAI - LAICR) / LAICR & LAI > LAICR \end{cases} \quad (5-11)$$

式中，LAICR 为临界叶面积指数，即超过此值时开始出现叶片的互相遮阴而造成叶片死亡，对于禾谷类作物而言，可假设其值为 4.0。

叶片生长和衰亡过程会受到气象环境、水肥条件等多种因素的影响，在 LAI 的模拟过程中，可以通过构建相关因素的影响函数来提高模拟精度。比如，基于遮阴处理下 SLA 和 FLV 的响应与弱光指数（LLI）的关系（图 5-3），构建的太阳辐射降低对 SLA 和 FLV 影响的函数如下：

$$f(x) = 1 + (R_{L,x} / R_{E,x}) \times \ln\{1 + \exp[R_{E,x} \times (LLI - LLI_{T,x})]\} \quad (5-12)$$

式中，$f(x)$ 为弱光对比叶面积 $[f(SLA)]$、叶分配指数 $[f(FLV)]$ 的影响因子；$R_{L,x}$ 为 $f(x)$ 随 LLI 线性变化阶段速率；$R_{E,x}$ 为 $f(x)$ 随 LLI 变化阶段速率；$LLI_{T,x}$ 为 $f(x)$ 随 LLI 的增加开始线性变化的临界 LLI 值。

二、穗面积指数模拟

禾谷类作物抽穗后，穗部也开始进行光合作用制造有机物。参照比叶面积的定义，引入

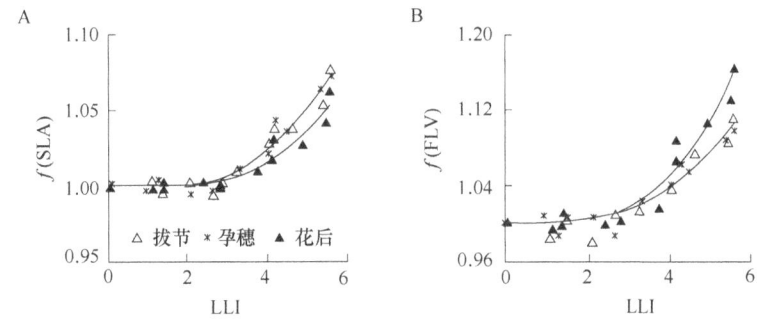

图 5-3 不同时期遮阴处理下小麦比叶面积 [$f(SLA)$]、叶分配指数 [$f(FLV)$] 的弱光影响因子与弱光指数（LLI）的关系（引自 Gu et al., 2017）

比穗面积（ear area/weight ratio，EAR；m^2/g）的概念，即穗面积与地上部总干物质的比率，用于计算穗面积指数。模型中假设 EAR 恒定不变，如小麦中可取值为 $6.3×10^{-4} m^2/g$，穗面积指数（EAI）的变化动态可表达为

$$EAI_{i+1} = EAI_i + REAI \tag{5-13}$$

式中，EAI_{i+1}、EAI_i 分别为第 $i+1$ 天和第 i 天的穗面积指数；REAI 为穗面积指数的变化速率 [$m^2/(m^2 \cdot d)$]。

作物进入灌浆期以前，穗部仍然处于全绿状态，REAI 可由每日的光合同化产物总量（GTW）与 EAR 得到；灌浆期开始直至成熟，穗部开始发黄，EAI 下降，其下降速率与叶片自然衰亡速率相同。因此，REAI 可计算如下：

$$REAI = \begin{cases} 0 & DVS \leq 0.8 \\ EAR \times GTW & 0.8 < DVS \leq 1.3 \\ -RDRDV \times EAI_i & DVS > 1.3 \end{cases} \tag{5-14}$$

第二节 冠层光能分布和截获模拟

太阳辐射是作物进行光合作用的能量来源，其在作物冠层内分布与截获的模拟是作物模型的重要组成部分。20 世纪 50 年代，Monsi 和 Saeki 开创性地将随机分布介质中的比尔定律应用到植物冠层内的光传输研究中，在假设冠层内叶片水平随机分布的前提下，建立了光分布的指数模型。该模型简单、易行，参数易于获得，在农林等相关领域研究中被广泛应用。但实际植物群体的叶片分布状况与随机分布假设并不完全相符，许多学者在后续研究中基于植物冠层结构的空间异质性和时间动态性，对指数模型进行了修订和发展。例如，Verhoef 把水平分布较均匀的作物冠层沿垂直方向分成不同层次，假设每一层内叶片在水平方向上呈随机分布，构建了 SAIL（scattering by arbitrary inclined leaves）模型来模拟冠层内的光分布；Ross 提出了叶方位角分布函数（G 函数），把植物的空间结构完全用叶片分布的形式来表达，并对植物群体组分的非随机分布对冠层光分布的影响进行了详细论述。这些模型均是以指数模型为基础，因此本章对指数模型进行详细介绍。

一、冠层光能分布模拟

太阳辐射在作物冠层的分布从冠层顶部向下随 LAI 的增加呈指数规律递减，以比尔定律描述太阳辐射垂直分布与 LAI 之间的这种关系，即作物冠层深度 L 处的太阳辐射 [I_L, J/(m²·s)]，可描述如下：

$$I_L = (1-\rho) \times I_0 \times \exp(-k \times \text{LAI}_L) \tag{5-15}$$

式中，ρ 为冠层反射率；I_0 为到达作物冠层上方的太阳辐射 [J/(m²·s)]；LAI_L 为冠层顶部至冠层深度 L 处的作物层的累积叶面积指数；k 为冠层消光系数，与作物冠层几何结构（叶片方位角和倾斜角分布）和大小有关（图 5-4），是反映冠层光分布特征的综合性群体结构性状，k 值越小，太阳辐射在垂直方向上的衰减越平缓，冠层光分布越均匀（图 5-5）。太阳高度角是影响 k 值的主要环境因素，太阳高度角呈先升后降的日变化趋势，在正午达到最大，此时太阳辐射在群体内穿透深度最大，相应 k 值最小。在冠层结构中，k 值大小受叶角分布和叶面积的影响。通常上层叶片叶倾角小、叶片直立，下层叶片叶倾角大、叶片较水平，光线在冠层内的穿透能力强，k 值小，如图 5-4 所示。

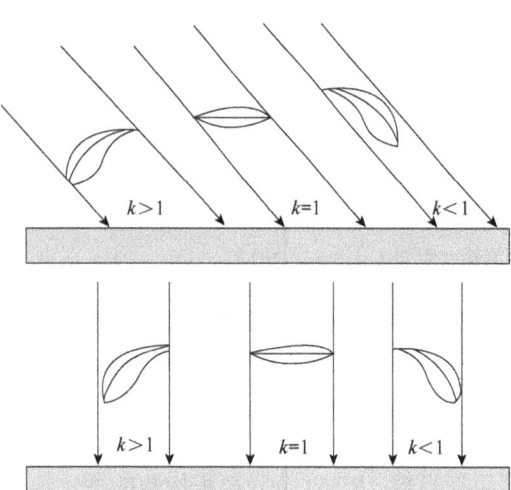

图 5-4 不同太阳高度角条件下叶片倾斜角和方位角对作物冠层消光系数（k）的影响示意图
（引自 Goudriaan and van Laar，1994）

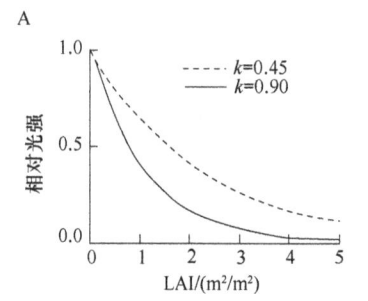 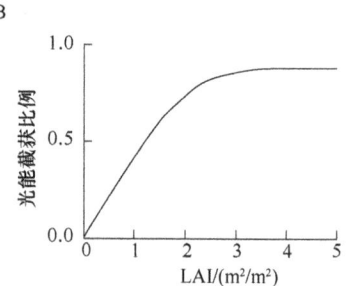

图 5-5 不同冠层深度的相对光强分布（A）及光能截获比例（B）曲线
（改绘自 Goudriaan and van Laar，1994）

冠层反射率（ρ）可根据式（5-16）计算：

$$\rho = \{[1-(1-\partial)^{1/2}]/[1+(1-\partial)^{1/2}]\}[2/(1+1.6 \times \sin\beta)] \tag{5-16}$$

式中，∂ 为单叶的散射系数（可见光部分为 0.2）；β 为太阳高度角，由式（5-17）获得：

$$\sin\beta = \sin\varphi\sin\delta + \cos\varphi\cos\delta\cos\omega \tag{5-17}$$

式中，φ 为地理纬度，北半球为 0°～90°，南半球为 0°～-90°；δ 为太阳赤纬角，在 ±23.5° 之间变化；$\sin\delta$ 和 $\cos\delta$ 为中间变量，由式（5-18）和式（5-19）计算：

$$\sin\delta = -\sin(23.45)\cos[360(D+10)/365] \tag{5-18}$$

$$\cos\delta = (1-\sin\delta \times \sin\delta)^{1/2} \tag{5-19}$$

ω 为时角，正午为 0°，每隔 1h 相差 15°，计算公式如下：

$$\omega = (t_h - 12) \times 15 \tag{5-20}$$

式中，t_h 为真太阳时（h）。

由于一天中太阳高度角随着太阳时间而变化，从而导致冠层对太阳辐射的反射率和群体吸收的太阳辐射也发生相应的变化。

二、冠层光能截获模拟

作物冠层不同深度的光能截获比例曲线如图 5-5 所示。冠层顶至冠层深度 L 处作物层所吸收的太阳辐射 $\{I_{a,L}, [J/(m^2 \cdot s)]\}$ 由式（5-21）对累积叶面积指数求导获得：

$$I_{a,L} = -dI_L/dL = k(1-\rho)I_0 \exp(-k \times LAI_L) \tag{5-21}$$

太阳辐射由直接辐射和散射辐射组成，而两者在冠层中的传输特性有差异，因而 k 值并不相同。现有冠层光能分布模型通常将叶片分为阳叶和阴叶，阳叶截获直射辐射和散射辐射，阴叶截获散射辐射，并将冠层消光系数分为散射辐射的消光系数（k_{df}）、直接辐射的消光系数（$k_{dr,t}$）、直接辐射中直射分量的消光系数（$k_{dr,dr}$）。冠层顶至冠层深度 L 处作物层所吸收的散射辐射 $\{I_{a,df}, [J/(m^2 \cdot s)]\}$、直射辐射（$I_{a,dr,t}$）及直射辐射中直射分量（$I_{a,dr,dr}$）可分别由式（5-22）～式（5-24）计算：

$$I_{a,df} = k_{df}(1-\rho)I_{0,df} \exp(-k_{df} \times LAI_L) \tag{5-22}$$

$$I_{a,dr,t} = k_{dr,t}(1-\rho)I_{0,dr} \exp(-k_{dr,t} \times LAI_L) \tag{5-23}$$

$$I_{a,dr,dr} = k_{dr,dr}(1-\rho)I_{0,dr} \exp(-k_{dr,dr} \times LAI_L) \tag{5-24}$$

式中，$I_{0,df}$、$I_{0,dr}$ 分别为到达作物冠层上方的散射辐射和直射辐射。

阴叶截获的太阳辐射量（$I_{a,sh}$）为

$$I_{a,sh} = I_{a,df} + (I_{a,dr,t} - I_{a,dr,dr}) \tag{5-25}$$

阳叶截获的太阳辐射量（$I_{a,sun}$）为

$$I_{a,sun} = I_{a,sh} + I_{a,dr} \tag{5-26}$$

式中，$I_{a,dr}$ 为垂直于辐射方向的叶片吸收直射辐射的直接分量，由式（5-27）计算：

$$I_{a,dr} = (1-\partial)I_{0,dr}/\sin\beta \tag{5-27}$$

冠层特定高度的同化速率根据该高度吸收的太阳辐射，分别计算阳叶和阴叶的同化速率。

第三节　叶片和冠层光合作用模拟

光合作用是驱动作物生长发育、干物质积累和产量形成的主要生理过程，作物冠层光合作用的模拟是作物生长模型的核心组成部分。现有光合作用驱动的作物生长模型对冠层光合作用的模拟主要有两类方法：基于冠层光能利用率（radiation use efficiency，RUE）及冠层截获的 PAR 量进行模拟和基于叶片光合作用及光在群体中的传输规律进行模拟。第一类方法是通过作物每天截获的 PAR 的积分与 RUE 及各种环境因素对 RUE 影响因子的乘积计算冠层光合生产力，但该方法无法体现叶片光合作用对环境响应的垂直差异，对光合速率尤其是胁迫条件下的光合速率模拟精度不高。第二类方法首先估算叶片水平的光合速率，然后将其对叶面积指数进行积分上升到冠层水平，并在光合时间上进行累积。叶片水平光合作用的模拟方法又主要有基于叶片光响应曲线（light response curve，LRC）的模拟和基于光合生化模型——FvCB 模型（Farquhar-von Caemmerer-Berry model）的模拟。其中，FvCB 模型从限制叶片光合速率的三个过程（外界 CO_2 由气孔进入细胞间的过程、胞间 CO_2 进入叶绿体羧化位点的过程和生化限制过程），利用叶片的最大电子传递速率（J_{max}）、Rubisco 酶的最大羧化速率（V_{cmax}）、

叶肉导度（gm）等光合生化参数模拟叶片光合速率，机理性很强，但参数较多，模拟方法比较复杂。基于LRC的模拟方法具有一定的机理性，参数相对简单，下面主要介绍该模拟方法。

一、叶片光合作用模拟

叶片光合速率可以简单地以单位叶面积（仅指上表面）的光合速率表示，受环境因子如PAR、温度、空气CO_2浓度、水分供应状况、养分（特别是氮素）供应状况及作物生育期等因素的影响。

（一）影响作物叶片光合作用的因子

在叶片光合速率的模拟计算方面，需要了解PAR、温度、空气CO_2浓度、水分和养分（特别是氮素）对叶片光合速率的定量影响。Farquhar等从生化角度描述了叶片的光合作用特性，认为光合作用的特性是由于Rubisco酶运动和电子运输能力而产生的。这一理论很好地解释了叶片光合作用对温度和CO_2的依赖，使叶片光合速率的计算由经验性向机理性迈出了一大步。

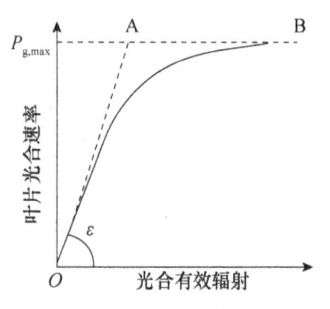

图5-6 叶片光合速率的光响应曲线示意图（引自罗卫红，2008）

PAR对叶片光合速率的影响可用叶片光合作用的光响应曲线描述（图5-6）。现在普遍认为在低光强条件下[≤200μmol/(m²·s)]，叶片光合速率随PAR增强呈线性增加，线性增加的速率即叶片初始光能利用率（ε）；在高光强条件下，叶片光合速率越来越受到Rubisco等光合作用酶活性或其他过程能力限制，叶片光合速率的增加速率随PAR的增强逐渐减缓，当叶片光合速率不再随PAR的增强而增加时，PAR达到饱和，此时叶片光合速率达到最大（$P_{g,max}$）。

温度对叶片光合速率的影响可用叶片光合速率对温度的响应曲线来描述（图5-7）。也就是说，温度在光合作用下限温度（T_b）与最适下限温度（T_{ob}）之间，叶片光合速率随着温度的升高而增加，在T_{ob}与最适上限温度（T_{ou}）之间，叶片光合速率保持最大值，在T_{ou}和光合作用上限温度（T_m）之间，叶片光合速率随着温度的

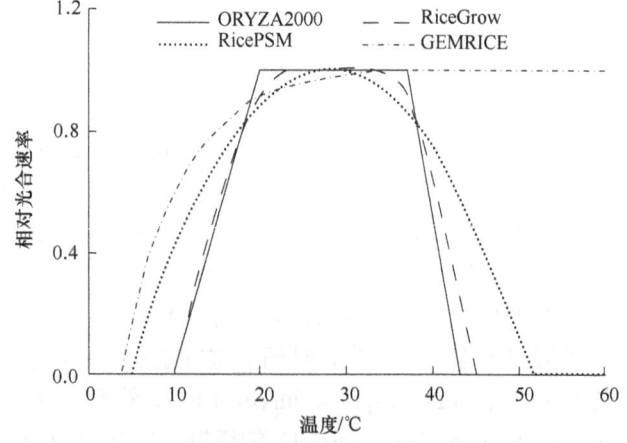

图5-7 几种LRC光合模型中叶片光合速率对温度的响应曲线示意图
（改绘自Sun et al.，2023）

升高而下降。

空气 CO_2 浓度对叶片光合速率的影响可用叶片光合速率对 CO_2 浓度的响应曲线来描述（图 5-8）。从图 5-8 可以看出，CO_2 浓度对叶片光合速率的影响与 PAR 的影响相似。在低 CO_2 浓度条件下，叶片光合速率随 CO_2 浓度的增加而迅速增加。当 CO_2 浓度较高时，叶片光合速率随 CO_2 浓度增加而增加的速率趋缓。当叶片光合速率不再随 CO_2 浓度的增加而增加时，CO_2 浓度达到饱和，此时叶片光合速率达到最大。

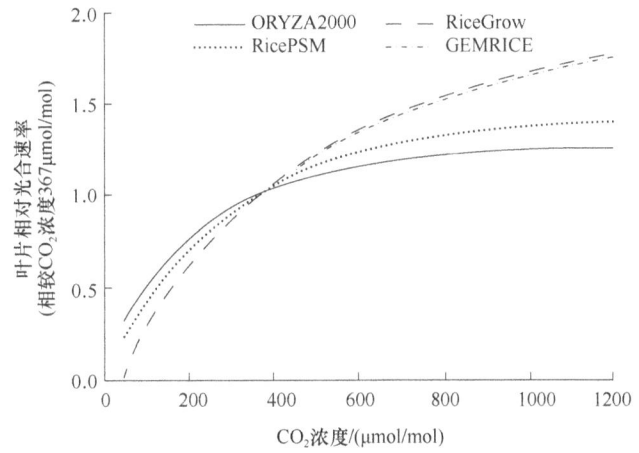

图 5-8　几种 LRC 光合模型中叶片光合速率对 CO_2 浓度的响应曲线
（改绘自 Hasegawa et al.，2017）

水分对叶片光合作用的影响表现为，当作物存在水分胁迫（干旱或渍害）时，叶片光合速率下降，在无水分胁迫时，叶片光合速率达到最大。

氮素对叶片光合作用的影响表现为，氮素亏缺导致叶片中氮含量低，叶片光合速率下降。当叶片氮含量增加到某一水平后，叶片光合速率不再随叶片氮含量的增加而增大，此时的叶片氮含量通常称为作物生长的叶片临界氮浓度或叶片适宜含氮量。与叶片适宜含氮量相对应的土壤、基质或营养液中的氮浓度即作物生产中氮素管理要达到的目标浓度。

（二）叶片光合速率对环境因子的响应曲线

1. 叶片光合速率对 PAR 的响应曲线　　叶片光合作用对 PAR 的响应曲线 $[P_g(\text{PAR})$，图 5-6] 可以用式（5-28）描述：

$$P_g(\text{PAR}) = P_{g,\max} \times y \tag{5-28}$$

式中，y 为光合有效辐射（PAR）的函数，通常用负指数方程、双曲线方程或 Blackman 方程 3 种形式表达。

$$\text{负指数方程：} y = 1 - \exp(-\varepsilon \times \text{PAR} / P_{g,\max}) \tag{5-28a}$$

$$\text{双曲线方程：} y = \varepsilon \times \text{PAR} / (\varepsilon \times \text{PAR} + P_{g,\max}) \tag{5-28b}$$

$$\text{Blackman 方程：} y = \min(\varepsilon \times \text{PAR} / P_{g,\max}, 1) \tag{5-28c}$$

式中，ε 为初始光能利用率 $\{[\text{kg CO}_2/(\text{hm}^2 \cdot \text{h})] / [\text{J}/(\text{m}^2 \cdot \text{s})]\}$；$P_{g,\max}$ 为叶片在饱和光强下的（最大）光合速率 $[\text{kg CO}_2/(\text{hm}^2 \cdot \text{h})]$。$P_{g,\max}$ 和 ε 为叶片光合作用计算公式的两个重要参数，与作物种类、温度、叶片年龄、养分供应状况、CO_2 浓度等有关，ε 对温度不敏感，而

$P_{g,max}$ 对温度较敏感。在温度为 20℃时，C_3 和 C_4 植物 $P_{g,max}$ 和 ε 的特征值见表 5-1。

表 5-1 温度为 20℃时 C_3 和 C_4 植物 $P_{g,max}$ 和 ε 的特征值（引自罗卫红，2008）

指标	C_3 植物	C_4 植物
$P_{g,max}/[kg\ CO_2/(hm^2 \cdot h)]$	40（20~50）	70（50~80）
$\varepsilon/\{[kg\ CO_2/(hm^2 \cdot h)]/[J/(m^2 \cdot s)]\}$	0.48	0.45

实际上，Blackman 方程 [式（5-28c）] 是采用图 5-6 中 OA 和 AB 两条直线来描述叶片光合作用对光合有效辐射的响应，即在饱和光强以下，叶片光合速率随 PAR 增加而线性增大（图 5-6 中的直线 OA），当 PAR 达到饱和光强以后，叶片光合速率达到最大值 $P_{g,max}$，且不再随 PAR 的增加而增大（图 5-6 中的直线 AB）。在低光和强光条件下，负指数方程 [式（5-28a）] 和双曲线方程 [式（5-28b）] 表达的叶片光合速率与 PAR 的关系和 Blackman 方程趋于一致。

2. 叶片光合速率对温度的响应曲线 叶片光合速率对温度的响应曲线 [$P_g(T)$，图 5-7] 可以用式（5-29）描述。

$$P_g(T) = P_g(PAR) \times RTE(T) \tag{5-29}$$

式中，RTE(T) 为温度 T 时的相对热效应，定义为作物在实际温度条件下的光合速率相对于在最适宜温度条件下光合速率的比例，可根据如下公式计算：

$$RTE(T) = \begin{cases} 0 & (T < T_b) \\ (T - T_b)/(T_{ob} - T_b) & (T_b \leq T < T_{ob}) \\ 1 & (T_{ob} \leq T \leq T_{ou}) \\ (T_m - T)/(T_m - T_{ou}) & (T_{ou} < T \leq T_m) \\ 0 & (T > T_m) \end{cases} \tag{5-30}$$

式中，T_b 为叶片光合作用下限温度；T_m 为叶片光合作用上限温度；T_{ob} 为叶片光合作用最适下限温度；T_{ou} 为叶片光合作用最适上限温度。

从式（5-30）和图 5-7 可以看出，当温度在叶片光合作用下限温度（T_b）和最适下限温度（T_{ob}）之间时，随温度的增加，叶片光合速率呈线性增大；当温度在叶片光合作用最适温度范围内，即 T_{ob} 和 T_{ou} 之间时，叶片光合速率保持在最大值不变；当温度在叶片光合作用最适上限温度（T_{ou}）和上限温度（T_m）之间时，叶片光合速率随温度的增加而线性下降；当温度在叶片光合作用下限温度（T_b）以下或上限温度（T_m）以上时，叶片光合速率为零，即叶片不能进行光合作用。叶片光合作用的三基点温度（T_b、T_{ob}、T_{ou}、T_m）依作物种类、品种和发育时期不同而异。作物不同发育时期的光合作用三基点温度是单叶光合速率计算模型中除 $P_{g,max}$ 和 ε 外的另一类重要参数。

3. 叶片光合速率对 CO_2 浓度的响应曲线 叶片光合速率对 CO_2 浓度的响应曲线（图 5-8）可以用式（5-31）描述。

$$P_{g,[CO_2]} = P_{n,[CO_2]} + R_d \tag{5-31}$$

$$P_{n,[CO_2]} = (C_a - \Gamma)/(r_m + 1.6 \times r_s + 1.4 \times r_{b,v}) \tag{5-31a}$$

$$\Gamma = \Gamma_{20} \times Q_{10}^{(T_1 - 20)/10} \tag{5-31b}$$

$$R_{d,T_1} = R_{d,20} \times Q_{10}^{(T_1 - 20)/10} \tag{5-31c}$$

式中，$P_{g,[CO_2]}$ 为在某一 CO_2 浓度下叶片总光合速率；$P_{n,[CO_2]}$ 为在某一 CO_2 浓度下叶片净光合速率；R_{d,T_l} 为暗呼吸速率；C_a 为外界空气 CO_2 浓度；T_l 为叶片温度；Γ 为 CO_2 补偿点；r_m、r_s、$r_{b,v}$ 分别为叶肉对 CO_2 的阻抗、气孔对水汽的阻抗和叶片边界层对水汽的阻抗，当环境控制在适宜作物生长的情况下，其特征值分别为 $r_m = 250s/m$、$r_s = 50s/m$、$r_{b,v} = 100s/m$；Γ_{20} 为叶片温度为 20℃ 时的 CO_2 补偿点，C_3 植物 $\Gamma_{20} = 80mg\ CO_2/m^3$，$C_4$ 植物 $\Gamma_{20} = 10mg\ CO_2/m^3$；$R_{d,20}$ 为叶片温度为 20℃ 时的叶片暗呼吸速率，一般取值 $R_{d,20} = 1.14\mu mol\ CO_2/(m^2 \cdot s)$；$Q_{10}$ 为叶片温度对叶片暗呼吸速率影响的温度系数，一般取值 $Q_{10} = 2$。从式（5-31）和图 5-8 可以看出，当肥水供应充足时，在低 CO_2 浓度条件下，叶片光合速率随 CO_2 浓度的增加而线性增大。而叶片光合作用的 CO_2 饱和浓度则随温度的升高而增大［式（5-31a）～式（5-31c）］。

在水分胁迫下或氮素亏缺下，可采用水分效应因子或氮素效应因子订正光合速率。水分胁迫（或氮素亏缺）下的光合速率＝水分（或氮素）供应充足时的光合速率×水分（或氮素）效应因子。水分效应因子和氮素效应因子的计算分别在第八章和第九章详细介绍。

二、冠层光合作用模拟

关于冠层光合作用的模拟，Leutscher 和 Vogelezang 提出可以将整个冠层看作一张大叶片，其面积等于冠层叶片面积的总和，将冠层所截获辐射总量代入叶片光合作用计算公式中，算出冠层总光合速率。这种计算冠层总光合速率的模型被称为"大叶模型"（big leaf model）。另一种更精确的方法是先计算单叶净光合速率，然后对单叶净光合速率在冠层叶面积范围内积分，得到群体净光合速率。Goudriaan 提出了计算冠层净光合速率的"多层模型"（multi-layer model）。在多层模型中，Goudriaan 采用高斯（Gaussian）积分法计算冠层光合速率，从而在保证计算精度的同时大大简化了群体光合速率的计算过程。大叶模型简单易用，但大多数情况下模拟效果和精度不如多层模型。因此，这里主要介绍 Goudriaan 的高斯积分多层模型。

高斯积分法将作物冠层分为三层，将每层叶片的瞬时同化速率加权求和得出整个冠层瞬时的同化速率，在此基础上再计算每日的冠层光合速率，具体计算公式如下：

$$LGUSS_i = DIS_i \times LAI \quad i = 1, 2, 3 \tag{5-32}$$

$$I_{L,i} = PAR \times k \times \exp(-k \times LGUSS_i) \quad i = 1, 2, 3 \tag{5-33}$$

$$PL_i = P_{g,max} \times [1 - \exp(-\varepsilon \times I_{L,i} / P_{g,max})] \quad i = 1, 2, 3 \tag{5-34}$$

$$P_c = [\sum (PL_i \times WT_i) - R_{d,T_l}] \times LAI \quad i = 1, 2, 3 \tag{5-35}$$

$$P_{c,day} = [\sum (P_{c,j} \times WT_j)] \times DL \quad j = 1, 2, 3 \tag{5-36}$$

式中，$LGUSS_i$ 为冠层顶部至深度 i 处所累积的叶面积指数；DIS_i 为高斯三点积分法的距离系数，其值见表 5-2；$I_{L,i}$ 为作物冠层中的第 i 层所截获的光合有效辐射量 $[J/(m^2 \cdot s)]$；PL_i 为作物冠层中的第 i 层的瞬时光合速率 $[kg\ CO_2/(hm^2 \cdot h)]$；$P_c$ 为整个冠层的瞬时光合速率 $[kg\ CO_2/(hm^2 \cdot h)]$；$R_{d,T_l}$ 为叶片暗呼吸速率，可以根据式（5-31c）计算；WT_i、WT_j 为高斯三点积分法积分的权重，其值见表 5-2；$P_{c,day}$ 为每日冠层的总光合量 $[kg\ CO_2/(hm^2 \cdot d)]$；$P_{c,j}$ 为整个冠层 j 时刻的瞬时光合速率；DL 为日长（h），可用式（5-37）～式（5-41）计算：

$$DL = 12 \times [1 + 2/\pi \times \arcsin(a/b)] \tag{5-37}$$

$$a = \sin\varphi \times \sin\delta \tag{5-38}$$

$$b = \cos\varphi \times \cos\delta \quad (5\text{-}39)$$
$$\sin\delta = \sin(\pi \times 23.45/180) \times \cos[2\pi(D+10)/365] \quad (5\text{-}40)$$
$$\cos\delta = (1 - \sin\delta \times \sin\delta)^{1/2} \quad (5\text{-}41)$$

式中，φ 为地理纬度；δ 为太阳赤纬角；D 为日序（一年中 1 月 1 日 $D=1$，12 月 31 日 $D=365$ 或 366）。

表 5-2　高斯三点积分法的权重值和距离系数（引自罗卫红，2008）

i, j	1	2	3
WT_i，WT_j	0.277 778	0.444 444	0.277 778
DIS_i	0.112 702	0.5	0.887 298

如果有每天内各小时的光合有效辐射和温度观测资料，将一天内从日出到日落之间每小时的冠层瞬时光合速率相加，即可得到作物冠层每日的总光合量 $P_{c,day}$［式（5-42）］。

$$P_{c,day} = \sum(P_{ct} - R_{d,ct}) \quad t = 1, 2, 3, \cdots, DL \quad (5\text{-}42)$$
$$R_{d,ct} = LAI \times R_{d,20} \times Q_{10}^{(T_{lt}-20)/10} \quad (5\text{-}43)$$

式中，$P_{c,day}$ 为作物冠层每日的总光合量；P_{ct} 为日出后第 t 小时冠层的瞬时光合速率；$R_{d,ct}$ 为日出后 t 小时作物冠层的暗呼吸速率；$R_{d,20}$ 为叶片在温度为 20℃时的暗呼吸速率；Q_{10} 为温度对叶片暗呼吸速率影响的温度系数，取值 2；LAI 为作物冠层叶面积指数；T_{lt} 为日出后第 t 小时的叶片温度，在没有叶片温度的测量时，可以用空气温度替代 T_{lt}。

当缺乏光合有效辐射（PAR）或太阳总辐射的观测值时，可以用式（5-44）～式（5-46）对到达作物冠层上方的 PAR 值进行粗略估算。

$$PAR = 0.5 \times Q \quad (5\text{-}44)$$
$$Q = 1395 \times \tau_a \times \sin\beta \times \{1 + 0.033 \times \cos[2\pi(D-10)/365]\} \quad (5\text{-}45)$$
$$\sin\beta = a + b \times \cos[2\pi(t_h - 12)/24] \quad (5\text{-}46)$$

式中，Q 为太阳总辐射（W/m^2）；τ_a 为大气透明系数，晴天的特征值为 0.8；β 为太阳高度角；D 为日序；t_h 为真太阳时（h）。

第四节　呼吸作用模拟

除叶片暗呼吸以外，作物维持生命和正常的生理功能也需要能量，这些能量主要是用于结构物质的重新合成、维持体内溶液梯度和生理代谢活动。作物因维持生命和正常的生理功能而呼吸消耗的光合产物部分称为维持呼吸消耗。作物在生产最终干物质时，每形成单位质量的干物质往往需要大于一个单位的光合产物（葡萄糖）量。形成单位质量的干物质所需的能量称为作物的生长呼吸消耗。这些能量主要是用于植物从土壤中吸收矿质营养（吸收 1g 分子量为 40 的矿物质需要消耗 0.12g 葡萄糖）、同化物运输（运输 1 个葡萄糖分子需要 2 分子 ATP，相当于呼吸消耗 1 个葡萄糖分子所产生的 ATP 数的 5.6%）及合成最终产物等能耗。

呼吸作用的模拟是作物生长模型中最为薄弱的部分，模型中一般以经验公式为主。在多数作物生长模型中，将呼吸作用分为生长呼吸和维持呼吸两部分来计算。呼吸作用除温度影响外，维持呼吸还受作物干物质量的影响，而生长呼吸主要受最终形成干物质的化学组成成分的影响。作物不同器官的维持呼吸消耗量不同,各个器官中以叶片的维持呼吸消耗量最大。在干物质的化学组成中,以脂肪、蛋白质、木质素等为主的干物质形成比以碳水化合物为主的干物质形成的生长呼吸消耗要大(表5-3)。因此,要正确计算作物的维持呼吸和生长呼吸速率,不仅要了解作物的总干物质量、各个器官重量或其占总干物质的比例,还需要了解干物质的主要化学组成成分。

表 5-3 不同类型最终干物质(DM)产物中的碳含量(C)、生产单位干物质所需的葡萄糖量(G)与生长呼吸系数(ϕ)(引自 Goudriaan and van Laar,1994)

化学组成	C/(g C/g DM)	G/(g CH$_2$O/g DM)	ϕ/(g CO$_2$/g DM)
碳水化合物	0.4504	1.242	0.170
蛋白质	0.5321	2.7	2.009
脂类化合物	0.7733	3.106	1.720
木质素	0.6899	2.174	0.659
有机酸	0.3746	0.929	−0.011
矿物质	0	0.05	0.073

一、维持呼吸模拟

维持呼吸与生物量大小有关,在作物生长模型中,常用维持呼吸系数(=维持呼吸消耗量/总生物量)与总干物质量的乘积来计算。维持呼吸系数一般是作为温度和器官类型的函数进行计算的。Amthor 认为,由于新陈代谢的减弱,维持呼吸系数可能随作物年龄的增长和生长速率的下降而下降。van Keulen 和 Seligman 认为,作物年龄对维持呼吸的影响可以通过维持呼吸系数与含氮量的关系来考虑。CO_2 对呼吸的影响目前还不太清楚,但维持呼吸系数很可能随 CO_2 浓度的增大而减小。但到目前为止,大多数作物生长模型中尚没有考虑作物年龄和 CO_2 浓度对维持呼吸系数的影响。

维持呼吸对温度比较敏感。当温度为作物呼吸的最适温度时,叶片的维持呼吸系数为 0.03,茎为 0.015,根为 0.015,穗为 0.01,此时维持呼吸消耗量 $R_{m,o}$ [g CH$_2$O/(m^2·d)] 为

$$R_{m,o} = 0.03 \times WLVG + 0.015 \times WST + 0.015 \times WRT + 0.01 \times WSO \tag{5-47}$$

式中,WLVG、WST、WRT、WSO 分别为绿叶干重、茎干重、根干重、穗干重。不同温度下维持呼吸消耗量 R_m [g CH$_2$O/(m^2·d)] 可根据式(5-48)计算:

$$R_m = R_{m,o} \times Q_{10}^{(T_{mean} - T_o)/10} \tag{5-48}$$

式中,Q_{10} 为呼吸作用的温度系数,取值 2;T_{mean} 为日平均温度;T_o 为作物呼吸的最适温度,对于小麦,$T_o = 25℃$;$R_{m,o}$ 为 T_o 时的维持呼吸消耗量。

昼夜温差导致的夜间呼吸量与白昼呼吸量的比值(m)可以根据式(5-49)计算:

$$m = Q_{10}^{\frac{T_{night} - T_{day}}{10}} \tag{5-49}$$

式中,T_{day} 和 T_{night} 分别为白昼和夜间的平均温度。

二、生长呼吸模拟

生长呼吸与作物的有机质合成、植株体的增长及新陈代谢活动有关,它依赖于植株的光

合速率，对温度不敏感。在作物生长模型中，生长呼吸 [R_g, g CO_2/($m^2 \cdot d$)] 可通过生长呼吸系数（ϕ_m, g CO_2/g DM）与当天的光合同化量（GTW）来计算：

$$R_g = \phi_m \times GTW \tag{5-50}$$

从碳平衡的角度出发，形成单位质量的干物质所需要的光合产物（葡萄糖）量中的碳量与单位质量最终干物质中的碳量之差即生长呼吸消耗的光合产物（葡萄糖）碳量。例如，每生产 1g 干物质所需的葡萄糖（CH_2O）量 $G=1.43CH_2O$/g DM，其中碳含量为 $C=(12/30)\times 1.43=0.572$g C/g DM。若 1g 干物质中碳含量为 45%，即 0.45g C/g DM，两者差额 $\phi=0.572-0.45=0.122$g C，此值即生长呼吸系数。若以 CO_2 形式表示生长呼吸系数，则 $\phi=44/12\times 0.122=0.447$g CO_2/g DM。因此，干物质生产过程中的碳平衡方程应为

$$(12/30)\times G = C + (12/44)\times \phi \tag{5-51}$$

每生产 1g 干物质所需的葡萄糖（CH_2O）量 G 的倒数 CVF（$=1/G$）称为干物质转化因子（效率），即每克葡萄糖转化成的干物质量。

不同作物不同器官最终干物质中的化学组成成分不同，表 5-4 列举了主要农作物籽粒中的化学成分占总干重的比例。干物质中的碳含量（C, g C/g DM）、生产单位干物质所需的葡萄糖量（G, g CH_2O/g DM）与生长呼吸系数（ϕ, g CO_2/g DM）依最终产物的化学组成成分不同而异（表 5-3）。根据干物质的化学成分及其占总干重的比例，即可计算出生产单位干物质所需的葡萄糖量（G）或干物质转化因子（CVF）。

表 5-4 主要农作物籽粒中各化学成分占总干重的比例（f）（引自 Yin and van Laar, 2005）

化学成分	小麦	大麦	水稻	玉米	高粱	大豆	油菜
碳水化合物	0.74	0.80	0.76	0.72	0.68	0.27	0.18
蛋白质	0.14	0.09	0.08	0.10	0.12	0.38	0.23
脂肪	0.02	0.01	0.02	0.05	0.04	0.20	0.48
木质素	0.06	0.04	0.12	0.11	0.12	0.06	0.05
有机酸	0.02	0.02	0.01	0.01	0.02	0.05	0.02
矿物质	0.02	0.04	0.01	0.01	0.02	0.04	0.04

作物平均碳含量（C_m）为

$$C_m = f_l \times C_l + f_{st} \times C_{st} + f_{rt} \times C_{rt} + f_{so} \times C_{so} \tag{5-52}$$

作物生产单位干物质平均所需的葡萄糖量（G_m）为

$$G_m = f_l \times G_l + f_{st} \times G_{st} + f_{rt} \times G_{rt} + f_{so} \times G_{so} \tag{5-53}$$

作物生产单位干物质平均所需的生长呼吸系数（ϕ_m）为

$$\phi_m = f_l \times \phi_l + f_{st} \times \phi_{st} + f_{rt} \times \phi_{rt} + f_{so} \times \phi_{so} \tag{5-54}$$

式中，下标 l、st、rt、so 分别为叶片、茎、根、穗。根据植株器官的化学成分占总干重的比例（f）和不同类型最终干物质产物中的 C、G 与 ϕ 值，可以计算出该器官中的碳含量（C）、生产单位干物质所需的葡萄糖量（G）与生长呼吸系数（ϕ）的特征值，具体见表 5-4。

如果没有表 5-4 中的详细信息，则可用干物质中的碳氮比（C/N）来计算作物生产单位干物质平均所需的葡萄糖量：

$$G = 5.4 \times C + 6.0 \times N - 1.1 \tag{5-55}$$

式中，C 为干物质中的碳含量（g C/g DM）；N 为干物质中的氮含量（g N/g DM）。

第五节 干物质积累模拟

作物冠层的光合作用产物在减去维持呼吸和生长呼吸消耗之后，余下的部分形成干物质（图5-9），使得作物得以生长。作物干物质积累的模拟计算是通过对作物生长速率在生长期内进行积分得到的。

作物的生长速率 $[\Delta W/\Delta t,\ g\ DM/(m^2\cdot d)]$ 可用式（5-56）计算。

$$\Delta W/\Delta t = (P_{c,day} \times 30/44 - R_m) \times CVF \quad (5-56)$$

式中，$P_{c,day}$ 为作物冠层每日的总光合量 $[g\ CO_2/(m^2\cdot d)]$；R_m 为作物冠层每日的维持呼吸消耗量 $[g\ CH_2O/(m^2\cdot d)]$；30/44 为将 CO_2 转换成葡萄糖 CH_2O 的转换系数；CVF 为干物质转化因子（$g\ DM/g\ CH_2O$），常见的作物干物质转化因子见表5-5。

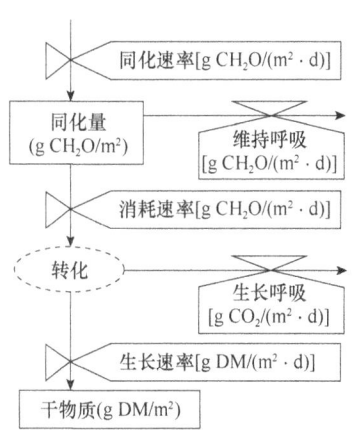

图5-9 作物同化作用与维持呼吸和生长呼吸的关系图

表5-5 稻麦各器官干物质转化因子（CVF）（引自 Bouman et al., 2001；van Laar et al., 1997）

作物	叶	茎	籽粒	根
小麦	0.68	0.66	0.71	0.69
水稻	0.75	0.75	0.68	0.75

在农作系统模拟模型中，为方便起见，生长速率一般以 1d 为单位计算，即 $\Delta t = 1d$，则式（5-56）变为

$$\Delta W = (P_{c,day} \times 30/44 - R_m) \times CVF \quad (5-57)$$

作物的干物质积累量（W）可用式（5-58）计算：

$$W_{i+1} = W_i + \Delta W \quad (5-58)$$

式中，W_{i+1}、W_i 分别为作物生长中第 $i+1$ 天和第 i 天的累积干物质产量（$g\ DM/m^2$）；ΔW 为作物生长中第 i 天的干物质增长量（$g\ DM/m^2$）。

复习思考题

1. 作物干物质积累主要涉及哪些生理生态过程？
2. 简述叶面积指数和冠层光合作用的几种主要模拟方法。
3. 简述影响单叶光合速率的因素及其模拟方法。
4. 呼吸作用包括哪两部分？分别是如何定义的？
5. 假定某作物植株的干物质中有40%为叶片、30%为茎秆、30%为富含油的籽粒，请根据各器官化学组成，计算全株的含碳率和以 CO_2 形式表示的生长呼吸系数（ϕ）。

器官	碳水化合物/%	蛋白质/%	脂肪/%	木质素/%	有机酸/%	矿物质/%	CVF
叶	52	25	5	5	5	8	0.59
茎	62	10	2	20	2	4	0.62
高油籽粒	15	30	48	3	2	2	0.39

第六章
作物同化物分配与产量和品质形成模拟

作物籽粒产量形成的实质是同化物积累、分配和再转运的过程，而作物籽粒品质的形成是基于植株体内碳水化合物和氮素的积累与转运。同化物分配是指一定时间内的光合产物向植株各个器官的分配，同化物在器官间的分配与再分配模式随作物种类和生育进程而变。例如，在作物生育前期，光合产物主要用于营养器官的生长，如根、茎、叶等；到生育中期，作物营养生长与生殖生长并进，光合产物主要分配给小穗和小花等结实器官；在生育后期，营养器官逐渐停止生长甚至衰老，作物以生殖生长为主，同化物主要分配给籽粒。因此，作物产量和品质的形成过程也与同化物分配密切相关。在作物生长模拟研究中，植株各器官间物质积累与分配的动态模拟是籽粒产量和品质形成模型的基础。本章主要介绍作物同化物分配模拟算法，以及在此基础上构建的籽粒产量形成模拟模型、籽粒蛋白质与淀粉积累模拟模型。

第一节 作物同化物分配模拟

对于有限生长型作物来说，模拟同化物的分配时，需运用分配中心的概念，即在任何时期供生长利用的碳水化合物根据中心的优先性分配到各器官中。当然，植株的分配中心随生育期慢慢转移。在模拟研究中，可以考虑使同化物首先在地上部与地下部进行分配，然后以地上部的分配量为基础，再进一步决定分配到叶、茎、穗等器官（图6-1）。对于无限生长型作物，只要环境条件保持适宜，生长就会持续进行。植株的生理衰老缓慢，营养器官和生殖器官同时生长，伴随着老组织的衰老，新的分枝或分蘖不断形成，因而同化物分配模式具有一定的稳定性。对这类作物分配模式的模拟，可通过把物候学的发育速率降到一个较低的水平值来实现。

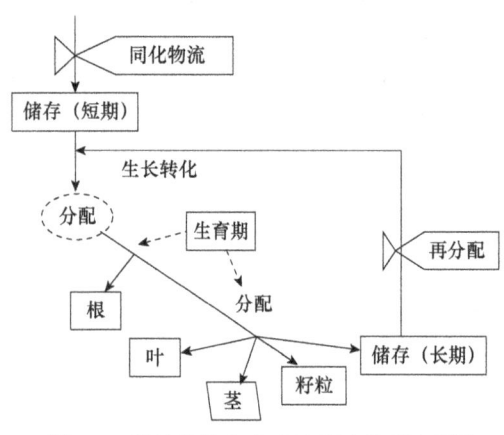

图 6-1 植株同化物分配过程的关系流程图

描述同化物分配的两个重要概念是分配系数和分配指数。分配系数是指某一植株部分干重的增加量占整株干重增加量的比例。不同的植株器官具有不同的分配系数，特定器官的分配系数随生理年龄而有较大变化。因此要准确模拟同化物的分配量与器官的生长量，必须量化不同器官分配系数随时间变化的动态特征。但现有采用分配系数方法来模拟同化物分配的作物生长模型中，往往假定同化物在根、茎、叶和穗之间的分配遵循一个固定的模式，认为分配是形态发生的一个量变方面，仅受发育阶段驱动，通常不考虑环境条件、栽培措施等因素对分配的影响，且分配系数多为非连续的阶段性取值，缺乏统一性和准确性。另外，这样的作物器官物质分配系数往往表现为明显的测定误差。分配指数是指某一植株部分干重占植株总干重的比例。分配指数避免了分配系数计算中两次取样时间间隔长短和两次取样样本的大小不同所造成的误差。在某种程度上，植株各器官干重占总干重的比例在较短的时间间隔内是基本稳定的，因而分配指数对于研究作物一生中各器官所占比例的大小及变化动态更具科学性和确定性。因此，可以考虑以物质分配指数代替分配系数，以生理发育时间（PDT）为尺度表示发育进程，建立作物各器官干物质分配指数与生理发育时间关系的模拟模型，以提高模型对干物质分配预测的精度和对环境条件的适应性。

目前，基于不同理论假设的同化物分配模型主要有三种：①功能平衡模型。功能平衡理论认为根活力和地上部活力的对比决定了同化物在地上部和地下部的分配。通过调整水分和营养元素的供应可以改变根系活力进而影响同化物的分配。例如，增加 CO_2 浓度和光照，可以增加同化物向地下部的分配比例。根部活力可以用吸收的水分和氮素来量化，地上部活力则通过光合同化能力来量化。功能平衡法能很好地模拟同化物在地上部和地下部的分配，但对同化物在各器官间的分配模拟效果较差。②基于源库调控理论的模型。源库调控理论认为库大小和物质运输途径会调节同化物的分配，库强是调节同化物分配的主要因素，是库器官需求和积蓄同化物的潜在能力，而这种潜在需求可以用器官潜在生长速率来量化，该模型中通过库强调节函数来描述同化物在各器官间的分配，此种方法可以模拟同化物在地上部和地下部之间的分配，也可以模拟同化物在各个器官的分配，机理性较强。但模型应用时需要各器官的潜在生长速率，这在实际情况下难以测得，因而实用性不强。③分配系数或分配指数模型。分配系数法认为分配系数是形态发生的一个量化方面，同化物在根、茎、叶和穗之间的分配遵循一个固定的模式，仅受发育阶段驱动。现有作物生长模型多以分配系数来模拟同化物分配，如美国的 DSSAT-CERES-Wheat 模型、荷兰的 SUCROS 模型、澳大利亚的 APSIM-Nwheat 模型、法国的 STICS 和 SiriusQuality 模型等。该方法中分配系数多为非连续的阶段性取值，缺乏统一性与准确性。分配指数是指某个生理发育日作物各器官（根、茎、叶、穗）的干物质重占总干重的比值，该方法使得同化物分配的模拟更具连续性，更能反映作物生长发育的规律。下面主要以 CropGrow 模型为例，进行同化物分配算法的模拟介绍。

一、同化物在地上部与地下部的分配模拟

假设植株冠层光合生产累积的生物量首先在地上部与地下部之间进行分配，然后以地上部配量为基础，再进一步向叶、茎鞘和穗中进行分配。因此，地上部与地下部的分配指数可以定义为植株地上部或地下部干重占整株干重的比例：

$$PISH = TOPWT / BIOMASS \tag{6-1}$$

$$PIRO = ROOTWT / BIOMASS \tag{6-2}$$

式中，PISH 和 PIRO 分别为地上部和地下部的生物量分配指数，定义为植株地上部或地下部干重占植株总干重的比例；TOPWT 和 ROOTWT 分别为地上部和地下部的干物质重；BIOMASS 为群体生物量。

在不受营养、水分等限制的条件下，作物出苗后随着植株的生长，其生物量向地上部的分配逐渐增多。以水稻为例，地上部的生物量分配指数由生育初期的 0.63 逐渐增加到成熟时的 0.92 左右，可用一个二次曲线函数对其进行拟合，由此初步建立水稻地上部与地下部生物量分配指数随生理发育时间变化的基本模式（图 6-2）：

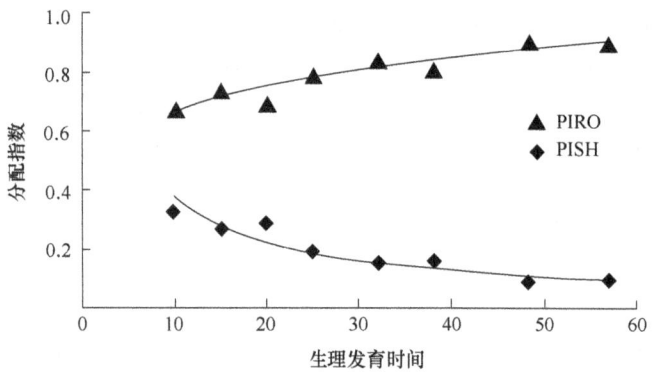

图 6-2　水稻地上部与地下部干物质分配指数随生理发育时间的变化动态

$$PISH = -8.42 \times 10^{-5} \times PDT^2 + 0.01 \times PDT + 0.63 \qquad (6-3)$$
$$PIRO = 1 - PISH \qquad (6-4)$$

式中，PDT 为描述水稻发育进程的生理发育时间。

二、地上部各器官间同化物的分配模拟

地上部绿叶、茎、果实（穗）的分配指数定义如下：

$$PIGL = WLVG / TOPWT \qquad (6-5)$$
$$PIS = WST / TOPWT \qquad (6-6)$$
$$PIP = WSP / TOPWT \qquad (6-7)$$

式中，PIGL、PIS 和 PIP 分别为绿叶、茎和果实（穗）的分配指数；WLVG、WST 和 WSP 分别为绿叶、茎和果实的干重。

以水稻为例，尽管不同播种期下三个不同类型的品种早熟中粳'越光'、晚熟中粳'6427'和早熟晚粳'RR109'的生育期变异很大，最大差异达 50 多天，但其叶片、茎鞘及穗的干重占地上部干重的比例，即分配指数，随生理发育时间的变化动态遵循一个基本模式，那就是各器官的分配指数均为生理发育时间（PDT）的函数（图 6-3）。绿叶干物质分配指数（PIGL）在出苗时最高，随后则随 PDT 的增加而逐渐降低，其降低过程明显分为两段，以 PDT=26 时为转折点，此时约为穗分化末期，接近孕穗（PDT=28）。在此之前植株生长中心由叶片逐渐向茎鞘转移，PIGL 以较小速率线性下降，由出苗时的 0.54 降为 PDT=26 时的 0.42 左右；此后进入茎鞘干重迅速增长期和幼穗干重增长初期，茎鞘成为植株生长中心，并逐渐向穗转移，致使 PIGL 以较快速率呈指数式下降，一直降低到成熟时的 0.10 左右。茎鞘的分配指数在抽穗前随 PDT 的增加逐渐增大，灌浆初期（PDT 为 35）达到最大值 0.55～0.60，此后随生长中心向穗的转移而迅速下降。穗的分配指数由 PDT=24 时开始随 PDT 的增加而迅速增大，其动态轨迹呈典型的 Logistic 函数模式。建立各器官干物质分配指数随 PDT 变化的基本模式如下：

$$PIGL = \begin{cases} 0.54 - 0.0046 \times PDT & PDT < 26 \\ 1.4532 \times \exp(-0.0492 \times PDT) & PDT \geqslant 26 \end{cases} \qquad (6-8)$$

$$PIP = \begin{cases} PPIP \times \dfrac{1}{1 + \exp[-0.2804 \times (PDT - 39)]} & PDT \geqslant 24 \\ 0 & PDT < 24 \end{cases} \qquad (6-9)$$

$$PIS = 1 - PIGL - PIP \tag{6-10}$$

式中，PIGL、PIP 和 PIS 分别为绿叶、穗和茎鞘的干物质分配指数；PPIP 为潜在穗分配指数，与品种潜在收获指数（PHI）有比例关系，PHI 为品种特定的遗传参数。

$$PHI = PPIP \times 0.87 \tag{6-11}$$

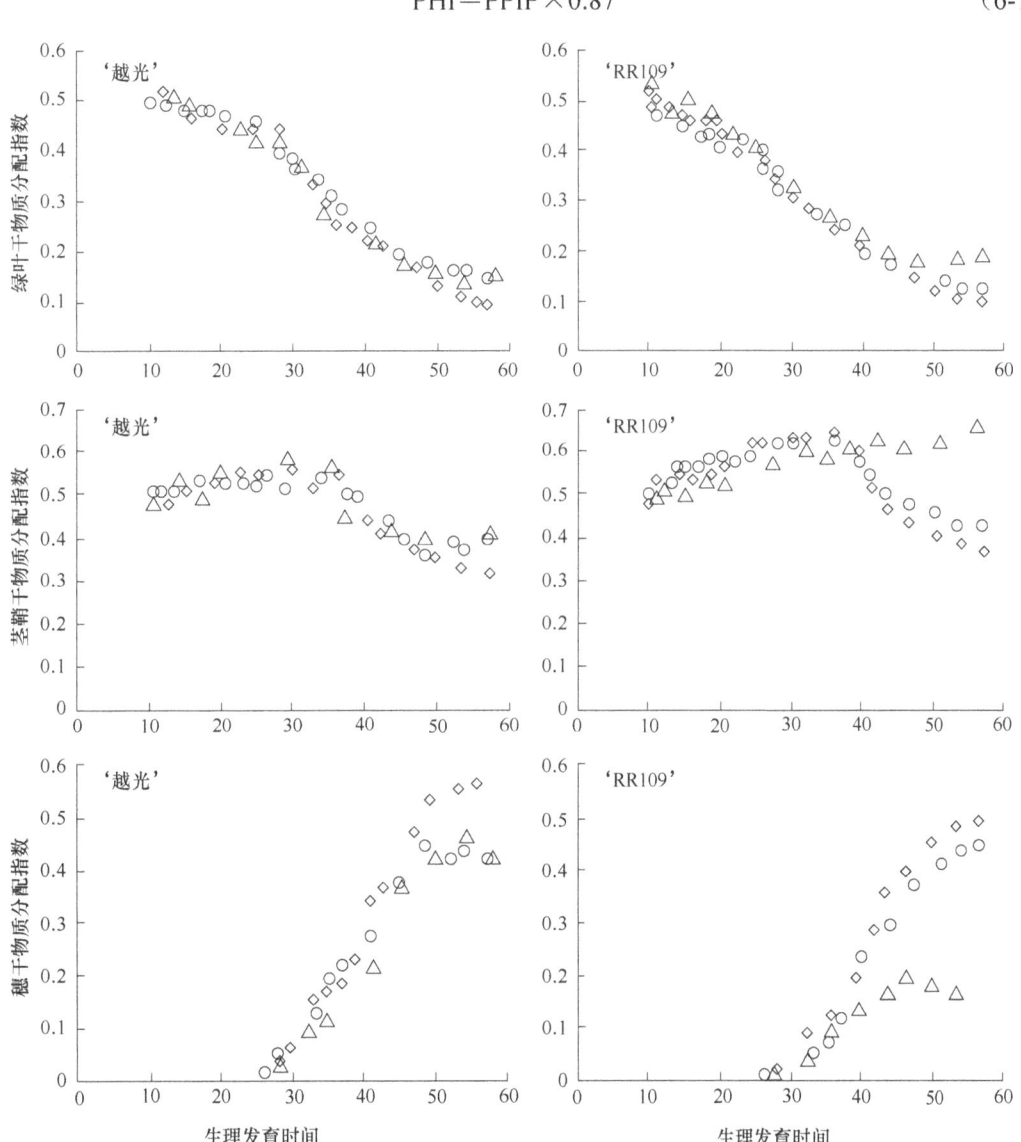

图 6-3　品种'越光'和'RR109'不同播种期地上部各器官干物质分配指数与生理发育时间的关系
◇播种期 4 月 29 日；○播种期 6 月 3 日；△播种期 7 月 15 日

三、影响同化物分配的因子

植株干物质在各器官间的分配指数均为生理发育时间的函数，基因型、播种期及 N 营养水平对各器官干重分配指数的基本模式没有显著影响（图 6-3 和图 6-4），但影响分配指数值的大小。以水稻为例，如基因型对叶片分配指数（PIGL）有一定影响，与茎秆粗壮型品种'RR109'相比，茎秆细弱型品种'越光'的 PIGL 较高，但其茎鞘分配指数（PIS）则较低，

'RR109'的 PIS 最高达 0.63，'越光'则为 0.58。基因型对穗分配指数（PIP）的影响较大，'越光'的最大 PIP 为 0.58，而 RR109 仅为 0.49。不同基因型品种，即使在播种期、生育期一致，生长条件也适宜的条件下，穗分配指数仍然表现出较大差异。因此，穗的潜在分配指数应为品种特定的遗传参数。

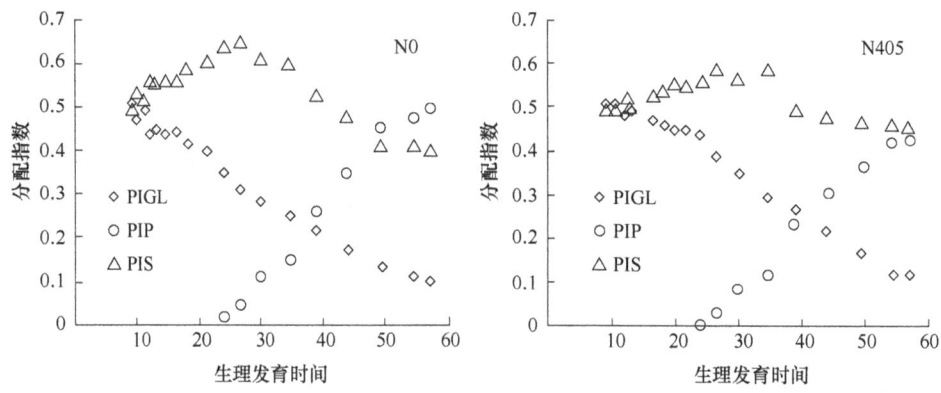

图 6-4　不同氮水平对水稻品种'9325'地上部各器官分配指数的影响
N0 和 N405 分别代表不施氮和施氮量为 405kg N/hm²

播种期对干物质分配的影响，主要表现为通过温度影响穗和籽粒的发育与生长，进而造成穗干物质分配指数的变化，最后间接地影响到营养器官的干物质再分配。适期播种下的温度条件对穗干物质分配最为适宜，因此 PIP 最高，可看作穗的潜在分配指数。而早播和晚播均出现不利于穗发育的温度。例如，在南京播种期为 4 月 29 日的条件下，水稻在灌浆期会出现高温，特别是早熟粳稻'越光'在抽穗前后 10d 的日平均温度为 33℃、日最高温度为 36℃，此时，'越光'的 PIP 较适宜播种期条件下降 15%，'RR109'由于抽穗晚而受高温的影响较轻。晚播则由籽粒灌浆结实期出现低温而造成 PIP 降低，特别是晚熟的'RR109'受害最重，PIP 降低达 30%之多。在早播或晚播条件下，当 PIP 受高温或低温影响而降低时，PIGL 和 PIS 则相应增大，均高于适期播种，反映出营养器官向穗的再分配因不利温度影响而减少，甚至终止。

在环境因素中，氮素供应水平对绿叶分配指数的影响最大，水稻植株体内氮素水平高，分配给形成叶的同化物比例就大。研究显示，叶分配指数与叶片含氮量存在极显著正相关。氮素影响因子通过影响绿叶分配指数而间接地调节茎鞘和穗的分配指数，405kg N/hm² 处理下的 PIS 和 PIP 均低于不施氮肥处理，405kg N/hm² 处理下的 PIP 较不施氮肥处理的减少 6%。在氮素供应不足时，穗的干物质分配优先得到保证（图 6-4）。

第二节　作物产量形成模拟

自 1965 年 de Wit 创建了作物群体生产过程的模型以来，世界范围内作物模型进行了广泛构建、发展及应用。目前，国内外利用作物模型进行产量预测的研究已有较多报道，从单一到综合模型、从一种作物到多种作物整合的模型都有相关研究。目前对籽粒产量的模拟方法大致有 5 种：收获指数法、Logistic 方程法、产量构成法、气候产量拟合法及作物模型同化遥感数据法等。本节以 CropGrow 模型为例，介绍基于作物各器官干物质分配指数的谷物籽粒产量形成模拟模型。

一、作物各器官干物质增长模拟

(一) 地上部与地下部的干物质增长

地上部与地下部每日干物质重是植株当日总生物量与地上部和地下部当日分配指数的乘积:

$$SHOOTWT_i = ABIOMASS_i \times PISH_i \qquad (6\text{-}12)$$

$$ROOTWT_i = ABIOMASS_i \times PIRO_i \qquad (6\text{-}13)$$

式中,$SHOOTWT_i$ 和 $ROOTWT_i$ 分别为第 i 天的地上部和地下部潜在干物质重 (kg/hm^2);$PISH_i$ 和 $PIRO_i$ 分别为第 i 天的地上部与地下部分配指数;$ABIOMASS_i$ 为第 i 天的植株实际生物量 (kg/hm^2)。

在实际生产条件下,当植株发生水分亏缺时,分配到地上部的干物质减少,而分配到地下部的干物质量则相应增加,因此需用水分亏缺因子调节地上部的干物质分配量。

$$ASHOOTWT_i = ASHOOTWT_{i-1} + (SHOOTWT_i - SHOOTWT_{i-1}) \times WDF \qquad (6\text{-}14)$$

$$AROOTWT_i = ABIOMASS_i - ASHOOTWT_i \qquad (6\text{-}15)$$

$$WDF = \min(1.0,\ 0.5 + T_a/T_p) \qquad (6\text{-}16)$$

式中,$ASHOOTWT_i$ 和 $ASHOOTWT_{i-1}$ 分别为第 i 天、第 $i-1$ 天的地上部实际干重 (kg/hm^2);$AROOTWT_i$ 为第 i 天地下部的实际干重 (kg/hm^2);WDF 为水分亏缺对分配指数的影响因子,其值为 $0\sim1$;T_a 与 T_p 分别为冠层实际蒸腾与潜在蒸腾,由土壤水分平衡模型计算。

(二) 地上部各器官的干物质增长

当叶、茎鞘和穗的生长不受环境因子制约时,绿叶、茎鞘和穗的每日干物质重是地上部每日实际干重与各器官当日分配指数的乘积:

$$WGL_i = ASHOOTWT_i \times PIGL_i \qquad (6\text{-}17)$$

$$WST_i = ASHOOTWT_i \times PIS_i \qquad (6\text{-}18)$$

$$WPA_i = ASHOOTWT_i \times PIP_i \qquad (6\text{-}19)$$

式中,WGL_i、WST_i 和 WPA_i 分别为第 i 天绿叶、茎鞘和穗的潜在干物质量 (kg/hm^2);$PIGL_i$、PIS_i 和 PIP_i 分别为相应的分配指数。

在实际生产条件下,环境因子对绿叶和穗的每日干物质分配量进行调节:

$$AWGL_i = AWGL_{i-1} + (WGL_i - WGL_{i-1}) \times \min(WDF,\ NNI) \qquad (6\text{-}20)$$

$$AWPA_i = AWPA_{i-1} + (WPA_i - WPA_{i-1}) \times \min(HTF,\ LTF) \qquad (6\text{-}21)$$

$$AWST_i = ASHOOTWT_i - AWGL_i - AWPA_i \qquad (6\text{-}22)$$

式中,$AWGL_i$、$AWPA_i$ 和 $AWST_i$ 分别为第 i 天绿叶、穗和茎鞘的实际干物质量 (kg/hm^2);$AWGL_{i-1}$ 和 $AWPA_{i-1}$ 分别是第 $i-1$ 天绿叶和穗的实际干物质量 (kg/hm^2);而 WGL_{i-1} 和 WPA_{i-1} 则分别为第 $i-1$ 天绿叶和穗的潜在干物质量 (kg/hm^2);WDF 为水分亏缺因子;NNI 为 N 营养指数;HTF 和 LTF 分别为高温和低温胁迫对结实率的影响因子。

在小麦或水稻的开花期,超过一定温度阈值的高温胁迫会明显造成小花败育,导致最终结实粒数的降低。目前多数研究均表明,小穗小花结实率随着开花当日温度的升高而显著降低。根据前人研究,Liu 等 (2020) 采用 Logistic 方程来模拟高温胁迫对小麦籽粒结实率的影响效应,具体计算如下:

$$\text{HTF} = \frac{1}{1 + \text{HTS} \times \exp[0.5 \times (T_{\text{day},j} - T_{c,\text{GN}})]} \tag{6-23}$$

式中，$T_{\text{day},j}$ 为开花第 j 天的白天平均温度而不是日最高温度，采用白天 12h 温度平均值计算，主要是由于小麦开花主要在白天进行，采用白天平均温度可以更好地量化每日小麦开花期间的温度状况；$T_{c,\text{GN}}$ 为高温胁迫影响结实率的阈值温度，参考前人研究结果及拟合人工气候室观测数据取值为 27℃；HTS 为品种耐热性参数，主要反映不同品种结实率对高温胁迫响应的差异。

另外，以水稻为例，基于日平均温度可以模拟抽穗开花期低温对水稻结实率的影响，具体计算如下：

$$\text{LTF} = 1 - (4.6 + 0.054 \times Q_t^{1.56})/100 \quad 26 \leq \text{PDT} \leq 39 \tag{6-24}$$

$$Q_t = \sum (22 - T) \quad T \leq 22℃ \tag{6-25}$$

式中，Q_t 为冷积温；T 为光敏感阶段结束至开花后 4d 内的日平均温度。

二、籽粒产量的模拟

产量的模拟需要考虑作物成熟时籽粒干重占穗重的比例，以及籽粒水分对产量的修订因子；水稻成熟时稻谷干重占穗重的比例一般为 0.82~0.92，平均为 0.87，小麦一般为 0.8；水稻水分含量对产量的修订系数为 1.14，小麦为 1.125。若籽粒产量以烘干重表示，则不需再用水分修订系数。例如，水稻产量（YIELD）的计算公式为

$$\text{YIELD} = \text{AWPA} \times 0.87 \times 1.14 \tag{6-26}$$

式中，AWPA 为穗的实际干物质量。

第三节 作物品质形成模拟

作物籽粒的品质主要取决于籽粒中的化学成分，其中蛋白质和淀粉含量在很大程度上决定了作物籽粒的主要品质特性。例如，小麦籽粒蛋白质含量为 6.9%~22.0%，蛋白质及其组分的含量和质量决定了小麦的营养价值及加工品质，其中清蛋白和球蛋白含有较多的人体必需氨基酸，决定了小麦的营养品质，醇溶蛋白决定面团的黏着性和延伸性，谷蛋白则主要决定面团的弹性，两者的含量和比例决定着面粉的加工品质。淀粉是小麦籽粒的主要成分，约占籽粒干重的 65%、面粉重量的 70%~80%。小麦淀粉含量及颗粒状况影响面粉的出粉率、白度、α-淀粉酶活性（降落值）和灰分含量及淀粉的直支比和糊化特性等，因而决定着加工产品的外观品质和食用品质。

作物籽粒品质的形成是基于植株体内碳水化合物和氮素的积累与转运，而籽粒中淀粉和蛋白质积累的速率又受叶片光合产物生产、茎贮存光合产物的积累与再分配及籽粒中淀粉和蛋白质积累能力等多个因子的限制。一般可以通过模拟植株氮吸收与籽粒氮积累动态建立单籽粒氮积累速率的动态模型，在此基础上建立籽粒蛋白质含量与蛋白质产量形成的模拟模型。同时，通过解析植株碳素的积累和转运、籽粒碳素的转化利用和淀粉积累的基本规律及其与影响因子之间的关系，构建基于花后碳流生理过程的籽粒淀粉形成模型，从而为定量描述和动态预测不同生长条件下的籽粒淀粉与蛋白质指标奠定基础。本章以小麦为例，介绍作物籽粒氮、碳积累及蛋白质和淀粉形成的模拟模型。

一、籽粒蛋白质形成模型

(一) 籽粒中氮积累动态

以小麦单粒蛋白质含量代替基于单位籽粒重的蛋白质含量可以克服蛋白质含量随碳水化合物进入籽粒而变化的量化缺点，代表了籽粒中氮素积累的实际动态。灌浆初期籽粒初始蛋白质含量被认为是一个定值（0.105mg N/粒），不随环境条件和品种而变。因此，小麦单籽粒氮积累动态可计算如下：

$$GN_i = \begin{cases} GN_0 + GNR_1 & i=1 \\ GN_{i-1} + GNR_i & i>1 \end{cases} \quad (6-27)$$

式中，GN_0 为籽粒初始氮积累量；GN_{i-1} 和 GN_i 分别为灌浆第 $i-1$ 天与第 i 天籽粒氮积累量；GNR_1 和 GNR_i 分别为第 1 天和第 i 天籽粒氮积累速率，取决于每日可获取氮源。

$$GNR_i = 3GNR_m[1-\exp(-0.20GNA_i)] \times \min[f(T_i), f(W_i), f(N_i)] \quad (6-28)$$

式中，GNR_m 为单籽粒氮最大积累速率 [mg N/(粒·d)]；$f(T_i)$、$f(N_i)$ 和 $f(W_i)$ 分别为温度、氮素与水分效应因子，具体算法见式（6-29）～式（6-31）；GNA_i 为灌浆期间第 i 天单籽粒可获取的氮源 [mg N/(粒·d)]。

$f(T_i)$ 是温度对籽粒氮积累的影响因子，取值为 0～1，当日平均温度越接近最适温度时，$f(T_i)$ 取值越接近 1：

$$f(T_i) = \begin{cases} \sin\left(\dfrac{T_i - T_{\min,i}}{T_o - T_{\min,i}} \times \dfrac{\pi}{2}\right) & T_i < T_o \\ \cos\left(\dfrac{T_i - T_o}{T_{\max,i} - T_o} \times \dfrac{\pi}{2}\right) & T_i \geq T_o \end{cases} \quad (6-29)$$

式中，T_i 为日平均温度；$T_{\min,i}$ 与 $T_{\max,i}$ 分别为每日最低与最高气温；T_o 为氮积累的最适温度，一般取值为 24.2℃。

$f(W_i)$ 为水分效应因子：

$$f(W_i) = \begin{cases} \dfrac{T_a}{T_p} \\ 1 - \dfrac{1}{1+105.6\exp(-0.234 \times T_w)} \quad 渍水条件 \end{cases} \quad (6-30)$$

式中，T_a 和 T_p 分别为小麦植株实际与潜在蒸散，T_a 不仅表明了水分胁迫状况，而且反映了由于土壤温度下降植株减少水分吸收的效应。如果小麦处于渍水状态，$f(W_i)$ 取决于渍水持续的时间（T_w）。T_a、T_p 与 T_w 的取值来自土壤水分平衡模型。

$f(N_i)$ 量化了植株氮水平对籽粒氮积累速率的影响，可以通过式（6-31）计算得到，美国 CERES 模型也是采用该方法进行模拟的。

$$f(N_i) = \left(1.0 - \dfrac{CNP_i - ANP}{CNP_i - MNP}\right)^2 \quad (6-31)$$

式中，ANP 为植株实际氮含量；CNP_i 为植株临界氮含量，可以通过式（6-32）模拟得到，其中 $TOPWT_i$ 为每日地上部干物质重（kg/hm²）；MNP 为植株最小氮含量，取值为 CNP 的 50%。

$$CNP_i = \begin{cases} 4.4\% & TOPWT_i < 1.55 \times 10^3 \\ 5.35 TOPWT_i^{-0.442} & TOPWT_i \geqslant 1.55 \times 10^3 \end{cases} \tag{6-32}$$

（二）植株氮吸收

式（6-28）中，GNA_i 为灌浆期第 i 天单籽粒可获取的氮源，由第 i 天籽粒可获取的总的氮源（$TGNA_i$）与籽粒数的比值计算获得。$TGNA_i$ 取决于第 i 天植株同化的氮量（NUP_i，mg N/d）与营养器官向籽粒运转的氮量（NTR_i，mg N/d）的累加：

$$TGNA_i = NUP_i + NTR_i \tag{6-33}$$

研究表明，开花前后氮的吸收过程存在显著差异，自播种至开花期，氮的吸收过程取决于叶面积不断增加的氮需求（U_L）与非叶片组织干物质积累的氮需求（U_{nL}）：

$$NUP_{pre} = (U_L + U_{nL}) \times f(LTS_{Nuptake,i}) \tag{6-34}$$

式中，$f(LTS_{Nuptake,i})$ 为开花前低温胁迫对植株地上部氮吸收的影响因子，其计算见式（6-35）；NUP_{pre} 为开花前氮的吸收量（g/m²）；U_{nL}（g/m²）与地上部干物质积累量密切相关；U_L（g/m²）则取决于绿叶面积指数。

$$f(LTS_{Nuptake,i}) = 1 \times \exp^{S_{LTS\_Nuptake} \times CDD_i} \tag{6-35}$$

式中，$S_{LTS\_Nuptake}$ 为植株地上部氮吸收对低温胁迫的敏感性；CDD_i 为低温累积度日，为低于低温阈值的累积温度。

$$U_L = U_{LM} \{1 - [-0.5(LAI_i + 0.1)]\} \tag{6-36}$$

$$U_{nL} = 0.0075 TOPWT_i - 0.2 \tag{6-37}$$

式中，U_{LM} 为与叶面积增加相关的氮最大积累速率，取值为 0.4g N/（m²·d）；$TOPWT_i$ 为第 i 天的地上部干物质重（g/m²）。

开花后氮的吸收随籽粒重（GDW_i，g/m²）的增加呈负指数递增（图 6-5）：

$$NUP_i = NUP_m \times PFD \times \left\{1 - \cos\left[f(NA) \times \frac{\pi}{5}\right] \times \exp(-0.0012 \times GDW_i)\right\} \\ \times f(N_i) \times f(W_i) \times f(HTS_{Nuptake,i}) \tag{6-38}$$

式中，NUP_i 为自开花至花后第 i 天的氮吸收量（g/m²）；NUP_m 为花后氮的潜在吸收速率，取值为 0.6g N/（m²·d）；PFD 为生理灌浆持续期，指的是在最适的温度条件下籽粒灌浆持续的天数，为品种参数；$f(NA)$ 为开花期植株氮积累量对花后吸收过程的影响因子，取决于开花前植株氮的吸收量，具体算法见式（6-39）；$f(W_i)$ 为影响氮吸收过程的水分效应因子；$f(N_i)$ 为影响氮吸收过程的氮素效应因子；因为小麦作物在花后经常出现高温胁迫，影响植株地上部氮吸收，因此 $f(HTS_{Nuptake,i})$ 为花后高温胁迫对植株地上部氮吸收的影响因子，计算公式见式（6-40）。

$$f(NA) = 1.0 - nk(NAA - NAA_0)^2 \tag{6-39}$$

式中，nk 为常数，取值为 0.0049；NAA 为开花期植株氮积累量；NAA_0 为花后氮吸收量达到极限时的 NAA，取值为 16.23。如图 6-6 所示，如果开花期植株的氮积累量超过了 NAA_0，花后氮的吸收过程将受到抑制，吸收量降低。图 6-7 表明，当 nk 与 NAA_0 取值发生变化时，NAA 与 $f(NA)$ 间的定量关系的变化不显著。

$$f(HTS_{Nuptake,i}) = 1 - 0.042 \times (HDD_i)^{S_{HTS\_Nuptake}} \tag{6-40}$$

式中，$S_{HTS\_Nuptake}$ 为植株地上部氮吸收对高温胁迫的敏感性；HDD_i 为高温累积度日。

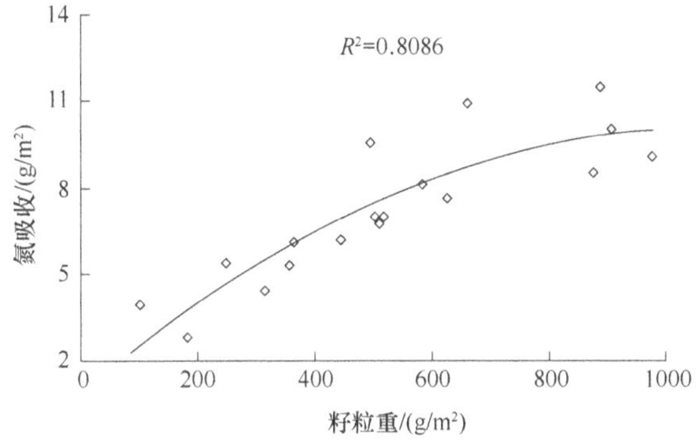

图 6-5　花后氮吸收与籽粒重的动态关系

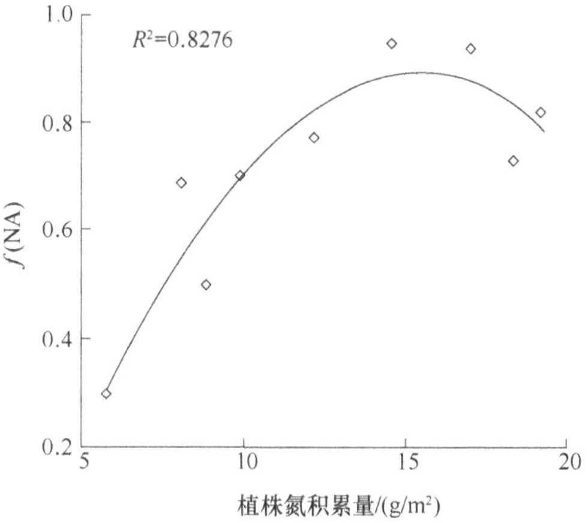

图 6-6　$f(NA)$ 与开花期植株氮积累量的关系

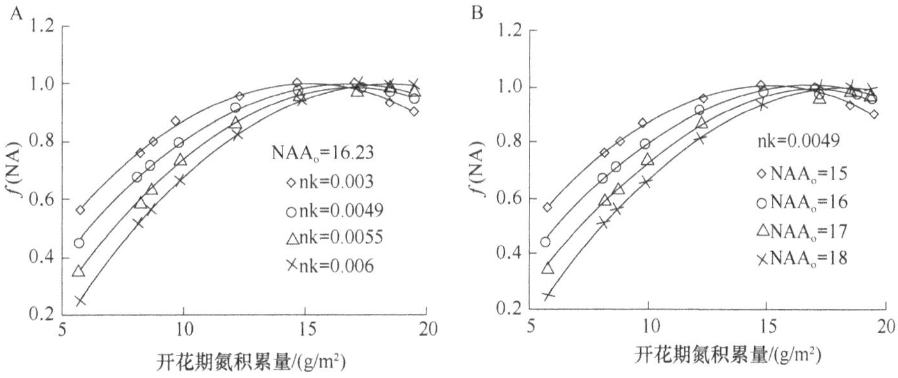

图 6-7　不同 NAA_o（A）和 nk（B）取值下 $f(NA)$ 与开花期氮积累量之间的关系

（三）氮从营养器官向籽粒的再运转

氮从营养器官向籽粒的再转运量（NTR_i）可由下式计算：
$$NTR_i = NTL_i + NTS_i + NTG_i \tag{6-41}$$

式中，NTL_i、NTS_i 和 NTG_i 分别为叶、茎和穗部营养体再转运的氮量。根部氮的再运转过程在模型中暂未加以考虑，由于根中的干物质在根系生长过程中是逐渐缩小的一部分，模型中把根中氮作为土壤中不可利用氮的一部分。NTL_i 随花后叶面积指数（LAI）的递减呈线性变化（图 6-8）：

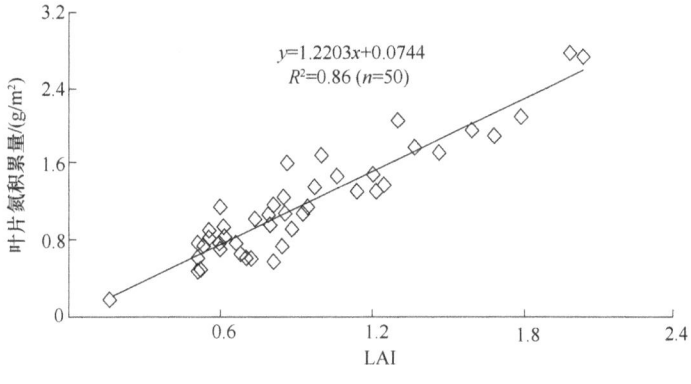

图 6-8　花后叶片氮积累量与 LAI 的关系

$$NTL_i = SLNC(LAI_i - LAI_{i+1}) \quad (6\text{-}42)$$

式中，SLNC 为单位叶面积的叶片氮含量，这里 SLNC 取值为 $1.28 \text{g N}/(\text{LAI} \cdot \text{m}^2)$。如果叶片氮浓度降至最低极限，叶片中氮的再运转过程将停止，如果叶片氮浓度超过上限，花后氮的吸收过程将停止。

茎中氮浓度（NSC_i）自拔节至成熟期呈指数递减（图 6-9）：

$$NSC_i = 350 \times STC \times (0.01GDD_i)^{-2.37} \quad (6\text{-}43)$$

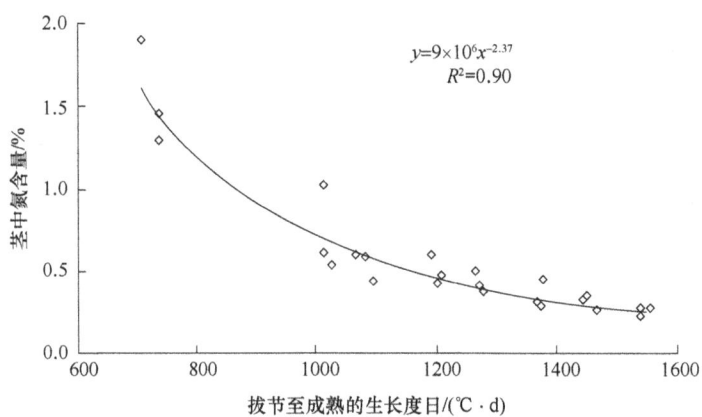

图 6-9 拔节至成熟期茎中氮浓度的变化动态

花后茎中氮（NTS_i）的再运转过程由茎中氮浓度的逐渐降低确定：

$$NTS_i = 100 \times STC \times [(0.01GDD_i)^{-2.37} \times STW_i - (0.01GDD_{i+1})^{-2.37} \times STW_{i+1}] \quad (6\text{-}44)$$

式中，STC 为开花期茎中氮浓度，由开花期茎中氮积累量与茎干重的比值确定；STW_i 和 STW_{i+1} 分别为第 i 天和第 $i+1$ 天的茎干重，由物质生产与器官建成子模型确定。茎中氮浓度降到 0.2% 以下时，茎的生长将受到抑制，再运转过程也将停止，即 $NTS_i = 0$；同时，茎作为贮存氮的主要器官，氮浓度可达到 2%。

开花至成熟期穗部营养体中氮浓度（NGC_i）呈线性递减（图 6-10）：

$$NGC_i = 2NGC_{i\max} \quad (6\text{-}45)$$

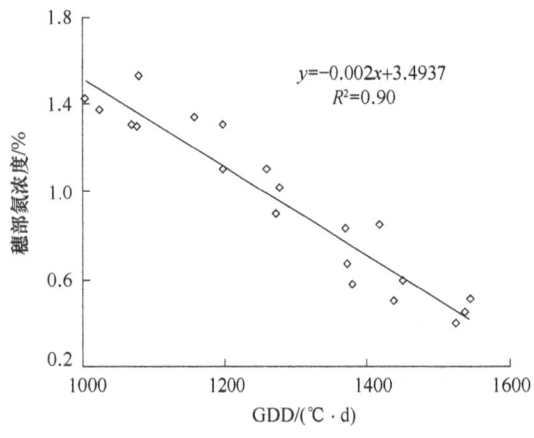

图 6-10 抽穗至成熟期穗部营养体中氮浓度的变化动态

式中，$NGC_{i\max}$ 为开花期穗部营养体的氮含量，由开花期小麦植株的总氮含量决定，穗部营养体中氮积累量与植株总氮积累量的比值为一个恒定值，取值为 0.25。花后穗部营养体每日可运转的氮量可以通过式（6-46）计算得到。

$$NTG_i = -0.002 \times (GDD_i \times GLW_i - GDD_{i+1} \times GLW_{i+1}) \quad (6\text{-}46)$$

式中，GLW_i 和 GLW_{i+1} 分别为第 i 天和第 $i+1$ 天穗部营养体干重，由物质生产与器官建成子模型确定。

二、籽粒淀粉形成模型

作物籽粒淀粉积累速率取决于灌浆期籽粒可获得的碳源数量和籽粒本身的淀粉合成能

力。淀粉合成所需的光合产物既可来自光合器官生产的即时光合产物,又可来自营养器官中贮存光合产物的再利用。贮存光合产物又分为开花前贮存和开花后贮存两部分,在小麦作物上,前者对籽粒重的贡献为3%~30%,后者为10%~25%。籽粒的淀粉合成能力表现为显著的品种间差异,且同一品种不同灌浆时期对同化物的利用能力也明显不同。籽粒淀粉的积累过程以籽粒干物质积累过程为主线,受到灌浆期温度、氮素和植株水分状况的综合影响。

(一)籽粒淀粉积累

作物灌浆过程包括初始、灌浆和成熟三个阶段。开花后的 1~2 周,籽粒干物质积累速率相对较小,但此阶段为籽粒淀粉累积容量的奠定时期,此时籽粒中初始淀粉积累量约为 3.0mg/籽粒。灌浆阶段是籽粒淀粉线性积累的阶段,成熟阶段淀粉的沉积速率迅速下降。单籽粒淀粉积累动态模型可用下式表示:

$$\mathrm{GST}_i = \begin{cases} \mathrm{GST}_0 + \mathrm{STR}_i & i=1 \\ \mathrm{GST}_{i-1} + \mathrm{STR}_i & i>1 \end{cases} \quad (6\text{-}47)$$

式中,GST_0 为籽粒初始淀粉积累量;GST_{i-1} 和 GST_i 分别为开花后第 $i-1$ 天和第 i 天籽粒的淀粉积累量;STR_i 为开花后第 i 天的淀粉积累速率[mg/(粒·d)],取决于每日可获取的碳源和籽粒对碳源的利用能力(图 6-11):

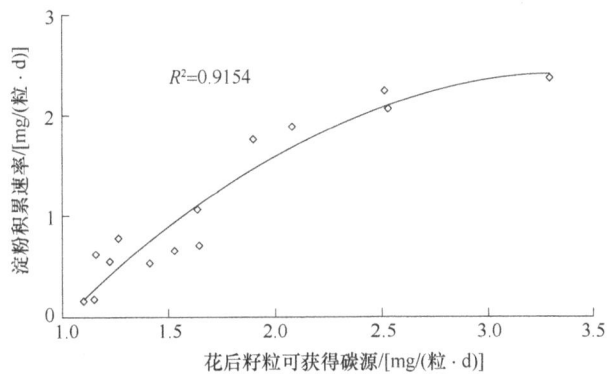

图 6-11 籽粒淀粉积累速率与花后籽粒可获得碳源的关系

$$\mathrm{STR}_i = [\mathrm{STR}_m \times f(A_i)] \times [1-\exp(-0.72\mathrm{GCA}_i)] \times f(T_i) \times f(W_i) \times f(N_i) \\ \times \min[f(\mathrm{LTS}_i), f(\mathrm{HTS}_i)] \quad (6\text{-}48)$$

式中,STR_m 为籽粒淀粉最大积累速率[mg/(粒·d)],反映了不同品种淀粉合成能力的差异,为品种参数;GCA_i 为开花后第 i 天籽粒可获取的碳源[mg/(粒·d)],由式(6-54)计算;$f(A_i)$ 为开花后第 i 天籽粒的淀粉合成能力因子。籽粒中可溶性总糖的含量一方面标志着源端的同化物供应能力,另一方面又反映出库端(籽粒)对同化物的转化和利用能力,因此 $f(A_i)$ 与籽粒中可溶性碳水化合物含量的变化密切相关。灌浆期籽粒中可溶性总糖含量呈现先逐渐下降,至灌浆中期又缓慢上升的变化趋势(图 6-12A),$f(A_i)$ 则呈现先指数增加后线性下降的变化(图 6-12B):

$$f(A_i) = \begin{cases} 0.0622 \times \exp(0.0127 \times \mathrm{GDD}_i) & \mathrm{GDD}_i \leqslant \mathrm{GDD}_m \\ 1.75 - 0.0024 \times \mathrm{GDD}_i & \mathrm{GDD}_i > \mathrm{GDD}_m \end{cases} \quad (6\text{-}49)$$

式中,GDD_i 为开花后第 i 天的积温;GDD_m 为 $f(A_i)$ 达到最大值时的积温,对应于最大灌浆速率时的积温，一般为 230～250℃·d。

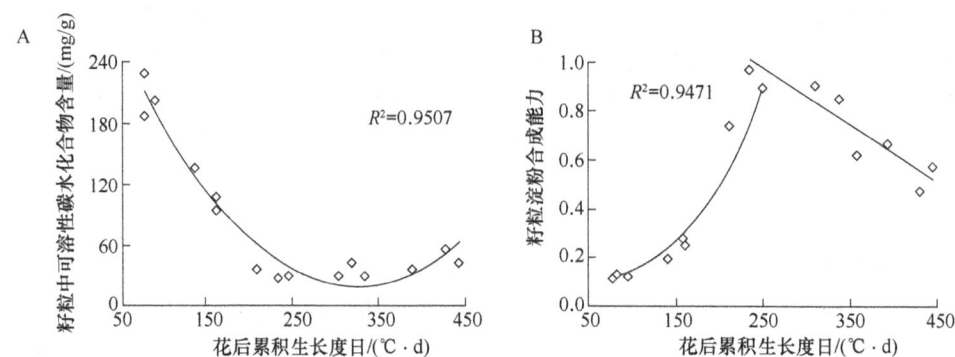

图 6-12 花后籽粒可溶性碳水化合物（A）与籽粒淀粉合成能力（B）的变化动态

$f(T_i)$ 为淀粉积累的温度影响因子，取决于灌浆期的温度条件：

$$f(T_i)=\begin{cases}0.65+(0.079-0.0033\times(T_{max i}-T_{min i})\times(T_{max i}-10)^{0.8} & T_i<T_o \\ 1 & T_i\geq T_o\end{cases} \quad (6-50)$$

式中，$T_{max i}$ 和 $T_{min i}$ 为每日最高温度与最低温度；T_o 为淀粉积累的最适温度，取值为 23℃。

$f(N_i)$ 为淀粉积累的氮素效应因子，取决于叶片氮浓度：

$$f(N_i)=\frac{n_i-n_{min}}{n_{max}-n_{min}} \quad (6-51)$$

式中，n_i 为开花后第 i 天的叶片氮浓度；n_{min} 为叶片最小氮浓度；n_{max} 为叶片最大氮浓度，随生育进程略有变化，由植株氮积累动态模型确定。$f(W_i)$ 为淀粉积累的水分效应因子，见式（6-30）。

$f(LTS_i)$ 为花前低温对籽粒淀粉积累速率的影响，其计算公式如下：

$$f(LTS_i)=1-S_{LTS\_GrainStarch}\times CDD_i \quad (6-52)$$

式中，$S_{LTS\_GrainStarch}$ 为反映小麦籽粒淀粉积累对低温胁迫响应敏感性的品种参数；CDD_i 为低温累积度日。

$f(HTS_i)$ 为花后高温对籽粒淀粉积累速率的影响，其计算公式如下：

$$f(HTS_i)=1-0.022\times(HDD_i)^{S_{HTS\_GrainStarch}} \quad (6-53)$$

式中，$S_{HTS\_GrainStarch}$ 为反映小麦籽粒淀粉积累对高温胁迫响应敏感性的品种参数；HDD_i 为高温累积度日。

（二）籽粒碳源获取

光合产物是小麦籽粒产量形成的基础，也是淀粉积累的物质基础。小麦叶片生产的光合产物可分为两部分：一是开花前形成的光合产物，当这部分光合产物生产量大于植株结构生长所需时，多余部分在茎鞘等营养器官中贮存；二是开花后生成的光合产物，根据其去向也可分为两部分，一部分暂时贮存于茎鞘中，灌浆中后期再分解运输至籽粒中，另一部分则直接运输到籽粒中。在式（6-54）中，GCA_i 为开花后第 i 天籽粒可获取的碳源 [mg/(粒·d)]，取决于第 i 天直接运输到籽粒中的即时光合产物和再运转的贮存光合产物：

$$GCA_i=GCP_i+GCT_i \quad (6-54)$$

式中，GCP_i 为被籽粒利用的即时光合产物；GCT_i 为向籽粒再运转的贮存光合产物。

$$GCP_i = \begin{cases} (TOPWT_i - TOPWT_{i-1}) - (VWT_i - VWT_{i-1}) & i < GDD_m \\ TOPWT_i - TOPWT_{i-1} & i \geq GDD_m \end{cases} \quad (6\text{-}55)$$

式中，$TOPWT_i$ 和 $TOPWT_{i-1}$ 分别为开花后第 i 天和第 $i-1$ 天小麦植株地上部的总干重；VWT_i 和 VWT_{i-1} 分别为开花后第 i 天和第 $i-1$ 天营养器官的总干重，由物质分配和器官建成子模型模拟得到；GDD_m 为花后贮存光合产物再运转开始的时间，茎鞘等营养器官中贮存光合产物的再分配一般在籽粒干物质积累速率较为恒定（即最大速率）且净同化速率开始下降时开始。当 $i > GDD_m$ 时，营养器官中贮存的光合产物开始向籽粒运转，营养器官的干物质重逐渐减小，见图 6-13 和式 (6-56)。

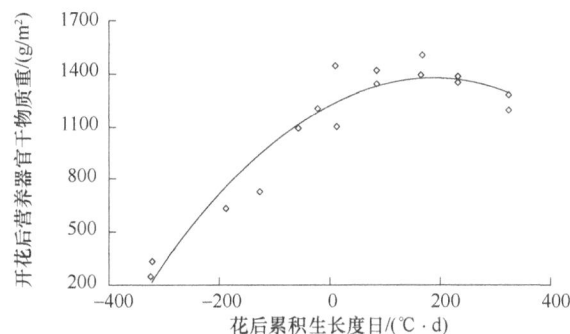

图 6-13 开花后营养器官干物质重的变化动态

$$GCT_i = \begin{cases} 0 & i < GDD_m \\ VWT_{i-1} - VWT_i & i \geq GDD_m \end{cases} \quad (6\text{-}56)$$

式中，VWT_i 和 VWT_{i-1} 分别为开花后第 i 天和第 $i-1$ 天营养器官的总干重。

复习思考题

1. 简述分配指数的概念，并简述采用分配指数进行同化物分配模拟的优点。
2. 简述影响同化物分配的主要因子。
3. 简述模拟籽粒蛋白质形成的主要过程。

第七章
作物功能结构模拟

作物功能结构模拟是集信息学、农学、数学等多学科交叉形成的研究领域,用计算机三维可视化的方式模拟作物在现实中的生长发育过程,将作物定量化模拟与形态结构模拟耦合,实现对作物功能和结构的并行模拟,生成具有真实感的植株器官、个体和群体。作物功能结构模型被广泛应用于作物生长发育研究、农业生产服务和作物产量预测等方面,是科学认识作物三维结构、生长发育过程与土壤、大气等环境的交互作用及农业生产决策的有力工具,是实现农业精准化和信息化的重要内容,可以为智慧农业快速发展、促进农业生产方式革新,推进乡村振兴,加快农业现代化进程提供技术支撑。本章从作物功能结构动态关系、作物形态结构模拟模型、作物功能结构模拟模型、作物生长可视化等方面介绍作物功能结构模型的基本原理与方法。

第一节 作物功能结构动态关系

作物由根、茎、叶、花、果实、种子等器官组成,不同器官具有不同的生理功能。作物的形态结构影响光合作用、蒸腾作用、光合产物的积累与分配等生理过程(图7-1)。在生长发育过程中,作物可通过光合作用、蒸腾作用等生理功能来适应环境变化,也可通过改变自身结构,如改变器官的形状或方向等,来调节环境变化对生理功能的影响。作物的生长、生理过程和环境条件影响作物结构的变化,作物结构也影响着光截获、碳水化合物运输、水分和养分的吸收及外界信号的感知和传导。因此,作物结构和功能相互影响,将作物的生理生态过程与形态结构建成结合起来建模,即把作物的生理功能与形态结构二者的模拟进行综合分析,进而实现作物形态结构与生理功能模拟模型的耦合,对作物生长发育的定量化研究具有重要意义。

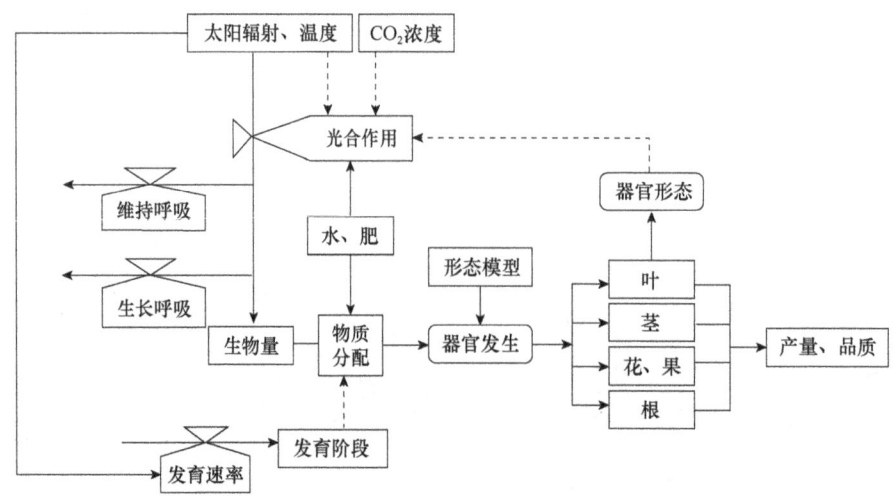

图7-1 结构与功能动态关系

第二节 作物形态结构模拟模型

一、作物形态结构模拟模型的概念

作物形态结构模拟模型是通过获取大量田间观测资料，分析不同器官在不同环境和技术影响下的动态形成规律，研究描述作物形态结构动态规律的定量化算法，构建动态模拟作物器官建成、个体及群体形成过程的模拟模型。

二、作物形态结构模拟模型的类型

（一）L 系统

作物生长周期长、形态变化迅速、受生态环境和栽培措施的影响大，限制了作物形态结构模拟模型，特别是基于过程的动态结构模拟模型的发展。直到 20 世纪 90 年代，随着 L 系统的出现，作物形态结构模拟模型才迎来了较快的发展。

1968 年，生物学家 Aisritd Lindenmayer 从生物形态学角度，提出了一种用以构造生物组织生长形态的并行语法，简称为 L 系统。L 系统是一种字符重写系统或形式化语言方法，通过总结和抽象植物生长过程的规律，构造了公理与产生式集，通过应用一条公理和几条产生式，经过有限次迭代，对产生的字符串进行几何解释，生成复杂的图形。L 系统的并行操作机制适合模拟植物分枝生长过程，生成分形图像，以形成植物的拓扑结构。L 系统结合几何造型技术，在计算机虚拟植物领域得到了广泛的应用。

针对 L 系统在模拟植物与环境交互方面的局限性，Mehc 与 Pusrinikewicz 建立了"开放式 L 系统"，该系统在形式化公理与产生式中引入了"交流单元"，用于传送、调整"环境-植物"双方的交互信息，以实现"植物与环境并发过程"的模拟研究；为了模拟植物的连续生长过程，Pursinikewicz 等提出了时变 L 系统；为了进一步应用微分方程表示植物的连续变化过程，Pursinikewicz 等又提出了微分 L 系统，即 dL-system。

L 系统及其功能扩展系统目前得到了广泛应用，可便捷地描述具有严格分形结构的植物。但 L 系统的高度抽象性使其难以准确模拟结构复杂、分形特征不明显的植物。

（二）AMAP 系统

法国农业国际合作发展研究中心（CIRAD）的 de Reffye 等学者开发了一种不同于 L 系统的植物生长模拟方法。这种方法通过使用马尔可夫链理论及"状态转换图"方式来描述植物生长、发育、休眠和死亡等过程。基于这个方法，他们开发了植物生长模拟软件，称为 AMAP（advanced modeling of architecture of plant）系统，该系统也是目前被广泛应用于作物形态结构建模的模拟软件。

AMAP 系统将全球植物划分为 20 多个基本结构模型，对于任何一种植物，首先分析并确定适合其结构的基本模型，然后利用多尺度树形图来描述和模拟植物的拓扑结构。每种枝条（如长枝、短枝、重复生长枝）都有各自的参数，这些参数均具有较强的植物学意义。该系统包含了多个子系统以完成不同的功能，具有功能强大的数据采集与分析模块，特别适合高大植物的模拟，并且主要应用于景观设计领域。虽然 AMAP 系统弥补了 L 系统难以模拟高大植物的不足，但模型需要较多的参数输入且难以描述植物生长发育特性，如生长节律、生长延迟等。

（三）基于过程的作物形态结构模拟模型

基于过程的作物形态结构模拟模型构建通常以生长度日（GDD）为尺度，使用作物生长模型模拟输出的器官干重及分配模式，从而获得单个器官的干物质量。进一步耦合各器官的形态建成模型与特征参数，构建作物叶、茎、穗和根等器官的三维形态建成模拟模型，包括器官几何形态、空间生长曲线、颜色变化特征等子模型。

1. 叶片生长的动态模拟 叶片作为植株的主要光合器官，其形态特征是作物结构模型研究的重要组成部分。通过连续观测不同作物品种叶片在水肥影响下的动态生长过程，定量分析主茎和分蘖不同叶位叶片的叶长、叶宽、叶形、叶色和叶曲线等形态指标的变化规律，构建作物叶片生长特征的动态模拟模型。

（1）叶长动态模拟 作物叶片长度随 GDD 的伸长表现为慢—快—慢的过程，符合 S 形曲线即 Logistic 方程，且一级分蘖、二级分蘖叶片与主茎遵循相同的变化模式。以小麦为例介绍叶长生长的模拟。

经过研究发现，小麦主茎与分蘖具有同伸关系，一般主茎第四片叶伸出叶鞘时，第一个一级分蘖伸出第一片叶；以后主茎每伸出一片新叶，依次出现一个一级分蘖。如主茎第七叶、第一分蘖第四叶、第二分蘖第三叶、第三分蘖第二叶和第四分蘖第一叶具有 $n-3$ 的同伸关系。另外，随着氮素水平增加，小麦有效分蘖数增加，主茎和分蘖上的叶片长度也随之增加。冬小麦主茎前 4 片叶生长受肥水的影响不大，这与冬小麦品种自身的特性有关，叶片的伸长过程可运用分段函数进行描述，见式（7-1）。

$$\text{Llen}_{ab}(\text{GDD}) = \begin{cases} \dfrac{\text{Llen}_{ab}}{1+\text{Lp}_a \times e^{-\text{Lp}_b \times (\text{GDD}-\text{LAGDD}_{ab})}} & a=0,\ 1 \leqslant b \leqslant 4 \\ \dfrac{\text{Llen}_{ab}}{1+\text{Lp}_a \times e^{-\text{Lp}_b \times (\text{GDD}-\text{LAGDD}_{ab})}} \times F_N & \begin{array}{l} a=0,\ 5 \leqslant b \leqslant \text{LN} \\ 1 \leqslant a \leqslant \text{SN},\ 1 \leqslant b \leqslant \text{LN}-a-2 \end{array} \end{cases} \quad (7\text{-}1)$$

式中，LN 为主茎总叶片数，一般为品种参数；SN 为有效分蘖数；a 为叶片所在的蘖位，a 为 0 代表主茎；b 为不同分蘖叶片所在的叶位；LAGDD_{ab} 为第 a 分蘖第 b 叶露尖时刻的 GDD，其计算见式（7-2）；$\text{Llen}_{ab}(\text{GDD})$ 为第 a 分蘖第 b 片叶在 GDD 时刻的叶长（cm）；Llen_{ab} 为最适氮素水平下第 a 分蘖第 b 片叶定形后的长度（cm）；Lp_a、Lp_b 为模型参数，分别取值 5 和 0.03；F_N 为氮素丰缺因子，由生长模型模拟得到。

$$\text{LAGDD}_{ab} = \begin{cases} 102+\text{PHYLL} \times (b-1) & a=0 \\ 102+\text{PHYLL} \times (a+b-1) & 1 \leqslant a \leqslant \text{SN} \end{cases} \quad (7\text{-}2)$$

式中，LAGDD_{ab} 与叶热间距（PHYLL）呈线性相关，叶热间距为小麦茎秆上相邻 2 张叶片出现所需的热时间间隔，是品种特定的遗传参数，其计算见严美春等（2001）；102 为从播种到出苗所需的 GDD。

（2）叶宽动态模拟 以水稻为例。在水稻叶片进行伸长生长时，叶片宽度的潜力已基本确定。随着叶片抽出，叶宽的变化差异不显著。但叶片定形后的最大叶宽随叶位呈二次曲线的变化规律。此外，不同品种间表现出极显著差异，如图 7-2 所示。

（3）叶形动态模拟 叶形是从叶尖开始沿叶长、叶宽方向的变化。作物特定叶片的叶形动态变化过程表现为叶长变化大于叶宽变化的模式，图 7-3 为水稻'武香粳 14 号'第 14

叶叶形的动态变化及最终叶型变化模式。图中显示不同叶位叶片叶长和叶宽不同，但不同叶位叶片定形以后，叶宽随叶长的变化规律相一致。为了准确且直观地表达各叶位叶宽随叶长的变化规律，对不同叶位叶长和叶宽均做了归一化处理（图7-4）。归一化后第一叶和剑叶在形态上与其他叶片存在明显差异。归一化叶宽、叶长分别为各叶宽、叶长与最大叶宽、最大叶长的比值，即（x－min）/（max－min）。

叶宽随叶长的变化均符合一元二次方程。不同叶位叶宽沿叶长方向的变化可运用式（7-3）定量描述。

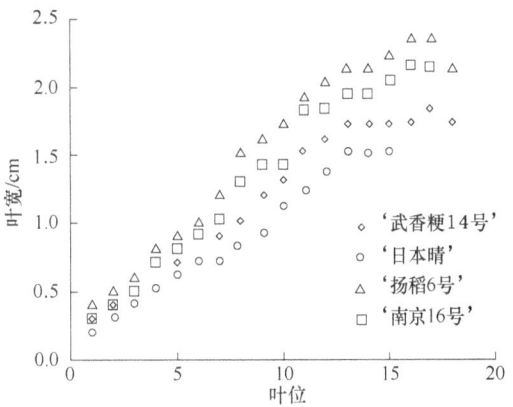

图7-2 不同水稻品种主茎最大叶宽随叶位的变化规律
（引自常丽英，2007）

$$LWid_n[LL_n(GDD)] = WPa \times LL_n(GDD)^2 + WPb \times LL_n(GDD) + WPc \qquad (7-3)$$

式中，$LWid_n[LL_n(GDD)]$ 为第 n 叶位叶片在 $LL_n(GDD)$ 叶长处的叶宽（cm）；$LL_n(GDD)$ 为第 n 叶在该GDD时的叶长（cm）；WPa、WPb、WPc 为方程系数，不同作物取值不同。

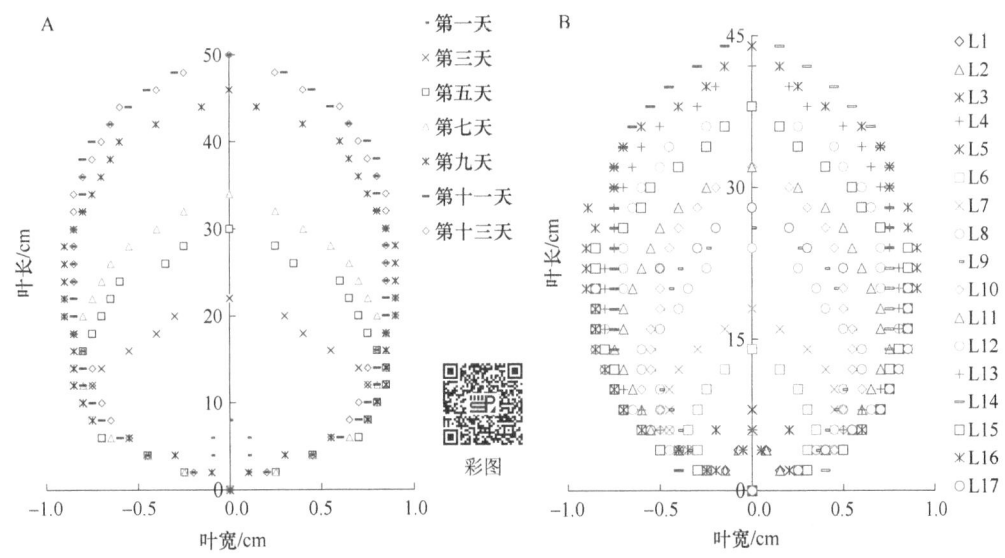

图7-3 '武香粳14号'第14叶叶形的动态生长过程（A）及最终叶形变化模式（B）（引自常丽英，2007）
L1～L17表示第1叶到第17叶

（4）叶色动态模拟　　叶片颜色变化的动态模拟是作物形态结构模拟模型研究的重要组成部分，叶片颜色形成过程受环境因子影响，可直观反映作物与生长环境的互作关系，如植株的营养状况等。以水稻为例，下面介绍叶色的动态模拟。

在水稻叶片伸出、展开、维持和衰老等过程中，叶片颜色通常呈现出从嫩绿到绿色再逐渐变黄的趋势，可将这一变化过程分为三个阶段，第一阶段是叶片抽出时叶色表现为嫩绿色；第二阶段是叶片进入功能期后，从叶片顶部沿主脉向下由嫩绿色逐渐变为绿色，颜色沿主脉保持绿色基本不变；第三阶段是功能期后逐渐开始衰老，叶片颜色从叶顶部沿主脉向下由绿色逐渐变为黄色。这一变化过程中RGB（三原色）值表现为随GDD累积从初始值逐渐降低达到较稳定值，在功能期保持稳定值，进入衰老期后RGB值逐渐增大。

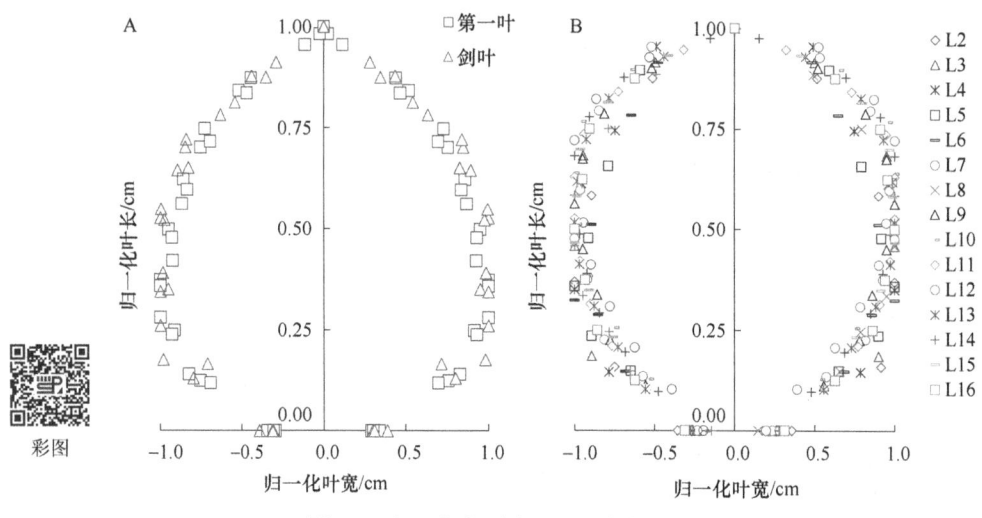

图 7-4 归一化水稻叶形（引自常丽英，2007）

A. 第一叶与剑叶；B. 其他叶；L2~L16 表示第 2 叶到第 16 叶

水稻主茎第 n 叶位叶片顶部 RGB 值随 GDD 的变化可使用线性分段方程（7-4）定量描述。

$$\mathrm{TRGB(GDD)} \begin{cases} \mathrm{TRGB_F}+(\mathrm{TRGB_M}-\mathrm{TRGB_F}) \times M_1 & \mathrm{IGDD}_n \leqslant \mathrm{GDD} \leqslant \mathrm{IGDD}_n+C_1 \\ \quad \times \Delta \mathrm{GDD}_n \\ \mathrm{TRGB_M} & \mathrm{IGDD}_n+C_1 \times \Delta \mathrm{GDD}_n < \mathrm{GDD} \leqslant \mathrm{IGDD}_n+(C_1+C_2) \times \Delta \mathrm{GDD}_n \\ \mathrm{TRGB_M}+(\mathrm{TRGB_L}-\mathrm{TRGB_M}) \times M_2 & \mathrm{IGDD}_n+(C_1+C_2) \times \Delta \mathrm{GDD}_n < \mathrm{GDD} \\ \quad \leqslant \mathrm{IGDD}_n+(C_1+C_2+C_3) \times \Delta \mathrm{GDD}_n \\ \mathrm{TRGB_F} & \mathrm{GDD} > \mathrm{IGDD}_n+(C_1+C_2+C_3) \times \Delta \mathrm{GDD}_n \end{cases} \quad (7\text{-}4)$$

式中，GDD 从水稻植株出苗开始计算；IGDD_n 为主茎第 n 叶抽出时的 GDD；$\Delta \mathrm{GDD}_n$ 为水稻主茎第 n 叶抽出所需的 GDD；TRGB（GDD）为 GDD 时刻叶片顶部分段颜色 RGB 值构成的三维向量；$\mathrm{TRGB_F}$、$\mathrm{TRGB_L}$ 分别为叶片顶部分段颜色 RGB 初始值和最终值构成的向量，在不同氮素和叶位时差异不大；$\mathrm{TRGB_M}$ 为叶片顶部分段颜色 RGB 稳定值（$\mathrm{TR_M}$、$\mathrm{TG_M}$、$\mathrm{TB_M}$）构成的向量，以上变量的计算参见式（7-5），$\mathrm{TRGB_M}$ 受氮素影响，相同品种和同一叶位下 $\mathrm{TRGB_M}$ 各分量值随施氮水平的增加而减小，可用式（7-6）定量描述；M_1 为第一阶段归一化 GDD；M_2 为第二阶段归一化 GDD，计算公式为式（7-7）；C_1、C_2、C_3 为叶色变化三个阶段持续时间的控制参数，可用式（7-8）计算。

$$\mathrm{TRGB(GDD)} = \begin{bmatrix} \mathrm{TR(GDD)} \\ \mathrm{TG(GDD)} \\ \mathrm{TB(GDD)} \end{bmatrix}, \quad \mathrm{TRGB_F} = \mathrm{ARGB_F}, \quad \mathrm{TRGB_L} = \mathrm{ARGB_L}, \quad \mathrm{TRGB_M} = \begin{pmatrix} \mathrm{TR_M} \\ \mathrm{TG_M} \\ \mathrm{TB_M} \end{pmatrix} \quad (7\text{-}5)$$

$$\mathrm{TRGB_M} = \frac{\mathrm{Mat_{RGB}}(:,2)}{\mathrm{FN}} \quad (7\text{-}6)$$

$$M_1 = \frac{\mathrm{GDD} - \mathrm{IGDD}_n}{C_1 \times \Delta \mathrm{GDD}_n}, \quad M_2 = \frac{\mathrm{GDD} - \mathrm{IGDD}_n - (C_1+C_2) \times \Delta \mathrm{GDD}_n}{C_3 \times \Delta \mathrm{GDD}_n} \quad (7\text{-}7)$$

$$\begin{pmatrix} \& C_1 \\ \& C_2 \\ \& C_3 \end{pmatrix} = \mathrm{TN} \times \begin{pmatrix} \& P_1 \\ \& P_2 \\ \& P_3 \end{pmatrix}, \quad P_1+P_2+P_3=1 \quad (7\text{-}8)$$

TR、TG、TB 分别为叶片颜色三维向量中红、绿、蓝三个颜色对应的分量;ARGB 为适宜施氮水平下主茎叶色的三维向量;P_1、P_2、P_3 分别为叶片颜色变化的三个阶段在叶片整个生命周期所占的比例,设主茎第 n 叶叶色变化三个阶段所需的 GDD 之和为 LTn,则三个阶段各自所需 GDD 与 LTn 的比值分别为 P_1、P_2、P_3;Mat_{RGB} 为叶色向量 $ARGB_F$、$ARGB_W$ 和 $ARGB_L$ 构成的颜色矩阵,是一个 3*3 矩阵,式中 $Mat_{RGB}(:,2)$ 是矩阵的第二列,也就是颜色稳定值对应的 R、G、B 构成的三维向量。

在水稻叶色变化的三个阶段中,第二阶段叶色沿叶长方向的变化不大,而在第一和第三阶段,叶色沿叶长方向变化较大,特别是在第三阶段。通过分析叶色变化与不同分段位置的关系,可以明确叶色沿叶脉的变化规律。具体而言,当主茎第 n 叶沿叶长方向 RGB 值达到稳定值或最终值无显著性差异($P>0.2$)时,同叶片顶部分段叶色 RGB 值达到该稳定值时的差与 ΔGDD_n 的比值(RV_1)及不同分段中心到叶尖的长度与叶片总长的比值(RV_2)之间存在近似的正比关系(图 7-5A 和图 7-5B)。可用式(7-9)定量模拟水稻主茎叶色从顶部到基部沿叶脉的变化。

$$RGB_{GDD}(l) = TRGB\left(GDD - IGDD_n - \frac{l \times \Delta GDD_n}{L}\right) \quad (7-9)$$

式中,$RGB_{GDD}(l)$ 为 GDD 时刻叶主脉 l 处叶色的 RGB 值(l 处叶片横向点的颜色 RGB 值视为一致);L 为叶长;l 为叶主脉 l 处到叶顶部的长度。

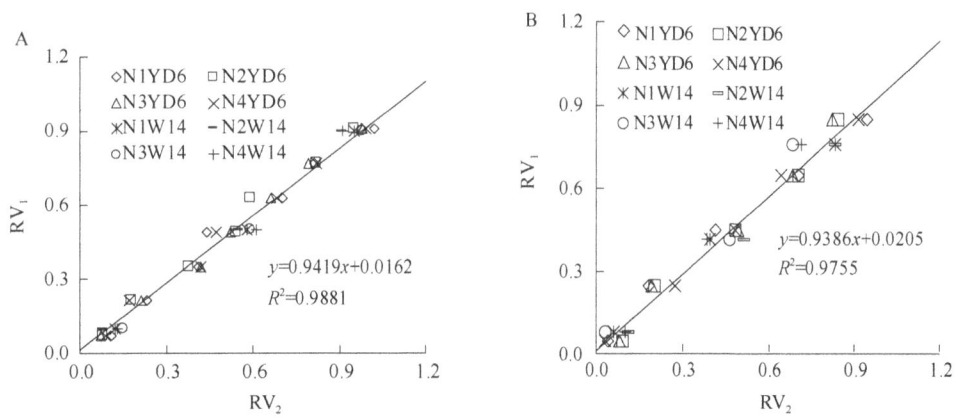

图 7-5 '扬稻 6 号'('YD6')和'武香粳 14 号'('W14')第 15 叶和第 12 叶对应的 RV_1 与 RV_2 在功能期(A)和衰老期(B)之间的关系(引自张永会,2013)

"N"表示不同的氮肥处理

(5)叶曲线动态模拟 叶片空间形态常用叶片中脉的空间曲线(称为叶曲线)来表征。在自然状态下,作物叶片一般不发生扭曲,因此可以通过坐标旋转将叶片中脉转换到二维平面上。例如,长为 dl 的叶段微元(PP'),受重力(G)、形变恢复力(F)及左右端拉力的影响(图 7-6),依照牛顿运动学原理,静止的物体在各个方向的受力必须平衡,因此叶片法线方向上的形变恢复力与重力的法向分量大小相等但方向相反,可以用式(7-10)表示。

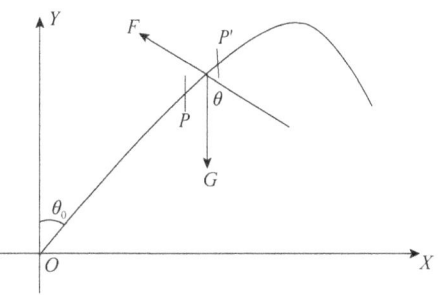

图 7-6 水稻叶曲线形态及叶片受力分析(引自石春林等,2006)

θ_0 为初始叶倾角

$$G \times \sin\theta = -F \quad (7-10)$$

式中，θ 为叶段内的叶曲线平均倾角。

叶段微元的重力（G）为比叶重与微元面积之积，用式（7-11）定量描述，面积可用长度与宽度之积表示。由于叶段微元的长度（dl）与 $\sin\theta$ 之积为 dx，因而 dl 可以由式（7-12）确定，叶段微元的重力（G）可由式（7-13）定量表示。

$$dl = dx / \sin\theta \tag{7-11}$$

$$G = SLW(l) \times w(l) \times dl \tag{7-12}$$

$$G = SLW(l) \times w(l) \times dx / \sin\theta \tag{7-13}$$

式中，$SLW(l)$ 为比叶重；$w(l)$ 为叶宽；dl 为叶段微元 PP' 的长度。

一般而言，物体形变恢复力与形变程度成正比，即 F 与叶段微元的形变程度成正比。形变程度可用叶段微元两端点（P、P'）的切线角度变化量（$d\theta$）表示，见式（7-14）。由 $y'(x) = \tan(\theta + d\theta)$ 和 $y'(x) = \tan\theta$，可得式（7-15）。

$$F = k(l) \times d\theta \tag{7-14}$$

式中，$k(l)$ 为叶段内的平均形变系数，即叶片发生单位角度的弯曲形变所产生的恢复力；l 为叶段距叶环（坐标原点 O）的叶长；$d\theta$ 为 P 和 P' 两点切线角度的差。

$$d\theta \approx \sin^2\theta \cdot [y'(x+dx) - y'(x)] \tag{7-15}$$

式中，x、$x+dx$ 分别为 P 和 P' 点的 x 向坐标；$y'(x)$ 为 P 点斜率。

联立式（7-10）～式（7-15），可得式（7-16）。

$$SLW(l) \times w(l) \times dx = -k(l) \sin^2\theta \times [y'(x+dx) - y'(x)] \tag{7-16}$$

进一步利用 $y' = \tan\theta$ 及 $y'' \approx [y'(x+dx) - y'(x)] / dx$，可得叶曲线公式：

$$y'' = SLW(l) \times w(l) / k(l) \times \sin^2\theta \tag{7-17}$$

由以上公式可知，叶曲线形态与比叶重、茎叶夹角、叶长、叶宽、叶片形变系数等变量相关。因此，叶曲线的求解，必须明确比叶重、茎叶夹角、叶宽、叶片形变系数随叶长的变化规律。

2．节间长度和宽度的动态模拟　　作物生长至拔节期节间开始伸长，其伸长规律与拔节后叶鞘的伸长规律相似，均符合营养器官的 S 形生长曲线，以小麦为例，可以通过式（7-18）定量描述。

$$Linternode_n(GDD) = \frac{Linternode_n}{1 + \ln a \times e^{-\ln b \times (GDD - INAGDD_n)}} \times F_N \tag{7-18}$$

式中，$Linternode_n(GDD)$ 为主茎第 n 叶对应节间在 GDD 时刻的长度；$Linternode_n$ 为第 n 节间的最终长度，其算法见式（7-19）；$\ln a$ 和 $\ln b$ 为模型参数，分别取值为 5 和 0.03；$INAGDD_n$ 为第 n 叶对应节间在初始时刻的 GDD；F_N 为氮素影响因子。

各节间上叶片对应叶鞘的最终长度与该叶片对应节间的最终长度之比（$RateSI_{LN-n+1}$）为等差数列，可用式（7-19）、式（7-20）求出小麦植株上各节间的最终长度。

$$Linternode_n = \frac{Lsheath_n}{RateSI_{LN-n+1}} \tag{7-19}$$

$$RateSI_{LN-n+1} = RateSI_{LN} + (LN - n) \times 0.2 \tag{7-20}$$

式中，$Lsheath_n$ 为主茎第 n 叶对应叶鞘的最终长度；$RateSI_{LN}$ 为旗叶对应叶鞘与节间最终长度的比值，小麦品种间差异不大，取平均值 0.64；LN 为小麦主茎的总叶片数，为品种参数。

小麦节间伸长的同时，各节间宽度逐渐增大，符合 S 形曲线规律，算法如下。

$$\text{THinternode}_n(\text{GDD}) = \frac{\text{THinternode}_n}{1 + \text{TH}_a \times e^{-\text{TH}_b \times (\text{GDD} - \text{INAGDD}_n)}} \times F_N \qquad (7-21)$$

式中，$\text{THinternode}_n(\text{GDD})$ 为第 n 叶对应节间在 GDD 时刻的粗度；THinternode_n 为第 n 叶对应节间的最终粗度，由式（7-22）求出；TH_a 和 TH_b 为方程参数，分别取值 5 和 0.03。

$$\text{THinternode}_n = \frac{54.6 - \text{Linternode}_n}{90} \qquad (7-22)$$

3. 茎叶夹角的动态模拟 作物叶片在生长过程中，茎叶夹角也随之发生变化。为准确呈现叶片在植株上的三维形态变化过程，运用茎叶夹角与 GDD 的关系来定量表达叶片夹角随生育进程的变化动态。例如，小麦叶片从抽出到定长的过程中，茎叶夹角也随之发生变化。三维数字化仪可以测出叶片的空中伸展坐标，通过数学计算，求出茎叶夹角。

将茎叶夹角的空间变化过程分为三个阶段进行描述，第一阶段是从叶片抽出到定长，茎叶夹角均匀变化；第二阶段是从叶片定长到功能期结束即开始衰落，茎叶夹角不发生变化；第三阶段从开始衰落到完全衰落，茎叶夹角均匀增大至 180°，算法如下：

$$\text{LSAngle}_n(\text{GDD}) = \begin{cases} \dfrac{\text{LSAngle}_{\max} \times \text{TimeS}}{3 \times \text{PHYLL}} & \text{LAGDD}_n \leqslant \text{GDD} \leqslant \text{LAGDD}_n + 3 \times \text{PHYLL} \\ \text{LSAngle}_{\max} & \text{LAGDD}_n + 3 \times \text{PHYLL} \leqslant \text{GDD} \leqslant \text{LAGDD}_n \\ & \quad + 5 \times \text{PHYLL} \\ \text{LSA}_a \times \text{TimeS} + \text{LSAngle}_{\max} & \text{LAGDD}_n + 5 \times \text{PHYLL} \leqslant \text{GDD} \end{cases} \qquad (7-23)$$

式中，$\text{LSAngle}_n(\text{GDD})$ 为主茎第 n 叶从抽出到完全衰落过程中 GDD 时刻的茎叶夹角；TimeS 为叶片生理年龄，可用式（7-24）描述；$\text{LSAngle}_{\max}$ 为叶片定形时的茎叶夹角，为品种参数，'扬麦 9 号'为 45°；LSA_a 为模型参数，由式（7-25）计算；LAGDD_n 为主茎第 n 片叶露尖时的 GDD，与叶热间距（PHYLL）线性相关。

$$\text{TimeS} = \text{GDD} - \text{IGDD}_n \qquad (7-24)$$

$$\text{LSA}_a = 0.013 \times \text{LSAngle}_{\max} + 0.42 \qquad (7-25)$$

式中，IGDD_n 为第 n 叶抽出时的 GDD。

4. 穗生长的动态模拟 穗形态动态模拟包括穗的几何形态及空间形态，如穗长、穗宽及穗原等的动态模拟，以麦穗为例介绍。

（1）穗长动态模拟 穗是禾本科作物产量形成的器官，穗伸长符合慢—快—慢的变化规律，S 形曲线即 Logistic 方程。在氮素影响下小麦有效分蘖数增加，主茎和分蘖上对应的麦穗长度也随之增加，麦穗伸长过程可运用式（7-26）描述。

$$L_{\text{spikeln}}(\text{GDD}) = \frac{L_{\text{spikeln}}}{1 + \text{Spila} \times e^{-\text{Spilb} \times (\text{GDD} - \text{SAGDD})}} \times F_N \quad 0 \leqslant n \leqslant \text{SN} \qquad (7-26)$$

式中，SN 为有效分蘖数；n 为 0 代表主茎；SAGDD 为小麦孕穗时的 GDD，由式（7-27）和式（7-28）计算；$L_{\text{spikeln}}(\text{GDD})$ 为第 n 分蘖麦穗在 GDD 时刻的穗长（cm）；L_{spikeln} 为最适氮素水平下第 n 分蘖麦穗定形后的长度（cm），由式（7-29）计算；Spila、Spilb 为模型参数，分别取值为 7 和 0.007；F_N 为氮素丰缺因子。

研究表明，冬小麦拔节后可根据主茎叶龄余数来判断幼穗分化所处的时期，主茎 LN−4 叶伸出后为二棱后期，LN−3 叶伸出后为小花原基分化期，LN−2 叶伸出后为雌雄蕊原基分化期，LN−1 叶伸出后为药隔形成期；由于幼穗进入护颖分化和小花原基分化期对应的幼穗长度一般为0~1cm，假定此时的GDD为SAGDD。故SAGDD为主茎第LN−3叶露尖时的GDD，即LAGDD$_{LN-3}$，由式（7-27）和式（7-28）计算。

$$SAGDD = LAGDD_{LN-3} \quad (7-27)$$

$$LAGDD_n = 102 + PHYLL \times (n-1) \quad n=1, 2, \cdots, LN \quad (7-28)$$

式中，102为从播种到出苗所需的GDD；LN为主茎总叶片数，表示品种参数。

冬小麦不同蘖位麦穗定形后的长度随蘖位而变化，不同小麦品种变化规律一致。从主茎麦穗开始，不同蘖位麦穗定形后的长度随蘖位的增加而减小，这一规律可使用二次曲线进行描述。

$$L_{spikeln} = a_1 \times \text{rate} \times n^2 + b_1 \times \text{rate} \times n + \text{rate} \times F_{lspikelm} + SCV \quad n=1, 2, \cdots, SN \quad (7-29)$$

式中，a_1和b_1为方程系数，分别取值−0.23和0.44；rate为方程的参数，计算参见式（7-30）；$F_{lspikelm}$为不同小麦品种在最适氮水平下主茎穗长的平均值，取值11；SCV为穗长变化系数，表征不同植株上同一蘖位麦穗的长度差异性，可根据穗长正态分布的95%置信区间确定，取值−1.5~0.67。

$$\text{rate} = \frac{F_{lspikelv}}{F_{lspikelm}} \quad (7-30)$$

式中，$F_{lspikelv}$为小麦品种在最适氮水平下主茎麦穗穗长，为品种参数。

（2）穗宽动态模拟　小麦麦穗沿穗长方向的宽度和厚度差别较小，一般采用简化处理，即通过麦穗的最大宽度和最大厚度进行描述麦穗形态。研究表明，小麦麦穗最大穗宽与其对应穗长的比值（rate_1）与穗长呈极显著相关，可采用一元二次曲线表示。不同分蘖麦穗最大穗宽的变化规律以式（7-31）定量描述。

$$L_{spikewn}(GDD) = Spiwa \times [L_{spikeln}(GDD)]^2 + Spiwb \times L_{spikeln}(GDD) + Spiwc \quad (7-31)$$

式中，$L_{spikewn}(GDD)$为第n分蘖麦穗在某GDD时刻的最大穗宽（cm）；$L_{spikeln}(GDD)$为第n蘖位上麦穗某GDD时刻的长度(cm)；Spiwa、Spiwb和Spiwc为方程系数，分别取值−0.031、0.75和−3.3。

（3）穗厚动态模拟　小麦麦穗厚度的变化可反映在灌浆过程中籽粒逐渐饱满的过程。其最大穗厚和对应穗长的比值（rate_2）与穗长呈线性极显著正相关。不同蘖位麦穗最大穗厚的变化规律可用式（7-32）定量描述。

$$L_{spikethn}(GDD) = Spitha \times L_{spikeln}(GDD) + Spithb \quad (7-32)$$

式中，$L_{spikethn}(GDD)$为第n蘖位麦穗在某GDD时刻的最大穗厚（cm）；Spitha和Spithb为方程系数，分别取值0.22和−1.42。

第三节　作物功能结构模拟模型

作物功能结构模拟模型是描述作物在不同环境条件下，受生理过程调控的三维空间结构动态变化的模型。该模型最初的主要目标是生成视觉上真实的作物形态。然而，为了实现高真实性的作物形态模拟，不但依赖算法和图形学技术，更需要结合作物本身的生长机理。这就需要将基于过程的功能模型与形态结构模型密切融合，以更真实地描述作物的行为特点。20世纪90年代，作物功能结构模拟模型作为新一代模型被提出，成为作物模型领域的研究热点。

一、功能结构模拟模型的构成

作为连接宏观尺度（农田、生产）和微观尺度（细胞、基因）的中间环节，功能结构模拟模型的研究需要分别与两种尺度的研究相结合，主要包括对作物结构变化的模拟、光吸收模拟、光合产物分配、源库调控模拟、可视化输出和生成动画等。

功能结构模拟模型由两个基本模块组成：结构模型和功能模型。结构模型通过对作物拓扑和几何结构的构建，实现对各器官如根、茎、叶的模拟，描述作物结构的动态变化；功能模型主要描述作物在生长过程中的生物学功能和代谢过程，包括光合作用、呼吸作用、水分吸收和转运、养分吸收和转运、产量与品质形成等。从空间尺度看，功能结构模拟模型的研究对象首先是器官和个体，再实现群体模拟。

根据功能结构模拟模型反馈机制的描述，将功能与结构反馈机制绘制成图 7-7。

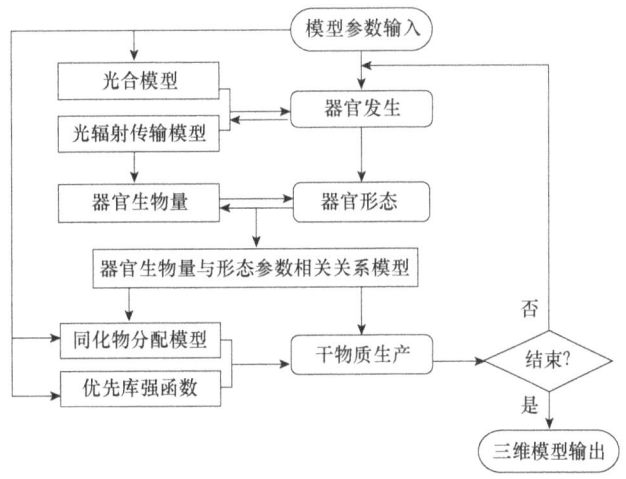

图 7-7 功能与结构反馈机制及模型

二、功能结构模拟模型的类型

（一）GreenLab 模型

1988 年，中法信息、自动化与应用数学联合实验室（LIAMA）在 AMAP 系统的基础上，继承 AMAPsim 生理年龄和重复生长等植物学及 AMAPHydro 源库概念，重视结构和功能之间的相互反馈过程，开发了 GreenLab 模型。该模型为通用型作物功能结构模拟模型，其结构模型可模拟植物学家所定义的涵盖大部分植物的形态构造，功能模型建立于一般性的假设，其中生物量的计算基于 Beer-Lambert 经验公式，器官的库强采用相对值，库强随时间的变化采用经验函数进行描述。

GreenLab 模型以简晰的数学关系式描述功能与结构的反馈机制及植株生物量生产、分配与器官形态构建的关系。该模型基于植物自动机，考虑同类器官的产生顺序特点，通过递归算法计算每个时间步长产生的器官数量，采用公共池和源库关系的概念，根据相对库强和器官数量，将公共池中获取的生物量分配到各器官，此过程通过数学公式进行描述，不需要进行逐个器官的生物量分配模拟，计算速度快，所需时间少，在器官尺度建模，同时又保持与功能模型的兼容性。

GreenLab 模型还可通过实测植物各器官的重量等数据反求影响生物量产生和分配的模型源库参数，已在玉米、小麦、油菜、黄瓜、番茄等作物开展了模型应用研究。但该模型将环境影响简化为因子 E 进行描述，难以较好地模拟气候、土壤及管理措施等对作物生长的影响。

此后，在 GreenLab 模型基础上发展出了一系列新的方法和技术，包括双尺度自动机、子结构方法、源库参数反求、参数优化、数量遗传因子和模型参数定量关系研究等。按照发展阶段可分为确定性模型、随机模型、反馈模型等。确定性模型中植物的拓扑结构是固定的，不受环境影响；随机模型中植物的芽包含多种行为，如休眠、死亡、产生生长单元等，每种事件由各自的概率控制；反馈模型中植物芽的行为受内部源库关系的控制，可以表现环境对结构的影响，也可以表现生长过程中节律性地坐果和分枝等突现属性，这种反馈机制还可以用于自顶向下开花顺序的模拟。

GreenLab 模型通过 Beer-Lambert 公式计算生物量，难以结合作物生长模型和光分布模型；器官模拟基于三维数据测量，难以通过源库关系模拟。因此，德国 Kurth 团队研制出了 GroIMP（Growth Grammar Related Interactive Modelling Platform）平台，该平台内嵌了基于光线追踪算法的光分布模块、L 系统的生长法则、OpenGL 图形渲染器等功能，可便捷地实现群体冠层的光分布计算及三维可视化。

GroIMP 是开源的交互式植物仿真建模平台，是基于 XL（eXtended L-Systems）语言开发而成的。该语言在 L 系统的基础上结合了相关生长语法（relational growth grammar，RGG）与 Java 程序设计语言，使用图形规则替代了 L 系统的字符串重写机制来实现场景中图形的重写和替换。GroIMP 同时具备 L 系统语言对植物拓扑结构的描述功能，以及 Java 语言的兼容性与易扩展性特点，能够实现植物功能-结构模型的构建与扩展及图形可视化功能。该平台内部提供了丰富的插件和模块方便用户使用，如 XL 编译器、光线追踪器、交互式的 3D 视窗及基于 OpenGL 的图形渲染器等。但 GroIMP 本身不具有模型元素，用户需以 XL 语言和 Java 语言的语法规范构建植物形态形成规则、生理进程算法及功能-结构结合模型等。

由于光截获对产量形成的重要性，作物功能结构模型较多地用于评估株型对光截获的影响，在小麦、玉米等大田作物方面开展了光分布研究，包括器官大小动态变化的描述、冠层动态演化的模拟及不同阶段光截获的计算等，如通过 GroIMP 平台构建小麦功能-结构模型，实现小麦冠层光截获及远红外吸收比例的计算，应用该模型评价不同种植密度条件下小麦的光截获能力，在此基础上构建小麦与玉米间作的功能-结构模型，用于评估间作系统下小麦-玉米的光分布状况；将 GroIMP 平台用于水稻功能-结构模型构建，并结合数量性状基因座（quantitative trait loci，QTL）定位分析技术设计水稻理想株型。

本节以光分布计算为例进行介绍。光分布计算是植物功能结构模拟模型得以体现其优势的重要模块。通过精确的光分布计算可以获得植物的光获取量和生物产量。结合虚拟植物冠层结构和光分布计算，可以评估不同基因型植株的光截获情况，模拟间套作种植效果，区分在低温情况下植物结构改变和光利用效率对产量的影响，预测全球变暗效应对水稻光合生产的影响，模拟冠层中的红光与远红外光的比例等。

植物冠层光分布的研究方法主要有仪器测量法、数学函数模拟法、三维结构模型模拟法三种。仪器测量法是利用 SunScan、AccuPAR 等光电传感器，在冠层不同高度测量冠层辐射量，以两次测量差值作为植物冠层辐射截获量，此方法适用于低矮植物的冠层测量；数学函数模拟法是在假设作物冠层水平均匀分布情况下建立冠层辐射分布模型，如以比尔定律为基础的各种模型等；三维结构模型模拟法是以冠层三维结构模型为基础，采用光线跟踪法或辐射度方法模拟太阳光线在冠层内的反射、吸收及透射全过程，两者都是图形学中用于场景渲染的经典算法，可精确计算冠层内任意三维位置的辐射分布量。

辐射传输模型源于1953年Monsi和Saeki将随机分布介质中的比尔定律应用到植物冠层的光传输研究，构建了叶面积与光强的相关模型。其基本原理为太阳光自冠层向下照射时，光强即光通量逐渐减弱，穿过一定叶层的光通量可通过冠层顶部的光通量、冠层消光系数及辐射所穿过叶层的累积叶面积指数进行计算。在此基础上植被冠层辐射理论运用大气物理中的浑浊介质辐射传输理论描述植被冠层辐射传输，将冠层内叶片等器官分解成小单元，分析光与植被冠层各组分的相互作用，模拟光在植被群丛中的散射、吸收等。辐射传输模型就是对这一数学原型的求解，多用于遥感领域的作物长势监测等。

辐射传输模型的求解分为两类：一是数值解法，该方法参数复杂，计算速度较慢，不利于反演，研究较少，包括Idso-de Wit模型、Cooper-Smith-Pitts模型等；二是近似解法，该方法对辐射传输方程进行了参数简化，计算较快，遥感方面易于反演，研究较多。Kubelka和Munk根据光的多重散射，推导出库贝尔卡-蒙克理论（K-M理论），形成了辐射传输方程的简化形式。此后，近似解法形成了N通量模型、平板模型和光子追踪模型等几个体系。

光子追踪模型的基本思想是随机地从指定光源投放光线并跟踪其在冠层中的路径。当光线到达叶表面时，可发生吸收、反射、透射等事件，每项事件以各自的概率发生，与叶片的材质相关。相对于N通量模型和平板模型等传统辐射传输模型，光子追踪模型利用计算机技术，可以逼真地模拟地表辐射场景，能够更精确地模拟出冠层三维空间中光的分布状况。诸多学者对该模型进行了研究，如通过研究光在叶片内部的传输进而模拟叶片的反射；Govaerts提出了RAYTRAN（Ray-tracing）模型，用三维叶片代替二维叶片，模拟双子叶植物的光学特性；Chelle和Sinoquet等在虚拟植物模型的基础上，建立了基于辐射度和光线跟踪原理的植物冠层光分布模型。

（二）CropGrow模型

作物功能结构模拟模型通过模拟作物个体的器官产生、光合作用生产及其在器官中的分配，实现对作物生长过程的可视化逼真再现，是在多层次对植物个体生长发育的建模与仿真，能够更精准地进行光能利用与生产力评估。光分布计算给植物功能结构模拟模型带来了更多潜在的应用。尽管引入冠层的光分布计算可以得到给定植物结构对光的截获，然而目前功能结构模型中光截获计算和器官的生长是相互独立的过程，并没有考虑光截获对结构形成的影响。引入光分布与植物功能结构的反馈则可以更真实地模拟植物行为，深度地体现出植物功能结构模拟模型的优势。下文以CropGrow模型为例，介绍基于光分布的光合作用模型。

1. 小麦冠层辐射的垂直分布动态模拟 光合有效辐射（photosynthetically active radiation，PAR）是400～700nm波段的辐射。为减少光斑和叶片遮挡等误差，将相同冠层高度上株间5层PAR透光率平均处理后得到该冠层高度上的PAR透光率，以下简称透光率。

不同品种和密度下，透光率均表现为从冠层顶部向下逐渐递减，冠层中上部递减迅速、下部较为缓慢（图7-8）。相同品种和高度处的透光率，随着种植密度的增大而减小，密度越大的群体，冠层吸收PAR越多。例如，'扬麦12号'、'扬麦16号'和'矮抗58'在冠层40cm处，低、中、高三种密度水平下的透射率分别为22.0%、19.7%、9.3%，53.9%、32.8%、31.2%和31.1%、26.6%、23.9%，冠层底部透射率分别为6.4%、5.4%、3.5%，13.1%、9.8%、7.8%

和9.3%、6.0%、4.3%。随着冠层高度的增高,透光率呈对数式增加,其反函数为指数函数,即随着距冠层顶部距离的增加,PAR呈指数式递减,符合经典的比尔定律。

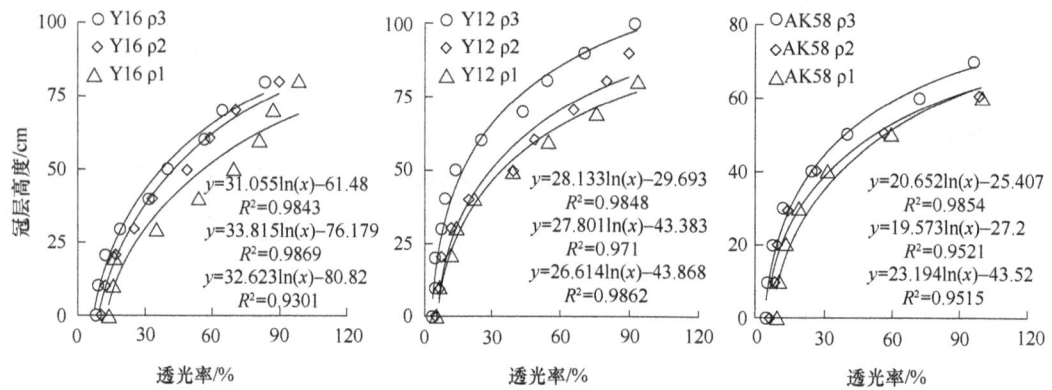

图7-8 开花期不同品种不同密度下平均透光率随冠层高度的变化(引自张文宇,2011)

图例中三个公式自上而下分别代表密度从高到低,3个密度为$0.9×10^6$株/hm^2($\rho1$)、$1.8×10^6$株/hm^2($\rho2$)和$2.7×10^6$株/hm^2($\rho3$);3个品种为'扬麦12号'('Y12',叶片较披散型)、'扬麦16号'('Y16')、'矮抗58'('AK58',叶片较紧凑型)

在研究中,PAR常用能量学和量子学两种计量系统。能量学系统即光合有效波段内的辐射能量通量,单位为W/m^2。量子学系统是建立在量子物理学基础上的,以PPFD表示,单位为$μmol/(m^2·s)$。为了兼容模型和仪器测量单位,使用能量学系统计算总辐射和光合作用,使用量子学系统模拟小麦冠层光合有效辐射的垂直分布。通常以ε表示单位光合有效辐射能量所具有的光量子通量密度,即$1J/(m^2·s)$ PAR能量的等效PPFD。研究表明在晴天时$\varepsilon=4.57μmol/(m^2·s)$,纯散射辐射时$\varepsilon_s=4.24μmol/(m^2·s)$。

冠层内任一水平层面的PAR可表示为直射辐射和散射辐射之和,即

$$PAR_{t,i}=\frac{I_d+I_s}{\varepsilon}×3600 \tag{7-33}$$

式中,$PAR_{t,i}$为一天中第t小时冠层第i层接收的光合有效辐射[$J/(m^2·h)$];I_d和I_s分别为直射和散射光合光量子通量密度[$μmol/(m^2·s)$]。

(1)**直射辐射的垂直分布模拟** 在经典比尔定律的基础上,通过加入反射率的影响,可得到冠层内任意水平位置的直射PPFD(I_d),计算参见式(7-34):

$$I_d=(1-\rho)×I_{d0}×e^{-K_d×F} \tag{7-34}$$

式中,ρ为冠层反射率,由式(7-35)计算;I_{d0}为冠层顶部的直射PAR[$μmol/(m^2·s)$];F为自冠层顶部至该平面的累积叶面积指数;K_d为直射辐射消光系数。

$$\rho=\frac{1-\sqrt{1-\sigma}}{1+\sqrt{1-\sigma}}×\frac{2}{1+1.6×\sin\beta} \tag{7-35}$$

式中,σ为单叶散射系数,可见光部分取值0.2;β为太阳高度角,可根据天文学公式计算得到。

(2)**冠层内散射辐射分布模拟** 与直射辐射类似,散射辐射在冠层中的分布也可根据比尔定律求得:

$$I_s=I_{s0}×e^{-K_s×F} \tag{7-36}$$

式中,I_s为冠层任一水平面的散射PAR[$μmol/(m^2·s)$];I_{s0}为冠层顶部的散射PAR;K_s为散射辐射消光系数,据研究,小麦的K_s值一般在0.46左右。

2. 基于冠层结构和光分布的光合作用模型 CropGrow模型通过冠层日同化量扣除呼

吸消耗，并经过氮素、水分、CO_2 浓度等环境因素的修订得到小麦冠层每日干物质生产量 ΔW [kg/($hm^2 \cdot d$)]，据此计算得到最终产量。ΔW 的计算见式（7-37）。

$$\Delta W = [DTGA \times \min(WDF, NDF) - RM] \times Rg \times FCO_2 / (1-a) \qquad (7-37)$$

式中，WDF、NDF 分别为水分、氮素亏缺因子；RM 为维持呼吸速率 [kg CH_2O/($hm^2 \cdot d$)]；Rg 为生长呼吸效率；FCO_2 为 CO_2 浓度影响因子；a 为植株矿物质及其他成分含量（%），计算方法参见 CropGrow 模型；DTGA 为冠层日同化量，即冠层日光合速率 [kg CH_2O/($hm^2 \cdot d$)]，计算方法参见式（7-38）。

在求取冠层日光合速率时，CropGrow 模型选取从中午到日落的三个时间点，对应三个不同的反射率值，得到这三个时间点的冠层瞬时光合速率，然后对日长进行三点法高斯积分得到冠层日光合速率；在处理冠层瞬时光合速率对日长的积分过程中，采用了无限逼近方法，将日出到日落过程分为 T 个时段，对应各时段的反射率值，得到 T 个时段上的冠层瞬时光合速率，最终计算得到每日 DTGA：

$$DTGA = (\sum_{t=1}^{T} TPS_t \times WPAR_t) \times DL(d) \times 0.682 \qquad (7-38)$$

式中，TPS_t 为第 t 小时冠层的瞬时光合速率 [kg CO_2/($hm^2 \cdot h$)]，由式（7-39）计算；DL 为日长（h）；$WPAR_t$ 为 t 时段中 PAR 能量占全天 PAR 能量的权重，各时段 PAR 能量可参见张文宇（2011），总 PAR 能量可由气象公式计算得到（曹卫星，2008）；0.682 为 CO_2 转化为碳水化合物的转化效率。

CropGrow 模型将整个小麦冠层分为 5 层，分别计算每层的瞬时光合速率后加权求和得到整个冠层的瞬时光合速率；采用与计算分层累积叶面积指数类似的方法，将冠层分为 I 层，在计算各层瞬时光合速率的基础上，累加得到整个冠层的瞬时光合速率，见式（7-39）：

$$TPS_t = (\sum_{i=1}^{I} PS_{t,i} \times WLAI_i) \times LAI \qquad (7-39)$$

式中，$PS_{t,i}$ 为第 t 小时冠层第 i 层的瞬时光合速率 [kg CO_2/($hm^2 \cdot h$)]，由式（7-40）计算；LAI 为总叶面积指数；$WLAI_i$ 为第 i 层叶面积指数占总叶面积指数的权重，第 i 层叶面积指数可由第 $i+1$ 和 i 层分层累积叶面积指数相减得到；总叶面积指数可看成底层累积叶面积指数，计算方法参见张文宇（2011）。

$$PS_{t,i} = AMAX \times \left[1 - e^{\left(-EFF \times \frac{PAR_{t,i}}{AMAX}\right)}\right] \qquad (7-40)$$

式中，AMAX 为单叶最大光合速率 [kg CO_2/($hm^2 \cdot h$)]；EFF 为吸收光的初始利用效率 [kg CO_2/($hm^2 \cdot h \cdot J \cdot m^2 \cdot s$)]，取值 0.45 kg CO_2/($hm^2 \cdot h \cdot J \cdot m^2 \cdot s$)；$PAR_{t,i}$ 为 t 小时冠层第 i 层接受的光合有效辐射 [J/($m^2 \cdot h$)]，计算方法参见张文宇（2011）。

第四节　作物生长可视化

综合利用不同器官三维形态可视化方法及计算机图形学的真实感绘制技术（如纹理、颜色、光照处理），生成形象逼真的器官图形，同时结合器官拓扑结构及其在植株个体上的空间配置规律等，构建作物器官、个体和群体三维可视化技术，进一步从优化计算速度、降低内存消耗、增强真实感等角度出发，提出细节层次模型、视域裁剪技术等兼顾速度和多样性的方法，并结合植株间的碰撞检测与响应技术等，实现作物群体生长的可视化。最后集成研发作物生长虚拟仿真平台,实现不同条件下作物器官-个体-群体生长动态的三维可视化表达。

一、作物器官的可视化

作物器官的可视化过程可分为两个阶段:一是建模,即建立器官的三维形态模型;二是渲染,是指利用计算机图形学的真实感绘制技术,如纹理映射、光照处理等,将器官的三维形态模拟结果绘制出来,生成形象逼真的器官图形。

(一)器官的三维形态建模

1. 叶几何建模 禾本科作物叶由叶片和叶鞘组成,叶的下方为叶鞘,叶鞘呈开口圆筒形,完全包围着节间。叶鞘和叶片可以统一使用非均匀有理 B 样条(non-uniform rational B-spline,NURBS)曲面来建模。非均匀是指一个控制顶点的影响力范围能够改变,有理是指每个 NURBS 物体都可以用数学表达式来定义,B 样条是指用路线来构建一条曲线,在一个或更多的点之间以内插值替换。一张 $k \times l$ 次 NURBS 曲面可表示如下:

$$p(\mu,v) = \frac{\sum_{i=0}^{n}\sum_{j=0}^{m}\omega_{i,j}d_{i,j}N_{i,p}(\mu)N_{j,l}(v)}{\sum_{i=0}^{n}\sum_{j=0}^{m}\omega_{i,j}N_{i,k}(\mu)N_{j,l}(v)} \qquad 0 \leqslant \mu,v \leqslant 1 \qquad (7\text{-}41)$$

式中,μ 和 v 分别为曲面上 μ 轴和 v 轴对应的变量;$d_{i,j}$ 和 $\omega_{i,j}$($i=0$, 1, $\cdots$, n; $j=0$, 1, $\cdots$, m)分别为控制顶点及与控制顶点相联系的权因子;$N_{i,p}(\mu)$、$N_{i,k}(\mu)$ 和 $N_{j,l}(v)$ 为 B 样条基函数。

如何确定叶的控制点,是 NURBS 曲面建模的关键。在作物形态结构建成模拟模型中,描述叶片形态特征的模型主要有叶长、叶形、叶曲线及叶鞘形态等,这些模型输出的叶长、叶宽、茎叶夹角和叶鞘长度等参数,可以用来确定 NURBS 曲面的控制点,建立具体的叶几何模型。

每片叶都由一个 NURBS 曲面形成,每个 NURBS 曲面有 10 排控制点,其中叶鞘和叶片各 5 排,且每排有 7 个控制点。叶鞘第 1 排由 7 个控制点构成一个正方形,定义一个以它为外切正方形的圆,由叶鞘粗(Sr)来决定 7 个控制点的坐标(图 7-9A)。

假定叶鞘第 1 排控制点定义的圆的圆心坐标为(0, 0, 0),则叶鞘的第 2、3、4 排控制点的 y 坐标随着排数增加,x、z 坐标不变。第 5 排控制点定义了一段非封闭曲线(图 7-9B),7 个控制点的 x、z 坐标由叶鞘粗(Sr)决定,y 坐标由叶鞘长度(Sl)决定(图 7-9C)。

对叶片的模拟,由叶曲线模型模拟叶片的空中伸展并确定主脉的控制点,叶片边缘控制点与同一排主脉控制点的 x、y 坐标相同,但 z 坐标由叶长和叶形模型确定。在边缘控制点和主脉控制点之间设定 2 列与主脉平行的控制点,叶片的控制点也为 5 排,每排 7 个,其中第 1 排控制点的 y 坐标与叶鞘第 5 排控制点的 y 坐标相同,这样能够更好地使叶片与叶鞘平滑衔接(图 7-9D)。

2. 茎几何建模 禾本科作物植株茎由节和节间组成,节间呈圆筒形,可用圆柱体进行模拟。运用茎形态子模型模拟的节间长度(Th)和节间粗度(Tw)分别确定圆柱体的长度和直径(图 7-9E),进而建立植株茎的几何模型。

3. 穗几何建模 穗是禾本科作物的重要结构之一,包括穗轴、小穗等结构。以麦穗为例,小麦穗为穗状花序,由穗轴和着生在穗轴上的小穗组成,互生,具一顶小穗。模拟穗形态的动态变化过程需要模拟穗的几何形态和空间结构,通常采用组合多个基本图元的方法来实现麦穗几何模型的构建，穗柄、麦芒用圆柱体实现，小穗以椭球来实现。根据麦穗各个组成部分的拓扑结构，组合各个基本图元，建立穗的几何模型。在小麦穗形态变化特征的描述过程中，麦穗长、麦穗在沿穗长方向上的穗宽和穗厚是三个主要的形态指标。因此，利用小麦穗形态建成子模型模拟的穗长（Sh）、穗宽（Sw）和穗厚（St）及穗颜色等形态指标的动态过程，来确定穗几何模型中的关键参数，如用穗长、穗宽和穗厚来确定模拟小穗的椭球间的相对位置，用椭球的长、短半径的缩放比例来模拟籽粒的饱满程度等，进而较真实地实现麦穗的可视化（图7-9F）。

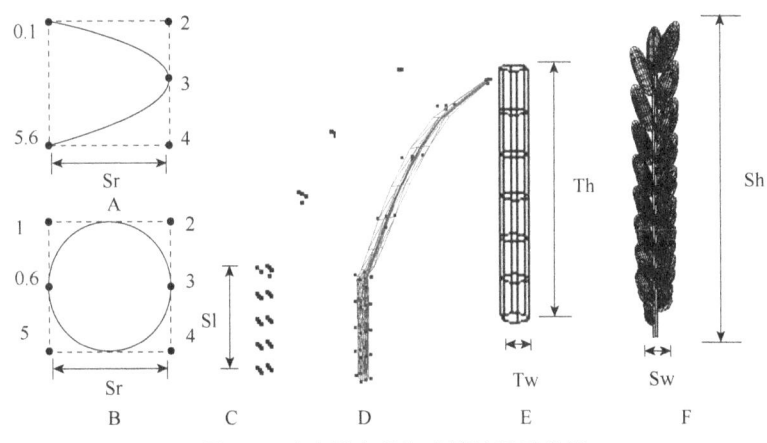

图7-9 小麦器官几何建模过程示意图

A. 由叶鞘粗（Sr）来决定叶鞘第1排7个控制点的坐标；B. 第5排控制点定义了一段非封闭曲线；C. y 坐标由叶鞘长度（Sl）决定；D. 叶鞘第1排与第5排控制点的 y 坐标相同；E. 以茎节间长度（Th）和粗度（Tw）分别确定圆柱体的长度和直径；F. 麦穗的可视化，Sh为穗长，Sw为穗宽

4. 根几何建模 小麦根系是指植株体地下部所有根的总和。小麦属须根系，当种子萌发时，从胚根发育的根称为初生根，第一片完全叶出现停止生长，从基部茎节上发生的不定根称为次生根，次生根在小麦生长发育前期、中期和后期均可以发生。由于其发生时期长、数目多、各根间的补偿作用明显，故次生根对巩固和发展初生根系，促进地上部健壮发育最终实现小麦丰产有决定性作用。

小麦种子萌发时种子根发生，在苗期自下而上陆续长出 2~3 对初生根。初生根数量随着积温的增加而增多，小麦生长发育过程中初生根的数量（R）与GDD之间的关系可用式（7-42）描述。

$$R = 2.64 \times \ln(\text{GDD}) - 6.58 \tag{7-42}$$

小麦次生根的发生与分蘖相关联，主茎次生根发生于分蘖节上，发生过程起始于三叶期。正常秋播冬小麦出苗后15d左右，幼苗长出第三片完全叶，胚芽鞘原基发育成胚芽鞘蘖；出苗后20d左右，幼苗长出第四片完整叶，同时伸出第一个分蘖节；之后随着主茎叶片数量增加，植株自下而上依次长出一级分蘖。同理，如果一个一级分蘖长出第三片叶，则在其分蘖鞘内长出第一个二级分蘖，以此类推。

小麦主茎叶片、分蘖、根系的同伸关系为 $n+3$ 片叶抽出时，n 叶节开始发根，即 n 叶节根的初始生长叶龄为 $n+2$，次生根的发生与GDD之间的关系如式（7-43）描述。

$$\text{GDD}_{a(b+2)} = \begin{cases} 102 + \text{PHYLL}(b+1) & a=0 \\ 102 + \text{PHYLL}(a+b+3) & 1 \leq a \leq \text{SN} \end{cases} \tag{7-43}$$

式中，a 为根所在的蘖位；b 为不同分蘖节根系所在节位；$\text{GDD}_{a(b+2)}$ 为第 a 分蘖第 b 节根发根的起始 GDD；PHYLL 为叶热间距；102 为从播种到出苗所需的 GDD；SN 为有效分蘖数。

（二）形态渲染模型

作物几何形态模型的绘制不仅要确保几何形状的准确性，还应具有比较真实的视觉外观，因此在建立各器官的三维几何模型后，还需对生成的几何模型进行颜色、纹理映射及光照处理等以生成较逼真的器官。

1. 颜色、纹理映射　　作物器官的颜色渲染可采用两种方式实现：一种是不用纹理，根据形态模型中的颜色子模型提供的颜色特征的动态变化来对三维形态模型进行赋色，该方法能够较逼真地模拟作物生长过程中器官颜色的细微变化过程，如叶片衰老时，叶尖和离叶脉较远的部分先变黄，然后扩展到整个叶片；另一种是采用纹理贴图方式，可以用数码相机拍摄器官不同生长时期的图片，进行处理后，从中读取各器官的纹理数据，并将纹理贴图到几何模型中。为了能够逼真地模拟器官颜色的逐渐变化过程，采用这种方式需要较多的器官纹理图片（图7-10）。

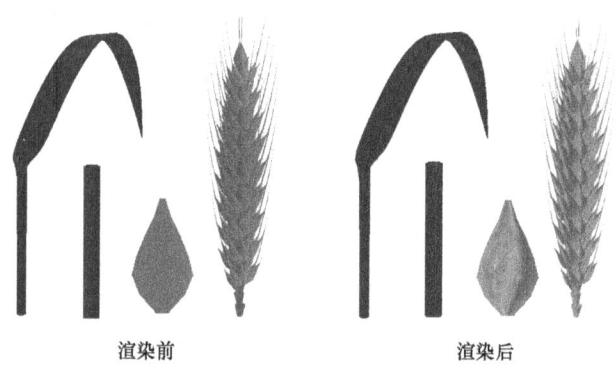
渲染前　　　　　　渲染后

彩图

图7-10　小麦器官纹理映射前后效果图（引自雷晓俊等，2011）

2. 光照处理　　光照对于模拟三维真实感图形非常重要，如果没有光照，绘制的三维图形就没有立体感。OpenGL 在模拟光照时，假定光可以分解为红、绿和蓝成分，光源的特征是由它所发射的红、绿和蓝光的数量决定的，表面材料的特征由它向各方向所反射的红、绿、蓝入射光的百分比决定。

OpenGL 的光照模型把光分成 4 种独立的成分：环境光、散射光、镜面光和发射光。这 4 种成分都可以单独进行计算，并叠加在一起。OpenGL 通过函数 glLightfv（GLenum light，GLenum pname，GLfloat param）来指定这 4 种成分及光源方向等参数。其中：

GLenum light 是一个枚举值，指定要设置或获取的光源。它可以是值 GL_LIGHT0 到 GL_LIGHT7 其中之一，这些值分别代表 8 个可用的光源。

GLenum pname：也是一个枚举值，指定要设置或获取的光源属性。它可以是以下值之一：GL_AMBIENT，设置或获取环境光分量；GL_DIFFUSE，设置或获取漫反射分量；GL_SPECULAR，设置或获取镜面反射分量；GL_POSITION，设置或获取光源的位置；GL_SPOT_DIRECTION，设置或获取聚光灯的方向；GL_SPOT_EXPONENT，设置或获取聚光灯的衰减指数；GL_SPOT_CUTOFF，设置或获取聚光灯的裁剪角度；GL_CONSTANT_ATTENUATION，设置或获取常数项的衰减；GL_LINEAR_ATTENUATION，设置或获取线性项的衰减；GL_QUADRATIC_ATTENUATION，设置或获取二次项的衰减。

GLfloat param 是一个指向包含要设置或获取值的数组指针。数组中值的含义取决于 pname 参数。例如，如果 pname 是 GL_AMBIENT，则数组应包含环境光分量的 4 个浮点数（红色、绿色、蓝色和 alpha）。这个函数通常用于在 OpenGL 渲染中设置光源的属性，如颜色、位置、衰减等，以影响物体的光照效果。

材料与光一样也具有不同的环境、散射和镜面颜色，它们决定了材料对红、绿和蓝光的反射率。OpenGL 的光照模型就是根据材料所反射的红、绿和蓝光的比例来模拟它的颜色。OpenGL 提供了函数 glMaterialf（GLenum face，GLenum pname，Type param）来定义场景中物体的材料属性，即环境、散射和镜面颜色、光泽度及所有发射光的颜色。使用函数 glColorMaterial（GLenum face，GLenum mode）使物体表面的材料属性总是使用当前颜色以简化其设置，将气象资料中的辐射量量化为太阳光亮度，实现一天中不同时刻的小麦器官光照渲染（图 7-11）。

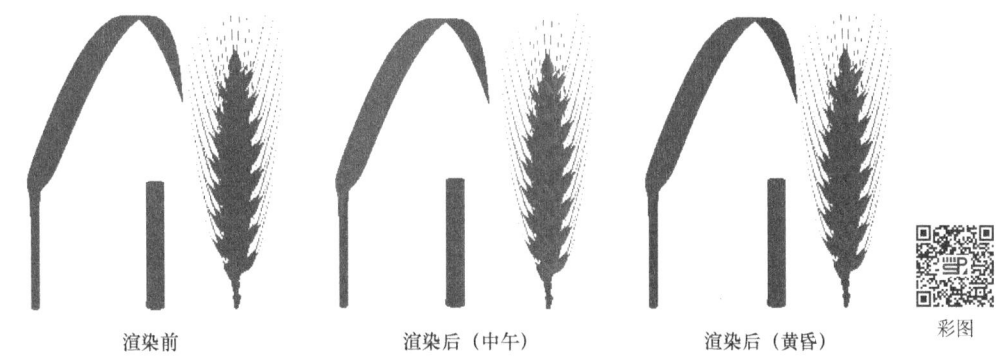

图 7-11　小麦器官光照渲染前后效果图（引自雷晓俊等，2011）

3. 阴影渲染　　为增强场景的层次感、真实感，使对象具有逼真的外观效果，阴影处理非常必要。阴影可以表现出场景中物体的远近和相对方位，极大地增强画面真实感。OpenGL 只考虑光源和物体之间的相互作用，未考虑物体间的相互影响，故不支持阴影，在应用过程中需通过编程，调用 OpenGL 库函数执行阴影算法来实现阴影渲染。目前常用的阴影算法有平面阴影、曲面阴影、阴影体、阴影图等。这里简单介绍如何利用平面阴影法对作物器官与个体进行阴影渲染。平面阴影算法的核心是通过将投影矩阵与模型视图矩阵堆栈的顶部矩阵相乘，将三维空间的物体投影到二维空间。阴影绘制不需光照、纹理渲染，因此在绘制时禁用光照、纹理渲染，同时启用混合，使阴影呈现半透明状，阴影颜色可根据需要设置为黑色或灰色。例如，对小麦器官与个体应用阴影渲染，效果如图 7-12 所示。

图 7-12　小麦器官与个体阴影渲染效果图（引自雷晓俊等，2011）

二、作物个体的可视化

植株的三维形态是由植株的拓扑结构、生长单元的数目或各器官的数目及各器官的大小和空间分布所决定的。

禾本科作物个体包含一个主茎和几个分蘖。茎由节和节间组成,其他各器官叶、穗、根都着生在节上,因此植株同一节间、节及其着生的叶或穗可以作为一个生长单元,则植株主茎便成了 n 个生长单元衔接起来的结构链(n 为主茎总叶片数)。由于节较小,在虚拟显示时可不考虑。故 $n-1$ 张叶片所对应的每个生长单元均包含叶片、叶鞘和节间,最后一个生长单元为穗下节间、旗叶和穗。叶片互生于主茎两侧。分蘖的结构与主茎相似,分蘖的生长与主茎保持同伸规律。

可采用树形结构组织植株的主茎和各个分蘖(图 7-13),根结点是主茎,第二层上的结点表示各个一级分蘖,第三层上的结点表示各个一级分蘖上的二级分蘖,能够清晰地表现主茎和分蘖之间的层次关系。树形结构图上的每个结点指向一个链表,此链表存储了某个时期植株主茎或一个分蘖上各器官的形态模型输出的形态数据,便于动态控制主茎或分蘖上的各器官形态。

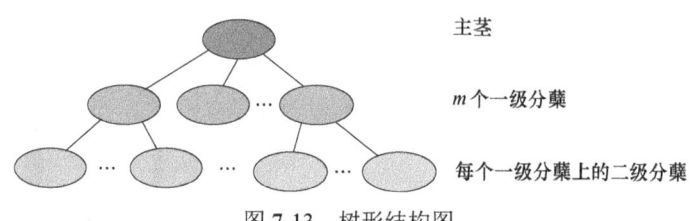

图 7-13　树形结构图

由于树形结构图上的每个结点表示一个主茎或分蘖,并指向一个存储此主茎或分蘖上所有生长单元的数据的链表,因此,对表示植株的树进行遍历即可获得某个时期整个植株上所有器官的形态数据。根据形态模型输出的植株拓扑结构,结合器官可视化模型,每隔一个时间单元遍历一次树,从而可真实地模拟作物个体的动态生长。图 7-14 是小麦个体动态生长过程的可视化效果。

图 7-14　小麦个体动态生长过程的可视化效果图(引自雷晓俊等,2011)

三、作物群体的可视化

在实现个体可视化的基础上,从优化计算速度、降低内存的消耗、增强真实感出发,采用一种兼顾速度和多样性的方法,可实现群体可视化。在 OpenGL 环境下,将树形多级显示列表技术、外部引用和实例化技术、基于简化视锥体和四叉树相结合的视域裁剪技术等相融合,构建基于多技术融合的作物群体绘制算法，可以有效地提高作物群体可视化的真实感与实时性。

（一）树形多级显示列表技术

为加快作物群体绘制速度，可采用树形多级显示列表，并通过改进数据结构设计，使用有条件的深度优先后序遍历算法进一步改进场景的显示速度，因为该算法在显示状态改变时，可减少重新编译的显示列表数量，缩小树节点的遍历范围。如图 7-15 所示，将禾本科作物群体模型设计成一种多叉树结构，图中每个节点对应一个显示列表。

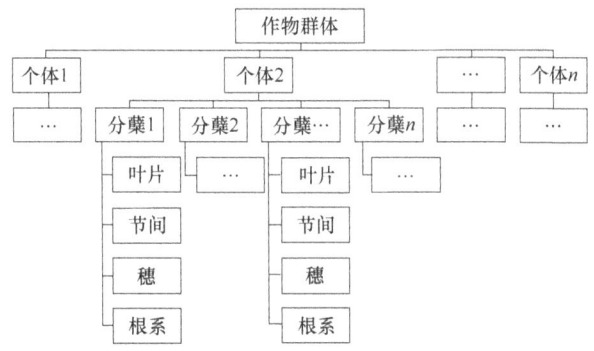

图 7-15　禾本科作物群体模型示意图

在群体绘制过程中，若某一节点的显示状态发生了变化，则必须重新生成显示列表。而采用树形多级显示列表，只需重新生成变化节点所在分支从变化节点到树的根节点的某一段显示列表，其他未变化的节点，调用已有显示列表即可。并通过在节点设置更新标志及增加指向当前节点的父节点的指针，找出需要更新显示列表的分支段，并逆向完成显示列表的更新。

（二）外部引用和实例化技术

外部引用和实例化技术是减少可视化仿真系统的数据量、提高系统实时性的有效途径。外部引用是在一个数据库中包含另一模型的数据库，因此可以调整外部引用模型的位置和方向，也可以缩放，但不允许编辑。实例是对数据库中已存在模型的引用，但实例并不是数据库中真实存在的几何体，而只是指向其父对象的指针。因此，可以对某一实例的几何特征、颜色、纹理等属性进行编辑。

作物群体是许多个体的聚集体，将外部引用和实例化技术综合应用于作物群体可视化，其数据库中仅需存储由作物形态模型得到的各器官形态特征参数的平均值与标准差；进一步通过引入随机量控制因子，生成 N 个互异的作物个体实例样本；实例化样本数量（N）根据群体规模而定，N 越大，则互异个体越多，个体间差异越显著。然后通过随机产生样本引用序列 i（$0 \leqslant i < N$）来绘制群体中的每个个体，并对引用的实例样本进行旋转、平移、缩放等操作，进一步体现群体中个体间的差异性。该方法能有效减少需要构建的作物个体实例数量，提高场景绘制效率。

（三）视域裁剪技术

视域裁剪是针对场景中每个节点而言的，如果该节点的包围体位于视野区域内部或者与之相交，则判定该节点可见，否则剔除该节点。视域裁剪的整体处理速度可以通过减少被检测节点的数量及提高单个节点视域裁剪的处理速度来提高。为减少被检测节点的数量，可采用四叉树对场景进行分割，直至该块仅包含一个节点为止。若当前块位于视野区域外部，则该块内部的节点均被剔除;否则,将该块分割(若该块仅包含一个节点,则停止分割),并对分割后的块进行视域裁剪。

提高单个节点视域裁剪的处理速度,可采用粗裁剪算法实现。使用粗裁剪算法可以剔除场景中大部分位于视域外部的节点。标准的视野区域可以看作一个金字塔的平截头体,如图 7-16A 所示。在检查节点与平截六面体远、近裁剪平面的关系时,其计算量最小,因此优先进行。检查时使用节点的包围球,若球心的 Z 坐标加上包围球的半径小于近裁剪平面的 Z 值,或者球心的 Z 坐标减去包围球的半径大于远裁剪平面的 Z 值,则剔除该节点。无法根据以上步骤剔除的节点,继续执行以下裁剪算法。

为进一步加速节点与平截六面体的裁剪检查,将平截六面体简化为一个圆锥。以视点为顶点,做一个圆锥刚好包含平截六面体,远裁剪平面作为圆锥底面(图 7-16B),使用这个简化视锥体代替标准的平截六面体对节点进行裁剪检查。

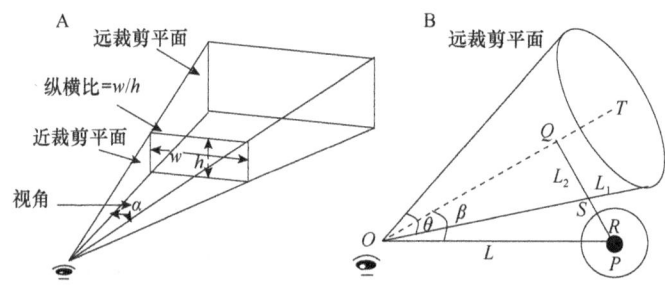

图 7-16 标准的视域平截六面体(A)和基于简化视锥体的视域裁剪法(B)

(四)作物群体可视化的实例

以正常生长条件下的'扬稻 6 号'和'扬麦 9 号'为实例,综合上述规则和可视化技术对不同时期的小麦群体(4×20 株,行列距为 25cm×10cm)和水稻群体(5×5 株,行列距为 30cm×30cm),进行三维动态可视化显示(图 7-17 和图 7-18)。

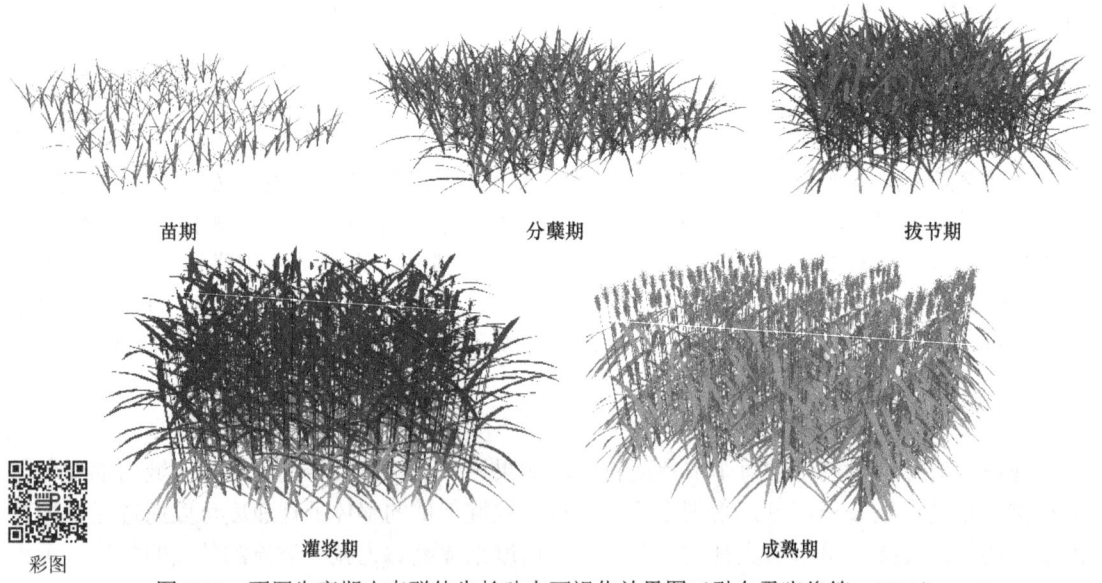

图 7-17 不同生育期小麦群体生长动态可视化效果图(引自雷晓俊等,2011)

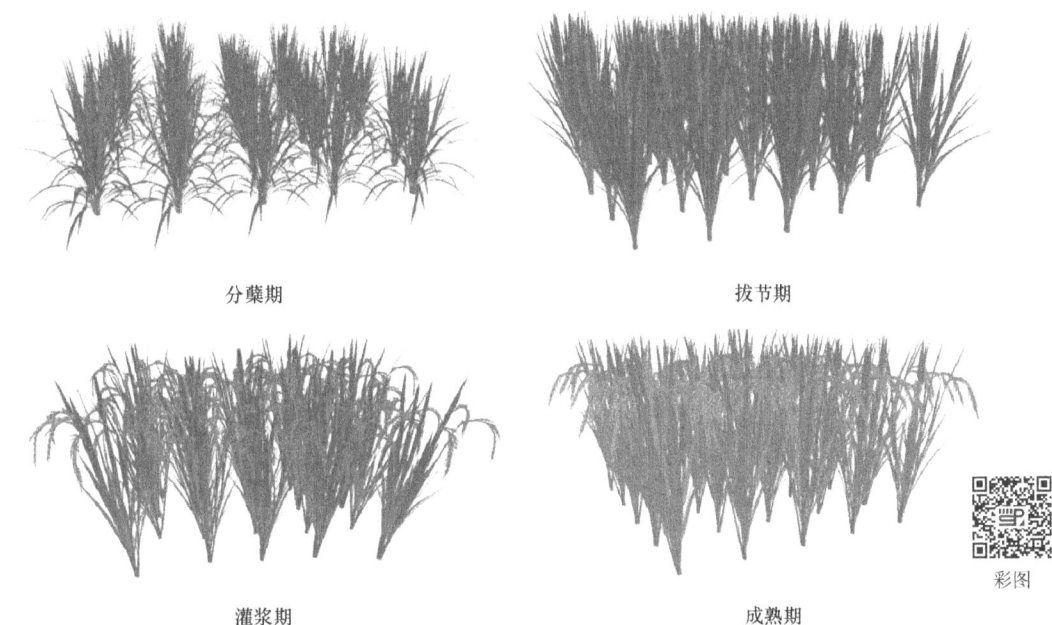

图 7-18　不同生育期水稻群体生长动态可视化效果图（引自张永会，2013）

1. 碰撞检测技术及效果展示　　在研究虚拟植物的三维形态可视化过程中，作物器官交叉的现象出现比较频繁，比如一个分蘖或主茎的某些叶片会穿过另一些叶片，而某些叶片会穿过某个主茎或分蘖等现象，从而严重降低了虚拟作物的真实感。碰撞检测技术是一种适用于作物群体植株可视化的有效方法，能够增强可视化中的真实感。以小麦为例介绍作物群体的碰撞检测技术。

在将小麦器官几何模型组装成个体及群体进行碰撞检测时，需要计算器官在组装成个体和群体过程中的刚体变换矩阵。结合已有的小麦器官形态可视化方法，对叶鞘、麦穗和茎秆，依据器官的形态数据构建包围体；对叶片按上述方法构建包围体层次树。依据小麦个体、群体的可视化方法计算个体中每个器官的刚体变换矩阵，该矩阵被用作每个器官的包围体和层次树进行碰撞检测时的矩阵。

2. 单茎器官层次树的构建　　成熟期小麦主茎和分蘖的拓扑结构相同，故以单茎为对象来构建单茎的包围体层次树，进行单茎之间的碰撞检测。两个小麦单茎之间的碰撞检测是多器官之间的碰撞检测，为了快速确定潜在发生碰撞的器官，以器官的包围体和包围体层次树作为基本图元，使用最长轴层次树划分法构建器官的包围体层次树，如图 7-19 所示。

3. 单茎的碰撞检测　　为了更加清晰地显示两个单茎（图 7-20A）的碰撞检测与响应过程，可对两个单茎的颜色作区分并关闭其中一个单茎的光照效果（图 7-20B），同时使一个单茎的叶片与另一个单茎的穗、叶、茎秆分别发生碰撞（图 7-20B 中 1~3）。两个单茎的所有包围体和层次树如图 7-20C 所示，在进行碰撞检测时，先进行单茎器官包围体层次树的检测（图 7-20D），然后进行器官之间的碰撞检测（图 7-20E），最后确定哪些器官发生碰撞（图 7-20F）。在检测到两个单茎上的某些器官发生碰撞以后，采用的碰撞响应方法是将发生碰撞的叶片旋转一定角度对场景进行重绘。由于小麦的拓扑结构复杂，叶片旋转后还可能与其他器官发生碰撞，故需要更新碰撞的叶片矩阵，然后再次进行碰撞检测，直到没有器官发生碰撞为止（图 7-20G）。图 7-20H 为进行碰撞响应后的两个单茎的可视化效果图。

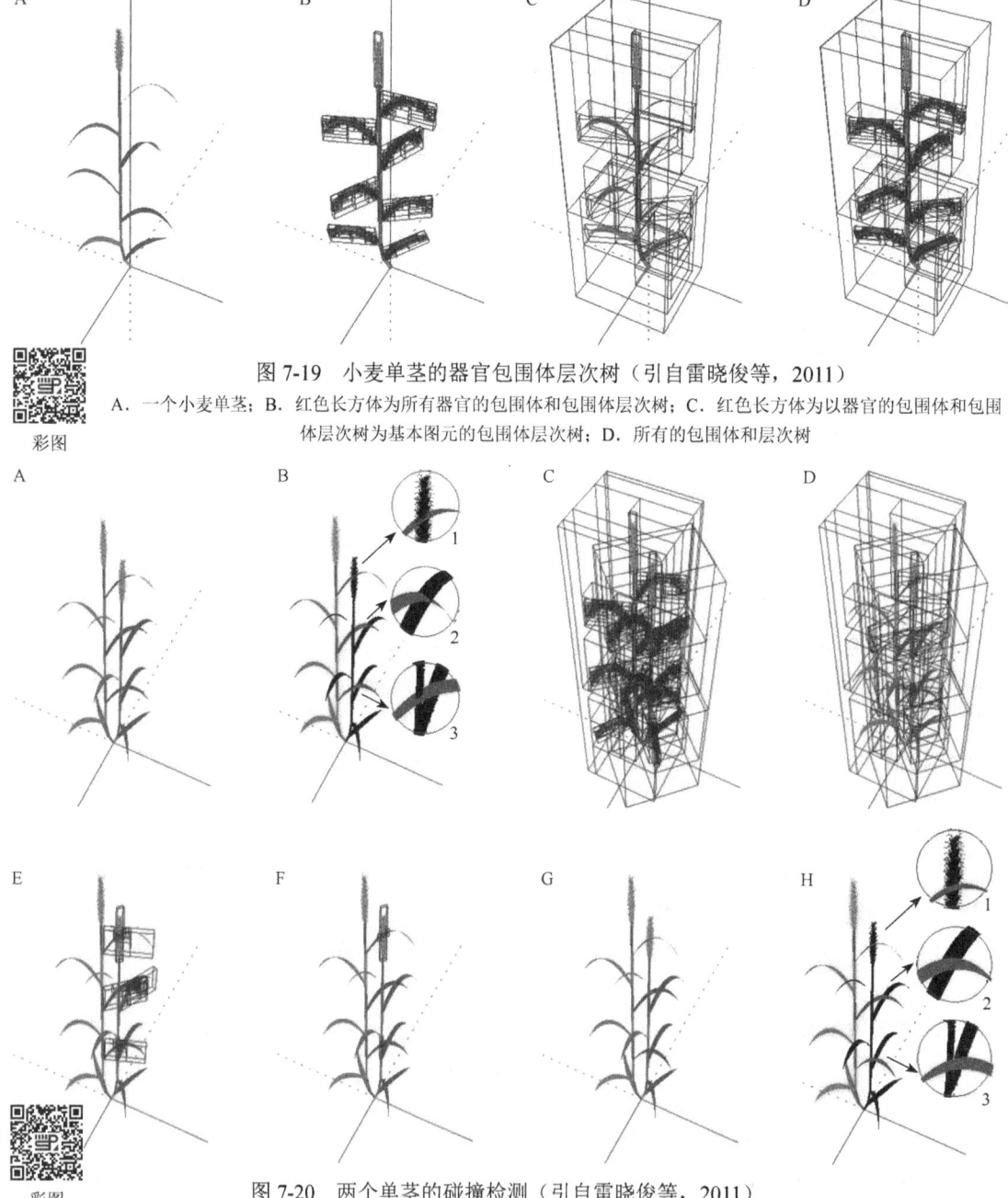

图 7-19 小麦单茎的器官包围体层次树（引自雷晓俊等，2011）

A. 一个小麦单茎；B. 红色长方体为所有器官的包围体和包围体层次树；C. 红色长方体为以器官的包围体和包围体层次树为基本图元的包围体层次树；D. 所有的包围体和层次树

图 7-20 两个单茎的碰撞检测（引自雷晓俊等，2011）

4. 群体的碰撞检测 在小麦群体性碰撞检测中，场景中小麦发生交叉的状况与植株个数、绘制小麦时的行距与株距参数密切相关。为检验碰撞检测算法的普适性，基于单茎的碰撞检测算法对 6 行 6 列每株 3 个单茎的小麦群体进行碰撞检测试验，群体中小麦的茎鞘夹角和叶片与茎秆的夹角采用随机数据，检测效果如图 7-21 所示。图 7-21A～7-21E 分别为初始小麦群体，建立的单茎的整体层次树如图 7-21B 所示，茎秆和麦穗的包围体分别见图 7-21C 和图 7-21D，检测到相交的包围体如图 7-21F 所示，确定相交的叶片三角形如图 7-21G 所示，图 7-21H 为将相交叶片旋转微小角度后再次进行碰撞检测的相交三角形，从图中可看出在进行一次碰撞检测并重绘后，器官相交减少了约 60%。

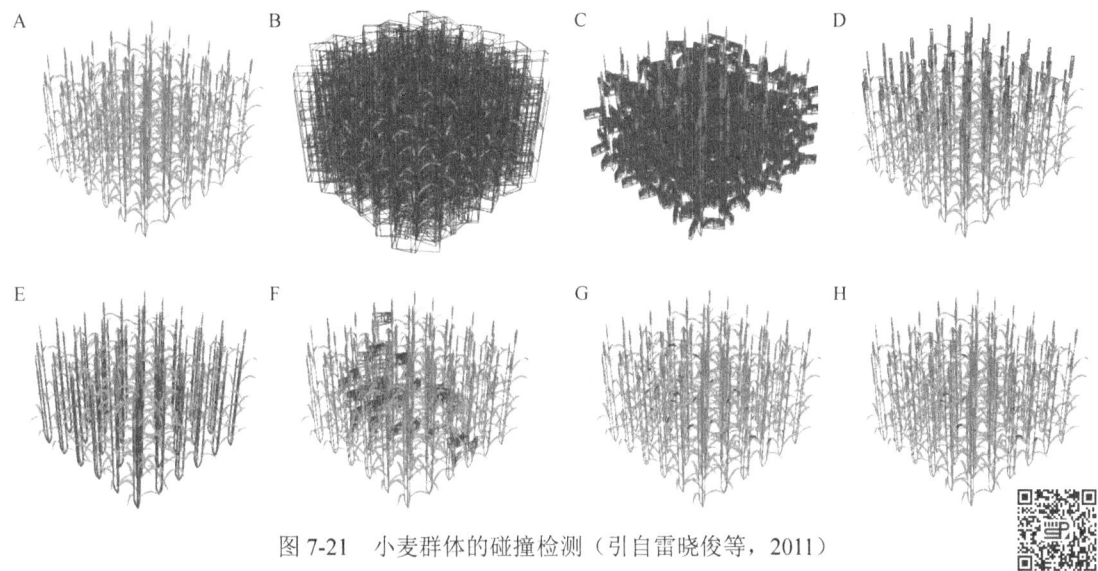

图 7-21　小麦群体的碰撞检测（引自雷晓俊等，2011）

复习思考题

1．名词解释：L 系统、AMAP 系统、GreenLab 模型、作物功能结构模拟模型。
2．测量作物形态结构数据的技术和分析方法有哪些？如何有效构建基于过程的作物形态结构模拟模型？
3．作物功能与结构模型耦合的目的是什么？功能与结构模型反馈机制是什么？
4．光分布模型建模时需要考虑哪些影响因素？如何将光合物质积累与分配模型有效关联？
5．实现基于作物形态结构模拟模型的可视化技术有哪些？

第八章
土壤水分平衡与水分胁迫模拟

水是生命之源、生产之要、生态之基，在农业生产和生态文明中起着决定性的作用。党的二十大报告中指出："全方位夯实粮食安全根基，全面落实粮食安全党政同责，牢牢守住十八亿亩[①]耕地红线，逐步把永久基本农田全部建成高标准农田"，其中农田水利建设又是高标准农田的优先建设内容。报告又指出："我们要推进美丽中国建设，坚持山水林田湖草沙一体化保护和系统治理""统筹水资源、水环境、水生态治理，推动重要江河湖库生态保护治理，基本消除城市黑臭水体"，其中水文循环过程又是与生态文明和美丽中国建设息息相关的重要环节。因此，系统研究农田生态系统中的水分分布和循环过程尤为重要。

水是植物细胞的重要组成部分，一般植物组织含水量占鲜重的 75%～90%；水是植物体内各种代谢过程如光合作用的反应物质；水是各种生理生化反应和运输物质的介质，细胞中进行各种化学反应的物质都必须溶解在水里才能够进行；水能使植物保持固有的姿态，有了充足的水分，植物的茎秆、叶片才能保持挺立，以更好地进行光合作用；植物还需要大量的水分进行蒸腾作用，以降低植物体温度，防止叶片灼伤，促进根对水分的吸收及水分和无机盐在体内的运输。在农业生产中，自然降水往往无法满足作物生长的水分需求，需要进行灌溉来补充农田水分。在作物模型研究中，要真实反映作物的生长发育和产量形成过程，自然就需要准确模拟农田生态系统内发生的水分运移过程和水分平衡关系。模拟土壤水分平衡的步骤如下：①描述农田生态系统中土壤的水分状态，以及其他相关的化学状态；②计算各种水分胁迫因子，并利用这些因子来修正模型模拟的无水分胁迫条件下的作物物候期、光合作用、干物质积累与分配、产量与品质形成等作物生理过程。本章以国际著名的 DSSAT（decision support system for agrotechnology transfer）模型中的土壤水分模拟模块为例，介绍作物生长模型中水分平衡和水分胁迫效应模拟的一般原理和方法。

第一节　土壤水分平衡

土壤可以储存天然降水，满足作物生长对水的需求。土壤水资源是土壤层内参与陆地水分交换的水量，特别是植物根系带中能被植物利用并可恢复的水量，它表现为土壤水分不断补给与消耗的动态水量。土壤水分在循环过程中不断得到大气降水、凝结水和灌溉水的补给，又以植物蒸腾和土壤蒸发的形式不断消耗；当土壤含水量超过田间持水量时，便以重力水的形式补给地下水；当蒸发使土壤含水量小于田间持水量，并且地下水埋深小于极限埋深时，又会从地下水得到补充。因此，在某一时段内，不同土壤剖面的水分动态变化，常常用土壤水分平衡方程来模拟。

一、土壤剖面与土层

土壤是指地球表面的一层疏松物质，由各种颗粒状矿物质、有机物质、水分、空气、微

---

① 1 亩≈666.7m^2

生物等组成,能生长植物。土壤是一种典型的非均质性多孔介质,所谓非均质性就是指土壤的物理和化学性质会随着地理位置的不同而变化。在水平空间上,不同地方的土壤性质会有很大区别;在竖直空间上,不同深度的土壤性质也会逐渐发生变异。以一个典型的自然土壤为例(图 8-1),其剖面(profile)可以分为残落物层(O 层)、淋溶层(A 层)、淀积层(B 层)、母质层(C 层)、母岩层(R 层)。每一土层(horizon)的土壤性质可以近似认为是相同或接近的,但不同于其上部或下部的土层。因此,通过合理划分土层就可以描述土壤在竖直方向上的非均质性。

在 DSSAT 模型中,就是首先将土壤耕作层剖面划分为若干个土层,每个土层被认为是均质的,也就是说每一给定土层内的土壤理化性质参数都相同。然后再分别模拟土壤表面和土壤底部发生的各种水分过程(图 8-2),包括降水、灌溉、地表径流、土壤入渗、土壤蒸发、作物蒸腾、深层渗漏(或排水),以及土壤剖面内部发生的饱和流(排水)和非饱和流(水分再分布)过程。土壤表面性质、整个剖面内各个土层的几何特征和理化性质等可用表 8-1 中的参数来描述。

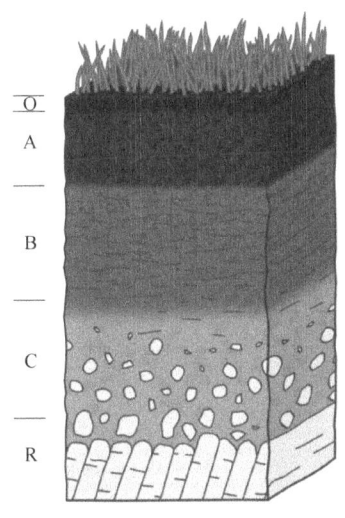

图 8-1 典型的自然土壤剖面

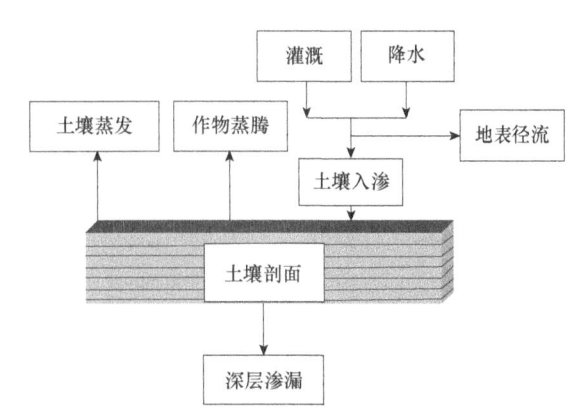

图 8-2 土壤水分平衡过程

表 8-1 DSSAT 模型土壤模块主要参数和状态变量

序号	参数类型	参数名称	定义	单位
1	地表参数	SCOM	湿润土壤颜色(color, moist)	Munsell hue(芒塞尔色调)
2	地表参数	SALB	地表反照率(albedo)	—
3	地表参数	SLU1	蒸发极限(evaporation limit)	mm
4	地表参数	SLDR	排水速率(drainage rate)	—
5	地表参数	SLRO	地表径流曲线数(runoff curve number)	—
6	地表参数	SLNF	矿化影响因子(mineralization factor)	—
7	地表参数	SLPF	光合作用影响因子(photosynthesis factor)	—
8	地表参数	SMHB	pH 缓冲液测定法(pH in buffer determination method)	—
9	地表参数	SMPX	磷含量测定方法(phosphorus determination method)	—
10	地表参数	SMKE	钾含量测定方法(potassium determination method)	—

续表

序号	参数类型	参数名称	定义	单位
11	几何参数	L	土层数量（soil layer number）	—
12	几何参数	SLB	土层深度（soil layer depth）	cm
13	几何参数	Z	土层厚度（soil layer thickness）	cm
14	土层参数	SLMH	主要发育层（master horizon）	—
15	土层参数	SLLL	土壤持水下限（土壤凋萎系数）（lower limit）	cm^3/cm^3
16	土层参数	SDUL	土壤持水上限（田间持水量）（upper limit, drained）	cm^3/cm^3
17	土层参数	SSAT	土壤饱和度（upper limit, saturated）	cm^3/cm^3
18	土层参数	SRGF	根系生长因子（root growth factor）	—
19	土层参数	SSKS	饱和导水率（saturated hydraulic conductivity）	cm/h
20	土层参数	SBDM	干容重（bulk density）	g/cm^3
21	土层参数	SLOC	有机碳（organic carbon）含量	%
22	土层参数	SLCL	黏粒（clay）含量（粒径<0.002mm）	%
23	土层参数	SLSI	粉粒（silt）含量（粒径0.002~0.05mm）	%
24	土层参数	SLCF	粗粒（coarse fraction）含量（粒径>2mm）	%
25	土层参数	SLNI	土壤总氮含量（soil total nitrogen）	%
26	土层参数	SLHW	土壤水 pH（pH in water）	—
27	土层参数	SLHB	土壤缓冲液 pH（pH in buffer）	—
28	土层参数	SCEC	阳离子交换量（cation exchange capacity）	cmol/kg
29	土层参数	SADC	土壤吸附系数（或阴离子交换量）（soil adsorption coefficient, or anion exchange capacity）	—
30	状态变量	SAKE	可提取钾（potassium, exchangeable）含量	cmol/kg
31	状态变量	SANI	总氮（total nitrogen）含量	%
32	状态变量	SAOC	有机碳（organic carbon）含量	%
33	状态变量	SAPX	可提取磷（phosphorus, extractable）含量	mg/kg
34	状态变量	SH_2O	土壤体积含水量（volumetric water content）	cm^3/cm^3

二、土壤水分平衡方程

现有作物模型多为田块尺度（field scale）的点源模型，即模拟均一农田生态系统内部的作物生长与产量、品质形成，以及作物与周围环境和农田管理措施之间的互作关系。在以DSSAT 模型为代表的众多作物模型中，一般都是模拟土壤剖面竖直方向一维的水分运移和水分平衡过程。在最基本的水分平衡方程［式（8-1）］中，给定土壤剖面的某一土层内的水分输入（input）项包括降水量（P）和灌溉量（I）；水分输出（output）项包括地表径流量（R）、剖面底部深层渗漏量（D）、土壤蒸发量（ES）和作物蒸腾量（EP）。在大多数作物模型中，模型运行的时间步长通常为 1d，也就是模拟农田生态系统中各个状态变量的逐日变化。在某一时刻给定土层内的含水量 $W_{t+\Delta t}$ 就是该土层前一个时刻含水量 W_t 与时间步长 Δt 内该土层土壤水分变化量的总和［式（8-2）］。那么，如果能够给出土壤剖面内各土层含水量的初始条件（一般需要在模型模拟前作为已知条件来设定），然后逐日计算给定土层内的输入项和输出项，就可以模拟整个生育期内土壤剖面内各土层的含水量动态变化。

$$\frac{dW}{dt} = P + I - R - D - ES - EP \tag{8-1}$$

$$W_{t+\Delta t} = W_t + (P + I - R - D - ES - EP) \times \Delta t \tag{8-2}$$

式中，$\frac{dW}{dt}$ 为给定土层内储水量的净变化速率（mm/d）；P 为第 t 天的降水量（precipitation，mm/d）；I 为第 t 天的灌溉量（irrigation，mm/d）；R 为第 t 天的地表径流量（runoff，mm/d）；D 为第 t 天的剖面底部深层渗漏量（drainage，mm/d）；ES 为第 t 天的土壤蒸发量（soil evaporation，mm/d）；EP 为第 t 天的作物蒸腾量（plant transpiration，mm/d）；Δt 为时间步长，通常为 1d。

三、地表径流和入渗模拟

在作物模型中，降水量（P）和灌溉量（I）一般都是模型模拟的输入变量，其中降水量为气象数据的一部分（包括日期、降水量）输入模型，灌溉量属于模型管理措施类的输入项（包括灌溉时间、灌水量、灌溉方式和灌溉效率）。降水量和灌溉量到达土壤表面后会形成地表径流。降水量和灌溉量之和再减去地表径流量，就是竖直方向进入土壤剖面的入渗量（infiltration）。由于降水量和灌溉量已知，因此要确定入渗量，只需要计算出地表径流量（R）即可。

在 DSSAT 模型水分平衡模块中，采用美国农业部自然资源保护局（USDA Natural Resources Conservation Service）提供的径流曲线数法（curve number method）来计算地表径流量（R）[式（8-3）～式（8-5）]。可见地表径流量（R）与降水量（P）、初始损失（I_a）、径流发生后的最大潜在土壤持水量（S）相关。降水量（P）已知，而 S 可由径流曲线数（CN）来计算，所以只需要计算出初始损失 I_a，就可以计算出地表径流量（R）。初始损失（I_a）是指径流发生前被土壤表面吸持或植被截获的水分，一般取径流发生后最大潜在土壤持水量（S）的 20% [式（8-5）]，但是近年来的研究认为 I_a 取 S 的 5%更为准确合理。在 DSSAT 模型中，径流曲线数（CN）作为 SLRO 在 DSSAT 模型的土壤参数文件中给出（表 8-1），它是用来预测有效降水形成地表径流量的一个经验参数，其取值与土地利用、坡度、土壤类型及前期土壤湿度等因素有关。一般来说，CN 取 30～100，CN 越小意味着较低的地表径流潜力或土壤更易于入渗，而 CN 越大则意味着越容易形成地表径流。

$$R = \frac{(P - I_a)^2}{P - I_a + S} \tag{8-3}$$

$$S = \frac{1000}{CN} - 10 \tag{8-4}$$

$$I_a = 0.20 \times S \tag{8-5}$$

式中，R 为地表径流量（mm/d）；P 为降水量（mm/d）；I_a 为初始损失（initial abstraction，mm/d）；S 为径流发生后的最大潜在土壤持水量（mm/d）；CN 为径流曲线数（curve number）。

四、饱和流（排水）过程模拟

水分在地表入渗后，就开始了竖直方向发生的土壤剖面水分过程，而这些过程与土层土壤的持水特性密切相关。一般来说，土层土壤的持水特性可用 3 个主要的土层参数来描述（表 8-1），包括土壤持水下限（SLLL）或土壤凋萎系数、土壤持水上限（SDUL）或田间持水量、土壤饱和度（SSAT），一般使用土体中的水分容积与土体容积之间的比值来表示，单位为 cm^3/cm^3。土壤凋萎系数是指生长在湿润土壤中的作物经过长期的干旱后，因吸水不足以补偿蒸腾消耗而叶片萎蔫时的土壤含水量。其值与土壤和作物类型有关，目前一般以土水势为－15bar[①]时的含水量作为该物种土壤凋萎系数。田间持水量被认为是土壤所能稳定保持的最高含水量，也是土壤中所能保持悬着水的最大量，是对作物有效的最高的土壤水含量。土壤饱和度是土壤全部孔隙都被水分所充满时土壤的含水量，在数值上等于土壤孔隙度。当土壤含水量低于 SLLL 时，作物无法正常吸水进而发生严重水分胁迫导致减产和死亡；当土壤含水量大于 SLLL 且小于 SDUL 时，土壤水分能够被作物吸收利用，被称为作物可获得水量；当土壤含水量大于 SDUL 时，高于 SDUL 的水分不能够被土壤孔隙有效吸附，在重力作用下会向下流动，称为饱和流（排水）过程。

在降水或灌溉过程中产生的入渗水分首先进入土壤剖面的顶部土层（$j=1$），一部分水分通过土壤孔隙吸持作用保存在土层内，高于 SDUL 但小于 SSAT 的水分则在重力作用下进入下一个土层（$j+1$）；当 $j+1$ 土层中的含水量也高于该土层的 SDUL 但小于 SSAT 时，多余的水分也在重力作用下进入 $j+2$ 土层，如此重复，直至土壤剖面最底部土层内也发生饱和排水，将多余水分通过深层渗漏排出土壤剖面以外，并如此往复直到降水或灌溉过程结束。发生在土壤剖面不同土层内的饱和排水过程，非常类似于自上而下摆放的水桶，当上面的水桶注满水之后就会发生倾翻，让一部分水（高于 SDUL 但小于 SSAT 的水分）注入下一个水桶，如此重复直至降水或灌溉过程结束。因此，上述土壤剖面内水分运移模拟方法也称为"翻桶模型"（tipping bucket model）。

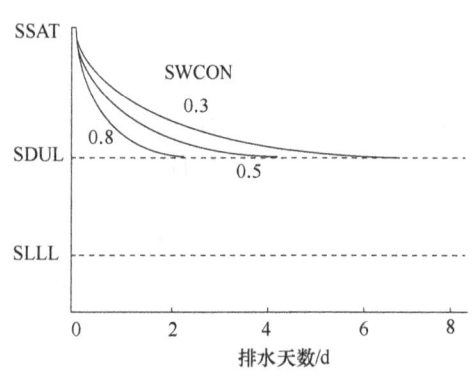

图 8-3　不同逐日排水比例（0.8、0.5、0.3）下的土壤饱和排水曲线示意图

在 DSSAT 模型土壤水分平衡模块中，高于给定土层 SDUL 的水分第 t 天的排水量可利用式（8-6）来进行计算。第 $t+1$ 天的排水量则将更新后的第 $t+1$ 天的初始含水量代入式（8-6），重新进行计算。如此一来，实际就形成了一个指数化的排水过程，而指数函数变化的快慢则由参数 SWCON 来决定，而参数 SWCON 的取值则主要与土壤质地有关，一般砂土的 SWCON 值较大，壤土次之，黏土的 SWCON 值较小。如图 8-3 所示，如果参数 SWCON 的值较大（如 0.8），那么 2d 左右高于该土层 SDUL 的水分就会被完全排入下一土层；如果参数 SWCON 的值为 0.5，排水过程就大约需要 4d；如果参数 SWCON 的值较小（如只有 0.3），整个排水过程就需要 6～7d 才能完成。

$$DR_j = -SWCON \times (SW_j - SDUL_j) \times Z_j \qquad (8-6)$$

式中，j 为不同土壤深度的土层编号；DR_j 为第 j 土层第 t 天的排水量（mm）；SWCON 为逐日排水比例，即每一天内占总排水量多少的水分可被排掉（t^{-1}）；SW_j 为第 j 土层第 t 天的初始含水量；$SDUL_j$ 为第 j 土层的土壤持水上限或田间持水量；Z_j 为第 j 土层的厚度（mm）。

---

① 1bar＝0.1MPa

五、非饱和流（水分再分布过程）模拟

降水和灌溉后，某一土层中高于土壤持水上限（SDUL）的水分通过排水过程排入下层土壤之后，该层土壤含水量将低于 SDUL。虽然不同土层之间没有重力驱动的排水发生，但是不同土层之间还会存在土壤含水量的差异，此时就会产生以水分子扩散作用为主的非饱和流或土层间土壤水分再分布过程。在 DSSAT 模型土壤水分平衡模块中，相邻两个土层之间的水分再分布过程可用菲克第一定律（Fick's first law）[式（8-7）]来近似计算。菲克第一定律是指在单位时间内通过垂直于扩散方向的单位截面积的扩散物质流量（称为扩散通量）与该截面处的浓度梯度成正比。

$$J = -D \frac{dC}{dx} \tag{8-7}$$

式中，J 为扩散通量 [kg/(m²/s)]；D 为扩散系数（m²/s）；C 为扩散物质的体积浓度（kg/m³）；$\frac{dC}{dx}$ 为浓度梯度；负号表示扩散方向与浓度梯度方法相反。

基于菲克第一定律，两个相邻土层之间的水分再分布方程可以描述为两个土层之间含水量梯度的函数 [式（8-8）]，而平均土壤水分扩散度（DBAR）可根据两个土层间的平均含水量来近似计算 [式（8-9）]。

$$\text{FLOW}_j = \text{DBAR} \frac{2(\text{SW}_j - \text{SW}_{j+1})}{(Z_j + Z_{j+1})} \tag{8-8}$$

$$\text{DBAR} = 0.88 \times e^{35.4 \times \frac{\text{SW}_j + \text{SW}_{j+1}}{2}} \tag{8-9}$$

式中，FLOW_j 为土层 j 向土层 $j+1$ 的非饱和水流通量（mm/d）；DBAR 为平均土壤水分扩散度；SW_j 和 SW_{j+1} 分别为土层 j 和 $j+1$ 的初始含水量；Z_j 和 Z_{j+1} 分别为土层 j 和 $j+1$ 的厚度。

六、蒸散过程模拟

蒸散量（evapotranspiration，ET）考虑了蒸发和蒸腾两个过程，是指在水体和湿润土壤表面发生的蒸发（evaporation）与植物叶片通过气孔发生的蒸腾（transpiration）的总和。蒸散过程在水文循环中占据非常重要的地位，全球范围内大约有 3/4 的降水会通过蒸散发的形式返回到大气中。同样，蒸散量在作物生长和发育过程中也占据着十分重要的地位。这里有必要区分几个和 ET 相关的基本概念：参考蒸散量（ET_0）、实际蒸散量（ET_a）及作物蒸散量（ET_c）。根据 FAO-56《作物腾发量 作物需水量计算指南》一书中的定义，参考蒸散量（ET_0）是指一种假想参考作物的蒸散速率，这种假想作物的株高为 0.12m，固定表面阻力为 70s/m，表面反射率为 0.23，非常近似于高度均一、生长旺盛、完全覆盖地面且不缺水的宽大绿草表面的蒸散量。实际蒸散量（ET_a），顾名思义指的就是实际发生的蒸散量，可以发生在充分供水的情形，也可以发生在水分亏缺的情形下。作物蒸散量（ET_c）是指一种特定作物在其整个生命周期内或某个时段内的蒸散量。由于作物特性、冠层结构等的不同，不同作物的 ET_c 具有较大的差异，可以大于、等于或者小于 ET_0。在 DSSAT 模型土壤水分平衡计算中，首先需要计算 ET_0，并且提供了两种不同的计算方法：Penman-Monteith 公式、Priestley-Taylor 公式。

（一）ET₀ 计算公式

1. Penman-Monteith 公式　Penman-Monteith 公式是建立在严格物理学意义上的 ET_0 计算公式，因此被广泛应用于 ET_0 估算。式（8-10）为美国土木工程师协会（the American Society of Civil Engineers，ASCE）给出的标准化日步长 Penman-Monteith 公式。

$$ET_0 = \frac{0.408\Delta(R_n - G) + \gamma \dfrac{C_n}{T+273}(e_s - e_a) u_2}{\Delta + \gamma(1 + C_d u_2)} \tag{8-10}$$

式中，ET_0 为参考蒸散量（mm/d）；Δ 为饱和水汽压曲线的斜率（kPa/℃）；R_n 为作物表面净辐射 [MJ/(m²·d)]；G 为土壤热通量密度 [MJ/(m²·d)]，在日步长条件下，G 和 R_n 相比较小，可忽略；γ 为干湿球常数（kPa/℃）；T 为 2.0m 高处的日平均温度（℃）；u_2 为土壤表面 2.0m 高处的日平均风速（m/s）；e_s 为日平均饱和水汽压（kPa）；e_a 为日平均实际水汽压（kPa）；C_n 为分子常数，若参考作物为草地，其值为 900，若参考作物为苜蓿，其值为 1600；C_d 为分母常数，若参考作物为草地，其值为 0.34，若参考作物为苜蓿，其值为 0.38。

2. Priestley-Taylor 公式　Priestley-Taylor 公式 [式（8-11）] 与 Penman-Monteith 公式相似，但形式更为简化，所需输入变量更少（不含水汽压和 2m 处风速），因此更适用于缺少气象观测数据的情形。

$$ET_0 = \alpha \frac{\Delta(R_n - G)}{\lambda_v(\Delta + \gamma)} \times 1000 \tag{8-11}$$

式中，α 为考虑水汽压差和表面阻力值的经验系数，通常开阔水面的 α 值约为 1.26，潮湿环境下的 α 值可小于 1.0，而干燥环境下的 α 值可大于 2.0；λ_v 为体积汽化潜热，取值为 2453MJ/m³。

（二）蒸发量和蒸腾量的分解

蒸散量是土壤蒸发量和作物蒸腾量的总和，一般情况下都可以视为有效作物耗水。但是在模型中，还需要进一步将两者加以区分。在 DSSAT 模型土壤水分平衡模块中，利用了两个简单的指数方程将参考蒸散量（ET_0）分解为潜在土壤蒸发量（ES_0）[式（8-12）] 和潜在作物蒸腾量（EP_0）[式（8-13）]。可见随着作物叶面积指数（leaf area index，LAI）的增大，ES_0 会逐渐减小，而 EP_0 会逐渐增大。当 LAI 值大于 4.0 时，可认为作物冠层处于封行荫蔽状态，作物叶片完全覆盖土壤表面，此时 ES_0 变得很小，EP_0 则几乎等于 ET_0，即此时的潜在作物蒸散量几乎全部来自作物蒸腾。

$$ES_0 = ET_0 \times e^{-K \times LAI} \tag{8-12}$$

$$EP_0 = ET_0 \times (1 - e^{-K \times LAI}) \tag{8-13}$$

式中，$K=0.5$，为衰减系数。

（三）土壤限制条件下的蒸发量

前文已经提到，ET_0 是指充分供水条件下参考作物发生的蒸散量。但是实际生产过程中，往往不能满足充分供水条件，也就是说土壤水分亏缺是经常性存在的。因此，要计算实际蒸散量（ET_a），首先需要计算土壤限制条件下的蒸发量（ES_s）和根系吸水量（EP_r）。在 DSSAT 模型土壤水分平衡模块中，ES_s 可视为土壤剖面内不同土层发生的蒸发量的总和 [图 8-4；

式（8-14）］，也就是说土壤蒸发在土壤剖面内每一个土层都会发生，但是由于深度不同，较浅土层蒸发量较大，而较深土层蒸发量较少。每一个土层内的蒸发量是该土层土壤由于蒸发所产生的体积含水量最大变化量［$\Delta\theta_{ES_j,t}$，式（8-15）］与对应土层厚度（Z_j）的乘积。而 $\Delta\theta_{ES_j,t}$ 则由该土层的实际体积含水量（$\theta_{j,t}$）与风干时土壤体积含水量（$\theta_{AD,t}$）的差值，以及该土层的土壤水分向上传导系数（F_j）来决定。

这里需要定义一下风干（air drying，AD）时土壤体积含水量（$\theta_{AD,t}$），它是指自然风干时土壤表面水分散失而内部孔隙保留部分水分情况下的土壤体积含水量。此外还有烘干（oven dry，OD）时土壤体积含水量（$\theta_{OD,t}$），指的是利用烘箱对土壤团聚体在105℃条件下烘干至恒重，土壤孔隙中水分全部散失情况下的土壤体积含水量。相较而言，$\theta_{AD,t}$ 更适用于自然状态下的水分蒸发过程，而 $\theta_{OD,t}$ 则适用于在实验室测定实际的土壤含水量。因此，$\theta_{j,t}-\theta_{AD,t}$ 实际描述的是自然蒸发风干条件下某一土层土壤所能贡献的最大蒸发量。传导系数（F_j）描述的是由于深度不同各土层实际的蒸发量贡献率，其值可利用土层深度来进行计算［式（8-16）］，其中的经验系数 a_j 和 b_j 可利用该土层土壤的土壤持水上限或田间持水量来进行估算［式（8-17）和式（8-18）］。

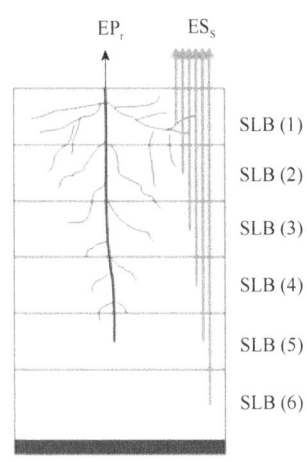

图 8-4　土壤限制条件下蒸发量（ES_s）和根系吸水量（EP_r）组成示意图

$$ES_{s,t}=\sum_{j=1}^{L}\Delta\theta_{ES_{j,t}}\times Z_j \tag{8-14}$$

$$\Delta\theta_{ES_{j,t}}=-(\theta_{j,t}-\theta_{AD,t})\times F_j \tag{8-15}$$

$$F_j=a_j\times SLB_j^{-b_j} \tag{8-16}$$

$$a_j=0.5+0.24\times SDUL_j \tag{8-17}$$

$$b_j=-2.04+0.20\times SDUL_j \tag{8-18}$$

式中，$ES_{s,t}$ 为第 t 天土壤限制条件下的蒸发量（mm/d）；j 为土壤剖面内土层序号；L 为土壤剖面内土层总数；$\Delta\theta_{ES_{j,t}}$ 为第 j 土层第 t 天由于蒸发所产生的体积含水量最大变化量［$cm^3/(cm^3\cdot d)$］；Z_j 为 j 土层厚度（mm）；$\theta_{j,t}$ 为第 j 土层第 t 天的初始体积含水量（cm^3/cm^3）；$\theta_{AD,t}$ 为第 j 土层第 t 天风干时的土壤体积含水量（cm^3/cm^3）；F_j 为第 j 土层的水分传导系数（d^{-1}）；SLB_j 为第 j 土层的平均土层深度，即从给定土层中心到地面的距离（cm）；a_j 和 b_j 为第 j 土层的两个与水分向上扩散相关的经验系数；$SDUL_j$ 为第 j 土层的土壤持水上限或田间持水量（cm^3/cm^3）。

（四）根系吸水量

农田生态系统中的水分循环是在土壤-作物-大气连续体（soil-plant-atmosphere continuum，SPAC）系统中完成的。作物根系吸收的水分除了很少一部分（通常小于1%）用于光合作用，其他绝大部分（99%以上）都通过蒸腾作用以水蒸气的形式从叶片的气孔散发到大气中去了。因此，我们可以认为根系吸水量（EP_r）约等于土壤限制条件下的作物蒸腾量（EP_s）。在DSSAT模型土壤水分平衡模块中，EP_r 也是不同土层根系吸水量的总和［式（8-19）］，而每一土层的根系吸水量则为该土层单位长度根系的吸水量（$U_{tl_{j,t}}$）、根长密度（$\rho_{r_{j,t}}$）及土层厚度（Z_j）三者的乘积。单位长度根系的吸水量（$U_{tl_{j,t}}$）的计算较为复杂，其值与该层内的根长密度、土壤含水量、水分进入根系的阻力等要素密切相关[式（8-20）和式（8-21）]。

$$EP_{r,t} = \sum_{j=1}^{L} U_{rl_{j,t}} \times \rho_{r_{j,t}} \times Z_j \tag{8-19}$$

$$U_{rl_{j,t}} = \begin{cases} \min\left(\dfrac{0.013 \times e^{\{\min[c_{2_j}(\theta_{j,t}-\theta_{pwp_j}),40]\}}}{7.01 - \ln\left(\dfrac{\rho_{r_{j,t}}}{10^4}\right)}, U_{rlx}\right) & \theta_{j,t} > \theta_{pwp_j} \\ 0 & \theta_{j,t} \leq \theta_{pwp_j} \end{cases} \tag{8-20}$$

$$c_{2_j} = \begin{cases} 120 - 250 \times \theta_{pwp_j} & \theta_{pwp_j} \leq 0.3 \\ 45 & \theta_{pwp_j} > 0.3 \end{cases} \tag{8-21}$$

式中，$EP_{r,t}$ 为第 t 天的作物根系吸水量（mm/d）；j 为土壤剖面内土层序号；L 为土壤剖面内土层总数；$U_{rl_{j,t}}$ 为第 j 土层第 t 天单位长度根系的吸水量[$m^3/(m \cdot d)$]；$\rho_{r_{j,t}}$ 为第 j 土层第 t 天的根长密度（m/m^3）；Z_j 为第 j 土层的厚度（mm）；c_{2_j} 为第 j 土层与根系吸水相关的常数；$\theta_{j,t}$ 为第 j 土层第 t 天的土壤初始体积含水量（cm^3/cm^3）；θ_{pwp_j} 为第 j 土层第 t 天的土壤凋萎系数（permanent wilting point，PWP）（cm^3/cm^3）；U_{rlx} 为单位长度根系的最大吸水量（cm^3/cm），其可取默认值 $0.03 cm^3/cm$。

（五）实际蒸散量（ET_a）计算流程

实际土壤蒸发量（ES_a）和实际作物蒸腾量（EP_a）两者之和则为实际蒸散量（ET_a）。在 DSSAT 模型的土壤水分模拟模块中，人们设置了一套颇为复杂的 ET_a 计算流程，从而将气象因子对 ET 的影响和土壤水分状况对 ET 的影响都考虑在内，具体流程如下。

1）根据 Penman-Monteith 公式[式（8-10）]或 Priestley-Taylor 公式[式（8-11）]来计算参考蒸散量（ET_0）。

2）将参考蒸散量（ET_0）划分为潜在土壤蒸发量（ES_0）和潜在作物蒸腾量（EP_0）[式（8-12）和式（8-13）]。

3）计算土壤限制条件下的蒸发量（ES_s）[式（8-14）～式（8-18）]。

4）取实际土壤蒸发量（ES_a）为潜在土壤蒸发量（ES_0）与土壤限制条件下的蒸发量（ES_s）两者之间的最小值，即 $ES_a = \min(ES_0, ES_s)$。

5）重新计算潜在作物蒸腾量（EP_0），即 $EP_0 = ET_0 - ES_a$。

6）计算土壤限制条件下的根系吸水量（EP_r）[式（8-19）～式（8-21）]。

7）取实际作物蒸腾量（EP_a）为重新计算后的潜在作物蒸腾量（EP_0）与土壤限制条件下的根系吸水量（EP_r）两者之间的最小值，即 $EP_a = \min(ES_0, EP_r)$。

8）最终实际蒸散量（ET_a）为实际土壤蒸发量（ES_a）和实际作物蒸腾量（EP_a）之和，即 $ET_a = EP_a + ES_a$。

第二节 水分胁迫因子

水分胁迫指数是定量作物水分胁迫的重要指标，国际主流模型构建不同的水分胁迫指数来模拟作物对水分胁迫的响应。WOFOST、AquaCrop 和 STICS 模型通过土壤含水量法（soil water content，SWC）来构建水分胁迫因子；APSIM 模型采用了水分供需比法（water supply to demand ratio，WS/WD），通过计算土壤供水量和作物需水量来构建水分胁迫因子。本书主要以 DSSAT 模型为例，该模型采用的是相对蒸腾法（actual to potential transpiration ratio，$\frac{EP_r}{EP_0}$），通过分别计算根系吸水量、潜在作物蒸腾量来构建水分胁迫因子。

一、作物指数

如前文所述，除了准确描述农田土壤水分和养分状况，作物模型中计算土壤水分平衡的另一个主要目标是计算各种水分胁迫因子，并利用这些因子来修正模型模拟的无水分胁迫条件下的作物物候期、光合作用、干物质积累与分配、产量与品质形成等作物生理过程。在 DSSAT 模型中，将土壤限制条件下的根系吸水量（EP_r）与潜在作物蒸腾量（EP_0）的比值 $\left(\frac{EP_r}{EP_0}\right)$ 作为描述水分胁迫的作物指数（图 8-5）。

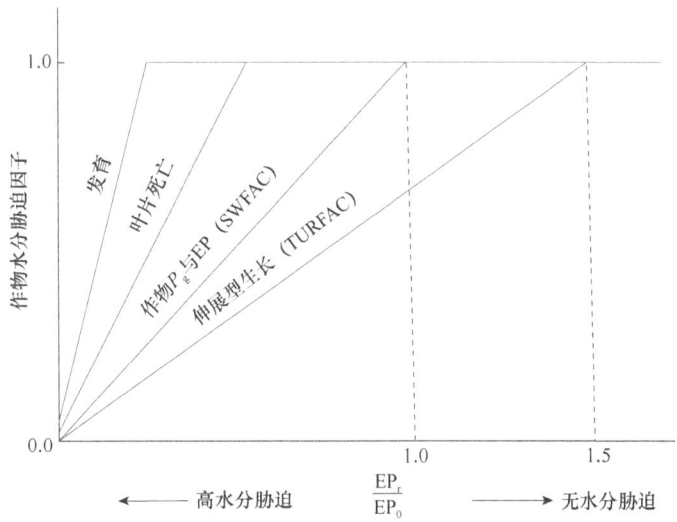

图 8-5　作物水分胁迫因子及其对作物生长生理过程的影响示意图
TURFAC 表示膨压因子，SWFAC 表示土壤水分因子

当 $\frac{EP_r}{EP_0}$ 大于 1.5 时，土壤限制条件下的根系吸水量远大于潜在作物蒸腾量，即作物供水量远大于作物需水量，模型认为此时完全不存在任何水分胁迫。当比值小于 1.5 时，模型启动第一个水分胁迫因子，即膨压因子（turgor factor，TURFAC），该因子主要影响作物的伸展型生长。当比值小于 1.0 时，模型启动第二个水分胁迫因子，即土壤水分因子（soil water factor，SWFAC），该因子主要影响作物的总光合速率（gross photosynthesis rate，P_g）和潜在作物蒸腾（potential transpiration，EP），可见此时水分胁迫已经影响到了作物叶片气孔的开闭状态。类似地，当 $\frac{EP_r}{EP_0}$ 小于 0.5 时，作物水分胁迫会加速作物叶片的衰老和死亡；当 $\frac{EP_r}{EP_0}$ 小于 0.25 时，作物的发育即物候期也会受到影响，可能出现花期推迟、灌浆期缩短、成熟期提前等作物应对干旱的生理效应。

值得注意的是，DSSAT 模型描述水分胁迫对作物生长发育过程的影响还是较为概化和粗略的，这也是 DSSAT 模型模拟水分胁迫，特别是严重水分胁迫条件下的作物生长和产量时会产生较大误差的重要原因之一。此外，水分胁迫对作物各种不同生理过程的影响，可能并非如图 8-5 所描述的依次展开，而极有可能是同时进行的。如果同时对作物的不同生理过程产生影响，如何用数学方法来进行描述？这些问题都还不是很清楚，有待今后通过更为精细的可控条件下的作物水分胁迫试验来研究解决。最后，水分胁迫对作物物候期的影响，目前在 DSSAT 模型中还没有考虑在内，也就是说 DSSAT 模型还不能准确模拟水分胁迫所造成的作物开花期、成熟期的差异。

二、土壤指数

DSSAT 模型以 $\dfrac{EP_r}{EP_0}$ 作为作物水分胁迫指数，在计算过程中需要涉及根系吸水量（EP_r）与潜在作物蒸腾量（EP_0），但是这两个变量的观测和计算均较为复杂，因此目前有研究直接利用土壤水分状况来描述作物水分胁迫情况，其中包括土壤相对有效含水量（A_w）（relative soil water availability）[式（8-22）和式（8-23）]。这类指数的优点在于计算过程较为简单，只需要计算出每层土壤的体积含水量，再结合该层土壤的持水特征参数（田间持水量和土壤凋萎系数），就可进行计算。

$$A_{w,i} = \frac{\theta_{a,i} - \theta_{wp,i}}{\theta_{fc,i} - \theta_{wp,i}} \tag{8-22}$$

$$A_w = \frac{\sum_{i=1}^{n} A_{w,i}}{n} \tag{8-23}$$

式中，$\theta_{a,i}$ 为第 i 层土壤体积含水量（表 8-1 中记作 SH2O，cm^3/cm^3）；$\theta_{fc,i}$ 为第 i 层土壤田间持水量（表 8-1 中记作 SDUL，cm^3/cm^3）；$\theta_{wp,i}$ 为第 i 层土壤凋萎系数（表 8-1 中记作 SLLL，cm^3/cm^3）；$A_{w,i}$ 为第 i 层土壤的相对有效含水量；A_w 为 n 层土壤相对有效含水量的算术平均值。

第三节 水分胁迫对作物影响的模拟

作物水分生理生态关系是作物水分关系模拟的基础。当水分不足时，会影响植物体内的水分状况和蒸腾，抑制细胞（叶面积）建成并造成能量平衡和气孔开度的变化，导致光合、蒸腾速率降低，同时改变作物干物质分配和产量形成过程，最终造成作物减产和品质下降。本节主要介绍基于作物水分胁迫指数定量模拟水分胁迫对作物生长主要过程影响的算法。

一、水分胁迫对作物物候期影响的模拟

影响作物物候期的环境因子很多，包括温度、光周期、水分状况、养分状况、CO_2 浓度、盐分状况等，而温度一般被认为是最主要的环境影响因素。为了提高物候模拟的精度，作物模型还需要考虑光周期（photoperiod）对作物发育速率的影响，此外对于春性较强的作物（如冬小麦、冬油菜等），还需要考虑春化作用（vernalization）的影响。然而，在干旱和半干旱地区，水分对作物物候期的次级影响就会突显，成为不容忽视的环境因子。已有研究表明，

水分胁迫会对冬小麦物候期造成影响，如 McMaster 和 Wilhelm（2003）发现小麦生长过程中，早期发育阶段（如拔节期、旗叶出现期）对土壤水分胁迫不敏感，而后期发育阶段（如开花期、成熟期）如出现较为严重的水分胁迫，则小麦开花期和成熟期会比不缺水的对照处理提前 10d 和 15d，最终导致整个冬小麦生育期缩短。

目前，DSSAT 模型中的 CERES-Wheat 模型已经能够较为准确地模拟温度、光周期和春化作用对冬小麦物候期的影响，但是水分胁迫的次级影响还未考虑在内，这就使得该模型模拟干旱地区冬小麦物候期时，会产生较大的误差。例如，Arora 等（2007）在应用 CERES-Wheat 模型模拟半干旱地区的冬小麦生产时，发现开花期的模拟值和实测值相差－2～+6d，成熟期的模拟值和实测值相差－5～+4d。姚宁等（2015）利用 CERES-Wheat 模型对分段受旱条件下的冬小麦生长进行模拟，尽管同一年度不同受旱处理的冬小麦开花期和成熟期的模拟值都相同，但实测的开花期和成熟期比充分灌溉的对照处理分别最多提前 8d 和 6d。因此，有必要将水分胁迫的次级影响考虑在内，改进 CERES-Wheat 模型的物候期模拟算法，以提高该模型在干旱和半干旱地区的适用性。

刘健等（2016）在这方面进行了有益的尝试。首先，根据实施的冬小麦分段受旱试验发现，与充分灌溉处理相比，拔节前水分胁迫使得冬小麦拔节期提前 2～3d；开花前水分胁迫使得冬小麦开花期推迟，最多可推迟 10d；完全不灌水处理由于水分胁迫严重，没有观测到拔节期，提前死亡。可见当水分胁迫低于某一特定值时冬小麦加速发育，继续降低到某一特定值时冬小麦停止发育。显然可以合理假设随着水分胁迫程度加剧，冬小麦发育不是从加速发育状态直接突变为停止状态，中间必然还有一个减速发育的过程，这样才能合理解释冬小麦物候期推迟的现象。

进一步以土壤相对有效含水量（A_w）[式（8-22）和式（8-23）]为水分胁迫指标，构建了 A_w 与冬小麦发育速率之间关系的概念框架（图 8-6）。当 A_w 小于某一特定值 A（发育加速临界点，简称加速点）时，冬小麦开始加速发育，在此之前水分胁迫不影响冬小麦发育速度和物候期；当 A_w 小于某一特定值 S（发育停止临界点，简称停止点）时，冬小麦停止发育；假设在 A 点和 S 点之间存在一点 D（发育减速临界点，简称减速点），也就是说当 A_w 处于 A 和 D 之间时，冬小麦发育加速，而当 A_w 处于 D 和 S 之间时，冬小麦发育减速。经过参数优化后，最终确定发育加速点 A、发育减速点 D 和发育停止点 S 对应的 A_w 分别为 0.30、0.10 和 0.00。

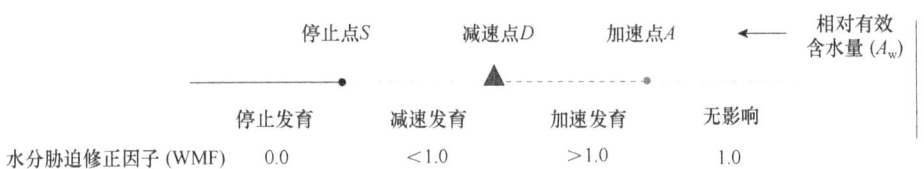

图 8-6 相对有效含水量与冬小麦发育速率之间关系示意图

随后定义了一个影响冬小麦发育速度的水分修正因子（water modification factor，WMF），当水分胁迫不影响冬小麦发育时，WMF=1.0；发育加速时，WMF>1.0；发育减速时，WMF<1.0；当发育停止时，WMF=0.0。WMF 的一般函数形式如式（8-24）所示，该公式中影响冬小麦发育速率的水分胁迫函数 $f(W_p)$ 由式（8-25）来计算。

$$\text{WMF}=1+[1-f(W_p)]\times \text{DF} \tag{8-24}$$

$$f(W_p) = \begin{cases} 1 & A_w > 0.3 \\ \dfrac{10}{3} A_w & A_w \leq 0.3 \end{cases} \tag{8-25}$$

式中，$f(W_p)$ 为影响冬小麦发育速率的水分胁迫函数，它是一个关于土壤相对有效含水量（A_w）[式（8-22）和式（8-23）]的分段函数；DF 为影响冬小麦发育速率的敏感因子，当土壤相对有效含水量大于减速点时，DF=1，当土壤相对有效含水量小于减速点时，DF=-1。

然后，计算度量作物发育的基本单位生理天（physiological day，PD）(d)，就是同时考虑温度（temperature，T）和光周期（photoperiod，PP）对冬小麦物候期的影响，将温度响应函数 $f(T)$ [式（8-35）]和光周期响应函数 $f(PP)$ [式（8-26）]相乘所得的乘积[式（8-27）]。

$$f(PP) = \begin{cases} 1 - ppsen \times (CPP - PP) & PP < CPP \\ 1 & PP \geq CPP \end{cases} \tag{8-26}$$

$$PD = f(T) \times f(PP) \tag{8-27}$$

式中，CPP 为临界光周期（critical photoperiod，h）；ppsen 为光周期敏感系数（photoperiod sensitivity），无量纲。冬小麦为长日照作物，因此当 PP 大于 CPP 时，不存在光周期胁迫，即光周期不影响作物发育速度；当 PP 小于 CPP 时，存在光周期胁迫，胁迫程度随 PP 的减小而加剧。

最后，利用计算的 WMF [式（8-24）]作为乘数因子来修正 PD [式（8-27）]，从而获得修正后的生理天（modified physiological day，MPD）(d)。再以 MPD 为基础，计算冬小麦第 τ 天的累积生理天（cumulative physiological day，CPD_τ）(d)。当 CPD_τ 等于某一个物候阶段所需累积生理天的数值时，则说明冬小麦发育到了这一物候期。简言之，这种新算法就是通过引入水分修正因子（WMF）来修正 PD 的模拟算法，从而将水分胁迫对冬小麦物候期的影响考虑在内。

$$MPD = f(T) \times f(PP) \times WMF \tag{8-28}$$

$$CPD_\tau = CPD_{\tau-1} + MPD \tag{8-29}$$

式中，CPD_τ 和 $CPD_{\tau-1}$ 分别为冬小麦第 τ 天和第 $\tau-1$ 天的累积生理天（d）；MPD 为修正后的生理天（d）。

二、水分胁迫对作物光合作用影响的模拟

在 DSSAT-CERES 系列模型中，作物群体（crop community）的生长过程可用群体生物量积累（biomass accumulation）这一状态变量来描述，作物群体生物量的逐日变化速率则根据作物冠层的光合有效辐射（photosynthetically active radiation，PAR）截获量来计算。DSSAT-CERES 系列模型重点考虑了温度胁迫（temperature stress，TS）因子、水分胁迫因子（SWFAC）、氮素胁迫（nitrogen stress，NS）因子、土壤水分渍害（water logging，WL）因子及微量元素所决定的土壤肥力（soil fertility，SF）因子等对作物光合作用的影响。当多种胁迫同时存在时，则根据"木桶原则"以最严重的胁迫因子为主导因子，即计算多种胁迫因子的最小值，这是因为在 DSSAT 模型中胁迫越严重，则胁迫因子的值越小。

$$CARBO = PCARB \times \min[f(TS), SWFAC, f(NS), 1.0 - f(WL)] \times f(SF) \tag{8-30}$$

式中，CARBO 为单株作物逐日的生长量或干物质增加速率 [g/(株·d)]；PCARB 为单株作物的潜在生长速率 [g/(株·d)]；$f(TS)$ 为影响作物光合作用的温度胁迫因子函数；SWFAC 为影响作物光合作用的水分胁迫指数；$f(NS)$ 为影响作物光合作用的氮素胁迫因子函数；

f（WL）为影响作物光合作用的土壤水分渍害因子函数；f（SF）为土壤肥力因子函数，可从 DSSAT 模型的土壤参数文件中读取。

三、水分胁迫对作物叶面积和株高影响的模拟

这里以冬小麦为例来简要描述如何模拟水分胁迫对作物叶面积和株高的影响，为了问题简化暂且不考虑冬小麦的分蘖过程。DSSAT 模型通常采用 Logistics 函数［式（8-31）］来模拟作物叶面积随时间的伸展和衰减过程，该函数的一阶导数可以用来描述叶面积的增大和减小速率。

$$L = \frac{a}{1+be^{-cx}} \tag{8-31}$$

式中，L 为作物的叶面积（cm^2/株）；a 为潜在最大叶面积（cm^2/株）；b 为叶片形状系数；x 为作物相对发育速率；c 为发育速率常数。

那么，单株冬小麦主茎第 τ 天的叶面积净增量（$L_{net,\tau}$）就是逐日增加量（$L_{M,g,\tau}$）与逐日减少量（$L_{M,s,\tau}$）的差值［式（8-32）］，而第 τ 天的逐日增加量（$L_{M,g,\tau}$）则又是第 $\tau-1$ 天的增加量（$L_{M,g,\tau-1}$）和两天之间增加量变化率（$\Delta L_{M,g,x_\tau}$）的函数［式（8-33）］。类似地，第 τ 天的逐日减少量（$L_{M,s,\tau}$）则是第 $\tau-1$ 天的减少量（$L_{M,s,\tau-1}$）和两天之间减少量变化率（$\Delta L_{M,s,x_\tau}$）的函数［式（8-34）］。

$$L_{net,\tau} = L_{M,g,\tau} - L_{M,s,\tau} \tag{8-32}$$

$$L_{M,g,\tau} = L_{M,g,\tau-1} + \Delta L_{M,g,x_\tau}(dx/d\tau) \tag{8-33}$$

$$L_{M,s,\tau} = L_{M,s,\tau-1} + \Delta L_{M,s,x_\tau}(dx/d\tau) \tag{8-34}$$

式中，$L_{net,\tau}$ 为单株冬小麦主茎第 τ 天的叶面积净增量（cm^2/株）；$L_{M,g,\tau}$ 和 $L_{M,g,\tau-1}$ 分别为第 τ 天和第 $\tau-1$ 天单株冬小麦主茎的叶面积增加量（cm^2/株）；$L_{M,s,\tau}$ 和 $L_{M,s,\tau-1}$ 分别为第 τ 天和第 $\tau-1$ 天单株冬小麦主茎的叶面积减少量（cm^2/株）；$\Delta L_{M,g,x_\tau}$ 和 $\Delta L_{M,s,x_\tau}$ 分别为第 τ 天单株冬小麦主茎的叶面积增加速率和减少速率［cm^2/（株·x_τ）］；$dx/d\tau$ 为作物相对发育速率的逐日变化率；下标 M 代表冬小麦主茎（main stem），g 代表叶片生长（growth），s 代表叶片死亡（senescence），τ 代表第 τ 天，下同。

如果采用 Logistic 函数来描述冬小麦叶面积随时间的增加过程，那么该函数的一阶导数就是理想状态下单株冬小麦主茎的叶面积增加速率。进一步分析，可以发现温度胁迫和水分胁迫直接影响的是作物叶面积的增加速率，而非叶面积这一状态变量本身，因此我们可以采用温度胁迫函数 f（T）［式（8-35）］和水分胁迫函数 f（W_g）［式（8-36）］来修正 Logistic 函数的一阶导数，从而获得温度和水分胁迫条件下的单株冬小麦主茎的叶面积增加速率（$\Delta L_{M,g,x_\tau}$）［式（8-37）～式（8-39）］。

$$f(T) = \begin{cases} 0 & T \leqslant BT \\ (T-BT)/(OT1-BT) & BT < T < OT1 \\ 1 & OT1 \leqslant T \leqslant OT2 \\ (CT-T)/(CT-OT2) & OT2 < T < CT \\ 0 & T \geqslant CT \end{cases} \tag{8-35}$$

式中，BT 为冬小麦生长的基础温度（℃）；OT1 为最适温度下限（℃）；OT2 为最适温度上限（℃）；CT 为最高温度（℃）。

$$f(W_g) = \begin{cases} 1 & A_w \geqslant 0.7 \\ 2A_w - 0.4 & A_w < 0.7 \end{cases} \qquad (8\text{-}36)$$

该公式表明当土壤相对有效含水量大于 0.7 时，土壤水分充足，不存在水分胁迫。

$$\Delta L_{M,g,x_\tau} = \frac{dL_{M,g}}{dx} = \frac{a_{M,g} b_{M,g} c_{M,g} \exp(-c_{M,g} x)}{[1 + b_{M,g} \exp(-c_{M,g} x)]^2} f(T) f(W_g) \qquad (8\text{-}37)$$

$$b_{M,g} = \frac{a_{M,g}}{L_{M,g,0}} - 1 \qquad (8\text{-}38)$$

$$c_{M,g} = \frac{4\Delta L_{M,gx,\max}}{a_{M,g}} \qquad (8\text{-}39)$$

式中，$\dfrac{dL_{M,g}}{dx}$ 为冬小麦主茎叶面积逐日增量的微分形式 [cm²/(株·d)]；$a_{M,g}$ 为冬小麦主茎叶面积潜在最大增加量（cm²/株）；$b_{M,g}$ 为冬小麦主茎叶片伸展过程中的形状系数；$c_{M,g}$ 为冬小麦主茎叶片伸展过程中的速率常数；$L_{M,g,0}$ 为出苗时冬小麦主茎叶面积（cm²/株）；$\Delta L_{M,gx,\max}$ 为冬小麦主茎叶片增大过程中的最大叶片增加速率（cm²/株）。

类似地，对于冬小麦主茎叶面积的减少过程，可以利用相同的温度胁迫函数[式（8-35）]和不同的水分胁迫函数 $f(W_s)$ [式（8-40）]来修正 Logistic 函数的一阶导数，从而获得温度和水分胁迫条件下的单株冬小麦主茎的叶面积减少速率 $\Delta L_{M,s,x_\tau}$ [式（8-41）～式（8-43）]。

$$f(W_s) = e^{\gamma(1-A_w)} \qquad (8\text{-}40)$$

式中，A_w 为土壤相对有效含水量；γ 为叶面积减少速率的修正系数。该公式表明土壤水分胁迫会以指数的形式促进冬小麦主茎叶片的枯萎和死亡，从而加剧了叶面积的减少。

$$\Delta L_{M,s,x_\tau} = \frac{dL_{M,s}}{dx} = \frac{a_{M,s} b_{M,s} c_{M,s} e^{-c_{M,s} x}}{[1 + b_{M,s} e^{-c_{M,s} x}]^2} f(T) f(W_s) \qquad (8\text{-}41)$$

$$b_{M,s} = \frac{a_{M,s}}{L_{M,s,0}} - 1 \qquad (8\text{-}42)$$

$$c_{M,s} = \frac{4\Delta L_{M,sx,\max}}{a_{M,s}} \qquad (8\text{-}43)$$

式中，x_τ 为第 τ 天的作用相对发育速率，$\dfrac{dL_{M,s}}{dx}$ 为冬小麦主茎叶面积逐日减少的微分形式 [cm²/(株·d)]；$a_{M,s}$ 为冬小麦主茎叶面积潜在最大减少量（cm²/株）；$b_{M,s}$ 为冬小麦主茎叶片死亡过程中的形状系数；$c_{M,s}$ 为冬小麦主茎叶片减少过程中的速率常数；$L_{M,s,0}$ 为冬小麦主茎叶面积初始减少量（cm²/株）；$\Delta L_{M,sx,\max}$ 为冬小麦主茎叶片死亡过程中的最大叶片减少速率（cm²/株）。

上述公式计算的单株冬小麦主茎叶面积的变化量，而单位面积上的冬小麦叶面积，也就是叶面积指数（LAI）的净增量则可通过式（8-44）来进行计算。

$$\mathrm{LAI}_{net,\tau} = \sum_{\tau=1}^{\tau=n} L_{net,\tau} \times P_e \times 10^{-4} \qquad (8\text{-}44)$$

式中，$\mathrm{LAI}_{net,\tau}$ 为第 τ 天的冬小麦叶面积指数净增量；P_e 为出苗时的冬小麦种植密度（株/m²）；1×10^{-4} 为单位转换系数。

类似地，冬小麦株高的生长也属于伸展型生长，可以采用与叶面积类似的方法来进行模拟，但是需要注意的是冬小麦株高一般认为不会因为衰老而缩短，因此不需要考虑衰老过程。此外，土壤水分胁迫对株高增长速率的影响过程也与叶面积不同，因此需要采用不同的水分胁迫函数［式（8-45）］进行描述。

$$f(W_h) = \begin{cases} 1 & A_w \geq 0.65 \\ e^{A_w - 0.65} & 0.30 \leq A_w < 0.65 \\ A_w + 0.20 & 0 < A_w < 0.30 \\ 0 & A_w \leq 0 \end{cases} \tag{8-45}$$

该公式表明当 A_w 大于等于 0.65 时，冬小麦株高的增长不受水分胁迫的影响；当 A_w 为 0.30～0.65 时，冬小麦株高的伸长速率受 A_w 指数函数的影响，证明这是一个对水分胁迫迅速响应的过程；当 A_w 小于 0.30 时，冬小麦株高的伸长速率受 A_w 线性函数的影响，证明对水分胁迫迅速响应速度放缓；当 A_w 小于等于 0 时，土壤处于极端干旱状态，作物的伸展生长停止，株高伸长速率变为 0。

复习思考题

1. 农业生态系统中的水分从何而来？水分对农业生态系统有什么样的重要作用？为什么要对农业生态系统中的水文过程进行模拟？

2. DSSAT 模型中描述土壤理化性质的主要参数有哪些？描述土壤持水特征的参数有哪些，其定义是什么？

3. DSSAT 模型中，农田竖向一维的水分平衡方程由哪些水分变量构成？在土壤表面和土壤剖面中各模拟了哪些重要的水文过程？

4. 什么是 SPAC 系统？DSSAT 模型是如何模拟土壤蒸发和作物蒸腾过程的？试描述其主要流程。

5. 什么是农田生态系统中的水分胁迫？水分胁迫对作物的各种生理过程有什么样的影响？如何来表征水分胁迫？

6. 作物的生长和发育有何不同？DSSAT-CERES 系列模型如何模拟水分胁迫对作物生长过程的影响？

7. 阅读相关的文献资料，水分胁迫还会对作物的哪些生理过程造成影响？现有模型的数值模拟方法是否可靠，存在哪些不足？应如何对其进行改进？

第九章
作物养分效应模拟

粮食安全是国家战略，习近平总书记在党的二十大报告中强调"全方位夯实粮食安全根基"，其中作物养分供给是基础。作物生长发育需要各种营养元素，只有保证足够的养分供应，才能维持作物产量和品质，保障粮食安全。同时，养分需要根据作物需求科学供给。为了预测作物在各个生长发育阶段的养分需求并给出科学合理的肥料运筹方案，构建能反映作物系统养分循环过程的数学模型就显得尤为重要。养分的类型各种各样，来源也不尽相同，但无论这些养分来自哪里，存在形式如何，它们都以元素的形式在大气、土壤和植物之间发生交换和转化。通过追踪营养元素（如氮、磷、钾等）及其各种形态在土壤、植物、植物器官间的循环运动，可以揭示农作系统各部分的内在联系，从系统的角度理解作物养分需求、土壤养分供给能力和可能采取的养分管理手段。本章将从农作系统养分平衡、土壤养分动态过程、植株养分吸收与分配和养分效应因子4个方面具体阐述作物养分效应模拟的核心过程。

第一节 农作系统养分平衡

植物由75%的水和25%的干物质组成，干物质中有机物占干重的90%～95%，矿物质占干重的5%～10%。作物从土壤中吸收的元素包含氮、磷、钾等大量元素，钙、镁等中量元素，以及硼等微量元素。植物还有另一个吸碳途径，即通过根系从土壤中直接吸收水溶性有机碳（有机质中含有的能溶于水的小分子碳），对作物的生长具有重要作用。农作系统养分平衡包括土壤中养分的转化过程及作物对养分的吸收、分配与转运过程。

一、养分平衡原理

任何营养元素从进入土壤到被作物吸收，或通过其他途径（如淋溶、挥发、气体排放等）从土壤中流失，或随作物籽粒和秸秆被收获，或以其他形式从系统流失（如土壤气体排放和随水文过程的迁移）。为了持续保证作物产量，土壤中的养分必须能保证养分供给。农作系统养分平衡（nutrient balance）提供了有关养分胁迫对作物生长影响的信息。养分平衡是指进入农业系统的养分输入（主要是牲畜粪便和肥料）与离开系统的养分输出（作物和牧草生产对养分的吸收）之间的差异。养分不足（nutrient deficit）意味着土壤肥力可能下降；营养过剩（nutrient surplus）表明有污染土壤、水和空气的风险。营养素的输入在农业系统中是必要的，因为它们对于维持和提高作物生产力至关重要。但是，如果养分过剩，超过了当前作物的需求，可能导致养分损失，这不仅可能导致农民使用养分的经济效率低下，还可能通过水污染或空气污染对环境造成潜在危害，尤其是氨或温室气体排放。

养分平衡理论为我们提供了一条简单的评价土壤肥力状况的途径，从而可以帮助我们管理施肥，达到稳定或提高产量的目的；同时不过多施肥，控制肥料对环境的负面影响。为了较为准确地计算养分平衡，针对某个特定的养分元素，必须对其输入与输出有较为全面的了解（图 9-1）。

图 9-1 农作系统养分平衡示意图

农田养分输入可以分为如下几类：①化肥（mineral fertilizer）；②有机肥（organic fertilizer），如厩肥、绿肥等；③大气沉降（atmospheric deposition），包括干沉降和湿沉降；④氮固定（N fixing），主要是豆科植物，如大豆、花生等，另外也包括固氮微生物（如蓝细菌）。农田养分输出主要包括四大类：①作物产量收获（crop products harvest），主要为籽粒等，这是农田养分输出的主要形式，占农田养分输出的 50%以上；②作物秸秆利用（crop residues utilization），如焚烧、取暖、饲料等；③淋溶和侵蚀损失（leaching and erosion loss），损失量与气候、土壤特性尤其是质地、地形等都有关系；④气体损失（gaseous losses），如氮素以氨气和含氮气体形式排放到大气。

根据农作系统养分平衡理论，在知道各种输入和输出的情况下，就可以预测作物产量和/或养分需求。对一个不施肥的作物系统，由于输入可能仅限于有限的沉降或生物固氮，土壤储库的养分终将被消耗殆尽，作物的产量就无法维持。与之相关的一个典型例子是中国东北的黑土。黑土有机质含量高（是称其为黑土的主要原因），被称为土壤中的"大熊猫"。黑土有机质矿化分解出来的营养元素（如氮、磷等）能满足开垦后一长段时间的作物需求，但黑土农作系统养分会随作物的收获发生持续的净流失。如果继续长期耕作而不施肥，因为养分不足，原来的产量就无法维持。长期高强度的黑土耕作使得其提供养分的能力正在退化，亟须我们合理利用和保护这一土壤中的"大熊猫"。总之，为了保证产量和系统养分平衡，必须从输入和输出入手，在保证输入的同时有效控制不必要的输出。

二、养分平衡概念模型

模型的构建一般包括两个基本步骤：①构建概念模型；②将概念模型表述为数学方程。根据模型模拟对象，选择状态变量并描述它们之间物质、能量或动量的交换。

概念模型可以用包含以下组件的概念图或流程图（图 9-2）表示：状态变量（state variable）（或动态变量）是我们感兴趣的组件。在农业系统模型中，它们通常是作物生物量或产量、营养物的含量或浓度等。状态变量是那些作为时间导数出现在模型方程左侧的变量；我们在模型中指定它们的变化率（dS），在模型求解后将确定它们在某个时间的值。状态变量的时间导

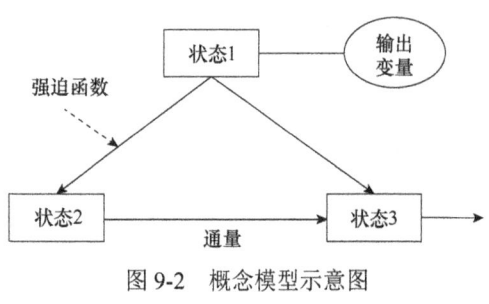

图 9-2 概念模型示意图

数表示状态变量值在最小时间段（dt）内变化的"速度"，表示为 dS/dt。因此为了理解或构建模型，微积分基础知识是必需的。

以氮素为例，氮素存在的形式多种多样，如铵态氮、硝态氮和有机氮，每一种形态可以被定义成一个库。从作物的角度来说，并不是所有的存在形式都是有效的，我们可以把每一种存在形式比作一个储库，这个储库时时刻刻都在发生物质的流入与流出，处在一个动态变化的过程。如果流入和流出相同，这个储库处于平衡的状态，即没有净的物质流入或流出。在一个封闭的农作系统中（没有输入，也没有输出），这些库之间可以通过通量发生转化，但氮原子的个数和质量保持恒定。在真实的农作系统中，结合每个库的输入量和输出量，可以求出任意时刻该库的变化量，这种变化可以用一个一般的微分方程来表示：

$$dP/dt = 输入 - 输出 \tag{9-1}$$

式中，P 可以为浓度、密度、质量；dP/dt 为关于输入（称为源）与输出（称为汇）的方程。在这个方程中，P 也被称为状态变量（state variable），当输入和输出相当或等于 0 时，P 将保持恒定；只有输入和输出不等时，P 才会发生变化。模型的目的就是基于我们对系统的认识去刻画这种变化。

假设如图 9-3 所示的一个简单氮循环模型。在这个模型中只有两个氮库：土壤氮和植物氮，设土壤氮库的大小为 P_1，植物氮库的大小为 P_2，P_1 流向 P_2 由通量 F_1 连接。同时，假设土壤氮库 P_1 接收外界（如大气、施肥等）的输入，其速率设为 F_0，植物氮库 P_2 向外界释放（如籽粒收获），其速率设为 F_2。借助上述微分方程，任意时刻两个氮库的变化可以表述为

$$dP_1/dt = F_0 - F_1 \tag{9-2}$$

$$dP_2/dt = F_1 - F_2 \tag{9-3}$$

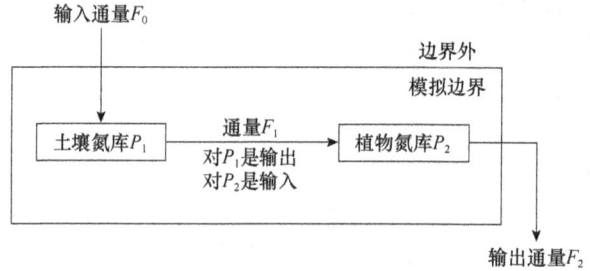

图 9-3 两库氮素模型示意图

将上述两式相加，可以发现：

$$dP_1/dt + dP_2/dt = F_0 - F_1 + F_1 - F_2 = F_0 - F_2 \tag{9-4}$$

即整个系统氮库的变化等于输入减去输出，体现了物质守恒原理。

第二节 土壤养分动态过程

本节以农田氮素动态过程为例，详细阐述氮动态过程及其模拟；同时也简要叙述磷素的

循环过程和模拟；最后对几个国内外主要农业系统模型中的氮素、磷素和钾素模拟过程进行了对比。

一、氮动态过程

氮有三种稳定价态，陆地生态系统（包括农作系统）氮的动态过程（即生物地球化学循环）主要是受其在这几种价态间的转换过程控制。这些过程如图 9-4 所示，下面对这些过程中涉及农作系统中的氮动态过程进行简要的介绍。了解这些过程，是模拟农作系统氮循环过程的理论基础。

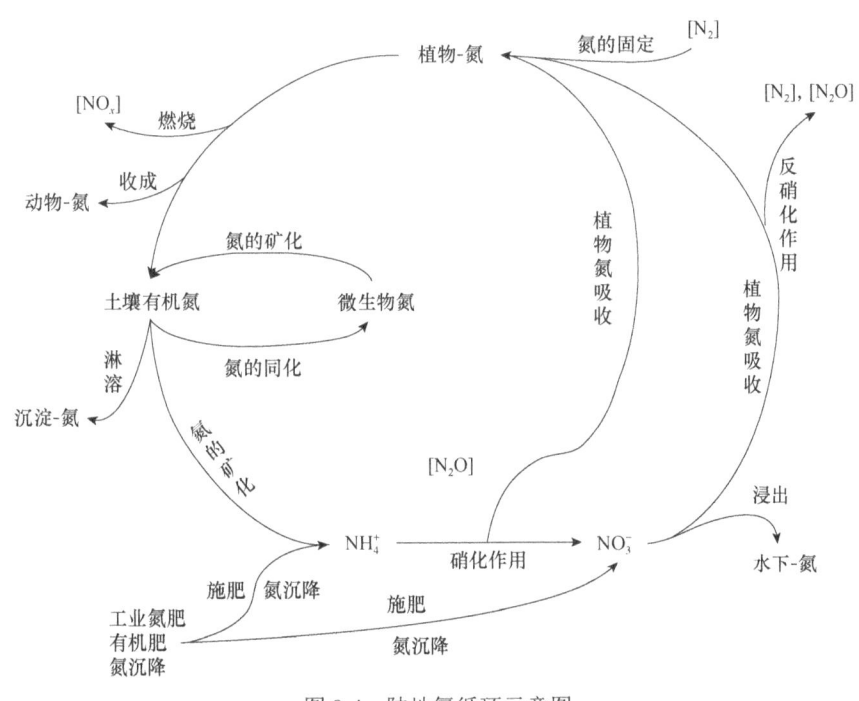

图 9-4　陆地氮循环示意图

（一）生物固氮

大气的主要成分是 N_2，但由于连接两个 N 的三键键能（942kJ/mol）很高，打开这种三键需要消耗大量能量，N_2 是一种非常稳定的惰性气体。只有少部分生物进化出了能直接将大气 N_2 转化成自身可以利用的形式（一般是氨）的能力，即生物固氮。在农作系统中，这些生物主要是与豆科作物（如大豆）共生的固氮细菌（如根瘤菌）和土壤中自由生存的细菌（如蓝细菌）。共生菌（symbiotic bacteria）是陆地生态系统固氮的主力军，这些细菌体内的固氮酶能够催化 N_2 和 H 结合产生 NH_3，化学上，这个过程可以表述为

$$N_2+8H^++8e^-+16ATP \longrightarrow 2NH_3+H_2+16ADP+16Pi \qquad (9-5)$$

然后，固氮菌或者它们的宿主利用 NH_3 去生产有机化合物。地球上大概有 2 万多种豆科植物，无一例外，所有豆科植物都有根瘤菌可以固氮，这种特性为豆科植物在缺氮环境中的生成提供了独特的优势。农作上，经常采用豆科作物（如大豆、花生）或植物（如苜蓿）与其他作物轮作或间套作的方式，以提高土壤肥力和减少氮肥施用量。

人类作为一种生物形成了自己的生物固氮方式，也称为工业固氮。人类固氮不依赖于微

生物的固氮酶，而是通过科学技术来实现。在400℃温度和200个大气压①下，用铁作催化剂，H_2和N_2很容易结合而合成NH_3，这就是众所周知的哈伯-博施反应（Haber-Bosch reaction）：

$$N_2+3H_2\longrightarrow 2NH_3 \qquad (9\text{-}6)$$

这种人工固氮方式产生了农作系统氮素输入的一个决定性来源——氮肥。人工固氮已占到全球生物和非生物固氮（如闪电固氮）总量的30%以上，而其中绝大部分又被用于农业生产，彻底改变了陆地生态系统氮循环。基于物质循环和质量守恒理论的过程机理模型在促进我们理解农作系统氮循环方面发挥了举足轻重的作用。

（二）同化与矿化

NH_4^+（铵态氮）和NO_3^-（硝态氮）很活跃，并且离子半径小，可以自由穿越细胞膜，为生物吸收。在细胞液内，NH_4^+和NH_3自动保持化学平衡：

$$NH_4^+ + OH^- \rightleftharpoons NH_3 + H_2O \qquad (9\text{-}7)$$

在包括农作物在内的陆地植物细胞中，光合作用将NH_3转化成有机分子，这个过程被称为生物同化作用：

$$830CO_2 + 600H_2O + 9NH_3 + H_3PO_4 \longrightarrow C_{830}H_{1230}O_{604}N_9P + 830O_2 \qquad (9\text{-}8)$$

NO_3^-也可以被植物所利用，但NO_3^-首先必须先被还原成NH_4^+，即

$$NO_3^- + H_2O + 2H^+ \longrightarrow NH_4^+ + 2O_2 \qquad (9\text{-}9)$$

该过程产生的NH_4^+再参与光合作用生成有机物。这个生成NH_4^+的中间过程也会消耗能量，对作物来说并不经济，所以在NH_4^+充足的情况下，作物为了节约能量，会优先利用现存的NH_4^+。无论是NH_4^+（铵态氮）还是NO_3^-（硝态氮）的同化，作物利用氮素需要有磷素的参与，也需要消耗大量的水分，这些因素会在植物体内彼此制约，影响作物产量和品质，这也形成了农田水肥管理的理论基石。

作物成熟、收获、死亡后，留下的残茬有机物（如死亡的根系、秸秆）在土壤微生物的作用（如微生物酶的催化作用）下发生分解氧化，一部分碳元素以CO_2的形式排放到大气中，另一部分碳元素被微生物自己利用维持自己的生长；与此同时，氮素也以NH_4^+（铵态氮）或NO_3^-（硝态氮）形式释放出来，进入土壤被植物再次利用。这一过程称为氮的矿化作用。植物有机物在发生矿化的过程中，土壤微生物起着关键作用，矿化速率取决于土壤氮素的供应，微生物自身生长和死亡也会发生氮的同化和矿化过程。氮的同化和矿化过程是理解农作系统氮素动态过程的核心内容，而理解微生物在其中的具体作用过程则是前沿热点研究领域。

（三）硝化反应

NH_4^+是一种处于较高能态的离子，有释放能量的趋势。而土壤中的微生物不计其数，有些微生物需要这些能量来维持生长，NH_4^+的存在给这些微生物提供了机会，这些微生物就是硝化细菌。硝化细菌将铵态氮（NH_4^+）转化成硝态氮（NO_3^-）的过程称为硝化反应。这一反应释放了NH_4^+所携带的能量，硝化细菌利用这些能量进行自身生长。硝化细菌是一类细菌的总称，不同的细菌参与硝化反应中不同的过程。硝化反应可以表示为两步，第一步主要由亚硝化单胞菌主导，硝化杆菌主导第二步：

$$2NH_4^+ + 3O_2 \longrightarrow 2NO_2^- + 4H^+ + 2H_2O \qquad (9\text{-}10)$$

---

① 1个大气压=1.013 25×10⁵Pa

$$2NO_2^- + O_2 \longrightarrow 2NO_3^- \tag{9-11}$$

不同细菌协同作用、参与其中，但也造成硝化反应不是 100%的有效。一般情况下，小部分 NO_2^- 会氧化不完全，变成气体，以 NO、NO_2 和 N_2O 的气体形式进入大气。而这些气体究竟在哪一步产生，还未有定论，但从化学计量上可以表述如下：

$$2H^+ + 2NO_2^- \longrightarrow NO + NO_2 + H_2O \tag{9-12}$$

$$2H^+ + 2NO_2^- \longrightarrow N_2O + H_2O + O_2 \tag{9-13}$$

分析这些过程，可以发现硝化反应产生了两个负面影响。第一，植物优先利用的 NH_4^+ 被转化成了植物不易利用的 NO_3^-；第二，部分氮素以气体的形式被释放到大气。两者都直接或间接造成了氮的损失，降低了氮肥的利用效率。在农业生产过程中，农民可以通过撒施硝化反应抑制剂缓解硝化反应的发生，从而提高氮肥（尤其是铵肥，如碳酸铵）利用效率。

（四）反硝化反应

反硝化是 N 生物地球化学循环的最后一步，是指在无氧或微量氧供应条件下，微生物将氮氧化物作为呼吸过程中电子传递的末端电子受体，并将其还原为 NO_2^-、NO_x、N_2O 和 N_2，总的反应式可以表示为

$$4NO_3^- + 5CH_2O + 4H^+ \longrightarrow 2N_2 + 5CO_2 + 7H_2O \tag{9-14}$$

式中，CH_2O 代表处于聚合态的有机分子中的碳、氢和氧，是反硝化反应的还原剂（电子供体）。和硝化反应一样，反硝化反应也不是 100%有效，其中一小部分 N 转化成 N_2O 而不是 N_2，反应式可以表示为

$$2NO_3^- + 2CH_2O + 2H^+ \longrightarrow N_2O + 2CO_2 + 3H_2O \tag{9-15}$$

上述两个反应过程都放热，尤其是第一个反应。释放出来的热量被反硝化微生物利用，来支撑自己的新陈代谢。但是，需要强调的是，反硝化反应产生的能量很弱，在好氧条件下（即氧气不受限制），这一个过程不具有竞争力。所以，反硝化反应通常仅限于厌氧环境氧气不足的情况下发生。实际上，反硝化细菌如假单胞菌（pseudomonas）和梭菌（clostridium）都为"兼性"细菌，这些细菌可以根据环境的氧气条件调整其获得能量的策略。所以，在水田和旱田中，反硝化反应的强度可能完全不同。

（五）其他氮动态过程

氮从一开始的大气 N_2 被固定（生物固定或非生物固定），到被同化和矿化，再到被硝化和反硝化返回大气，形成一个氮循环的闭环。在这个环路中，还有其他比较次要但不可忽视的动态过程参与这个环路，如氨挥发、氮淋溶和氮沉降。

在土壤溶液中（如土壤孔隙水），NH_4^+ 在碱性条件下可以通过以下反应生成氨气（NH_3）：

$$NH_4^+ + OH^- \longrightarrow NH_3 + H_2O \tag{9-16}$$

氨气挥发进入大气，这个过程称为氨挥发。氨挥发是农田氮损失的重要途径，降低氮肥利用效率。此外，NH_4^+ 和 NO_3^- 易溶于水，会通过土壤水发生迁移。

二、土壤氮素动态模拟

根据模型构建步骤和氮动态过程，可以构建一个氮素循环模型（图 9-5）。该模型模拟主要氮储库的周转过程，模拟各主要氮损失过程及矿化对氮平衡的贡献。模拟的转化包括矿化和/或固定、硝化、反硝化和尿素水解。硝酸盐运动与水运动在向上和向下的方向也进行了模

拟。由于氮的转化速率受土壤水分状况的影响很大,因此模拟氮动态需要模拟水分平衡。另外,土壤温度极大地影响各类氮的转化率。因此,基于 EPIC 模型(Williams et al., 1984)的土壤温度程序,可以计算不同深度的土壤温度,进而用于模拟氮成分。

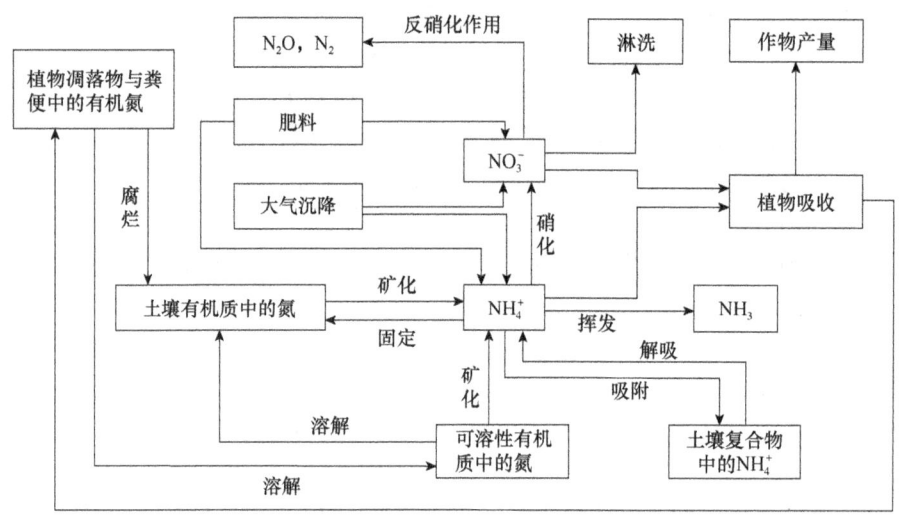

图 9-5 农作系统氮素循环概念模型

(一) 矿化和固定

1. 土壤碳氮矿化和固定模拟的一般原理 在土壤养分循环中,氮素矿化是指随着有机物的分解氧化,矿质氮素的净释放过程,而固定是矿化的逆过程,即矿质氮素重新转化为有机态,而不能被植物直接吸收利用。这两个过程都源于微生物。当土壤微生物吸收无机氮化合物并利用它们合成其细胞的有机成分时,就会发生固定。这两个过程之间存在着平衡。当向土壤中添加高 C:N 的作物秸秆或残茬时,平衡会发生变化,导致一段时间内净固定。土壤有机质是最大的土壤氮库,因此土壤氮模型一般以有机质中的碳(C)为模型货币,对氮素的模拟通过土壤有机质的 C:N 来连接。

土壤有机质由化学结构各异的无数有机分子组成。模型需要对土壤有机质进行简化,一般把有机质分为几个不同的碳库,通过通量来连接这些碳库。例如,CERES、CropGrow、APSIM 等模型将土壤有机质分为 3~5 个库,包括新鲜有机质(包括作物残茬、绿肥、厩肥等)库、土壤腐殖质库、微生物库等。但是,如何定义和区分具有生物学意义的土壤有机质库仍然存在争议,是国际前沿与热点研究领域。

无论模型如何定义土壤有机质库,含 n 个有机质库的有机质循环过程都可以用如下的一级微分方程来表述:

$$\frac{dC_i(t)}{dt}=\sum_{j=i}^{n}K_{ij}C_j(t) \quad i=1, 2, \cdots, n \tag{9-17}$$

$$K_{ij}=k_{j \to i} \quad i \neq j \tag{9-18}$$

$$K_{ij}=-\left(\sum_{j \neq i}^{n} k_{i \to j}\right) \tag{9-19}$$

这个模型定义了 n 个土壤有机质库。

1)在时刻 t,每个库含有 $C_i(t)$ 单位(一般为质量,如克、千克或吨,所有库的单位保持一致）的有机质，其中 $i=1, 2, \cdots, n$。

2）在 $t=0$ 时，$C_i(0)=C_{i0}$，其中 $i=1, 2, \cdots, n$。

3）从第 i 个库转移到第 j 个库的速度为 $k_{i\to j}$，转移量（即通量）为 $k_{i\to j}C_i$。

以这个一般模型为框架，我们可以决定库的数量及不同库之间的转移速率，构建自己的模型。有了模型框架，就必须定义模型的时间尺度。出于数据可获得性和农田管理实际的考虑，农作系统模拟模型的时间尺度一般为天。

上述微分方程定义了对碳的模拟，在土壤中，碳（或有机碳）主要是通过微生物的分解作用发生矿化，但如何使之和氮素发生联系呢？前面提到，每个有机质库都有不同的 C∶N，随着碳的矿化，氮或被吸收或被同化。例如，当一个 C∶N 很高的有机质库 C_1（即氮含量很低）发生矿化，并以一定比例向一个 C∶N 很低的有机质库 C_2（即氮含量很高）转化时，C_1 中的氮含量不足，为了形成 C_2，微生物不得不从土壤中吸收无机氮，以实现化学计量物质平衡，这样氮的固定就发生了。在农作系统中，一个实际的例子是，由于土壤有机质的 C∶N（一般在 10~14）要比作物秸秆的 C∶N（一般>50）低得多，如果大量秸秆还田，秸秆的矿化可能造成土壤氮的固定，从而和作物竞争土壤无机氮。因此，在农作系统中，虽然秸秆还田对土壤健康有诸多益处（如防止土壤板结与酸化），为了保证产量，秸秆还田管理必须结合土壤肥力状况和施肥来综合考虑。

2. 土壤碳氮矿化和固定在典型模型中的模拟 以 CERES 模型（此模型是最早模拟土壤有机质动态过程的模型，后续很多模型采用了相同的模型结构）为例，该模型可以以天为时间尺度模拟两种有机质逐日的分解和周转过程。这两个有机质碳库是：新鲜有机质（fresh organic matter，FOM）和土壤有机或腐殖质（humic organic matter，HUM）。为了体现 FOM 组分的不同，FOM 被进一步分为三个库：碳水化合物（FPOOL1）、纤维素（FPOOL2）和木质素（FPOOL3）。作为初始条件，这三个组分在 FOM 中的相对含量必须被定义，一般基于观测得到或合理的假设。在 CERES 中，最初 FOM 中含有 20% 的碳水化合物、70% 的纤维素和 10% 的木质素。同时，为了计算氮素，FOM 的 C∶N 也必须确定下来。根据这些数据可以计算每层土壤的 FOM 及其组成的初始值和其中包含的氮素（FON）。同理，HUM 的初始含量和 C∶N 值也必须确定，用于估算与 C∶N 相关的 N。三个 FOM 库中的每一个都有不同的分解常数（即 k 值），这些 k 值由观测或数据-模型融合方法得到，在实际应用中一般为常数。在非限制条件下，CERES 模型中碳水化合物、纤维素和木质素的分解常数分别为 0.20、0.05 和 0.0095。碳水化合物的分解常数意味着在非限制性条件下，20% 的碳水化合物库将在一天内分解矿化，转化为 CO_2 和 HUM。在模型中，非限制性条件下的 FOM 和 HUM 碳矿化可以表达为

$$dFOM_i/dt = f \times I - k \times FOM \quad (9\text{-}20)$$

$$dHUM/dt = e \times k \times FOM - k_{HUM} \times HUM \quad (9\text{-}21)$$

式中，I 为新鲜有机质（FOM）的输入；f 为 I 中 FOM 库所占的比例（即 FPOOL1、FPOOL2 或 FPOOL3）；k 为 FOM 的分解常数；e 为转化系数（即分解的 FOM 转化到 HUM 库的比例，其大小为 0~1，在 CERES 中 $e=0.4$）；k_{HUM} 为 HUM 的分解速率（在 CERES 中，$k_{HUM}=0.00015$，即每天有 0.015% 的 HUM 发生矿化分解，以 CO_2 形式进入大气）。如果仔细对比 CERES 模型和上述一般微分方程，不难发现，CERES 模型是一个 4 库（即 FPOOL1、FPOOL2、FPOOL3 和 HUM）的模型特例。

在碳的分解矿化过程中，氮将随之发生矿化或固定，具体的矿化量和固定量将取决于各个有机质库的 C∶N 及其转化系数 e。显而易见，氮固定需要土壤无机氮的参与，否则氮固

定将不可能发生，也就是 FOM 将无法分解转化成 HUM。因此，非限制性条件只是理想条件，在实际模拟中，各个碳库的分解常数 k 受到各种环境因素的限制，主要包括土壤温度、湿度、养分和有机质碳库本身的特性（如 C∶N）：

$$k_{act}=k_p \times f(T) \times f(H) \times f(C∶N) \times f(\cdots) \tag{9-22}$$

式中，k_{act} 为实际分解速率；k_p 为潜在最大分解速率（即分解常数）；$f(\cdots)$ 为某个限制因子的限制方程，也可称为 k_p 对某个限制因子的响应方程。k_p 对不同的限制因子的响应不同，因此具体的 f 方程表达式也不同。为了保证 k_{act} 有意义（不能为负值，否则将造成无中生有，违背物质守恒原理；也不能大于1，否则 k_p 的定义将不成立），$f(\cdots)$ 最后的取值范围为 0～1。在 CERES 中，土壤的总无机氮含量和 FOM 本身的 C∶N 是 FOM 分解常数 k 的一个关键限制因子，对于某个 FOM_i 库来说，其方程为

$$f(C∶N)=\exp[-0.693 \times (CNR_i-25)/25] \tag{9-23}$$

$$CNR_i=(0.4 \times FOC_i)/(FON_i+TOTN) \tag{9-24}$$

式中，CNR_i 为修正的 FOM_i 的 C∶N；FOC_i 为 FOM_i 中的碳含量；FON_i 为 FOM_i 中的氮含量；TOTN 为总的土壤无机氮含量。因此，在较高 C∶N 的 FOM 中，可用于碳矿化过程的 N 将极大地限制分解速率（图9-6）。

类似地，k_p 也可以被土壤湿度修正。CERES 中，湿度修正因子 $f(H)$ 由下列组合方程计算（图9-7）：

$$f(H)=0 \quad SW \leqslant LL \tag{9-25}$$

$$f(H)=(SW-AD)/(DUL-AD) \quad LL<SW \leqslant AD \tag{9-26}$$

$$f(H)=1 \quad AD<SW \leqslant DUL \tag{9-27}$$

$$f(H)=1.0-(SW-DUL)/(SAT-DUL) \times 0.5 \quad SW>DUL \tag{9-28}$$

式中，SW 为土壤含水量；LL 为土壤能达到的最低含水量（一般低于植物萎蔫系数）；AD 为 k_p 不受限制时的最低土壤含水量（一般小于 DUL）；DUL 为田间持水量；SAT 为土壤饱和含水量。LL、DUL、SAT 可以通过实验观测得到，AD 通常基于经验知识，一般假设为 DUL 的 60%。

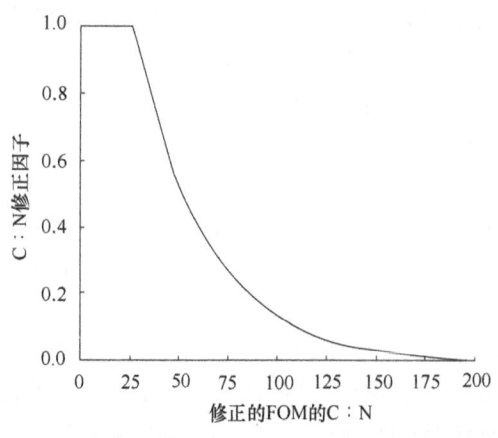

图 9-6 C∶N 对新鲜有机质分解的影响　　图 9-7 土壤湿度（含水量）对土壤有机质分解的影响

温度修正因子 $f(T)$ 的方程为

$$f(T)=(ST-5)/30 \quad ST>5 \tag{9-29}$$

$$f(T)=0 \quad ST<5 \tag{9-30}$$

式中，ST 为土壤温度（℃）。CERES 的温度响应方程相对简单，它假设当土壤温度小于 5℃

时，土壤有机质分解不再发生，即 $f(T)=0$；当土壤温度大于 5℃时，分解随温度直线增加（图 9-8）。

土壤有机质分解矿化过程（包括氮的固定过程）的环境因子是一个热点与前沿研究领域。不同的模型可能有不同的模型结构、有机质碳库个数和环境因子响应方程。根据实际的研究问题和应用场景，应该灵活选用合适的模型，并对模型进行适当校验，才能得到比较可靠的结果。

（二）硝化反应

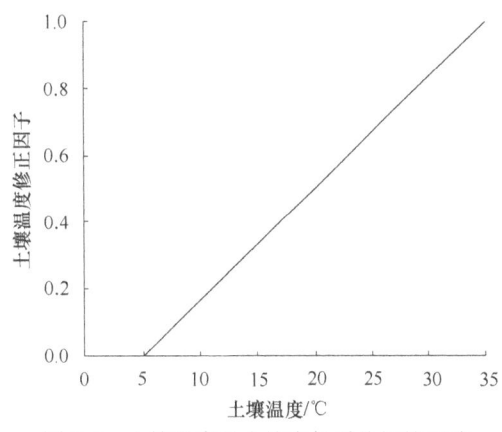

图 9-8 土壤温度对土壤有机质分解的影响

硝化反应一般由 Michaelis-Menton 动力学方程来描述：
$$\text{Rnit}_p = \text{Rnit}_{max} \times [NH_4^+] / ([NH_4^+] + [NH_4^+]_s) \tag{9-31}$$

式中，Rnit_p 为潜在硝化速率；Rnit_{max} 为土壤硝化过程在不受任何限制的情况下能达到的最大速率 [mg N/(kg 土壤·d)]，依据不同的土壤类型，该值为常数；$[NH_4^+]$ 为土壤中的铵态氮浓度 [mg/L（1×10^{-6}）]；$[NH_4^+]_s$ 为潜在硝化速率达到最大硝化速率一半时土壤铵态氮的浓度（半饱和浓度）。因为土壤环境的限制（经常考虑的为土壤水分、温度和 pH），硝化速率一般达不到潜在硝化速率，实际的硝化速率计算为潜在硝化速率和限制因子的乘积，并遵从莱比锡（Leipzig）法则：

$$\text{Rnit} = \text{Rnit}_p \times \min[f(H), f(T), f(pH)] \tag{9-32}$$

图 9-9 为 APSIM 模型中土壤 pH 修正因子随土壤 pH 的变化。

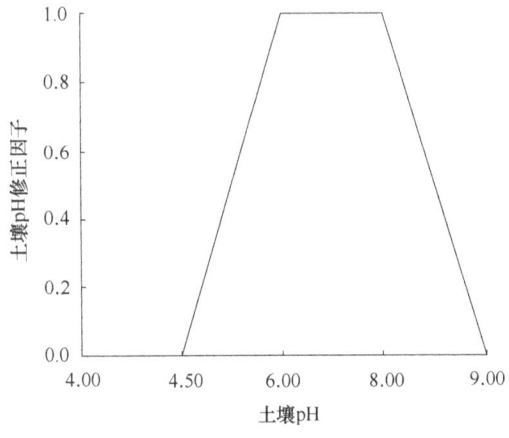

图 9-9 土壤 pH 对土壤硝化速率的影响

硝化反应将产生 N_2O，但具体的过程还缺乏详细的定量研究，一般简单地表述为

$$N_2O\text{-}N = p_{nit} \times \text{Rnit} \tag{9-33}$$

式中，p_{nit} 为被硝化的氮转变成 N_2O 的比例，在大多数土壤中，这个比例小于 0.01。根据这些公式，模型可以依据每天的土壤水分、温度和 pH 状况，结合土壤铵态氮浓度，模拟每天的硝化量和 N_2O 排放量。相关过程也可以针对每个土层单独模拟。

（三）反硝化反应

由于相关过程的复杂性，如何定量描述反硝化反应过程仍然是一个有待深入研究的课题，在 CERES、APSIM 等模型中，反硝化速率由式（9-34）计算：

$$\text{Rden} = 0.0006 \times [NO_3^-] \times [OC] \times f(H) \times f(T) \tag{9-34}$$

式中，Rden 为反硝化速率；0.0006 是一个经验常数，受土壤环境的影响；$[NO_3^-]$ 和 $[OC]$ 分别为硝态氮和活性碳浓度（mg/L），其中 $[OC]=0.0031\times(\text{HUM}+\text{FOM})+24.5$。因为反硝化反应一般在厌氧条件下发生，与矿化和硝化的 $f(H)$ 不同，反硝化反应采用另外的湿度修正因子，如图 9-10 所示。$f(T)$ 方程 [式（9-34）] 反映了反硝化作用只在土壤含水

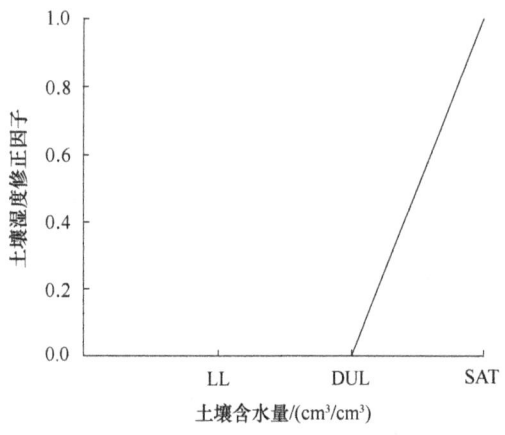

图 9-10 土壤湿度（含水量）对土壤反硝化速率的影响

量较高（即等于土壤田间持水量）时才会发生。

（四）尿素水解

尿素是一种主要的氮肥，水解之后才能被作物吸收利用，其潜在水解速率为

$$Rhyd_p = -1.12 + 1.31 \times OC + 0.203 \times pH - 0.155 \times OC \times pH \quad (9\text{-}35)$$

式中，$Rhyd_p$ 为潜在水解速率；OC 为土壤有机碳含量；pH 为土壤 pH。这个速率在 0~1，特别是在 OC=1%、pH 为 7 的情况下，根据式（9-35）可算得潜在水解速率等于 0.526。根据潜在水解速率，实际水解速率（$Rhyd_{act}$）由式（9-36）计算：

$$Rhyd_{act} = Urea \times Rhyd_p \times \min[f(T), f(H)] \quad (9\text{-}36)$$

式中，Urea 为土壤中可水解的尿素含量。

尿素水解本质上是一个化学过程，因此和氮的矿化、固定、硝化和反硝化（土壤微生物主导的生物过程）相比，有不一样的土壤温度和湿度响应方程。图 9-11 显示了水解速率湿度和温度限制因子分别随土壤含水量和温度的变化。

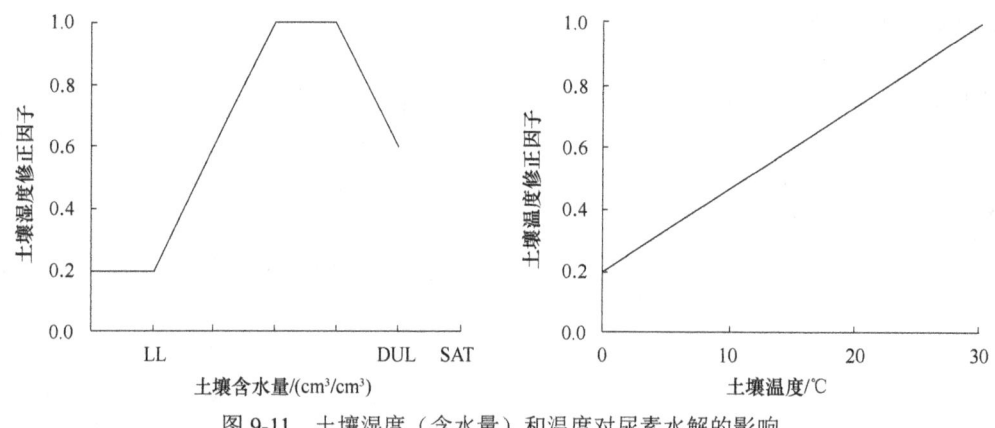

图 9-11 土壤湿度（含水量）和温度对尿素水解的影响

三、土壤磷素动态模拟

磷是一种重要的植物营养素（最常见的限制性营养素，仅次于氮），它涉及能量传递、根和茎的强度、光合作用、植物根系的扩展、种子和花朵的形成及影响植物整体健康和遗传的其他重要因素。

由于天然含磷化合物在土壤中的溶解度和流动性较低，植物几乎无法接触到。大多数磷在土壤矿物或土壤有机质中非常稳定。即使在粪肥或肥料中添加磷，磷也可以固定在土壤中。因此，磷的自然循环非常缓慢。随着时间的推移，一些固定磷会再次释放，从而维持野生植物的生长，然而，需要更多的磷来维持作物的集约种植。肥料通常以过磷酸钙的形式存在，过磷酸钙是由硫酸和水与磷酸钙反应生成的磷酸二氢钙［$Ca(H_2PO_4)_2$］和二水硫酸钙（$CaSO_4 \cdot 2H_2O$）的混合物。用硫酸加工磷酸盐矿物以获得肥料对全球经济非常重要，因此这

是硫酸的主要工业市场，也是元素硫的最大工业用途。

磷的生物地球化学循环较氮简单，仅限于+5价（即 PO_4^{3-}），也没有稳定的气态化合物存在形式。和氮一样，磷在农作系统的循环主要是由光合作用和呼吸作用控制的。作物光合作用吸收无机磷酸盐进入植物体生成有机物，而呼吸和分解作用则将有机磷酸盐转化回到无机形式，包括磷的光合作用可以用一个一般的化学计量反应方程表示。

和氮模拟一样，土壤有机磷的模拟也以碳为货币，通过定义有机质的 C：P 建立土壤有机碳矿化分解和土壤无机磷的联系。不像无机氮大多数以自由离子形态存在，土壤无机磷总的有效性较低，很大一部分磷被土壤吸附，而不能被植物吸收，只有少部分游离态的有效磷才能被植物吸收利用。因此，模拟土壤无机磷时需要有一个专门的吸附态无机磷库，通过吸附方程模拟吸附态磷和活性磷的动态平衡。例如，在农业生态系统模拟模型 APSIM 中，Freundlich 吸附模型被用于模拟吸附态磷和活性磷的动态平衡：

$$P_S = (P_E/a)^{1/b} \tag{9-37}$$

式中，P_S 为土壤中能被植物直接吸收的有效无机磷；P_E 为土壤总的无机磷（包括 P_S 和被土壤吸附的无机磷）；a 和 b 为取决于土壤类型的定义模型形状的系数。由此模型，被吸附的无机磷可以计算为 $P_E - P_S$。由于土壤对磷的吸附作用，在农作系统管理中，主要是要增加磷的有效性（即较少吸附），而不是单纯增加磷肥使用量。

土壤磷素供应能力的动态过程通过土壤磷素平衡方程进行模拟，包含有效磷的输入项和输出项，其公式如下：

$$SAP(t) = SAP(t-1) + SMP(t) + CFP(t) + MMP(t) - UPP(t) - PFIX(t) \tag{9-38}$$

式中，SAP 为土壤有效磷量；t 为模拟时间（d）；SMP 为经过土壤有机碳矿化的有效磷量；CFP 为施入土壤的化肥提供的有效磷量；MMP 为施入土壤的有机肥提供的有效磷量；UPP 为作物吸收的磷量；PFIX 为土壤磷的不可逆固定量。

四、土壤钾素动态模拟

钾是作物需要量较大且经常限制作物生长的重要元素，钾素营养与作物的抗性和产量、品质也有密切关系。有关钾素动态的模拟研究，国际主流模型都包含土壤钾素平衡动态模拟过程。土壤钾素平衡方程是用来描述与预测土壤中钾素的供应、转化和损失过程的数学模型，考虑了土壤钾素的各种输入和输出途径，旨在维持或改善土壤的钾素供应状况，从而支持作物生长。土壤钾的输入项有施用肥料中的速效养分、雨水和灌溉水中的养分、底层上升水中携带的养分；输出项有作物吸收和渗漏损失等。忽略一些次要的过程，土壤有效钾变化可表示如下：

$$SAK(t) = SAK(t-1) + CFK(t) + MK(t) - UK(t) - KLEA(t) \tag{9-39}$$

式中，SAK 为土壤有效钾量；CFK 为施入土壤的化肥提供的有效钾量；MK 为施入土壤的有机肥提供的有效钾量；UK 为作物吸收的钾量；KLEA 为淋失的钾量，与磷相比钾是较易淋失的元素，钾的淋溶损失是不可忽略的一个土壤钾素损失途径。

根据土壤钾的活动性，可将土壤钾分为水溶性钾、交换性钾、非交换性钾和结构性钾。存在于土壤溶液中的钾离子是土壤中活动性最高的钾，是植物钾素营养的直接来源。土壤溶液钾的含量由土壤中其他形态钾与之平衡的状况、动力学反应、土壤含水量及土壤中二价离子的浓度等决定。土壤吸附钾与溶液钾之间的平衡关系可用 Langmuir 方程描述：

$$SK_{AD} = SK_{SAD} \times KAC \times SK_{SOLU} / (1 + KAC \times SK_{SOLU}) \tag{9-40}$$

$$SK_{SAD} = SEK + SSAK + SK_{AAD} \tag{9-41}$$

式中，SK_{AD} 为钾的吸附量（mg/kg）；SK_{SOLU} 为土壤溶液钾浓度（mg/kg）；SK_{SAD} 为土壤在土壤溶液钾浓度为 40mg/kg 时钾的总吸附量（mg/kg）；KAC 为钾亲和常数，取值为 0.8；SEK 为土壤速效钾含量（mg/kg）；SSAK 为土壤缓效钾含量（mg/kg）；SK_{AAD} 为在土壤溶液钾浓度为 40mg/kg 时土壤对外源钾的吸附量（mg/kg）。

第三节 植株养分吸收与分配

植株养分吸收与分配是作物生长与发育的关键过程之一，它涉及作物从土壤中吸收养分，然后将这些养分分配到不同的组织和器官中，以满足作物的生理和生长需求，这一过程对于作物生产力至关重要。但养分吸收和分配受到土壤性质、水分状况、气候条件、植物种类和养分供应等多种因素的影响。国际主流模型 DSSAT、APSIM 和 CropGrow 模型都具备养分吸收和分配过程的模拟。

一、植株养分吸收原理

（一）养分吸收的机理

根系是连接植物和土壤的纽带，是作物吸收和运输养分的主要器官，它在土壤中能固定植株，也能作为养分的重要存储库。根能吸收的养分形态有气态、离子态和分子态三种。气态养分有二氧化碳、氧气、二氧化硫和水汽等，主要通过扩散作用进入植物体内，也可以由气孔经细胞间隙进入叶子内。离子态养分主要有阴离子和阳离子，根系对不同离子态养分的吸收表现出选择性吸收，具有物种遗传差异性的特点，如通常根系对 Al^{3+} 吸收大于 Ca^{2+}，双子叶植物阳离子交换大于单子叶植物。分子态养分种类不多，植物只能吸收一些小分子的有机物，如尿素、氨基酸、糖类、磷脂类、植酸生长素、维生素和抗生素等。

根系吸收养分主要经历根系质外体矿质养分（离子）的移动和离子跨膜运输进入根细胞质这两个过程。质外体是指植物细胞膜以外由细胞壁、细胞间隙和木质部空腔组成的系统，它是养分运输、积累和利用的重要途径，并可对环境胁迫做出适应性反应。共质体是指植物细胞膜以内的空间，是植物原生质体间通过胞间连丝连接而成的连续体。矿质养分首先经根系质外体到达根细胞膜吸收部位，然后通过主动吸收或被动吸收跨膜进入细胞质，再经过胞间连丝进行共质体运输，或通过质外体运输到达内皮凯氏带处，再跨膜转运到细胞质中进行共质体运输（图 9-12）。

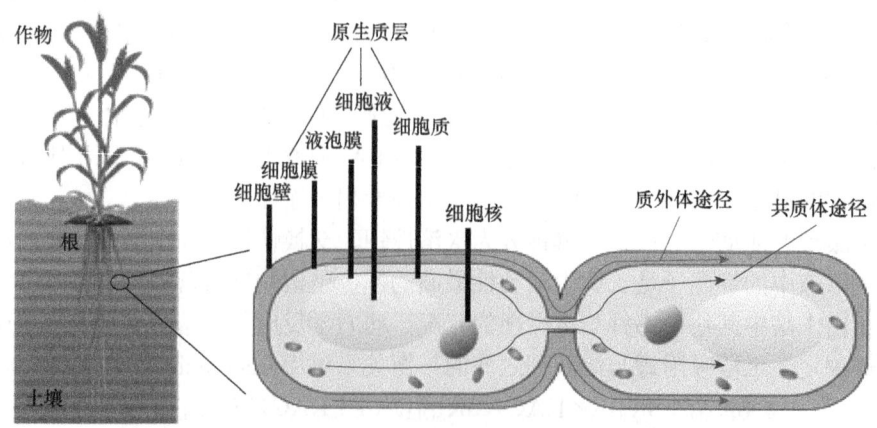

图 9-12 矿质养分的吸收和运输

1. 根系质外体矿质养分离子的移动　　根尖是根系生命活动最活跃的部位，根尖从顶端依次分为根冠、分生区、伸长区、根毛区（成熟区）。根的生长、组织的形成、对水分和养分的吸收都是由根尖来完成的。根毛区的根毛寿命只有 1~2 周，根毛死亡之后，伸长区就会产生新的根毛来补充，所以根毛区一直在向前推移，也改变了根系在土壤中吸收养分的位置。根毛的形成大大增加了根系吸收养分的面积，但是根毛易受土壤湿度影响，在干旱的土壤里几乎不能发育。

土壤养分向根表迁移的途径主要有主动截获、扩散、质流三种方式。主动截获是根系在土壤的伸展过程中吸取直接接触到的养分的过程，但该方式获取的养分只占极少部分，只有当根表面与黏粒表面的距离小于 5nm 时才能发生。大部分矿质养分可以通过沿浓度梯度的扩散作用或者蒸腾流引起的质流作用进入质外体空间。扩散是当植物根系对某种有效养分的吸收量大于土壤供应量时，该养分将出现垂直于根表面的亏缺梯度，从而引起养分沿浓度差向根表的迁移作用。养分向根表扩散的距离为 0.1~0.5mm，扩散对供应 K 的贡献最大，其次是 P 和 N。质流是指植物吸收水分引起水流中所携带的溶质由土壤向根表的运动。质流供应的养分量与植物利用的水量及溶液中养分浓度有关，对 NO_3^- 和 SO_4^{2-} 影响最大。无论扩散还是质流，若要完成养分向根表的迁移，必须有水作为媒介。也就是说，肥料只有溶解在水里面才能到达根表被吸收，否则养分就变成了无效养分，无法被根系吸收。

质外体空间的离子有两种存在方式，第一种是通过自由扩散出入根质外体空间的离子，主要在根细胞壁的大孔隙中，即水分自由空间（water free space, WFS），离子可随水分移动而移动；另一种是受细胞壁上多种电荷束缚的离子，处于细胞壁和质膜中果胶物质的羧基解离而带有非扩散负电荷的空间，即唐南自由空间（Donnan free space, DFS），该空间的各种离子以唐南扩散和交换吸附的方式被固定，不能自由扩散。根质外体空间中阳离子交换位点的数目决定各类植物根系阳离子交换量（cation-exchange capacity, CEC）的大小。通常，双子叶植物的 CEC 大于单子叶植物，CEC 随外部 pH 的下降而下降。

2. 养分离子的跨膜运输　　细胞膜是离子进入细胞最主要和最终的屏障，到达细胞膜吸附位点的离子需要通过跨膜运输途径才能进入细胞质内，再经其他途径到达植物体内。细胞膜的化学成分主要是类脂和蛋白质，细胞膜上的蛋白质对离子运输具有专一性，可以转运同一类物质。离子的跨膜运输方式可以分为被动和主动两种。被动运输是离子顺电化学势梯度进行的扩散运动，这一过程不需要能量；主动运输是在消耗能量的条件下，离子逆电化学势梯度的转运（图 9-13）。

被动运输分为简单扩散和易化（协助）扩散。简单扩散就是细胞膜内外溶液中的离子存在浓度差时，离子顺浓度梯度从高浓度区进入低浓度区。当外部溶液浓度大于细胞内部浓度时，离子可以通过扩散作用被吸收。简单扩散可使离子通过类脂（如亲脂性物质），也可通过载体和膜上含水空隙（如亲水性物质）被吸收。易化（协助）扩散包含离子通道运输和载体运输，离子通道运输是依靠离子通道（生物膜上具有选择性功能的孔道蛋白）扩散进入细胞。孔道的大小及其表面电荷的密度决定着该运输蛋白的选择性强弱。载体运输是离子跨膜运输时，首先要结合载体（细胞膜上能携带离子穿过膜的蛋白），这种结合过程与底物和酶的结合原理相同，可以用 Michaelis-Menton 方程来模拟吸收速率（图 9-14）。

主动运输是指养分离子逆着电化学势梯度由介质溶液通过细胞膜进入细胞内的过程。质膜中两类运输蛋白（离子载体、离子泵）可以参与主动运输。载体运输既可以顺电化学势梯度进行被动运输（如易化扩散），也可逆电化学势梯度消耗能量进行主动运输。离子泵是存在

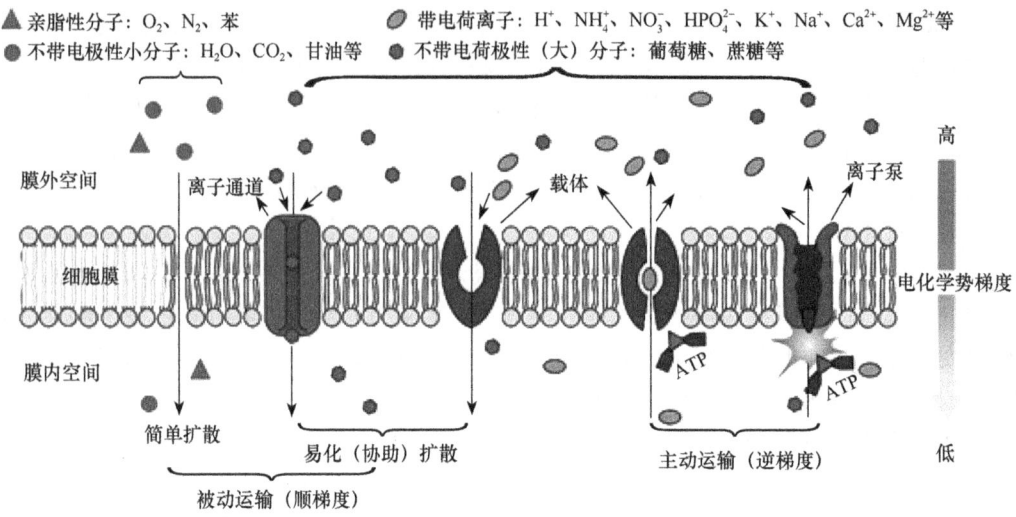

图 9-13　养分的跨膜运输方式

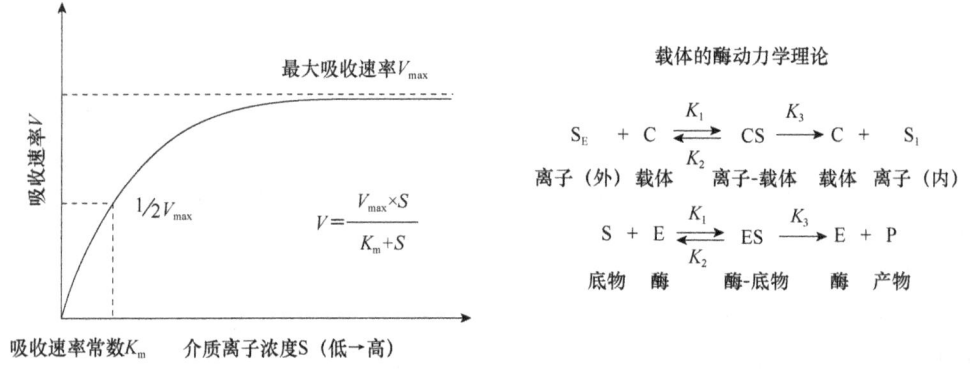

图 9-14　Michaelis-Menton 方程和载体的酶动力学理论

于细胞膜上的蛋白质,它在有能量供应时可使离子在细胞膜上逆电化学势梯度主动地吸收。离子泵运输能够在离子浓度非常低的介质中,吸收和富集离子,致使细胞内离子的浓度与外界环境中相差很大。

（二）影响养分吸收的因素

植物根系吸收矿质养分的过程除了受植物本身的遗传特性影响,还受土壤和其他环境因子等诸多因素的影响,包括介质中的养分浓度、光照、温度、土壤水分和 pH、通气状况、养分离子的理化性质、根的代谢活性、苗龄和生育时期植物体内养分状况等。

二、养分的运输与分配

（一）植株体内养分的运输

植物根系从介质中吸收的矿质养分,一部分在根细胞中被同化利用,另一部分经皮层组织进入木质部疏导系统向地上部输送,供应地上部生长发育的需要。同时,植物地上部绿色组织合成的光合产物及部分矿质养分则可通过韧皮部系统运输到根部,构成植物体内的物质循环系统,调节养分在植物体内的分配。养分的运输方式有两种,分别是横向运输和纵向运输。横向运输是介质中的养分从根表皮细胞进入根内皮层组织到达中柱的迁移过程，养分迁移距离较短，又称为短距离运输；纵向运输是养分从根经木质部或韧皮部到达地上部的运输及养分从地上部经韧皮部向根的运输过程，养分迁移距离较长，又称为长距离运输。

养分的横向运输有两条途径：质外体途径（apoplast pathway）和共质体途径（symplast pathway）。养分离子在质外体中自由出入称为质外体途径。养分离子通过质膜进入共质体，在共质体内，养分离子可以由一个细胞进入另一个细胞。水分和溶质通过质外体运输由根表面到达内皮层后，在内皮层遇到凯氏带的阻隔而不能直接进入中柱。故质外体运输的离子到达内皮层后，必须先穿过内皮层细胞的细胞膜转入共质体途径才能到达中柱。

养分的纵向运输也有两种途径：木质部运输（自下而上运输）和韧皮部运输（双向运输）。木质部运输是指养分和同化物从根部通过木质部导管或管胞运移至地上部的过程，水和无机养分主要通过木质部向上运输。木质部中养分移动的驱动力是根压和蒸腾作用。一般在蒸腾作用强的条件下，蒸腾起主导作用，在蒸腾作用微弱或停止的条件下，根压则上升为主导作用。绝大多数营养元素以无机离子的形式在木质部转运，离子在木质部导管里运输主要靠质流，随蒸腾流向上运输。由于根压和蒸腾作用只能使木质部汁液向上运动，木质部中养分的移动是单向的。韧皮部运输是指叶片中形成的同化物及可再利用的矿质养分通过韧皮部筛管运输到植物体其他部位的过程。养分从老组织到新组织的分配完全靠韧皮部运输。养分在韧皮部的运输很大程度上取决于养分进入筛管的难易，离子养分进入筛管是跨膜的主动过程，需要消耗能量，一般氮、磷、钾、镁的移动性大，铁、钼、锌、铜的移动性小，钙和硼在韧皮部难移动（图9-15）。

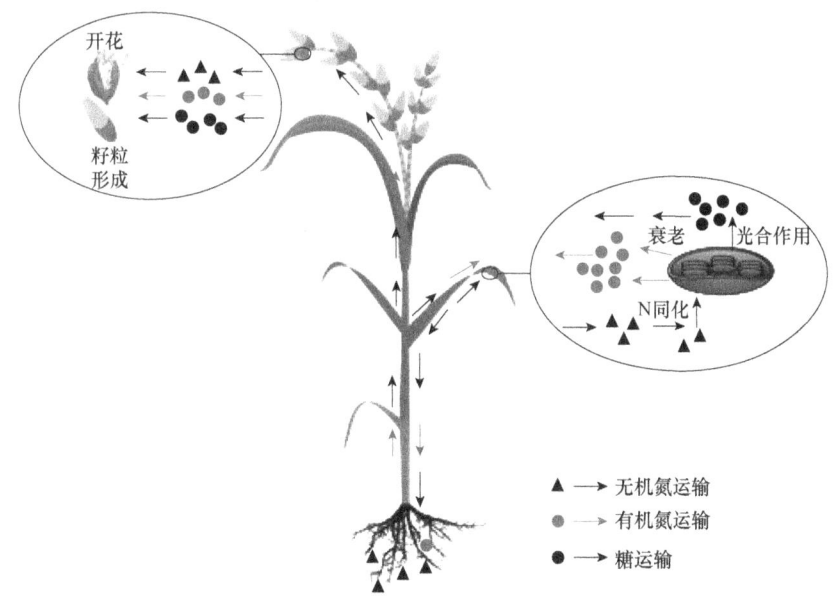

图9-15　作物体内的养分运输

（二）植株体内养分分配与再利用

养分进入植物体内后就参与植物的生理生化过程，发挥着自己的生理和营养功能。由于植物在不同的生育时期对养分的数量和比例需求不同,环境中养分供应水平与程度也不一样,因而植物体内的养分就会随生长中心的转移而使养分再分配与再利用。前面讲到氮、磷、钾、硫、镁较易移动,分配再利用程度较高,而硼、钙很难被再利用。

养分分配与再利用过程需要经历三个步骤。第一步是养分的激活,这一过程首先由对养分有需求的新器官(或部位)发出"养分饥饿"的信号,该信号传递到老器官,引起该部位细胞中的某种运输系统激活启动,该器官细胞内的养分转移到细胞外,准备进行长距离运输。第二步是韧皮部运输,被激活的养分转移到细胞外的质外体后,再通过细胞膜的主动运输进入韧皮部筛管,养分根据新器官的需求进行韧皮部的长距离运输。运输到茎部后的养分可以通过转移细胞进入木质部向上运输。第三步是分配到新器官,养分通过韧皮部或木质部先运到靠近新器官的部位,再经过跨膜的主动运输进入需要养分的新器官细胞内。

只有移动能力强的养分元素(如氮、磷、钾、硫、镁)才能被再分配利用。再利用能力强的元素,养分的缺乏症状首先出现在老部位;再利用能力弱的元素,在缺乏时由于不能从老部位运向新部位,其缺素症状首先表现在幼嫩器官。

在不同的生育时期,植物各器官对养分的需求不同,分配比例也不同。植物进入生殖生长阶段后,同化物主要供应生殖器官发育,因此运送到根部的同化产物的数量急剧下降,根的活力减弱,养分吸收功能衰退。这时植物体内养分总量往往增加不多,各器官中养分含量主要靠体内再分配进行调节。营养器官将养分不断地运往生殖器官,随着时间的延长,营养器官中的养分所占比例逐渐减少。对于禾谷类作物来说,营养器官中的矿质养分到成熟期时,其总量中50%的养分转移到籽粒中(图9-16)。

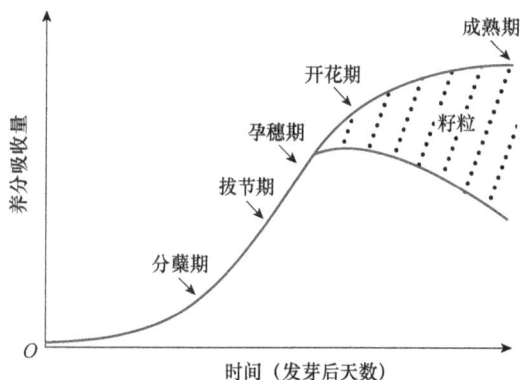

图 9-16 禾谷类作物个体发育期间矿质养分分配

每千克经济产量的养分吸收量是衡量作物养分需求量的重要指标,也是 Stanford 养分平衡法计量施肥法的重要指标。在作物成熟后将全株收获,经过化学分析测得作物各养分含量,测定某一作物每千克经济产量的养分积累量与作物产量的积,即作物养分吸收量。表 9-1 列出主要作物每生产 100kg 产量的平均养分吸收量。根据国际植物营养研究所(IPNI)多年试验数据,表 9-2 列出了主要作物的养分推荐量。

表 9-1 主要作物每生产 100kg 产量的平均养分吸收量 (单位:kg/100kg)

作物	收获物	氮(N)	五氧化二磷(P_2O_5)	氧化钾(K_2O)
水稻	籽粒	2.25	1.1	2.7
冬小麦	籽粒	3	1.25	2.5
春小麦	籽粒	3	1	2.5
大麦	籽粒	2.7	0.9	2.2
玉米	籽粒	2.57	0.86	2.14
大豆	豆粒	7.2	1.8	4
棉花	籽棉	5	1.8	4

表 9-2 主要作物的养分推荐量 （单位：kg/hm²）

作物	收获物	氮（N）	五氧化二磷（P_2O_5）	氧化钾（K_2O）
水稻	籽粒	162	62	96
小麦	籽粒	165	84	74
大麦	籽粒	206	78	44
玉米	籽粒	158	52	68
大豆	豆粒	70	89	96
棉花	籽棉	259	134	104

三、氮的吸收与分配模拟

（一）植物对氮的吸收与分配

植物吸收利用的氮主要是无机态氮，包括铵态氮（NH_4^+）和硝态氮（NO_3^-）。低浓度的亚硝酸盐虽然也能被植物吸收，但其本身被吸收的量较小，高浓度对植物有害，并无实际营养价值。某些可溶性的有机含氮化合物，也能被植物少量吸收，如氨基酸、酰胺、尿素等。硝态氮与铵态氮都是植物良好的氮源。硝态氮是阴离子，为氧化态的氮源；铵态氮是阳离子，为还原态的氮源。它们所带电荷不同，因此在营养上的特点必然有差异。在旱地农田中，硝态氮是作物的主要氮源。由于土壤中的铵态氮经过硝化反应可转化为硝态氮，因此植物吸收的硝态氮常多于铵态氮。

1. 硝态氮的吸收和同化 植物吸收硝态氮是一个逆电化学势梯度的主动吸收过程，影响其吸收的因素主要有光照、温度、介质 pH、供氧状况等。硝态氮进入植物体后，其中一部分可进入根细胞的液泡中储存起来暂时不被同化，而大部分既可以在根系中同化为氨基酸、蛋白质，也可以直接通过木质部运往地上部进行同化。根中合成的氨基酸也可以向地上部运输，在叶片中再合成为蛋白质。在地上部叶片中，硝态氮同样可以进入液泡暂时储存起来，或进一步同化为各种有机态氮。硝酸盐在液泡中积累对阴阳离子平衡和渗透调节作用具有重大意义。

硝态氮虽然可以直接被植物吸收，但是进入植物体后，需要经过还原成氨才能与其他基团结合成有机产物，可在根系同化为氨基酸、蛋白质，也可通过木质部在叶片同化。硝态氮的同化过程分两步进行，第一步：NO_3^- 在细胞质中进行还原反应，形成 HNO_2，HNO_2 再以分子态透过质膜。第二步：HNO_2 在叶绿体或前质体内被还原，形成氨。硝态氮的同化过程需要硝酸还原酶、亚硝酸还原酶的参与，也需要铝、锰、铁、铜、硫等多种矿质元素。当土壤中缺乏这些元素中的任何一种时，植物体的硝酸盐就不易被还原。此外，其他的环境因素也会影响硝酸盐的还原，如低温、光照不足等。

2. 铵态氮的吸收和同化 铵态氮为正电荷，而土壤胶体是负电荷，因此铵态氮容易被土壤胶体吸附，从而不易流失（如雨水多、漫灌等）。植物吸收铵态氮的途径分有三种：第一种认为 NH_4^+ 的吸收机制与 K^+ 相似，两者有相同的吸收载体，因而常表现出竞争效应；第二种认为 NH_4^+ 是与 H^+ 进行交换而被吸收进入植物体的；第三种认为 NH_4^+ 发生脱质子以 NH_3 的形式被植物吸收。但是不管是哪种机制，其共同特点是释放等量的 H^+，使介质中的 pH 降低，这也是使用铵态氮肥后局部土壤变酸的原因。

植物吸收铵态氮受植物体内碳水化合物含量的影响，碳水化合物含量高时，能促进 NH_4^+

的吸收，因为碳架和能量充足，有利于 NH_4^+ 同化。铵态氮被植物吸收后，立即在根细胞中被同化成氨基酸，然后再向地上部输送，很少以 NH_4^+ 的方式直接送往地上部。

3. 有机尿素的吸收和同化 尿素分子能被植物的根和叶部直接吸收，尿素在植物体内脲酶的作用下可水解成氨和二氧化碳。水解产生的氨与磷酸作用生成氨甲酰磷酸进而转化成氨基酸。水解过程中所产生的氨必须尽快转化，否则氨的浓度增大会对水解过程产生抑制作用。

氮的运输主要有木质部运输和韧皮部运输，取决于吸收的氮源和根系的代谢作用。大部分硝态氮从木质部运输到地上部，进行长距离运输。硝态氮的根茎运输能力因植物种类而异，并受环境条件的制约。运输到地上部后，植物将根据叶子的发育阶段、氮需求和硝酸盐的容量决定硝态氮是被储存、被同化还是再被转运到其他部位。铵态氮大部分在根系同化为氨基酸，以氨基酸、酰胺的形式向上运输。

（二）作物氮素平衡模型

作物生长模型是对作物生长发育过程及其与环境和管理措施的动态关系进行定量描述和预测的有效工具。作物养分平衡模型是作物生长模型的重要模块，即采用数学方法对养分的转化过程及作物对养分的吸收、分配与转运等过程进行模拟。大部分作物生长模型的养分模块在描述作物营养状态和养分效应因子时，均采用作物临界养分浓度曲线作为标准曲线。作物临界养分浓度是指作物达到最大干物质所需要的最低需养分量，通常根据作物生育期、播种后天数或干物质量估算而出，被许多作物模型引用以预测作物的养分需求量并计算养分效应因子。作物氮素平衡模块是作物养分模块中发展最成熟的，应用比较广泛的有 DSSAT-CERES 模型、APSIM 模型和我国的 CropGrow 模型，常见的模拟框架如图9-17所示。

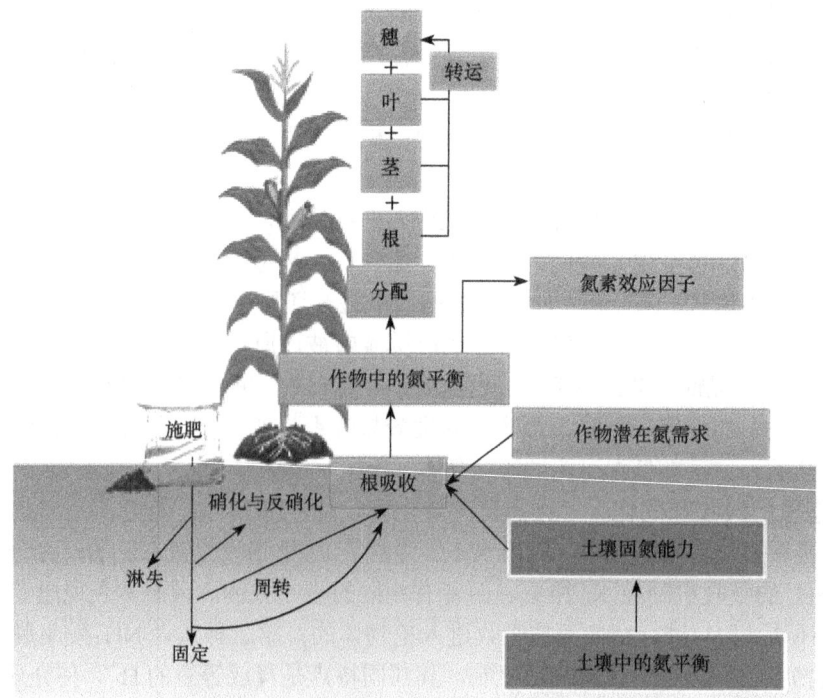

图 9-17 氮素平衡模拟基本过程概念图

作物氮素吸收是联系土壤系统和作物系统的纽带，植物对氮素的吸收模型分为两个基本过程：一是土壤向根系的供应，二是根系对氮素的吸收。植物营养学家描述这两个过程常用溶质扩散方程和 Michaelis-Menton 方程。在作物生长模型中更多采用的是简化的机理模型或者经验模型。其中以 DSSAT-CERES 为代表的模型采用的根系吸收动力学模型，综合考虑了土壤中氮（硝态氮和铵态氮）的浓度、根系潜在吸收力和水分等条件的影响。

1. 土壤向根系供氮算法 CropGrow 模型的氮素平衡模块与 DSSAT-CERES 模型类似，在计算土壤潜在供氮能力上，首先假定作物对硝态氮和铵态氮的吸收没有偏好，土壤潜在供氮量为两种形态氮的可吸收之和，它与土壤中铵态氮和硝态氮的浓度相关，并受根长密度与水分的影响。

$$FNO_3^- = 1 - \exp(-0.0275 \times SNO_3^-) \tag{9-42}$$

$$FNH_4^+ = 1 - \exp(-0.0275 \times SNH_4^+) \tag{9-43}$$

$$SMDFR = \begin{cases} (SW-LL)/(DUL-LL) & SW \leq DUL \\ 1-(SW-DUL)/(SAT-DUL) & SW > DUL \end{cases} \tag{9-44}$$

$$RFAC = RLV(L) \times SMDFR^2 \times DLAYR(L) \times 100 \tag{9-45}$$

$$RNO_3^-U = RFAC \times FNO_3^- \times RTNO_3^- \tag{9-46}$$

$$RNH_4^+U = RFAC \times FNH_4^+ \times RTNH_4^+ \tag{9-47}$$

$$TRNU = RNO_3^-U + FNH_4^+U \tag{9-48}$$

式中，SNO_3^- 和 SNH_4^+ 为介质中硝态氮和铵态氮的浓度（mg/L）；FNO_3^- 和 FNH_4^+ 为硝态氮和铵态氮浓度的影响因子；SMDFR 为相对干旱因子，与田间实际含水量（SW）、饱和含水量（SAT）、田间持水量（DUL）、萎蔫含水量（LL）有关；RLV 为根长密度（cm/cm³）；DLAYR 为每一层的土层深度（cm）；RNO_3^-U、RNH_4^+U 和 TRNU 分别为硝态氮、铵态氮和两者之和的可吸收量（kg/hm²）；L 为不同的土层；$RTNO_3^-$ 和 $RTNH_4^+$ 分别为单位根长对 NO_3^- 和 NH_4^+ 的最大吸收量，取值均为 0.009 kg N/(hm²·cm)。由于根的活动在开花后逐渐减弱，在 CropGrow 模型中添加了开花后（PDT>32）RFAC 的影响因子，其计算如下：

$$RFAC = \begin{cases} RLV(L) \times SMDFR^2 \times DLAYR(L) \times 100 & PDT < 32 \\ RFAC \times \left(\dfrac{57-PDT}{57-32}\right)^{1.5} & PDT \geq 32 \end{cases} \tag{9-49}$$

CropGrow 模型在计算总的土壤供氮量时还引入了一个品种参数 pb（单位根长密度潜在最大吸氮量），用来表达不同品种在吸氮能力方面的遗传差异，该参数在 CERES 中设置为常数，为 0.009 kg N/hm²。

$$TRNU = RNO_3^-U \times pb + RNH_4^+U \times pb \tag{9-50}$$

由于旱地作物对铵态氮的吸收较少，所以 APSIM 模型在模拟旱地作物生长时只模拟了作物对可吸收硝态氮的模拟，算法如下：

$$Ns_{(i)} = KNO_3^- N_{(i)} \left[N_{(i)} \frac{1000}{BD \times Ds} \right] \frac{SW-LL}{DUL-LL} \tag{9-51}$$

$$Ns'_{(i)} = Ns_{(i)} \times \frac{N_{s,\max}}{N_{(i)} \times 1000 / (BD \times Ds)} \tag{9-52}$$

式中，i 为第 i 层土层；$Ns_{(i)}$ 为第 i 层土壤的实际供氮量（g/m²）；KNO_3^- 为土壤硝态氮浓度的影响因子；$N_{(i)}$ 为介质中硝态氮的浓度（g/cm³）；BD 为土壤的容重（g/cm³）；Ds 为第 i 层土壤的深度（cm）；$N_{s,max}$ 为每一次最大的吸收量，默认参数为 $0.6g/m^2$；$Ns_{(i)}$ 为第 i 层土壤中根实际可吸收的含氮量（g/m^2）。

2. 根系对氮素的吸收算法 目前主流模型计算根系氮素实际吸收量时，均为土壤可供氮量与植株潜在需氮量之间的最小值。

$$ATRNU = \min(TRNU, ANDEM) \tag{9-53}$$

$$NUF = ANDEM/TRNU \tag{9-54}$$

式中，ANDEM 为植株潜在需氮量（kg/hm^2）；ATRNU、TRNU 分别为实际氮素吸收量、土壤潜在供氮量（kg/hm^2）；NUF 为植株氮素的需求供给比。

3. 作物中的氮素潜在需求算法 作物每日氮素的实际吸收量同时受土壤可供氮量和植株潜在需氮量的影响。一般在作物生长季的前期作物吸收氮的量相对较高，作物开花后，根系的活动开始衰退，作物根系吸氮能力开始下降。与此同时，作物组织中的氮浓度也随着作物生长阶段的不同而发生变化，在作物生长季早期，植物光合作用和生长发育过程需要大量有机氮化合物，氮浓度通常较高。在计算每日氮素实际吸收量前，模型需要先计算植株潜在需氮量。植株的氮素需求为植株各个器官的氮素需求之和，各器官的氮素需求为其最大含氮量（与该器官氮浓度相关）与实际含氮量的差值。DSSAT-CERES 模型在计算植株潜在需氮量时，将植株分为地上部和地下部，而 APSIM 和 CropGrow 模型将地上部需求进一步细分为茎、叶、穗的氮素需求。在任何时间点，作物组织都存在一个临界氮浓度，低于这个浓度时，植物的生长将会减慢。临界氮浓度可以根据作物个体发育年龄的函数来确定。由于不同作物生长模型的发育期算法和生理发育年龄的设置尺度不一样，临界氮浓度的算法也不同。例如，DSSAT-CERES 模型的冬小麦地上部和地下部临界氮浓度算法如下：

$$TCNP = -5.01 - 6.35 \times Zstage + 14.96 \times sqrt(Zstage) + 0.22 \times (Zstage^2) \tag{9-55}$$

$$RCNP = 2.10 - 0.14 \times sqrt(Zstage) \tag{9-56}$$

式中，TCNP 和 RCNP 分别为地上部和地下部的临界氮浓度；Zstage 为 Zadoks 生育期（荷兰植物学家 Zadoks 于 1974 年提出的作物不同生育阶段标识方法）。地上部/地下部的需氮量计算分别为地上部/地下部干物质重乘以两者的临界氮浓度后减去地上部/地下部实际的氮积累量，单位为 kg/hm^2。

CropGrow 模型中临界氮浓度算法与生理发育时间（PDT）有关，其计算如下：

$$TCNC = tc \times \left(\frac{PDT}{1000}\right)^{-0.52} \times 0.01 \tag{9-57}$$

$$NCLVC = -0.000008 \times PDT^2 + 0.0002 \times PDT + 0.0374 \tag{9-58}$$

$$NCSTC = \frac{TOPWT \times TCNC - NCLVC \times LVWT - SOWT \times 0.018}{STWT} \tag{9-59}$$

式中，TCNC、NCLVC 和 NCSTC 分别为地上部、叶和茎的临界氮浓度；TOPWT、LVWT、SOWT 和 STWT 分别为地上部、叶片、穗部和茎干物质重。CropGrow 模型作物各器官的氮需求量计算与 DSSAT-CERES 类似，即该部位干物质重乘以临界氮浓度后再减去该部位实际氮积累量。

APSIM 和 CropGrow 模型都计算了茎、叶和穗的氮素潜在需求量。APSIM 模型为每个作物定义了最小、临界和最大氮浓度。最大/最小氮浓度定义为所有植株部分氮含量所能达到最大/最小允许氮浓度。APSIM 模型分别计算了各器官的临界氮需求和最大氮需求量，其计算如下：

$$N_{D,crit} = \frac{\Delta Q_{part} \times C_{N,crit}}{f_{w,photo}} + fn(C_{N,crit} - C_{N,part}) \quad C_{N,crit} > C_{N,part}$$

$$N_{D,max} = \frac{\Delta Q_{part} \times C_{N,max}}{f_{w,photo}} + fn(C_{N,max} - C_{N,part}) \quad C_{N,max} > C_{N,part} \tag{9-60}$$

式中，$N_{D,crit}$ 和 $N_{D,max}$ 分别为各个器官的临界氮需求和最大氮需求量（g N/g DM）；ΔQ_{part} 为各个器官每日增加的干物质重；$f_{w,photo}$ 为水分胁迫下的生物量积累；$C_{N,crit}$、$C_{N,max}$ 和 $C_{N,part}$ 分别为各器官临界氮浓度、最大氮浓度和实际氮浓度；fn 为固定参数，默认值是 0.0001。

4. 氮素在植株中的分配　　作物模型中的氮素分配一般采用按需分配模式，吸收的氮素先根据地上部和地下部的需求占总需求的比例进行分配，模型形式如下：

$$NUP_i = TNUP \times \frac{NDEM_i}{ANDEM} \tag{9-61}$$

式中，ANDEM 为植株潜在需氮量（kg/hm²）；TNUP 为植株的实际氮素吸收量（kg/hm²）；NUP_i、$NDEM_i$ 分别为植株某器官的实际氮吸收量和需氮量（kg/hm²）。CropGrow 模型和 APSIM 模型中，地上部的氮素按照器官（茎、叶、穗）需求所占地上部氮素需求的比例在器官间进行分配。DSSAT-CERES 模型将茎和叶统一看作营养器官，只进行地上部和地下部的分配。

5. 氮素转运与再分配　　作物吸收的氮素首先分配给了根和营养器官，籽粒氮素的积累需从营养器官和根中转运而来。籽粒的需氮量为籽粒临界氮浓度与籽粒干重之积。从源库角度来看，籽粒氮素需求作为库，而营养器官和根中可转运的氮素看作源。氮素的转运需要比较源库大小，分两种情况进行讨论，首先库先吸收从营养器官中转运而来的氮素，不足才吸收根转来的氮素。营养器官和根中可转运的氮素受其实际氮含量与最小氮含量的影响。CropGrow、DSSAT-CERES 和 APSIM 模型在模拟氮素再分配时的算法类似，其模拟籽粒氮素潜在需求（PNGN）、营养器官氮素可转运量（TRN）和氮素实际转运量（ARN）时的算法如下：

$$PNGN = GNnumb \times [4.83 - 3.95 \times DTT + 0.75 \times (T_{max} - T_{min}) + 5.31 \times T_{av}] \tag{9-62}$$

$$TRN = \sum_i^n WT_i \times (VANC_i - VMNC_i) \tag{9-63}$$

$$ARN = \min(PNGN, TPN) \tag{9-64}$$

式中，PNGN 为籽粒氮素潜在需求（kg/hm²）；GNnumb 为穗粒数含量；DTT 为每日热效应；T_{max}、T_{min} 和 T_{av} 分别为每日最高、最低和平均温度（℃）；WT、VANC 和 VMNC 分别为各部位的干物质重、实际氮含量和最小氮含量；i 在 CropGrow 中为茎、叶和根，在 DSSAT-CERES 中为地上部和地下部；TRN 和 ARN 为营养器官氮素可转运量和氮素实际转运量（kg/hm²）。

四、磷的吸收与分配模拟

（一）植物对磷的吸收与分配

磷是作物生长发育不可缺少的营养元素之一，它既是作物体内许多重要有机化合物的组分，同时又以多种方式参与作物体内各种代谢过程，对保证作物高产和高品质具有明显作用。植物根能从含磷浓度极低的溶液中吸收磷，通常根细胞和木质部汁液中磷酸盐浓度比土壤溶液中的磷高好几百倍。植物根系主要通过根毛区来吸收磷，因为根毛区有大量的根毛，吸收面积大，而且根毛区的木质部已经成熟，可将所吸收的磷运往地上部。根系吸收的磷酸盐进入细胞后迅速参与代谢作用，形成多种重要的含磷化合物，首先运输到幼嫩的叶片，参与光合作用和促进碳水化合物合成，后又通过韧皮部运送到老叶。

植物吸收磷受多种因素的影响，主要有植物生物学特性和环境条件等方面。植物生物学特性主要在于选育吸磷能力强的作物品种，而这又与作物根系特性有密切关系，如根毛活力强的品种吸收磷的能力强。影响磷吸收的其他条件有土壤供磷状况、菌根、环境温度和水分条件及养分的相互关系。通常作物主要吸收土壤中的无机磷，对有机磷的吸收较少。菌根根毛可扩大根系吸收面积，并能缩短根吸收养分的距离，提高土壤磷的空间有效性，根分泌物也能促进难溶性磷的溶解度。环境条件以温度和水分的影响最为明显，环境温度升高，有利于磷的吸收，增加水分，有利于提高土壤磷的有效性。磷与氮在植物吸收、利用方面有着相互的影响，施用氮肥能促进磷的吸收，因为磷参与氮代谢、硝酸盐还原、铵同化及蛋白质合成，磷又促进氮使植物生长得更好。

（二）作物磷平衡模型

作物生长模型对磷平衡模拟方面的研究一直较少，且主要集中于根据临界磷素曲线模拟作物吸收磷的过程，代表性的模型有 EPIC 模型。EPIC 模型中根系吸收氮、磷、钾的算法结构都是一样的，首先临界养分浓度与生育期有关，随着生育进程的增加而降低，其计算如下：

$$C_{N,P,K}B_i = b_{1N,P,K} + b_{2N,P,K} \times \exp(-b_{3N,P,K} \text{HUI}_i) \tag{9-65}$$

式中，$C_{N,P,K}B_i$ 为植株临界养分（氮/磷/钾）浓度（kg/hm²）；i 为关键生育期；$b_{1N,P,K}$、$b_{2N,P,K}$ 和 $b_{3N,P,K}$ 分别为计算作物临界养分浓度的作物参数，在不同生育期不一样；HUI_i 为第 i 个时期的热时间，表示生育进程。

EPIC 模型中作物养分需求量等于临界养分浓度减去实际养分积累量，磷的养分需求量计算如下：

$$\text{UPD}_i = C_P B_i - \sum \text{UP} \tag{9-66}$$

式中，UPD 为植株 P 需求量（kg/hm²）；$C_P B$ 为植株临界磷浓度（kg/hm²）；i 为关键生育期；UP 为实际 P 吸收量（kg/hm²）。

EPIC 模型中作物从土壤吸收磷的含量（UPS）计算如下：

$$\text{UPS}_i = 1.5 \times \text{UPD}_i \times \text{LF}_{ul} \times \frac{\text{RW}_l}{\text{RWT}_i} \tag{9-67}$$

$$\text{LF}_{ul} = 1 - \exp(-0.145 c_{LPl}) \tag{9-68}$$

式中，UPS_i 为作物第 i 天从土壤吸收磷的含量；l 为土层；LF_{ul} 为速效磷吸收的影响因子，取 0.1~1.0；RW_l 为 l 土层土壤中根重；RWT_i 为第 i 天的总根重（kg/hm²）；c_{LPl} 是第 l 层有效磷含量（g/t）。

五、钾的吸收与分配模拟

（一）植物对钾的吸收与分配

钾在植物体内占干重的 0.3%~0.5%，在植物体内平均含量仅次于氮，是作物生长发育所必需的营养元素，也是肥料三要素之一。作物对钾的吸收取决于介质中钾的浓度，低浓度下，以主动吸收为主；高浓度下，以被动吸收为主。钾具有快速透过生物膜，且与酶促反应关系密切的特点。钾在植物体内的流动性很强，易于转移到地上部，并且随植物生长中心的转移而转移，可以被植物多次反复利用。根吸收的钾离子在木质部中作为硝酸根离子的陪伴离子向地上部运输,到达地上部后硝酸根离子被还原成氨气,为维持电荷平衡,地上部必须合成有机酸(主要是苹果酸),以便与钾离子形成有机酸盐,使阴阳离子达到平衡。苹果酸钾可在韧皮部中运往根部,在根中苹果酸可作为碳源构成根的结构物质,或转化成碳酸氢根离子分泌到根外。根中的钾离子又可再次陪伴所吸收的硝酸根离子向上运输,如此循环往复。

当植物体内钾不足时,钾优先分配到较幼嫩的组织中。例如,在低钾处理的水稻叶片中,钾含量在上层叶到下层叶存在明显的梯度。当生长重心转移到库器官时,钾也会跟着转移,并促进光合作用产物向贮藏器官运输,增加库的容量。钾不仅在生理物理和生物化学过程中有重要作用,而且对体内同化产物的运输、能量转变也有促进作用。钾在作物后期促进蛋白质合成、提高作物品质上也发挥重要作用,因此也有品质元素之称。

(二)作物钾平衡模型

作物对钾素的吸收取决于土壤钾和肥料钾有效性之间的相互作用,这种相互作用的过程是复杂的。因此,建立钾素模型要考虑各种环境及其变化对作物生长发育的影响,这使得建立钾素机制模型变得十分复杂。国际主流模型中具有钾平衡算法的模型并不多且不确定性较大,具代表性的有 APSIM 模型、EPIC 模型和 WOFOST 模型。由于钾和磷平衡算法缺乏有效验证,其可靠性和机理性还需要进一步提高,模型通常默认将钾磷模块关闭,需要手动开启。EPIC 模型中作物钾平衡模型与作物磷平衡模型结构相似,只是一些参数和输入变量不一样。APSIM 模型建立植株根对钾素吸收和植物钾素平衡算法,并应用于 APSIM 小麦模型。由于根对钾的吸收与生育期和根中钾浓度有关,APSIM 模型中根实际对钾素吸收速率的计算如下:

$$V = V_m V_g V_k \tag{9-69}$$

式中,V_m 为根吸收钾的最大速率 [mmol/(cm²·s)];V_g 和 V_k 分别为生育期对钾吸收影响的修正因子和根系钾浓度对钾吸收影响的修正因子,取 0~1,V_g 为一个 Logistic 衰减函数,随生育进程的增加而减小,V_k 为一个指数递减函数,随着根中吸收的钾浓度的增加而减小。

钾在植物体内的流动性很强,植株不同组分的钾浓度非常相似。通常,钾在地上部各个器官中的浓度基本差不多,在根中的浓度相对较低。APSIM 模型假设地上部各个器官都具有相同的钾浓度,不考虑钾在各器官间的分配。地上部和根之间的钾平衡计算如下:

$$s_k = 2.02 \times r_k^{0.64} \tag{9-70}$$

式中,s_k 为地上部钾浓度(%);r_k 为根系钾浓度(%)。

第四节 养分效应因子

矿质养分供应状况对植物的生长发育和产量形成有重要的调节作用。这种作用可用养分效应曲线来做一般性描述(图 9-18)。在第一区段内,养分供应不足,生长率随养分供应的增加而上升,称为养分缺乏区。在第二区段内,养分供应充足,生长率最大,再增加养分供应对植物生长量并无影响,称为养分适宜区。在第三区段内,养分供应过剩,生长率随养分供应量的增加而明显下降,称为养分中毒区。很多因素影响养分效应的高低,在相同的土壤类型、水分管理及其他栽培措施条件下,养分的平衡状况对养分效应高低有明显作用。当一种养分供应过量时,可能会造成其他养分的缺乏或毒害,从而导致减产。例如,单纯大量施用氮肥会破坏植物体内激素的平衡,使植物的生长受到严重影响,配合施用磷钾肥则使植物生长得到改善。因此，在养分缺乏的土壤上，要想提高作物产量，不能只考虑一种养分的供应情况，而应考虑各种养分的平衡供应。国际主流的作物生长模型大部分都通过构建养分效应因子来模拟养分状况对作物生长的影响。

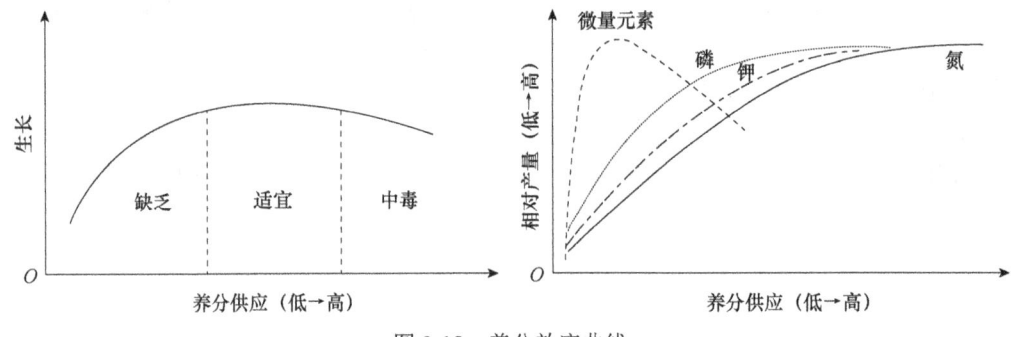

图 9-18　养分效应曲线

养分亏缺会影响作物组织对养分的吸收、分配及向籽粒转运的过程，通过影响源和库进而降低产量和品质。作物模型中定义了养分效应因子或养分限制因子来衡量与修正养分亏缺对作物生长的影响。养分效应因子主要包括氮素效应因子、磷素效应因子和钾素效应因子。

一、氮素效应因子

目前主流作物生长模型都具有氮胁迫对作物影响的算法，而具有磷、钾效应算法的模型相对较少。大部分作物生长模型的氮素效应因子都是通过比较地上部实际氮含量与临界氮浓度、最大氮浓度、最小氮浓度之间的关系来确定的。DSSAT-CERES 模型定义了一系列取值为 0~1 的氮素效应因子（nitrogen factor，NFAC）来确定氮素对作物生长的影响，包括 NDEF1、NDEF2、NDEF3 和 NDEF4，其中 NDEF1 影响光合作用，NDEF2 影响叶片生长和死亡，NDEF3 影响茎蘖消亡，NDEF4 影响籽粒氮含量。NFAC 是由实际氮积累量（TANC）、临界氮浓度（TCNP）和最小氮浓度（TMNC）来决定的。当作物实际氮积累量大于临界氮浓度时，表明作物并不缺氮，NFAC 取值为 1。NDEF1、NDEF2、NDEF3 和 NDEF4 的计算如下：

$$\text{NFAC} = 1 - \frac{\text{TCNP} - \text{TANC}}{\text{TCNP} - \text{TMNC}} \tag{9-71}$$

$$\text{NDEF1} = 0.1 - 2 \times \text{NFAC} \tag{9-72}$$

$$\text{NDEF2} = \text{NFAC} \tag{9-73}$$

$$\text{NDEF3} = \text{NDEF4} = \text{NFAC}^2 \tag{9-74}$$

CropGrow 定义了两个氮素效应因子 NDEF1 和 NDEF2，其中 NDEF1 影响作物的光合作用，NDEF2 影响叶片生长及籽粒含氮量。NDEF1 和 NDEF2 的取值为 0.01~1，由实际氮积累量（TANC）、临界氮浓度（TCNP）和最小氮浓度（TMNC）决定，计算方法如下：

$$\text{NDEF1} = \text{NDEF2} = \min\left[\sqrt{\frac{\max(\text{TANC} - \text{TMNC}, 0)}{\text{TCNP} - \text{TMNC}}}, 1\right] \tag{9-75}$$

APSIM 模型定义了 4 个氮素效应因子，包括 $f_{N,pheno}$、$f_{N,photo}$、$f_{N,expan}$、$f_{N,grain}$，其中 $f_{N,pheno}$ 影响作物的生育期，$f_{N,photo}$ 影响作物生物量积累，$f_{N,expan}$ 影响作物的叶片生长，$f_{N,grain}$ 影响籽

粒生长及籽粒氮含量。

$$f_{N,pheno} = h_{N,pheno} \sum_{stem,leaf} \frac{C_N - C_{N,min}}{C_{N,crit} \times f_{c,N} - C_{N,min}} \quad (9\text{-}76)$$

$$f_{N,photo} = h_{N,photo} \sum_{leaf} \frac{C_N - C_{N,min}}{C_{N,crit} \times f_{c,N} - C_{N,min}}$$

$$f_{N,expan} = h_{N,expan} \sum_{leaf} \frac{C_N - C_{N,min}}{C_{N,crit} \times f_{c,N} - C_{N,min}} \quad (9\text{-}76a)$$

$$f_{N,grain} = \frac{h_{N,poten}}{h_{N,min}} h_{N,grain} \sum_{stem,leaf} \frac{C_N - C_{N,min}}{C_{N,crit} \times f_{c,N} - C_{N,min}}$$

式中，C_N 为各个器官的实际氮浓度；$C_{N,crit}$ 和 $C_{N,min}$ 为各器官的临界氮浓度和最小氮浓度；$h_{N,pheno}$、$h_{N,photo}$、$h_{N,expan}$、$h_{N,grain}$、$h_{N,poten}$ 和 $h_{N,min}$ 分别为氮素效应因子在不同影响过程的敏感性参数；$f_{c,N}$ 为各个器官临界氮浓度的敏感因子，对于茎来说取值为1，叶片则受到外界 CO_2 的影响。

二、磷素效应因子

作物生长模型对磷效应模拟方面的研究一直较少，主要有 EPIC 模型。EPIC 模型定义了磷效应因子来预测磷胁迫对作物生长造成的影响，其计算如下：

$$SP_i = \frac{1}{1 + 0.01 \times \exp\left(3.59 - 5.877 \times \frac{UP_i}{UPD_i}\right) \Big/ \frac{UP_i}{UPD_i}} \quad (9\text{-}77)$$

式中，SP_i 为第 i 天磷效应因子；UP_i 和 UPD_i 分别为植株第 i 天的吸收量和需求量（kg/hm^2）。

三、钾素效应因子

尽管钾是酶催化、光合作用、呼吸作用、同化物运输、蛋白质合成、气孔调节等过程所必需的元素，但模型很难对这些过程的钾素效应进行一一建模。APSIM-Wheat 的钾素模块只考虑了钾素对光合同化速率和蒸腾效率的影响，根据地上部钾浓度构建钾素效应因子，对每日光合同化效率和蒸腾效率进行了修正。在计算效应因子前，模型先计算临界钾浓度，随着生育进程的增加而减小，具体如下：

$$s_k^c = 0.5 + \frac{3.5}{1 + (Zstage/40)^5} \quad (9\text{-}78)$$

式中，s_k^c 为作物的临界钾浓度（%）；Zstage 为 Zadoks 生育期。

APSIM 使用 beta 生长函数来计算钾素对光合同化效率的影响，其计算如下：

$$a_e = \begin{cases} 1 & s_k > s_k^c \\ \dfrac{\left(1 + \dfrac{s_k^c - s_k}{s_k^c - s_k^m}\right)\left(\dfrac{s_k}{s_k^c}\right) s_k^c}{s_k^c - s_k^m} & s_k \leqslant s_k^c \end{cases} \quad (9\text{-}79)$$

式中，a_e 为钾素对光合同化影响的效应因子，取 0~1；s_k^c、s_k^m、s_k 分别为作物的临界钾浓度、最小钾浓度和实际钾浓度（%）。

在水分亏缺条件下，小麦的钾素状况会影响水分利用效率。作物缺钾时，气孔开闭较慢，对水汽压差的变化反应较慢，对蒸腾速率有显著的影响。APSIM 模型提出了一个简单的钾素影响蒸腾的效应因子（ω_k），计算如下：

$$\omega_k = 1 - \exp(-2.5 s_k) \tag{9-80}$$

养分是影响作物生长发育和产量形成的一个重要因子，作物氮素平衡过程是作物生长模型的重要组成部分。目前国内外模型虽然可以模拟土壤中养分的转化过程及作物对养分的吸收、分配与转运等过程，但是仍存在一些不足之处，如模型的机理性有待进一步加强，养分平衡过程受许多物理、化学和生物因素的影响，现有的模型采用的算法有很多属于经验型的算法，因此需要进一步加强模型的机理性。

复习思考题

1. 名词解释：农作物养分平衡。
2. 土壤养分动态过程涉及哪些重要过程？
3. 作物养分吸收和分配受什么因素的影响？
4. 描述作物氮素平衡模拟基本过程。
5. 描述一种作物氮素需求的模拟方法。
6. 氮素效应因子可以用来模拟氮素状况对作物哪些过程的影响？

第十章
作物胁迫响应模拟

逆境是指对作物生长和生存不利的各种环境因素的总和,又称为胁迫。胁迫通常分为非生物胁迫(高温、低温、干旱、盐渍等)和生物胁迫(病虫草害等)。逆境的种类很多(图10-1),但都引起细胞脱水,生物膜破坏,各种代谢无序进行。胁迫导致作物代谢失调主要表现在引起植物的水分胁迫,光合作用下降,同化产物供应减少,呼吸速率大起大落,呼吸代谢途径发生变化,从而降低作物产量并影响作物品质。现有的部分农作系统模拟模型已经构建相关的算法来模拟作物生长发育和产量、品质形成对胁迫的响应。

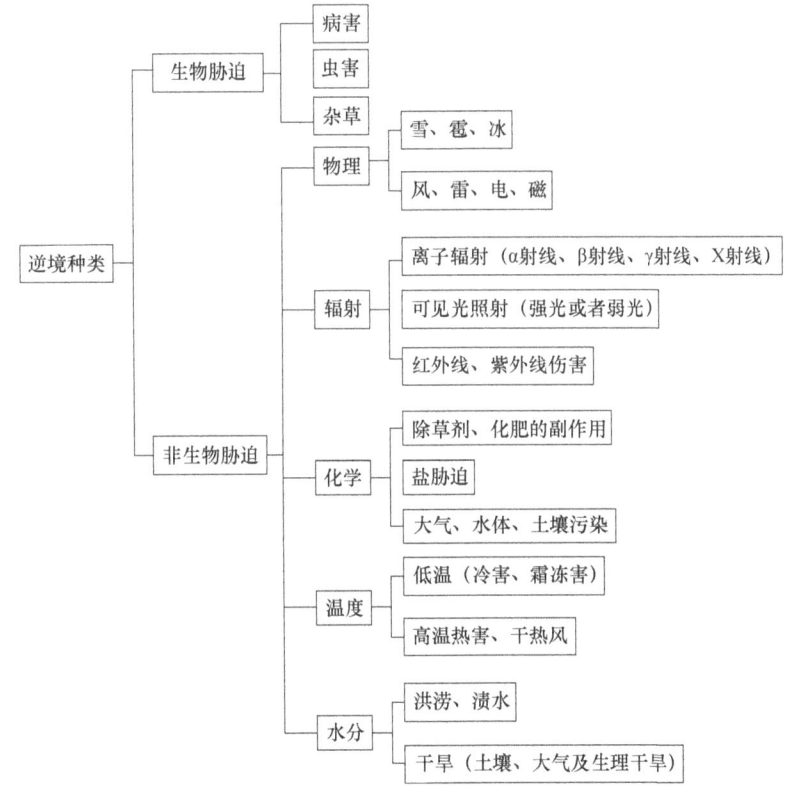

图10-1 作物逆境的主要类型

第一节 极端温度胁迫响应模拟

温度是影响作物产量和品质形成的最重要环境因素之一,尤其是在生殖生长期等关键阶段。在作物生长发育过程中,每一生理过程都有其相应的最适温度、最低温度和最高温度。温度胁迫一般是指当温度高于最高温度或低于最低温度时,作物生长发育受到抑制的现象。

在全球气候变化背景下,气候平均态的改变将进一步导致气候波动的增加,进而造成作物生育期内的极端温度胁迫事件(低温霜冻、倒春寒、高温热浪、干热风等)的发生更为频繁。因此,量化极端温度胁迫事件对作物生产力的影响,对开展气候变化效应评估并制订作物生产的适应性对策具有重要意义。

但目前大部分作物生长模型仅仅量化了最低和最高温度范围内的温度变化对作物发育速率、叶片生长、光合作用、呼吸作用、茎蘖动态、籽粒灌浆、氮素吸收与分配等主要过程的影响,而极端温度条件下这些过程的量化较为缺乏。国际上具备极端温度胁迫效应模拟的作物模型不多,主要通过构建温度胁迫效应因子来模拟温度胁迫对作物生长发育和产量形成过程的影响,较少从机理和过程等角度进行建模。

一、极端温度对作物生育期影响的模拟

(一)低温对生育期影响的模拟

低温处理后,通过观测叶龄动态发现小麦生育进程显著减慢,即低温胁迫条件下,每日热效应(相对的热生理日)降低。其主要原因可能为拔节后低温胁迫对小麦温度敏感性(DTS)有限制作用,在低温处理结束后 DTS 并不能立即恢复,而是随着外界温度的升高和持续时间的增加逐渐恢复正常。因此,CropGrow 模型通过引入低温胁迫对 DTS 的限制因子(LF)来限制 DTS(Xiao et al., 2021),如式(10-1)和式(10-2)所示。

$$DTS = RPE \times \min(VP, LF) \tag{10-1}$$

$$LF = \min\left(\frac{\sum DTE_f}{T_{multiplier} \times \sum DLE_f}, 1\right) \tag{10-2}$$

式中,LF 为低温胁迫对 DTS 的限制因子,取 0~1,由于暂无数据验证春化期间低温胁迫是否对 DTS 有影响,故拔节前 LF 取值为 1;VP 为春化效应因子,在拔节后取值为 1;f 为发生低温胁迫后的天数;DLE_f 为低温胁迫开始后第 f 天的每日相对低温效应;$\sum DLE_f$ 为低温胁迫开始后第 f 天累积的低温效应;$\sum DTE_f$ 为低温胁迫开始后第 f 天累积的每日热效应;$T_{multiplier}$ 为每日相对低温效应系数,表示品种对低温胁迫效应的敏感度,可作为模型的生态型参数。CropGrow 模型使用 Weibull 累积概率公式来量化最低温度与每日相对低温效应 DLE_f 的关系,计算公式如下:

$$DLE_f = 1 - \exp\left[-\ln(2) \times \left(\frac{T_{min}}{LT_{50}}\right)^k\right] \tag{10-3}$$

式中,参数 k 的取值决定了该曲线的形状,用来衡量 DLE_f 随温度的变化率,参数 k 为模型常数,对品种不敏感;LT_{50} 为小麦半致死温度,即小麦叶片死亡率为 50%时的温度,是量化作物低温胁迫下抗寒性的重要指标,当 $T_{min} = LT_{50}$ 时,DLE_f 为 0.5。

国际上的主流模型通常采用有效积温法作为发育尺度来量化生育进程。不同的模型采用不同的温度响应方程来量化每日相对发育速率与温度的关系,具体见图 10-2。在 Hermes、DSSAT-CERES、Expert-N-CERES、DSSAT-NWheat 模型中采用不同的折线型函数来描述小麦发育对温度的反应,即当实际温度低于基点温度时,小麦发育速率为 0。APSIM-E 和 CropGrow 模型分别采用抛物线和正弦指数函数来定量温度对作物发育进程的影响,发生低温胁迫时,作物每日累积有效积温下降,特别是当温度低于作物的基点温度(T_{base})时,发育停止,生

育进程明显推迟。但这些模型都没有考虑到低温胁迫解除（环境温度恢复正常）后作物生育进程缓慢恢复甚至无法恢复的效应。

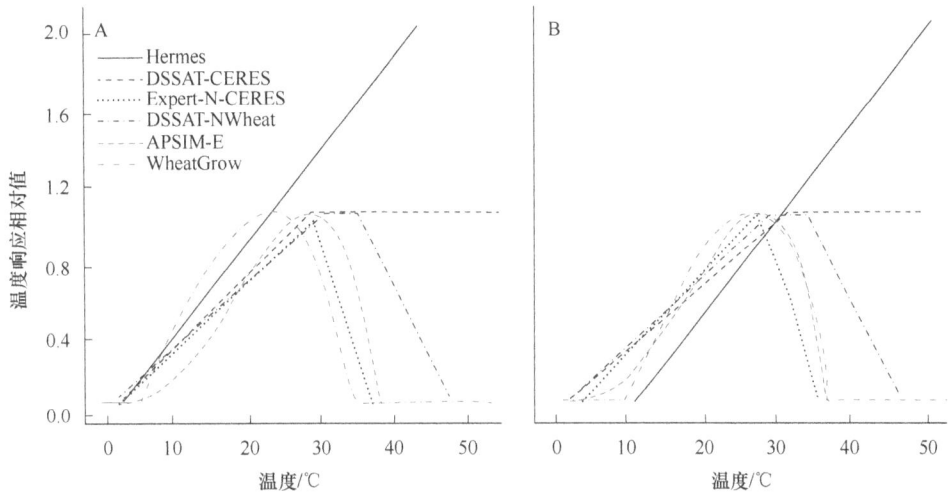

图 10-2 国际主流模型在营养生长阶段（A）和
生殖生长阶段（B）模拟作物相对发育速率的温度响应方程

（二）高温对生育期影响的模拟

高温胁迫后，随着高温持续时间的延长和高温水平的升高，稻麦籽粒花后生长天数（GD_{AM}）明显缩短；而在相同高温处理下，灌浆期处理下成熟期提前的天数明显少于开花期处理，显示了稻麦在花后不同生育阶段对高温敏感性的差异。此外，稻麦作物花后物候发育对高温的响应在品种间也存在差异。稻麦花后的物候发育主要是衰老进程，其主要受温度影响。现有作物生长模型大部分将稻麦花后高温下的物候发育热效应分为正常温度范围内的正常衰老效应和高温下加速衰老进程的高温胁迫效应。因此，CropGrow 模型使用两部分［正常温度下的热效应（DTE）和高温加速衰老的热效应（HTE）］来模拟抽穗之后温度对稻麦发育的每日热效应（TE）。

$$TE = DTE \times HTE \tag{10-4}$$

为反映不同高温程度及高温持续时间的综合效应，采用高温累积度日（HDD）来量化 HTE，具体如式（10-5）和式（10-6）所示。

$$HTE_i = \frac{HTS \times HDD_i}{GDD_{RGP}} \tag{10-5}$$

$$HDD_i = \sum_{j=1}^{i} HD_j \tag{10-6}$$

式中，GDD_{RGP} 为最适条件下稻麦完成生殖生长阶段（RGP）所需的 GDD（℃·d）；HDD_i 为抽穗之后的每日高温度日（HD）的累加值（℃·d）；HTS 为作物品种本身的耐热性遗传参数，取值为 0~1，HTS 值越大的品种，对高温胁迫的耐热性越高；HD 为每日 24h 中超过高温阈值部分的小时温度的平均值（℃·d）；下标 i 为第 i 天。

二、极端温度对作物光合作用与物质生产影响的模拟

（一）对光合作用影响的模拟

1. 低温胁迫对光合作用影响的模拟 在量化低温胁迫对小麦生长发育和产量形成的影响时，半致死温度（LT_{50}）和低温胁迫下植株的冻伤程度是国际上广泛认可的两个指标。其中，半致死温度是评估作物低温胁迫下抗寒性的重要指标，冻伤程度用来评估低温胁迫对植株造成的实际伤害。CropGrow 模型在 LT_{50} 指标的基础上，构建了低温冻伤指数（LDI）的量化算法（Xiao et al.，2022）。LDI 采用负指数方程来量化叶片死亡率对不同低温胁迫强度和低温持续时间的响应，其计算公式如下：

$$LDI = M_{max} \times \left(1 - \frac{\exp(-kx \times Duration)}{M_{max}}\right) \quad (10\text{-}7)$$

式中，Duration 为低温持续时间（d）；M_{max} 和 kx 分别为日最低温度（T_{min}）下植株潜在最大冻伤率和植株的冻伤速率，与 T_{min} 和 LT_{50} 有关，其计算公式如下：

$$M_{max} = k_1 \times \exp[-a \times (T_{min} - 2)] \quad (k_1 = 0.05, a = 0.026 \times LT_{50} + 0.5) \quad (10\text{-}8)$$

$$kx = k_2 \times \exp[-b \times (T_{min} - 2)] \quad (k_2 = 0.017, b = 0.026 \times LT_{50} + 0.49) \quad (10\text{-}9)$$

式中，k_1、k_2、a 和 b 均为 M_{max} 和 kx 算法中的经验性参数，由试验资料拟合获得。

低温胁迫处理过程中叶片最大光合速率（A_{max}）及初始光能利用率（EFF）会受到明显抑制，同时非致死的低温胁迫处理结束后，作物叶片光合作用存在一定的恢复过程。因此，CropGrow 模型在模拟低温胁迫对作物光合生产的影响时，综合考虑了低温处理过程中对 EFF 和 A_{max} 的影响，以及低温处理结束后 A_{max} 的恢复过程。

（1）低温胁迫对初始光能利用率（EFF）影响的量化 初始光能利用率（EFF）是光响应曲线光合模型中的重要参数，受叶片的年龄、营养状态和 CO_2 的影响较小。在极端温度胁迫下，光合作用相关酶活性下降导致 EFF 明显下降。为量化不同低温胁迫处理过程中小麦叶片 EFF 与温度之间的关系，测定不同温度处理下叶片光响应曲线，求得不同温度水平下的 EFF 值。进而采用双 Logistic 公式拟合不同品种 EFF 与温度（T）的关系，结果如下：

$$EFF = \frac{0.078}{1 + \exp[-0.214 \times (T - 3.3)]} - \frac{0.078}{1 + \exp[-0.055 \times (T - 32.9)]} \quad (10\text{-}10)$$

（2）低温胁迫对 A_{max} 影响的量化 低温胁迫下小麦叶片脱水皱缩，逐渐变黄，光合色素加速分解，细胞膜的正常结构遭到破坏，光合速率显著下降。实测数据表明，低温处理后叶片叶绿素含量与低温胁迫强度呈负相关关系。因此，为了量化低温胁迫对叶片光合速率的影响，通过构建低温胁迫影响因子 F_{LT} 来体现低温胁迫下叶片结构发生冻伤后叶绿素降解、光合速率下降的影响，CropGrow 模型中 A_{max} 的计算公式如下：

$$A_{max} = AMX \times FCO_2 \times FA \times FT \times \min(FN, WDF, F_{HT}, F_{LT}) \quad (10\text{-}11)$$

$$ALDI_{max} = LTS_p \times LDI \quad (10\text{-}12)$$

$$F_{LT} = \max(0, 1 - ALDI_{max}) \quad (10\text{-}13)$$

式中，AMX 为理想条件下最大光合速率；FCO_2、FA、FT、FN 和 WDF 分别为 CO_2 生理年龄、温度、氮素和水分影响因子；LDI 为低温冻伤指数，反映了不同抗寒性品种在不同温度、不同持续时间下叶片的致死率；LTS_p 为单位叶片冻伤指数增加时光合速率下降的比例，试验观测发现 LTS_p 仅与 LDI 有关，对品种不敏感，可视为生态型参数，取值为 1.1；$ALDI_{max}$ 为

累计光合损伤因子,表示低温胁迫时光合能力累计损伤比例;F_{LT}为低温胁迫影响因子,取值为0~1;F_{HT}参见式(10-21)。

(3)低温胁迫处理后A_{max}恢复效应的量化 在非致死的低温胁迫处理结束后,小麦叶片气孔导度和光合能力等生理特征需要几天甚至几个星期才能逐渐恢复正常,且低温胁迫的持续时间越短,恢复速度越快。可构建光合恢复因子(FLT$_{recover}$)算法来描述低温胁迫后光合能力累计损伤逐渐恢复的过程[式(10-14)],并利用不同品种、不同时期低温胁迫结束后恢复期的光合数据来拟合低温胁迫后光合能力相对恢复比例与恢复期温度大于0℃的积温之间的关系及其参数值[式(10-14)~式(10-17)]。

$$FLT_{recover} = \frac{ALDI_{max}}{1+0.05 \times \exp\left(\frac{r \times (GDD_{T>0} - GDD_{95})}{ALDI_{max}}\right)} \quad (10\text{-}14)$$

$$GDD_{95} = 102.2 \times ALDI_{max} + 40 \quad (10\text{-}15)$$

$$r = 0.06 \times ALDI_{max} + 0.055 \quad (10\text{-}16)$$

$$F_{LT} = \min[\max(0, 1 - ALDI_{max} + FLT_{recover}), 1] \quad (10\text{-}17)$$

式中,FLT$_{recover}$为低温胁迫处理后累积光合损伤因子恢复的比例;$GDD_{T>0}$为低温胁迫处理结束后温度大于0℃的积温;r为恢复速率的变化;GDD_{95}为光合速率恢复到95%所需要的GDD;r和GDD_{95}都是模型参数,与低温冻伤指数LDI有关;F_{LT}为加入恢复效应后的低温胁迫影响因子。

国际上知名作物生长模型也尝试通过引入低温胁迫效应因子或半致死温度(LT_{50})等算法来模拟低温胁迫对作物光合生产和生物量积累过程的影响,如CropSyst模型构建了低温胁迫下的叶片致死因子来模拟低温胁迫对冠层叶面积指数(LAI)的影响,从而影响光能的截获,其计算公式如下:

$$KF_{\_LAI} = \frac{T_{min} - LT_{0\_LAI}}{LT_{100\_LAI} - LT_{0\_LAI}} \quad (10\text{-}18)$$

式中,$KF_{\_LAI}$为低温胁迫下叶片致死因子,取值为0~1;T_{min}为日最低温度;LT_{0_LAI}和LT_{100_LAI}分别为叶片开始致死的温度和完全致死的温度。

WOFOST模型基于抗寒锻炼、脱抗寒锻炼、积雪覆盖和低温胁迫4个子过程来模拟整个生育期的LT_{50}的变化,并通过LT_{50}构建了低温胁迫对植株生物量限制的算法,其限制因子计算如下:

$$RF_{\_FROST} = \frac{1}{1 + \exp\left(\frac{T_{min\_crown} - LT_{50}}{Kill_{coef}}\right)} \quad T_{min\_crown} < 0 \quad (10\text{-}19)$$

式中,$RF_{\_FROST}$为低温对生物量的限制因子,取值为0~1;LT_{50}为半致死温度,是作物的抗寒性参数;T_{min_crown}是作物冠层最低温度;$Kill_{coef}$为致死速率公式系数,随品种和生育期的变化而变化。

2. 高温胁迫对光合作用影响的模拟 在CropGrow模型中,单叶尺度上采用指数模型来描述单叶光合速率对所吸收光合辐射强度的响应关系。其中,叶片初始光能利用率(EFF)和饱和光强时的单叶最大光合速率(A_{max})为模拟单叶光合作用的两个重要的特征参数。在单叶尺度上量化高温胁迫对光合作用的影响时,必须先量化高温胁迫对EFF和A_{max}的效应。

(1) 高温胁迫对 EFF 影响的模拟　以小麦模型 WheatGrow 为例，EFF 在原模型中取定值 0.45。但已有研究表明，EFF 在生理上主要反映了作物光合作用相关酶的活性，与温度密切相关。因此，通过测试品种在不同生长时期无胁迫下未衰老叶片的光响应曲线，并采用指数函数公式拟合，可得到不同品种和不同生长时期叶片的 EFF 与温度（15～45℃）之间的关系（Liu et al.，2017），拟合结果如下：

$$\text{EFF}(T) = -0.001 \times T + 0.0708 \quad 15℃ \leqslant T \leqslant 45℃ \tag{10-20}$$

(2) 高温对单叶 $A_{\max}$ 影响的模拟　目前已有大量研究证实高温胁迫处理会加速小麦叶片叶绿素降解，导致处理之后叶片光合速率下降。相对于高温胁迫处理期间光合作用的降低，处理之后光合作用的降低由于持续时间较长，对干物质同化的影响可能更大。在 WheatGrow 原模型中，$A_{\max}$ 主要受到 CO_2、温度、氮素和水分条件的影响。当日平均温度超过最适温度之后，温度影响因子（FT）明显降低。FT 和高温对叶片初始光能利用率的共同影响可以有效量化高温胁迫处理期间高温造成的 $A_{\max}$ 的下降。但是，对于处理结束之后高温胁迫对叶片光合作用造成的影响则无法进一步量化。因此，为模拟处理结束后高温胁迫对叶片净光合速率的影响，在光合作用模型中添加了另一影响因子 F_{HT}，以体现高温胁迫通过影响叶绿素造成叶片光合作用的降低，其计算公式为

$$F_{HT} = \max\left(0, 1 - \text{HTS} \times \frac{\text{HDD}}{\text{GDD}_{RGP}}\right) \tag{10-21}$$

式中，HDD 为自抽穗以来累积的超过温度阈值的高温度日；GDD_{RGP} 为小麦生殖生长阶段所需的有效积温，对于冬小麦来说取定值 520℃·d；HTS 为品种对高温胁迫响应的敏感性系数，反映不同品种叶片衰老对高温胁迫响应的差异。

(二) 对叶片衰老影响的模拟

低温胁迫加速小麦叶绿素降解，叶片冻伤变黄，并迅速脱水死亡。而叶面积的减少会影响有效光合面积，进而降低小麦冠层的有效光合生产。CropGrow 模型采用低温冻伤指数（LDI）来模拟低温胁迫对绿叶生物量的影响进而影响叶面积指数，见式（10-22）。

$$\text{WLVG}_S = \text{WLVG} \times \text{LDI} \tag{10-22}$$

式中，WLVG 为未考虑低温胁迫时的叶片生物量；WLVG_S 为低温胁迫处理后的叶片生物量。

法国 STICS 模型采用三段直线法模拟低温胁迫对叶面积指数的影响，包含 4 个温度相关参数，即开始致死温度（T_{begin}）、10%致死温度（T_{gel10}）、90%致死温度（T_{gel90}）和完全致死温度（T_{lethal}）。

$$\text{FSI} = \begin{cases} 1 & T_{\min} > T_{\text{begin}} \\ \dfrac{0.1}{T_{\text{begin}} - T_{\text{gel90}}} \times (T_{\min} - T_{\text{gel10}}) + 0.9 & T_{\text{gel10}} < T_{\min} \leqslant T_{\text{begin}} \\ \dfrac{0.8}{T_{\text{gel10}} - T_{\text{gel90}}} \times (T_{\min} - T_{\text{gel90}}) + 0.1 & T_{\text{gel90}} < T_{\min} \leqslant T_{\text{gel10}} \\ \dfrac{0.1}{T_{\text{gel10}} - T_{\text{gel90}}} \times (T_{\min} - T_{\text{lethal}}) & T_{\text{lethal}} < T_{\min} \leqslant T_{\text{gel90}} \\ 0 & T_{\min} \leqslant T_{\text{lethal}} \end{cases} \tag{10-23}$$

式中，FSI 为低温胁迫对叶面积指数的影响因子，取值为 0～1；$T_{\min}$ 为日最低温度；T_{begin} 和

T_{lethal} 在模型中取定值，分别为 0℃ 和 −13℃；T_{gel10} 和 T_{gel90} 随品种和生育期而变化。

高温胁迫会明显加速小麦叶片衰老过程。为了量化高温胁迫对 LAI 的影响，CropGrow 模型将花后叶面积的衰减分为正常温度条件下的衰减和高温胁迫加速叶面积衰减两部分。通过在模型中添加高温胁迫加速 LAI 衰老效应因子（S_{HT}）来模拟高温胁迫加速 LAI 衰减这一效应：

$$LAI_s = WLVG_s \times SLA \times S_{HT} \tag{10-24}$$

式中，LAI_s 为考虑高温加速叶片衰老后每日衰老的叶面积指数；$WLVG_s$ 为考虑高温加速叶片衰老后每日衰老的叶片生物量；SLA 为比叶面积。我们基于高温累积度日（HDD）来量化 S_{HT}，如式（10-25）所示。

$$S_{HT} = 1 + HTS \times \frac{HDD}{GDD_{RGP}} \tag{10-25}$$

DSSAT-NWheat 模型构建了叶面积衰老因子（F_{heat}）来模拟高温胁迫对叶面积指数的影响，当最高温度（T_{max}）大于 34℃ 时，其计算公式如下：

$$F_{heat} = 4 - \left(1 - \frac{T_{max} - 34}{2}\right) \tag{10-26}$$

三、极端温度对作物干物质分配影响的模拟

1. 低温对干物质分配影响的模拟　　低温胁迫下小麦各个部位抗寒能力存在一定的差异，其中叶片对低温最为敏感，其抗冻能力小于茎秆。低温胁迫结束后，如果茎秆的冻伤无法恢复，则干物质向茎秆的转运仍然会受到限制。因此，在 CropGrow 模型中添加了低温胁迫对小麦茎秆损伤的算法，其计算如下：

$$WST_i = WST_{i,p} \times LTS_{stem} \times LDI \tag{10-27}$$

式中，WST_i 为第 i 天的茎部生物量；$WST_{i,p}$ 为第 i 天潜在的茎部生物量；LDI 为低温冻伤因子；LTS_{stem} 为茎秆对 LDI 的敏感度参数，根据拟合结果，LTS_{stem} 与半致死温度（LT_{50}）呈线性关系，具体见式（10-28）。

$$LTS_{stem} = 0.11 \times LT_{50} + 1.45 \tag{10-28}$$

拔节期后小麦开始进入幼穗分化。拔节期和孕穗期分别是小麦雌雄蕊分化和减数分裂药隔分化的关键时期，此时发生低温胁迫会对幼穗造成极大伤害，进而减少小花分化并加速小花退化，降低收获指数，并减少干物质向库官穗的转运，最终降低籽粒产量。构建基于 LDI 的低温胁迫对收获指数（HI）影响的算法 [式（10-29）] 可以量化低温胁迫对分配指数的影响。

$$HI = HI_{potential} \times LTS_{HI} \times LDI \tag{10-29}$$

式中，LDI 为低温冻伤因子；HI 为收获指数；$HI_{potential}$ 为品种潜在收获指数，属于品种参数；LTS_{HI} 为收获指数对 LDI 的敏感度参数，根据拟合结果，其值与 LT_{50} 呈正相关，具体见式（10-30）。

$$LTS_{HI} = 0.026 \times LT_{50} + 0.66 \tag{10-30}$$

CropSyst 模型通过量化低温胁迫对小麦潜在最大收获指数（HI_{max}）的影响，从而模拟低温胁迫对籽粒分配的影响（LF_{HI}），其具体计算如下：

$$\mathrm{LF_{\_HI}} = \frac{T_{\min} - \mathrm{LT_{0\_HI}}}{\mathrm{LT_{100\_HI}} - \mathrm{LT_{0\_HI}}} \times S \qquad (10\text{-}31)$$

式中，$T_{\min}$ 为日最低温度；$\mathrm{LT_{0\_HI}}$ 和 $\mathrm{LT_{100\_HI}}$ 分别为潜在最大收获指数开始受到低温胁迫限制的温度和完全受到低温胁迫限制的温度；S 为收获指数对温度胁迫的敏感性因子，随品种和生育时期而变化。

2. 高温对干物质分配影响的模拟　　源库关系是决定作物花后干物质分配和转运的根本。从源角度来看，高温胁迫显著降低了干物质生产，但从库角度来看，高温胁迫明显降低了库强的两个主要因素，即籽粒数和籽粒最大粒重。因此，从源库关系来看，高温胁迫对库的影响会最终减少干物质向库器官——穗部的转运，从而提高茎秆干物质分配指数。

在 CropGrow 模型中，干物质向穗部的分配指数主要取决于作物生理发育时期和作物潜在收获指数。而作物潜在收获指数主要取决于库强大小，根据前人研究，采用式（10-32）来量化花后每日籽粒库强（Sink_capacity$_i$）：

$$\mathrm{Sink\_capacity}_i = \mathrm{GN}_i \times \mathrm{GW}_{\max,i} \qquad (10\text{-}32)$$

式中，GN_i 为花后第 i 天的实际籽粒数；$\mathrm{GW}_{\max,i}$ 为花后第 i 天的籽粒最大粒重。

CropGrow 模型在模拟高温胁迫对干物质分配的影响时，首先量化高温胁迫对库强的影响进而定量高温胁迫对收获指数的影响，最终用收获指数来调节高温胁迫下的干物质分配指数，每日最大收获指数（HI_i）计算如下：

$$\mathrm{HI}_i = \frac{\mathrm{Sink\_capacity}_i}{\mathrm{Sink\_capacity}_{\mathrm{potential}}} \times \mathrm{HI}_{\mathrm{potential}} \qquad (10\text{-}33)$$

潜在库强（Sink_capacity$_{\mathrm{potential}}$）计算如下：

$$\mathrm{Sink\_capacity}_{\mathrm{potential}} = \mathrm{GN}_{\mathrm{potential}} \times \mathrm{GW}_{\mathrm{potential}} \qquad (10\text{-}34)$$

式中，$\mathrm{GN}_{\mathrm{potential}}$ 为潜在结实粒数；$\mathrm{GW}_{\mathrm{potential}}$ 为潜在最大粒重；$\mathrm{HI}_{\mathrm{potential}}$ 为潜在最大收获指数。

四、极端温度对作物产量形成影响的模拟

1. 对籽粒结实率影响的模拟　　水稻作物低温胁迫常常发生在开花期，开花期低温胁迫会造成水稻小花败育，显著降低结实率。在模型中常用 Logistic 方程来量化开花期低温胁迫与水稻结实率的关系。CropGrow 模型基于低温累积度日构建了开花初期和开花盛期低温胁迫对结实率影响的量化算法，具体见式（10-35）：

$$\mathrm{SR(CDD)} = \frac{\mathrm{SR}_{\max}}{1 + \exp[b \times (\mathrm{CDD} - c)]} \qquad (10\text{-}35)$$

式中，SR（CDD）为实际结实率；CDD 为低温累积度日；$\mathrm{SR}_{\max}$ 为潜在结实率；b 为 Logistic 曲线拐点附近的斜率；c 为到达 50% $\mathrm{SR}_{\max}$ 时所对应的 CDD。

开花期高温胁迫会造成稻麦作物的小花不育，显著降低籽粒结实率，进而导致同化物分配改变和籽粒产量下降。因此，要想准确量化高温胁迫对稻麦籽粒产量形成和干物质分配效应，必须先定量模拟高温胁迫对籽粒结实率的影响。以水稻为例，大量研究表明，水稻结实率可以表示为高温量化指标的 Logistic 函数，如式（10-36）所示：

$$\mathrm{SR(HSI)} = \frac{\mathrm{SR}_{\max}}{1 + \exp[b \times (\mathrm{HSI} - c)]} \qquad (10\text{-}36)$$

式中，SR 为结实率（%）；HSI 为高温量化指标；$\mathrm{SR}_{\max}$ 为潜在结实率；b 为 Logistic 曲线拐点处斜率；c 为结实率达到半致死（$\mathrm{SR}_{\max}$ 的 50%）时的高温量化指标值。

分别将最高温度（T_{max}）、最低温度（T_{min}）、平均温度（T_{mean}）和高温累积度日（HDD）4种高温量化指标作为自变量进行Logistic函数拟合，4种高温量化指标的Logistic函数都能够显著地拟合不同高温处理时期的结实率，但HDD的整体拟合效果最好（Sun et al.，2018）。当使用HDD量化高温胁迫对结实率的影响时，发现式（10-36）中的参数b和参数c之间高度相关，它们的乘积大约为3（图10-3A）。因此，在使用HDD作为高温量化指标时，式（10-36）可简化为

$$SR(HDD) = \frac{SR_{max}}{1+\exp(b \times HDD - 3)} \quad (10\text{-}37)$$

式中，SR为结实率（%）；SR_{max}为潜在结实率；HDD为高温累积度日；参数b决定了Logistic曲线的斜率。通过拟合不同高温处理下的试验数据发现，参数b自开花后增加，2d后达到峰值，然后迅速下降，直至开花后10d平稳下降。另外，参数b随处理时期和穗位的变化较大。因此以实测值为基础，分上、中、下不同穗位建立了以高温胁迫发生时间为自变量的曲线函数，以确定参数b的取值（图10-3B）。

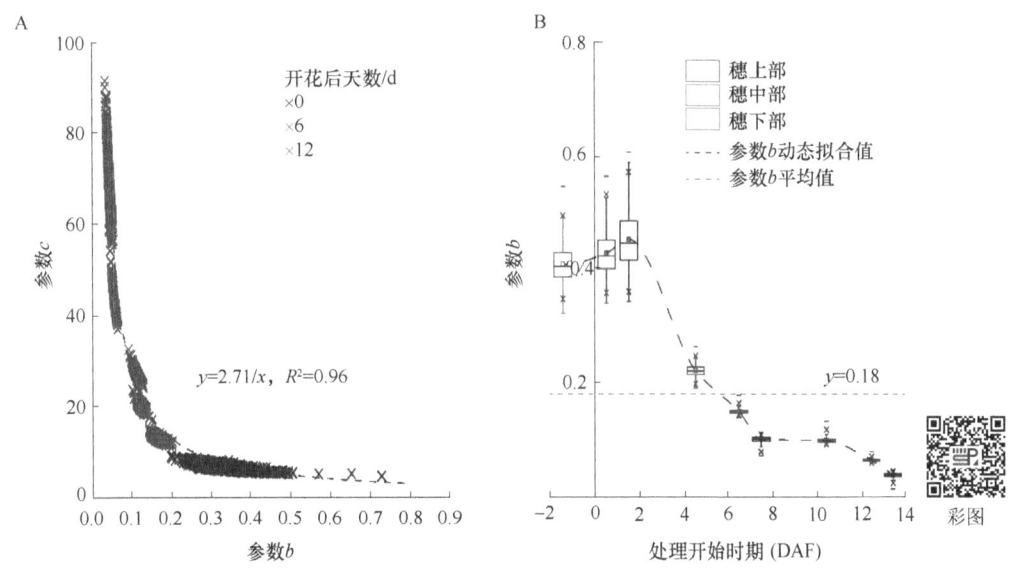

图10-3 参数b和c之间的关系（A）及参数b随高温处理时期的变化（B）

2. 对灌浆过程影响的模拟 籽粒灌浆期为籽粒内部胚乳细胞发育的关键阶段，高温胁迫的发生会明显加速胚乳细胞分裂，缩短胚乳细胞分裂时间，从而减少最终胚乳细胞数，导致最终籽粒灌浆最大粒重降低。CropGrow模型采用线性关系拟合灌浆期高温胁迫与最终籽粒最大粒重之间的关系（$GW_{max,i}$）：

$$GW_{max,i} = \max\left(0, 1 - HTS \times \frac{HDD}{GDD_{Grain\_development}}\right) \times GW_{potential} \quad (10\text{-}38)$$

式中，$GW_{potential}$为籽粒潜在粒重，属于品种参数；HDD为高温累积度日；$GDD_{Grain\_development}$为籽粒胚乳细胞分裂所需的累积时间，主要用于将HDD归一化为0~1。胚乳细胞分裂主要发生在籽粒灌浆前期（一般在开始开花后3周），在模型中取定值2400℃·d。而在灌浆中后期主要是胚乳细胞充实过程，因此高温胁迫对籽粒最大粒重影响的计算只从开始开花到花后21d，而灌浆中后期主要通过量化高温胁迫对籽粒灌浆的影响，进而模拟高温胁迫对实际粒重的影响。

第二节 病虫草害胁迫响应模拟

作物具有种植范围广、品种类型多、生育期较长等特点,在生产过程中极易遭受病虫草害等生物胁迫的威胁,严重影响其产量和品质。病虫害在我国呈现不同的时空分布规律,在小麦作物上,病虫害呈重发频发态势,年发生面积超过 10 亿亩,在黄淮海麦区以条锈病、赤霉病、纹枯病、白粉病、麦蚜、吸浆虫和地下害虫为主,在长江中下游麦区以赤霉病、纹枯病、麦蚜为主,西南麦区以小麦条锈病为主,华北麦区以麦蚜、吸浆虫为主;在水稻作物上,我国水稻病虫害将呈偏重发生态势,发生面积为 11.9 亿亩次左右,其中稻飞虱、二化螟、纹枯病偏重发生,稻纵卷叶螟、稻瘟病、稻曲病中等发生,在华南稻区以稻飞虱、稻纵卷叶螟、二化螟、稻瘟病、纹枯病、稻曲病、白叶枯病、南方水稻黑条矮缩病为主,在长江中下游稻区以二化螟、稻飞虱、稻纵卷叶螟、纹枯病、稻瘟病等为主,在西南稻区以稻瘟病、纹枯病、稻曲病、稻飞虱、二化螟等为主,在北方稻区以二化螟、稻瘟病、纹枯病、恶苗病为主,在黄淮稻区以稻瘟病、纹枯病、稻曲病、黑条矮缩病、二化螟、稻飞虱为主。

我国农田杂草有 1000 多种,其中严重干扰作物生长的恶性杂草有 30 多种。东北气候寒冷,土地肥沃,杂草种群以耐寒、喜肥杂草为主,如藜、西伯利亚蓼、苘麻、水棘针、问荆、稗、稻稗、狗尾草等。黄淮海平原属于暖温带气候,杂草以播娘蒿、马唐、牛筋草、马齿苋、苘麻、藜等为主。长江中下游流域气候温暖湿润,热量资源丰富,优势杂草有看麦娘、硬草、大巢菜、牛繁缕、铁苋菜、通泉草、稗、千金子等。华南热带和南亚热带气候温暖,降雨丰沛,以藿香蓟、叶下珠、飞扬草、黄花稔、牛筋草、稗、千金子、双穗雀稗、异型莎草、碎米莎草等喜温杂草为主。

近年来,受全球气候变化和耕作栽培方式等影响,我国重大病虫害的迁飞性、暴发性和检疫性等呈频发和重发态势,稻飞虱、稻瘟病和小麦赤霉病等重大病虫害重发频率上升,草地贪夜蛾、黏虫、飞蝗、稻纵卷叶螟和草地螟等迁飞性害虫在各地常有发生。我国杂草胁迫表现为杂草发生程度加重、难治杂草种群凸显、杂草抗药性发展迅速等问题。为了实现作物病虫草害的预测预警,大量模型开展了病虫草害对作物影响的模拟研究。

一、病害胁迫响应模拟

作物病害可分为真菌性病害、细菌性病害和病毒性病害。真菌性病害包括锈病、霜霉病、白粉病等,特点是在病斑上产生霉状物、粉状物,无特殊气味。细菌性病害包括软腐病、叶枯病、溃疡病等,通常导致作物的叶片萎蔫、根系和果实腐烂甚至穿孔,作物的受害部位经常带有恶臭味的菌脓。真菌性病害和细菌性病害主要在土壤、种子、田间遗留的植株或叶片等场所越冬,待外界环境条件适宜时开始为害。病毒性病害由昆虫、螨类及部分无脊椎动物传播,通常导致叶片变色(如花叶病),作物组织坏死和畸形。

病害胁迫会导致作物根、茎、叶等器官的组织受损,叶片衰老加速,光能截获和光能利用率下降,从而影响作物的生长发育和产量形成。此外,病害也会阻碍作物体内水肥的正常运输,使作物在争夺关键资源时受到限制。准确理解病害胁迫对作物生理过程(包括光合作用、呼吸、养分吸收和利用等)的影响和病害的侵染程度、资源竞争及作物抗性等因素,是量化和预测病害对作物产量影响的关键。

目前大多数作物生长模型都在完善和改进对病害胁迫的模拟研究。美国的 DSSAT 模型、法国的 STICS 模型、澳大利亚的 APSIM 模型和我国的 CropGrow 模型等，都展开了作物对病害胁迫响应的模拟研究。例如，STICS 模型与叶锈病病害预测模型（MILA）耦合后，对叶锈病胁迫下叶面积指数（LAI）的模拟精度有明显的提高。APSIM 模型与条锈病模型（DYMEX）耦合后，基于孢子萌发率和逐日气象条件建立了条锈病对光能利用率和 LAI 影响的算法，提高了模型对 LAI 和地上部生物量模拟的精度。荷兰的 SUCROS87 生长模型，开发了白粉病严重程度预测模型并且建立了其与产量的关系，对白粉病胁迫下小麦产量的预测精度提升了 73.3%。WARM（water accounting rice model）构建了水稻稻瘟病对 LAI 和穗分配指数影响的算法，提高了稻瘟病胁迫下产量的模拟精度。CropGrow 模型构建了小麦白粉病病害胁迫因子来模拟白粉病病害严重度对小麦光合速率和 LAI 的影响。

国内外开发的病虫害胁迫响应模型，主要包含经验性算法和基于过程的病虫害模拟算法，经验性算法主要基于大量观测数据，通过分析病虫害程度与作物产量之间的关系，构建简单数学方程来模拟不同作物生长发育阶段病虫害侵染程度对产量的负面影响。经验性方程虽然考虑了病虫害的侵染程度、作物的生长发育阶段和作物生长的环境条件等因素，但其普适性较弱，无法实现大面积的广泛应用。基于过程的病虫害模拟算法能够预测病虫害的发展过程，并且考虑对光合生产与物质积累、同化物分配与产量形成过程的影响。基于过程的病虫害模拟算法在模拟时考虑三方面的因素：①外界气候因素，如降水、风速、温度、相对湿度等；②作物局部微气候，如作物表面的湿度、作物冠层相对湿度和温度等；③作物特性，如作物生长发育阶段、组织和器官的年龄、器官表面积、作物氮含量和作物抗性等。

（一）病害胁迫响应模拟

病害胁迫响应模型旨在研究病原体与作物之间的相互作用，通过模拟病原体的沉积、侵染、潜伏等过程预测病原体发展的过程，进一步量化病害感染程度与产量的关系。

1. 病害侵染过程模拟　　小麦白粉病、条锈病、纹枯病、赤霉病是常见的真菌性病害，其侵染的模拟包含如下过程。

（1）病原体的传播与沉积　　真菌性病害的病原体主要依靠孢子繁殖与传播。为了感染寄主作物，孢子首先要从它们的支撑物（如孢子座、孢子囊）中释放出来，然后运输并沉积在目标器官的表面。孢子传播可分为主动和被动两种情况。主动传播是由孢子座或孢子囊内的压力增加引起的，这一过程可能由雨水事件或特定湿度条件引发。主动释放的孢子通常会被喷射出数厘米，然后通过风进行传播。被动传播主要是指孢子直接通过风、水和动物等媒介进行传播。孢子在寄主作物上的沉积需要三个因素：靶器官、附着表面和靶器官对病原体的易感性，这三个因素均受到寄主作物生长发育阶段和抗性的影响。

考虑孢子扩散和沉积的机理模型通常关注触发孢子释放或沉积的环境变量。这些模型大多使用降水和风的强度、风的方向、病原菌的大小和距离作物靶器官的距离来模拟孢子扩散。靶器官的存在条件可用二元函数的形式进行量化，主要取决于作物的生长发育阶段和年龄。附着表面在模型中称为"敏感表面"，这些模型将组织划分为健康组织、易感组织、病变组织和切除组织（不再有孢子病变组织）。最后，根据作物的年龄和器官对病原体的易感性程度，采用线性或"S"型函数来模拟。例如，在 SEIR 模型中（图 10-4），有效叶片面积等于绿叶面积减去感染叶面积，感染叶片面积在模型中默认无法进行正常的光合作用（Caubel et al.，2012）。每日的暴露面积或者感染面积由每日的潜伏孢子数或者侵染孢子数，分别乘以平均病斑的表面积来计算得出。

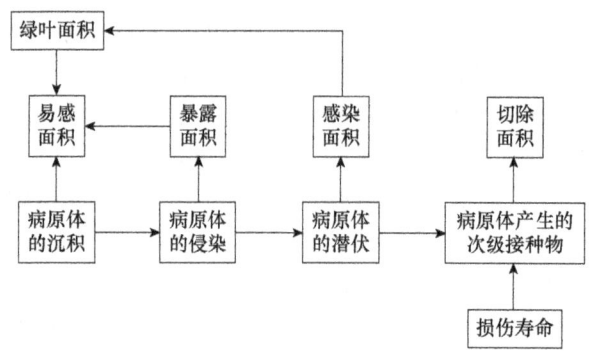

图 10-4 病原体沉积、侵染、潜伏和产生次级接种物的模拟过程

（2）病原体的侵染 病原体的侵染是指孢子在作物组织中发芽并渗透的过程。对于大多数病原体来说，温度和作物器官表面的湿度对病原体孢子的发芽和病原体的渗透至关重要。例如，CropGrow 模型构建白粉病病菌发育的有效积温（考虑温度和持续时间综合效应）和相对空气湿度来模拟白粉病侵染程度。在恒定温度下，部分病害对作物的侵染率会随着湿度大小和湿度持续时间的增加而增加，直至达到上限值。此外，作物的抗性水平可能会影响病原体侵染的效率、潜伏期的持续时间、孢子的生成和扩散等。法国 STICS 模型用温度和湿度持续时间的函数来模拟病害的侵染率，见式（10-39）。

$$f(T, \text{SWD}) = f(T) \times (1 - \exp\{-[B(\text{SWD} - \text{SWD}_0)]D\}) \tag{10-39}$$

式中，T 为温度；SWD 和 SWD_0 分别为湿度持续时间和响应的延迟时间；$f(T)$ 为温度响应方差的上限值；B 为响应的内在增长率；D 为在湿度持续时间内，病害的侵染率增幅下降的时间（图 10-5A）。温度响应方程描述了特定温度下，病害侵染程度对不同湿度持续时间的响应过程（图 10-5B）。

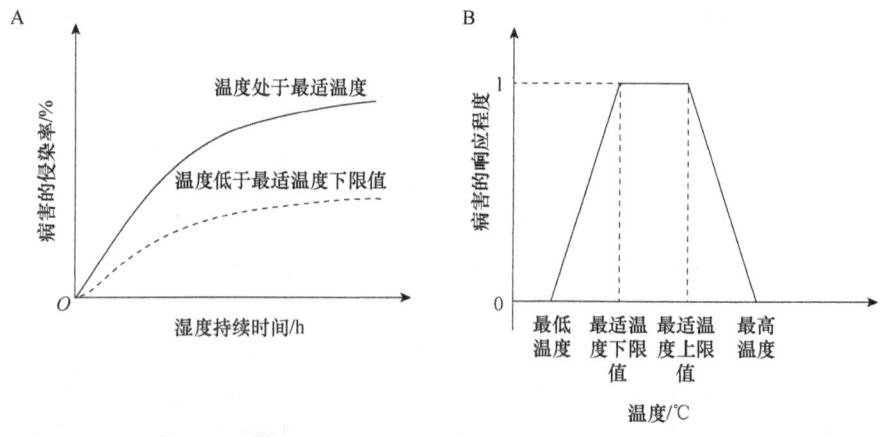

图 10-5 病害的侵染率随湿度持续时间的变化关系（A）和温度响应方程（B）

（3）病原体的潜伏期 病原体的潜伏期是指孢子萌发和产生次级接种物之间的时间间隔。潜伏期主要受温度的影响。在最适温度下，病害的潜伏期最短，而当温度偏离最适值时，潜伏期会随之增加。对于某些病害而言，潜伏期除了受温度影响，还受到相对湿度或湿度持续时间的影响。在较低的相对湿度条件下，潜伏期的时间较长。病害潜伏期每日的发展速率与温度、病害最短潜伏期之间的关系可以用式（10-40）来描述：

$$\mathrm{RL} = \frac{f(T)}{L_{\min}} \tag{10-40}$$

$$f(T) = \frac{T - T_{\min}}{T_0 - T_{\min}} \times \frac{T_{\max} - T}{T_{\max} - T_0} \times \alpha \tag{10-41}$$

$$\alpha = \frac{T_{\max} - T_0}{T_0 - T_{\min}} \tag{10-42}$$

式中，$T_{\min}$ 和 $T_{\max}$ 分别为病害完成潜伏期所需的最低温度和最高温度；T_0 为病害在最短时间内完成潜伏期所对应的最适温度；$L_{\min}$ 为病害最短潜伏期；RL 为病害潜伏期每日的发展速率；$f(T)$ 为温度效应方程，由 $T_{\min}$、$T_{\max}$ 和 T_0 所决定。

（4）次级接种物　　有三种类型的因素对病害孢子产量的影响较大：①微气候因素，如温度、相对湿度和太阳辐射等；②营养因素，主要是寄主感染器官中的氮含量；③生物因素，如病斑的年龄。孢子产量主要依赖于温度、表面湿度和湿度的持续时间。当温度位于最适温度时，孢子的产量最高；当温度高于或低于最适温度时，孢子产量与温度变化呈线性关系。部分病害需要相对湿度达到一定阈值后才能产生孢子，该阈值为 85%~100%。相比之下，白粉病和锈病不需要很高的相对湿度就能产生孢子。此外，寄主感染器官中的氮含量也可能影响孢子产生。例如，随着叶片氮含量的增加，小麦白粉病的孢子产量和病斑大小也随之增加。

单位面积的孢子产量可由潜在孢子产量乘以减产系数来估算。减产系数是指孢子产量因不适宜的温湿度、营养和病斑年龄而下降的程度。如果孢子产量仅受温度的影响，则可用线性函数描述孢子产量与 4 个基本温度（最高温度、最低温度、最适温度上限值和最适温度下限值）之间的关系。如果孢子产量还受到相对湿度持续时间的影响，可使用"S"型 Weibull 方程来量化温度、相对湿度持续时间对孢子产量的影响。营养因素对孢子产量的影响，也可以通过叶片氮含量和孢子产量之间的线性关系来量化。需要注意的是，当叶片氮含量低于一定阈值时，不会再对孢子产量产生进一步的减产效应。病斑年龄对孢子产量的影响可以利用病斑的最佳年龄来量化，即位于最佳病斑年龄时孢子的产量最高，此时病斑年龄对孢子产量的影响效应是 1；而当病斑次于最佳病斑年龄时，此时病斑年龄对孢子产量的影响效应为 0~1。

（5）孢子寿命　　病斑出现后会产生孢子，直至传染期结束，此时病斑会变老并失去传染能力。病斑和孢子的寿命均受温度的影响，孢子的寿命还会受到湿度的影响。除了部分模型能模拟温湿度对病斑传染期的影响，病斑的寿命在绝大部分模型中被认为是一个定值，因为病斑传染期的持续时间难以量化。与病斑类似，孢子的寿命在大多数模型中也被认为是恒定的。

即便如此，可以考虑在模型中引入气候对孢子寿命的影响效应。孢子的寿命进程对应于孢子寿命的倒数，由作物覆盖温度下的 beta 函数除以最大寿命计算得到（图 10-6A）。孢子的最大寿命可视为恒定值或者取决于湿度。在最大湿度阈值之前，孢子的最大寿命会线性增加；当湿度超过最大阈值，这种气候因素就不再限制孢子的产量（图 10-6B）。

2. 病害对作物生长影响的模拟　　模拟病害对作物生长的影响主要是通过模拟病害对叶面积指数和光合作用来实现，如 CropGrow 模型构建了小麦白粉病病害胁迫因子（F_{DS}）来模拟白粉病胁迫对小麦光合指标和叶面积的影响（常春义等，2023）。WHEATPEST 和 RICEPEST 是国际上主流小麦和水稻病虫草害模型，分别可以模拟 13 种小麦和 11 种水稻病虫草害，并耦合到作物生长模型 HERMES、WOFOST、SSM-WHEAT 和 DSSAT-Nwheat 中。

在 WHEATPEST 和 RICEPEST 模型中,病虫害胁迫主要影响叶面积和光合利用率,其中病害胁迫下的叶面积指数模拟如下:

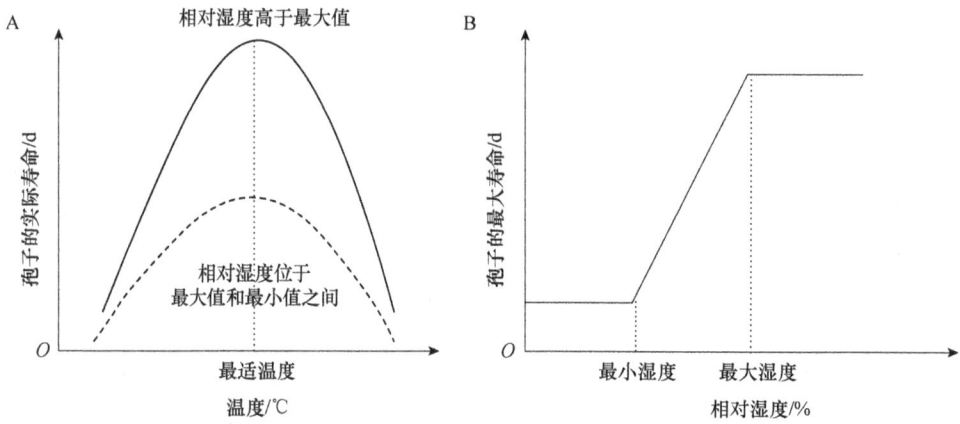

图 10-6 孢子实际寿命和温湿度的关系(A)及最大寿命和相对湿度的关系(B)

$$LAI = LEAFBM \times SLA \times \left(\frac{1-SN}{100}\right)\left(\frac{1-ST}{100}\right)^{1.25}\left(\frac{1-YR}{100}\right)^{1.5}\left(\frac{1-BR}{100}\right)\left(\frac{1-PM}{100}\right)^{2.5} \quad (10-43)$$

式中,LAI、LEAFBM 和 SLA 分别为叶面积指数、叶片干物质重和比叶面积;SN、ST、YR、BR 和 PM 分别为秆枯病、叶枯病、黄锈病、棕锈病和白粉病的严重程度。

WHEATPEST 和 RICEPEST 模型还构建了不同病害的影响因子,用来限制光能利用率(RUE)。大麦黄矮病由蚜虫传播并感染大麦韧皮部细胞,从而减少作物水分和养分吸收,并进一步降低光合作用效率,黄矮病对光合效率的影响因子(RF_{BYDV})计算如下:

$$RF_{BYDV} = 1 - \left(\frac{0.35 \times BYDV}{100}\right) \quad (10-44)$$

式中,BYDV 为大麦黄矮病的感染程度。

根腐病是由腐霉属(*Pythium*)、疫霉属(*Phytophthora*)、丝核菌属(*Rhizoctonia*)、镰刀菌属(*Fusarium*)、核盘菌属(*Sclerotinia*)等真菌感染导致的根部病变,被害作物根部腐烂甚至坏死,最终导致病株枯死。根腐病在小麦也叫作小麦全蚀病,由于根部腐烂,吸收水分和养分的功能逐渐减弱,从而影响光合作用。根腐病对光合效率的影响因子(RF_{TAK})计算如下:

$$RF_{TAK} = 1 - \left(\frac{TAK}{100}\right) \quad (10-45)$$

式中,TAK 为根腐病的感染程度,通过测量感染根长百分比获得。

纹枯病是由真菌层蕈科薄膜革菌属稻纹枯病菌引起的一种真菌性病害,可以侵染水稻、小麦、大麦、玉米和高粱等作物。一般在分蘖期到抽穗期盛发,先在近水面的叶鞘上出现暗绿色水浸状小斑点,以后逐渐扩大成长椭圆形的纹状病斑。病斑边缘呈褐色,中央淡褐色到灰白色,潮湿时病斑呈灰绿色,水浸状半透明。以后病斑逐渐增多,互相连成一片不规则的云纹。纹枯病对光合效率的影响因子(RF_{SHY})计算如下:

$$RF_{SHY} = 1 - \left(\frac{a \times SHY1}{100}\right) - \left(\frac{b \times SHY2}{100}\right) - \left(\frac{c \times SHY3}{100}\right) \quad (10-46)$$

式中,SHY1、SHY2 和 SHY3 分别为轻度、中度和重度纹枯病感染的分蘖百分比;a、b 和 c

为模型的参数，分别为 0.07、0.14 和 0.65。

茎腐病是由几种镰刀菌或腐霉菌单独或复合侵染所引起的病害，主要发生在小麦和玉米作物上。发生在小麦作物上的叫作茎基腐病，小麦的茎基部叶鞘受害以后，颜色逐渐变为暗褐色，出现无云纹状病斑。随着病情不断发展，小麦茎基部节间受侵染为淡褐色、深褐色，出现腐烂，当田间湿度大时，茎节处、节间生白色或红色霉层，如果剖开叶鞘内部，会发现有灰白色菌丝充满腔内，茎秆容易折断。到了后期病情严重时，重病植株会提前枯死，形成白穗。发生在玉米作物的也叫作玉米青枯病，在玉米灌浆期开始显症，乳熟后期至蜡熟期为显症高峰，症状表现为突然青枯萎蔫，整株叶片呈水烫状干枯褐色；果穗下垂，苞叶枯死；茎基部初为水浸状，后逐渐变为淡褐色，手捏有空心感，常导致倒伏。小麦茎基腐病对光合效率的影响因子（RF_{FST}）计算如下：

$$RF_{FST}=1-\left(\frac{a\times FST1}{100}\right)-\left(\frac{b\times FST2}{100}\right) \quad (10\text{-}47)$$

式中，FST1 和 FST2 分别为轻度和重度茎基腐病感染的分蘖百分比；a 和 b 为模型的参数，分别为 0.26 和 0.67。

赤霉病是典型的气候型病害，由镰刀菌属真菌引起，其发生流行受菌源量、品种抗性、农业生态环境及栽培管理措施等多种因素的影响，主要发生在小麦和大麦作物上。小麦赤霉病病害的流行与气象条件关系密切，当春季平均气温为 9℃ 以上，3～5d 雨天，越冬菌源便产生子囊孢子，小麦抽穗扬花期在大量成熟子囊孢子存在的情况下，遇降雨或空气潮湿，子囊孢子成熟并散落在花药上，经花丝侵染小穗发病，初在小穗和颖片上产生水浸状浅褐色斑，渐扩大至整个小穗。小麦抽穗扬花期如遇连续 3d 以上有一定降雨量（12mm 以上）的阴雨天气，田间空气相对湿度达 80% 以上，十分有利于子囊孢子的释放和侵染，极有可能造成小麦赤霉病的发生和流行。小麦赤霉病会引起苗枯、穗腐、茎基腐和秆腐，以穗腐影响最大，病情严重时，造成病部以上枯黄，有时不能抽穗或抽出枯黄穗。气候潮湿时病部可见粉红色霉层，病株易被风吹折。小麦赤霉病对光合效率的影响因子（RF_{FHB}）计算如下：

$$RF_{FHB}=1-\left(\frac{1.1\times FHB}{100}\right) \quad (10\text{-}48)$$

式中，FHB 为小麦赤霉病感染穗部的百分比。

二、虫害胁迫响应模拟

虫害是作物稳产增产的严重阻碍，主要有麦蚜、吸浆虫、地下害虫、稻飞虱、稻纵卷叶螟和二化螟等，是我国作物生产面临的重要威胁之一，其取食每年造成作物大量减产。2020 年沙漠蝗、黄脊竹蝗等害虫从尼泊尔和老挝边境入侵我国西藏和云南。重大病虫害导致我国 70% 以上的粮食种植区发生减产，造成的粮食产量实际损失约 1400 万吨。科学评估与预测不同虫害对作物产量的影响，提前对虫害的危害损失程度进行预警，对于确保粮食稳产具有重要意义。

虫害胁迫响应模型主要从害虫的侵染程度、资源竞争、作物抗性，以及虫害对作物生理过程（包括光合作用、呼吸、养分吸收和利用等）的影响等来模拟虫害对作物产量的影响。一些经验性的虫害模型采用病程下曲线面积（area under the disease progress curve，AUDPC）、健康区域持续时间（healthy area duration，HAD）和健康区域吸收（healthy area absorption，HAA）等指标来量化害虫对作物产量和治理阈值的影响。AUDPC 用于衡量害虫的发展速度，通过测量害虫侵染程度随时间变化的曲线下面积来评估害虫的传播力和影响力，AUDPC 越

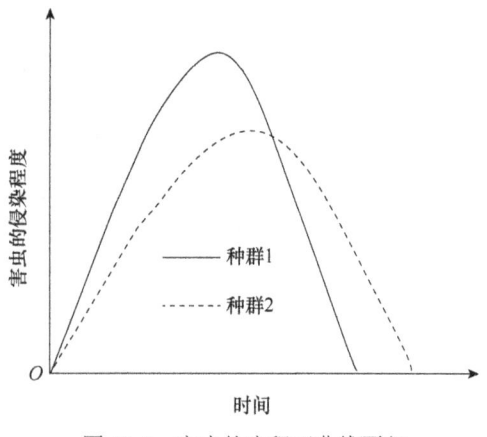

图 10-7 害虫的病程下曲线面积

大则害虫对作物侵染的持续时间越长,害虫的侵染程度越严重(图 10-7)。在害虫发生和扩散早期,害虫的侵染程度随时间呈现上升趋势,并在某个时间点达到峰值。由于作物对害虫存在抗性,以及食物、空间等资源的限制,害虫的侵染程度在峰值之后通常开始下降。HAD 和 HAA 分别表示作物健康组织未受害虫侵染的时间,以及健康组织吸收的光能和二氧化碳量。HAD 和 HAA 越大,则表示作物在其生长周期内能够保持较长时间的健康状态,且具备更好的光合作用能力。

然而,这些基于生理指标的经验性模型同样难以在不同地区广泛应用,因为这些模型通常假设不同作物品种及作物在不同生长发育阶段对害虫的响应是恒定的。实际上,不同作物品种具备不同的光合能力和产量潜力,且对同种害虫的抗性存在着差异。此外,相同程度的害虫胁迫在作物不同的生长发育阶段可能会导致不同程度的产量损失。

基于过程的虫害模型常常与作物生长模型进行耦合,将害虫侵染程度与作物生长模型参数相耦合,从而使害虫胁迫响应具有更强的解释性。作物生长模型与害虫侵染过程的生理耦合点主要涉及作物密度、不同器官和生理速率的变化。在作物生长模型中,通常采用根、茎、叶等器官的损失量及生理速率的变化量作为量化害虫损伤效应的变量,这些生理速率(如光合速率、呼吸速率和蒸腾速率等)或者状态变量(如叶面积、分蘖数或生物量等)将进一步影响相关的作物生长模型参数,从而模拟作物对害虫胁迫的响应程度(Pinnschmidt et al., 1995)。例如,美国的 DSSAT-CERES-Rice 模型采用了表 10-1 中的变量和参数作为模型与害虫侵染过程的生理耦合点。

表 10-1 DSSAT-CERES-Rice 模型与害虫侵染过程的生理耦合点

代号	害虫侵染过程的量化变量	影响的作物生长模型参数
CP1A	食叶量	叶片面积、叶片重量
CP1B	食根量	根系种类、根系长度
CP1C	食茎量	茎秆重量
CP1D	穗部和籽粒蚕食量	籽粒数量、籽粒重量、穗数
CP2	叶片覆盖度	每日光合潜力
CP3	光合速率下降程度	每日同化量
CP4	同化物消耗量	每日同化量
CP5	呼吸速率增加程度	每日同化量
CP6	同化物转运的减少量	每日同化量
CP7A	叶片生长速率的下降程度	每日叶片生长速率
CP7B	根系生长速率的下降程度	每日根系生长速率
CP7C	茎秆生长速率的下降程度	每日茎秆生长速率
CP7D	籽粒生长速率的下降程度	每日籽粒生长速率、实粒数
CP8	光能资源的竞争程度	每日同化量、每日叶片衰老速率
CP9	叶片衰老加速程度	每日叶片衰老速率

续表

代号	害虫侵染过程的量化变量	影响的作物生长模型参数
CP10	根系水分吸收的下降程度	每日根系吸水速率
CP11	蒸腾速率的改变程度	每日蒸腾速率
CP12	植株密度减少程度	每平方米植株数
CP13A	叶片贮存物质运输的阻塞程度	叶片重量
CP13B	茎秆贮存物质运输的阻塞程度	茎秆重量

作物生长模型通常引入害虫胁迫因子来度量害虫胁迫对作物生理过程的影响，其取值为 0～1。害虫胁迫因子通常取决于害虫发生的数量和作物受害的程度，而作物受害的程度又可采用作物生理速率或者状态变量的变化值来衡量（Pinnschmidt et al.，1995）。假设作物在不受到害虫胁迫时，各种生理速率或者状态变量的值为 $P_{1t}, \cdots, P_{nt}$。受到害虫胁迫后，只需将作物在正常情况下的生理速率或生理状态变量（$P_{1t}, \cdots, P_{nt}$）与相应的害虫胁迫因子（$F_{1t}, \cdots, F_{nt}$）相乘，即可获得作物遭受害虫胁迫后的生理速率或状态变量的值（$P_{1t}', \cdots, P_{nt}'$）。作物因害虫胁迫导致生理速率或状态变量发生变化时，会直接影响作物的生长速率，最终导致作物产量下降，见式（10-49）。如果要更准确地量化害虫胁迫因子，还需要考虑多种因素的影响，如环境温度、害虫种类、害虫的生命周期、作物的生长发育阶段、作物对害虫的抗性、作物遭受害虫胁迫后加速衰老的过程及害虫和作物对水分和养分等资源的争夺等。

$$P_{1t}' = P_{1t} \times F_{1t} \cdots P_{nt}' = P_{nt} \times F_{nt} \tag{10-49}$$

$$GR = \sum_{t=e}^{t=h} f(P_{1t}', \cdots, P_{nt}', C, E_t, M_t) \tag{10-50}$$

$$Y = \sum_{t=e}^{t=h} f(P_{1t}', \cdots, P_{nt}', C, E_t, M_t) \tag{10-51}$$

式（10-49）～式（10-51）分别表示考虑害虫胁迫后生理速率或者生理状态变量的算法、害虫胁迫因子算法、考虑害虫胁迫后的作物生长速率和产量模拟算法。$P_{1t}, \cdots, P_{nt}$ 和 $P_{1t}', \cdots, P_{nt}'$ 分别为考虑害虫胁迫前后的各种生理速率或者生理状态变量；$F_{1t}, \cdots, F_{nt}$ 为害虫对各种生理速率或者生理状态变量的胁迫程度；GR 为作物生长速率；Y 为作物生长速率或者产量；t 为时间；e 和 h 分别为出苗和收获的日期；C 为作物品种特性；E_t、M_t 分别为不同时间下的环境条件和管理措施。

蚜虫是小麦生产过程中的主要害虫之一，俗称油虫、腻虫、蜜虫，可对小麦进行刺吸为害，影响小麦光合作用及营养吸收、传导。小麦抽穗后集中在穗部为害，形成秕粒，使千粒重降低造成减产。WHEATPEST 模型可以模拟小麦蚜虫对作物产量的影响，其对每日光合作用的影响模拟如下：

$$RSAP = RRSAP \times APHBM \times APH \tag{10-52}$$

式中，RSAP 为害虫胁迫下的每日同化量；RRSAP 为蚜虫的相对侵染率，取决于不同的生育阶段；APHBM 为单个蚜虫的生物量，与侵染时间有关；APH 为单位平方米中蚜虫的数量。

在实际应用中，作物生长模型中的害虫胁迫响应模块，通常需要输入两种类型的数据。第一种是在生长季节的特定时期，反映害虫种群数量或侵染程度的曲线，称为害虫流行曲线，这与生育期有关；第二种是用于解释害虫流行曲线并将其转换为作物损伤的变量，如生理耦合点和损伤系数。害虫流行曲线反映了害虫的生命周期、传播速度、侵染程度和增长趋势等，可以从田间调查或害虫的动态种群模型获得。生理耦合点规定了损伤效应是以何种类型去量化，常见的类型如作物组织和器官的绝对损害率及害虫的种群数量。在模拟作物每日生长发育速率和生物量积累的过程中,作物生长模型通过匹配两种类型的输入数据,从而计算某种害虫对每个生理耦合点的损伤效应。

三、杂草胁迫响应模拟

杂草属于一年生、二年生或者多年生草本植物,具有强大的生存能力和生物学习性。杂草种子不仅能适应多种气候类型和土壤条件,还能借助水、风、动物等媒介传播。目前,杂草成为农业生产中最大的问题之一,因为它们与作物争夺水分、养分、光线和空间,会导致作物产量大幅下降。随着除草剂价格上涨及人们环境保护意识的提高,采用非化学方法治理杂草尤为重要。借助杂草胁迫响应模型,可获得更为精确的杂草治理策略,既能减少对农药的依赖,又能降低农业生产成本。

杂草胁迫响应模型通常会考虑杂草的入侵和传播、杂草的种群动态、杂草与作物的竞争、杂草治理策略等过程,在模拟杂草胁迫程度对作物光合作用与物质积累、干物质分配和产量形成的影响时通常会建立作物产量与杂草出苗率、杂草密度、杂草相对叶面积和杂草相对生物量等指标关系,以及考虑杂草对水氮和光能的竞争。

1. 杂草出苗率的预测 杂草出苗率直接影响着杂草种群的密度。经验性模型主要基于温度、土壤湿度、光照时间来预测杂草的出苗率,这些模型通常假设杂草种子需要积累一定的生长度日(growing degree day,GDD)才能出苗。GDD 为杂草完成某一生育阶段所经历的累积有效积温。GDD 的计算方法是将杂草所处环境的日平均温度与基准温度进行比较,并将高于基准温度的部分进行累加。

杂草出苗率模型可为热时间模型(thermal-time model)、水热时间模型(hydrothermal-time model)和光热水热时间模型(photohydrothermal-time model),这些模型都与 GDD 相关联。

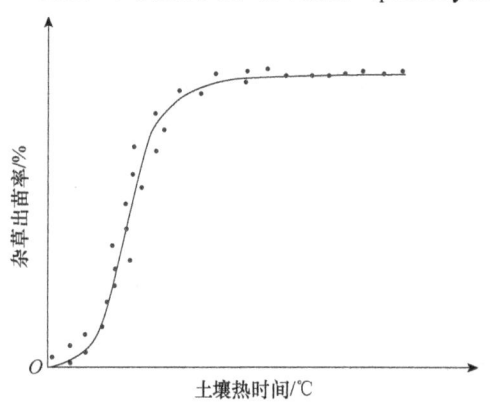

图 10-8 杂草出苗率"S"型模型

热时间模型通过积累每日的温度,直至达到特定阈值,从而预测杂草的出苗率。水热时间模型考虑了杂草种子发芽和胚芽生长的重要因素,即土壤水势与土壤温度,因而能更准确地预测杂草的出苗率。光热水热时间模型利用了杂草的光周期信息,考虑了白天长度对土壤升温的影响。这些杂草出苗率模型都采用了式(10-53)的形式。其中,$f(x,\varphi)$ 是一种非线性"S"型模型,如图 10-8 所示。通常可使用不同参数的"S"型模型来拟合杂草的出苗率数据,其中 Logistic、Weibull 和 Gompertz 函数在预测杂草出苗率方面得到广泛应用。

$$CE = f(x,\varphi) + \varepsilon \tag{10-53}$$

式中,CE 为累积出苗率(cumulative emergence);x 为累积 GDD(℃·d);φ 为特定的模型参数;ε 为随机误差,其取值服从正态分布。

2. 杂草密度与作物产量的关系 杂草密度表示单位面积内的杂草数量。通过回归关系可建立杂草密度与作物产量损失之间的模型,从而确定杂草密度的阈值。当杂草密度为 0 时,对作物产量不会造成任何负面影响。在低杂草密度下,由于种内杂草竞争较少,杂草对作物的影响近似为加性效应,作物产量损失与杂草胁迫程度的关系可用式(10-55)的线性模型来描述。随着杂草密度的进一步增加，杂草间的平均距离减小，杂草间的竞争效应也随之增加。杂草间竞争效应对作物产量损失的影响可以通过式（10-56）的直角双曲线模型来描述（Spitters et al., 2010），式中引入了杂草种间竞争效应的参数。当杂草种间竞争加剧后，由于水分、养分、空间等资源的限制，杂草密度会稳定在一定水平。在杂草密度增加的过程中，作物产量损失率为 0~100%，最终作物产量的损失会无限接近于某个上限值，如图 10-9 所示。

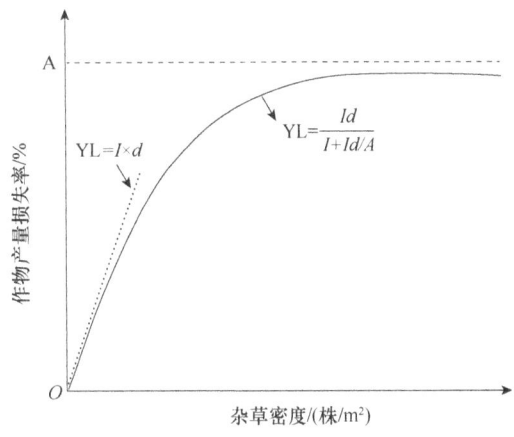

图 10-9 杂草密度与作物产量损失的直角双曲线模型

$$YL = \frac{Y_0 - Y}{Y_0} \tag{10-54}$$

$$YL = I \times d \tag{10-55}$$

$$YL = \frac{I}{I + sd} d \tag{10-56}$$

式中，Y_0 为无杂草时的作物产量；Y 为与杂草竞争后的作物产量；YL 为作物产量损失；d 为杂草密度；I 为在低杂草密度下，单位杂草密度所造成的作物产量损失率；s 为杂草种间竞争效应，$s = I/A$，A 为杂草密度无限大时所造成的作物产量损失。

然而，用杂草密度作为衡量作物产量损失的方法存在着局限性，因为这种方法未考虑杂草相对于作物的出苗时间、杂草的形态和大小，以及与相邻杂草植株的距离。快速生长的杂草植株具有更强的竞争优势，其吸收养分，占据更多空间和光线，抑制周围植株的生长。此外，杂草在农田中的分布往往是不均匀的，不同种类、密度和出苗期的杂草都会导致作物产量损失产生差异。然而这些经验性的杂草密度模型通常根据数量最多的杂草物种进行决策，常常忽略了竞争力较弱的杂草物种。

3. 杂草相对叶面积与作物产量损失的关系　　为了克服杂草与作物出苗时间不同的问题，通常用杂草的相对叶面积来量化其与作物产量损失的关系。杂草相对叶面积是指杂草对总叶面积指数（包括杂草和作物）的贡献。杂草叶面积可反映杂草出苗期、杂草密度和杂草的竞争能力，从而提高作物产量损失的预测。此外，相对叶面积模型不需要考虑不同的杂草种类，因为相对叶面积模型通过评估地面杂草覆盖度来评估作物产量损失。根据杂草密度和作物产量损失之间的直角双曲线模型，可以进一步推导出杂草相对叶面积和作物产量损失的关系模型，见式（10-57）。然而，当作物和杂草的生长速度不同时，杂草造成的作物产量损失将随时间发生变化，且高度依赖于杂草种群的评估时间。为了解决这个问题，可以使用基于相对生长速率和温度响应的简单热时间模型，见式（10-59）。这个方法假设作物和杂草的数量处于指数增长阶段，未开始资源竞争。

由于相对叶面积模型的参数在不同地区是存在差异的，可以引入作物最大产量损失参数（Ali et al., 2013），从而量化特定地区的杂草胁迫，见式（10-60）。在应用相对叶面积模型的过程中，最大的挑战在于如何大规模区分田间作物和杂草。

$$YL = \frac{qL_w}{1+(q-1)L_w} \tag{10-57}$$

$$L_w = \frac{LAI_w}{LAI_w + LAI_c} \tag{10-58}$$

$$q = q_0 \times \exp(RGRL_c - RGRL_w)t \tag{10-59}$$

$$YL = \frac{qL_w}{1+(q/m-1)L_w} \tag{10-60}$$

式中，q 为杂草竞争能力参数；m 为杂草高密度下的最大作物产量损失；L_w 和 L_c 分别为杂草和作物的相对叶面积；LAI_w 和 LAI_c 分别为杂草和作物的叶面积指数；t 用生长度日（℃·d）来表示，当生长度日为 0 时开始观测杂草的相对叶面积，此时杂草造成的作物产量损失为 q_0；$RGRL_c$ 和 $RGRL_w$ 分别为作物和杂草叶面积的相对生长速率 [1/（℃·d）]。

4. 杂草相对生物量与作物光合生产的关系 杂草通过与作物争夺水分、养分、光线和空间，会导致作物光合作用下降。WHEAPEST 模型通过构建杂草生物量与光能利用率 RUE 的关系来模拟杂草对作物光合效率的影响，其计算公式如下：

$$RUE = RUE_{max} \times \exp(-0.003 \times WD) \tag{10-61}$$

式中，RUE_{max} 为小麦在无胁迫条件下的最大光能利用率，WD 为单位小麦种植面积中杂草的生物量。

5. 杂草氮素竞争 由于土壤养分被作物和杂草种群所共享，因此当相邻植物的根系开始重叠时，每个植物群对养分的获取也相应减少。当作物和杂草的根系存在重叠区域时，作物和杂草对土壤氮素的吸收速率可用式（10-62）描述。作物和杂草之间存在的竞争作用，会导致作物根系对速效氮的捕获速率降低，从而诱发氮胁迫并降低作物的光合作用（Graf et al., 1990）。

$$\varphi_N = [1-\exp(-\vartheta M_{r,n})]/\left(\sum_1^n \varphi_{N,P}\right) \tag{10-62}$$

式中，φ_N 为作物和杂草对速效氮的实际吸收速率；$\varphi_{N,P}$ 为作物和杂草对速效氮的潜在吸收速率；n 为作物和杂草的种群数量；ϑ 为作物或杂草对速效氮的利用能力；$M_{r,n}$ 为作物和每种杂草根系的干物质量。

6. 杂草光能竞争 植物高度和叶面积的空间分布是决定一个群体光竞争力的最重要因素，作物和杂草叶面积的垂直分布可认为是关于植株高度（h）和距地高度（x）的函数，见式（10-63）。其中，植株高度受到生长发育阶段和遗传特性的影响。为了模拟作物和杂草对光的竞争过程，可将作物和杂草的冠层分为若干水平层。作物或者杂草种群每层的叶面积可根据相邻上下层叶面积的垂直分布进行估算，见式（10-64）。通常冠层顶部的叶面积分布由最高植株所主导，位于冠层第二层的植株互相竞争从顶层穿透下来的光，位于冠层第三层的植株互相竞争从第二层穿透下来的光，依次类推。光线向下穿透冠层的过程中逐层递减，因此每层总光截获量可用式（10-65）估算。当作物或者杂草每层总的光截获量确定后，可根据种群叶面积占所有种群总叶面积的比例来模拟每层所分配获得的光截获量，见式（10-67）。最后，将种群所有层叶面积所分配获得的光截获量进行累加，即可获得该种群所有层总的光截获量，见式（10-68）。

$$\pi(x) = f(x, h) \tag{10-63}$$

$$LAI_{n,m} = LAI_n \int_{h_{m+1}}^{h_m} \pi_n(x)\,dx \tag{10-64}$$

$$\mathrm{TLAI}_m = \sum_1^n \mathrm{LAI}_{n,m} \tag{10-65}$$

$$\phi_m = \exp\left(-\alpha \sum_1^{m-1} \mathrm{TLAI}_l\right) - \exp\left(-\alpha \sum_1^m \mathrm{TLAI}_l\right) \tag{10-66}$$

$$\lambda_{n,m} = \phi_m (\mathrm{LAI}_{n,m} / \mathrm{TLAI}_m) \tag{10-67}$$

$$\lambda_n = \sum_1^m \lambda_{n,m} \tag{10-68}$$

式中，m 为作物和杂草的冠层层数；n 为作物和杂草总共的种群数量；$\pi_n(x)$ 为第 n 个种群叶面积的垂直分布；LAI_n 和 $\mathrm{LAI}_{n,m}$ 分别为第 n 个种群的叶面积指数及第 n 个种群在第 m 层的叶面积指数；TLAI_m 为第 m 层的总叶面积指数；ϕ_m 和 $\lambda_{n,m}$ 为第 m 层的光截获总量及第 n 个种群在第 m 层所分配到的光截获量；λ_n 为第 n 个种群所有层总的光截获量。

第三节 盐胁迫响应模拟

土壤盐渍化是制约作物高产、农业增收的主要因素之一，全球盐碱地的面积已达 10 亿 km^2 以上，约占陆地总面积的 7.6%，且这一比例仍在持续上升。我国是盐碱地大国，占地面积为 $3.5 \times 10^7 hm^2$，位居世界第三。中国盐碱地可分为内陆盐碱土、滨海盐碱土和冲积平原盐碱土三大类，主要分布在西北、东北、华北及滨海地区在内的 17 个省份，其中盐碱化耕地占耕地面积的 6%左右。近年来，全球气候变化、灌溉水质的恶化、过度放牧、割草及不合理的耕作制度导致土壤盐碱化呈现蔓延趋势。土壤盐碱化的蔓延使得盐胁迫成为限制作物生长发育的主要因素，同样对农业生产具有极大挑战，严重限制了农业生产力的发展（Yang and Guo, 2018）。土壤环境中盐分的增加会破坏作物体内的离子稳定，使之产生高渗透性状态，通常还伴随着氧化损伤及光合作用受损等二次危害效应的发生，每年与盐胁迫相关的作物生产损失在 18%~43%。

一、盐胁迫的生理响应

盐胁迫影响植物从萌发到衰老几乎所有的发育阶段。盐对植物的毒害主要包括渗透和离子胁迫，以及由此产生的活性氧胁迫和营养的消耗。当土壤的含盐量增加时，土壤溶液的水势就会低于植物根细胞的水势，这就导致根系吸水受到抑制，植物必须进行渗透调节以维持细胞的膨胀和生长及水分的吸收。此外，渗透胁迫还会导致气孔关闭，这抑制了植物对二氧化碳的吸收，并导致光合作用减弱。离子胁迫主要是由细胞中的 Na^+ 和 Cl^- 积累导致的。Na^+ 的毒性主要是 Na^+ 对酶的活性具有抑制作用，对包括卡尔文循环和其他途径在内的新陈代谢产生负面影响。另外，细胞质中过量的 Na^+ 也会干扰钾及氮、磷、钾、钙、锌等矿质元素的吸收和运输。由于植物对 NO_3^-、SO_4^{2-} 与 Cl^- 的吸收都是由相同非选择性的阴离子转运体来介导的，过量的 Cl^- 会导致关键的大量营养素氮和硫的缺乏。除了渗透和离子胁迫，盐胁迫还会引起细胞内活性氧的积累，从而严重破坏细胞结构和大分子，如 DNA、脂质、酶等。植物适应盐逆境的生理生化过程主要包括离子平衡调节、渗透平衡调节、清除活性氧和营养平衡调节。

（一）盐胁迫下盐离子的伤害作用

特殊离子对植物生长的影响很大，这些离子对植物细胞的作用可分为两个方面。一方面是离子的毒害作用；另一方面是特殊离子的存在对植物营养状况产生的影响。在盐碱地，这些离子浓度偏高，致使一些低浓度的营养元素供应不足，如 Na^+ 的存在抑制了植物对 K^+、NO_3^- 和 Ca^{2+} 的吸收，植物生长因此受到抑制。

（二）盐胁迫对光合作用的影响

叶绿体是植物进行光合作用的主要场所。叶绿素含量是反映植物光合作用强度的生理指标。因此，盐胁迫对植物光合作用的影响主要是对植物体中叶绿体的影响。盐胁迫下，植物吸收不到足够的水分和矿质营养，造成营养不良，致使叶绿素含量低，影响光合作用。另外，盐分过多使磷酸烯醇丙酮酸（PEP）羧化酶和核酮糖双磷酸（RuBP）羧化酶活性降低，叶绿体趋于分解，叶绿素被破坏。叶绿素和类胡萝卜素的生物合成受阻，气孔关闭，使光合速率下降，影响作物产量。

（三）盐胁迫对细胞膜结构的影响

盐胁迫直接影响细胞的膜脂和膜蛋白，使脂膜透性增大和膜脂过氧化，从而影响膜的正常生理功能。正常情况下，细胞壁和细胞膜相互接触，细胞在失水时细胞膜收缩，由于细胞膜与细胞壁的弹性不同，质壁相互"撕扯"变形，产生机械胁迫，引起细胞内游离钙离子浓度增加，诱导植物活性氧迸发。盐胁迫使细胞失水，引起细胞膨压和渗透压变化。

（四）盐胁迫对蛋白质合成的影响

盐分过多对蛋白质代谢的影响比较明显，抑制合成促进分解，抑制蛋白质合成的直接原因可能是破坏了氨基酸的合成，如蚕豆在盐胁迫下叶内半胱氨酸和蛋氨酸合成减少，从而使蛋白质含量减少。此外，盐胁迫使植物体内积累有毒的代谢产物，如盐胁迫导致蛋白质分解，产生对植物有毒害作用的物质，致使植物叶片生长不良，抑制根系生长，组织变黑坏死等。

二、盐胁迫响应的模拟

目前作物生长模型中具备盐胁迫响应算法的模型并不多。在盐胁迫环境下的作物模型开发工作中，早期主要以两段式函数来模拟盐害对作物的影响。土壤模型如 SWAP（soil water atmosphere plant model）对土壤盐度有详细的描述，但模型中作物对盐胁迫的响应仅限于吸水量的减少，因此该模型只能模拟盐害造成的缺水效应。Sigmoid 函数和分段函数通常用来反映水稻对盐浓度的响应，该方法解释了不同水稻品种之间的蒸腾作用和光合作用对盐浓度响应的差异。该算法已经整合嵌入水稻生长模拟模型 ORYZA v3 和 APSIM （agricultural production systems simulator）中，并基于 APSIM 中土壤水分的可用性、移动性和土壤水溶质浓度之间的相互作用等，来模拟土壤中的盐分动态（Radanielson et al.，2018）。

该模型的改进思路如图 10-10 所示。模型在改进过程中添加了模拟渗透胁迫和离子毒性胁迫对水稻生长影响的算法。渗透胁迫的模拟主要通过将每日土壤盐含量转化为土壤渗透势，并将渗透势添加到土壤水平衡模块以计算土壤基质势，进而计算水稻每日可吸收水量的变化，具体算法如下：

$$OSKPA = 40.55EC \tag{10-69}$$

式中，OSKPA 为土壤渗透势；EC 为土壤电导率。

而离子毒性胁迫是当 Na^+ 在植物中积累到其浓度达到临界值所导致的，这一过程取决于环境（土壤溶液盐度水平、胁迫持续时间、温度和相对湿度等气候条件）和基因型（品种的耐受水平及其物候)。在该模型中研究者通过在作物生长期间暴露在盐胁迫期间的每日胁迫效应的积分来捕捉胁迫持续时间对其的效应。在模拟水稻最大光合速率和蒸腾速率受盐害的影响时主要通过盐胁迫因子（FS_i）来体现，FS_i的计算如式（10-70）所示：

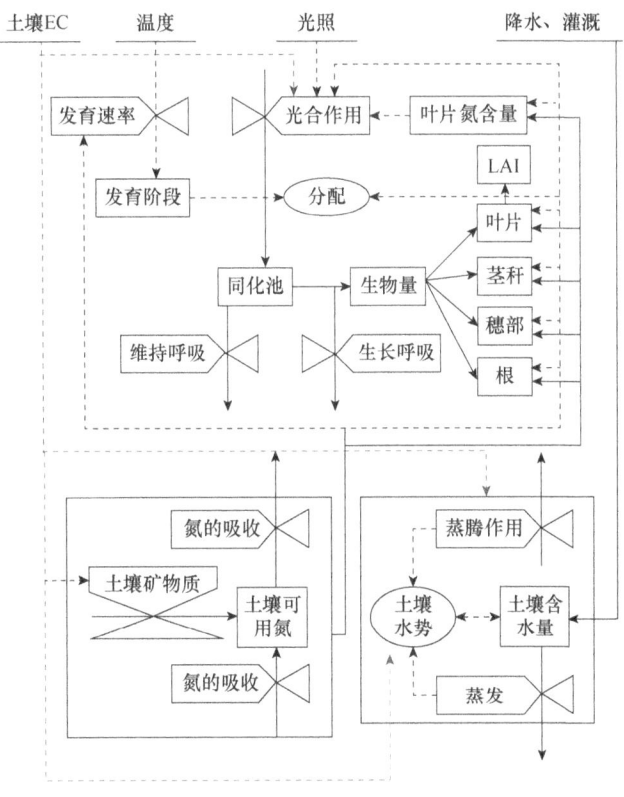

图 10-10 盐胁迫模型模拟框架图

实线表示物质流，虚线表示信息流

$$FS_i = \frac{1}{1+\exp\left[a_i \times (EC-b_i)\right]} \quad (10\text{-}70)$$

式中，i 为所考虑的过程，即光合作用或蒸腾速率；a_i 为最大速率 50%时的拐点处 FS_i 下降的斜率；b_i 为 FS_i 为 50%时的盐浓度临界值。

复习思考题

1. 名词解释：作物逆境（胁迫）。
2. 高温胁迫和低温胁迫对作物影响的模拟主要包含哪些过程？
3. 列举一种代表性病虫害胁迫，并描述模拟其效应主要涉及的过程。
4. 杂草胁迫响应模型主要通过构建哪些指标来量化其对作物生产的影响？
5. 列举能够模拟盐胁迫的代表性模型及其模拟过程。

第十一章
农田温室气体排放模拟

本章视频

自工业革命以来,人类活动产生的温室气体排放量显著增加,导致全球气候发生变化,其中大气中二氧化碳（CO_2）浓度上升了 47%,甲烷（CH_4）和氧化亚氮（N_2O）浓度分别上升了 156% 和 23%。党的二十大报告指出,实现碳达峰碳中和是一场广泛而深刻的经济社会系统性变革,是以习近平同志为核心的党中央统筹国内国际两个大局作出的重大战略决策。农田在保障粮食安全及满足人类粮食需求方面扮演着非常重要的角色。农田既是全球变暖的主要受害者,也是温室气体的主要排放源之一。据估计,农业活动产生的 N_2O 和 CH_4 分别占其全球总排放量的 77% 和 45%。虽然农作物通过光合作用吸收 CO_2,且农作物秸秆还田等措施有助于土壤固碳,部分抵消农田 CO_2 的排放,但是不恰当的农田管理措施可能导致土壤退化,削弱土壤的固碳能力,并促进更多的碳排放到空气中。过程机理模型和经验统计模型是研究农田温室气体排放相关问题的重要数字化工具,国际上广泛使用的农田过程机理模型包括 DNDC（DeNitrification-DeComposition）、RothC、DayCent、CH_4MOD 和 Agro-C 等。在"双碳"背景下,基于模型系统分析农田温室气体排放变化及其驱动因素贡献,评估农田温室气体减排潜力和实现路径等,对于增强农业领域温室气体减排能力,助力实现碳中和战略目标具有重要意义。本章主要介绍了农田 N_2O 和 CH_4 排放过程模拟、土壤有机碳动态模拟及农作系统温室效应评估。

第一节 农田 N_2O 排放过程模拟

农田 N_2O 的排放主要源于土壤中的两个关键过程：硝化过程和反硝化过程。硝化过程是一种微生物主导的过程,包括硝化细菌将 NH_4^+ 或 NH_3 氧化为 NO_2^- 和 NO_3^- 的两个阶段,是氮循环中的重要过程,涉及多种微生物,并且其活性受土壤环境条件（如温度、水分和 pH）的影响。反硝化过程为土壤中的硝酸盐被一系列微生物还原成氮气（N_2）的过程,是农田排放 N_2O 的主要途径之一。深入理解这些过程的机理对于掌握土壤氮过程和 N_2O 排放的模拟至关重要。本节以 DNDC、DayCent 模型为例,详细阐述这些模型在模拟农田 N_2O 排放方面的方法和应用。

一、土壤中的氮转化过程和 N_2O 产生机制

（一）土壤中的硝化过程

在有氧条件下,土壤中的 NH_4^+ 或 NH_3 经历一个双阶段的氧化过程,转化为 NO_2^- 和 NO_3^-,这一整体过程称为硝化过程。第一阶段为亚硝化,即氨氧化为亚硝酸根的阶段；第二阶段为硝化,即亚硝酸根氧化为硝酸根的阶段。这两个阶段由不同的菌/古菌属完成。除了有氧条件下的自养硝化,硝化过程还包括异养硝化细菌（heterotrophic AOB,HAOB）、全程氨氧化菌（complete AOB,comammox）、厌氧氨氧化菌（anaerobic AOB,anammox）主导的路径：

$$NH_4^+ + O_2 \longrightarrow NO_2^- + 4H^+ + 2e^-$$
$$NO_2^- + H_2O \longrightarrow NO_3^- + 2H^+ + 2e^-$$

自养硝化的第一阶段分为两个过程：在氨单加氧酶（ammonia monooxygenase，AMO）的催化下，氨先被氧化为羟胺（NH_2OH），羟胺随后在羟胺氧化还原酶（hydroxylamine oxidoreductase，HAO）作用下被氧化为亚硝酸。第二阶段的亚硝酸氧化是由亚硝酸氧化还原酶（nitrite oxidoreductase，Nxr）催化完成的单步过程。在自养硝化过程中，亚硝化阶段的反应自由能为 274.91kJ/mol，硝化阶段的反应自由能为 74.16kJ/mol。由于亚硝化阶段的反应能量较高，主导其过程的氨氧化菌（AOB）比主导硝化阶段的亚硝酸盐氧化菌（NOB）具有更高的生长速率。但从能量利用效率角度来看，硝化菌从氨或亚硝酸的氧化中获得的能量用以同化二氧化碳的能量利用效率很低，氨氧化菌只利用自由能的 5%~14%，亚硝酸盐氧化菌也只利用自由能的 5%~10%。在农田土壤中，虽然在数量上氨氧化古菌（ammonia-oxidizing archaea，AOA）占绝对优势，但氨氧化过程仍由 AOB 主导。AOA 更多存在于深层土壤中，AOB 则相反，其丰度在表层土壤中更高，因此土壤表层的硝化速率明显高于深层土壤。真菌和放线菌也能在酸性环境下将氨氧化为亚硝酸和硝酸，但其氧化效率比自养细菌更低。

异养硝化细菌利用土壤有机碳作为碳源和能源，将还原态氮转化为氧化态氮。在好氧反硝化（HN-AD）作用下，某些异养硝化细菌将 NO_3^-/NO_2^- 还原为 N_2，并在这个过程中产生 N_2O 和 NO。HN-AD 菌氧化 NH_4^+、NH_2OH 或有机氮化合物时，并不像自养氨氧化菌那样从该过程中获得能量，而是利用有机碳源和有氧呼吸来产生能量。HN-AD 菌能进行完全硝化，将 NH_4^+ 逐步转化为 NO_3^-，这一过程需要 AMO、HAO 和 Nxr 等酶参与。在低 pH、高 O_2 含量和高有机碳环境下，如酸性的森林土壤中，异养硝化细菌是硝化作用的主要承担者，并能产生大量的 N_2O。在大部分农田土壤中，异养硝化作用较弱，起主导作用的是自养硝化作用。在好氧条件下，异养硝化细菌产生 N_2O 的能力远高于自养硝化细菌，但产生 NO 的效率与自养硝化细菌相当。因此长期施用氮肥导致土壤 pH 下降，较高的土壤有机碳含量可促使异养硝化作用加强，并排放更多的 N_2O。

全程氨氧化菌是一类特殊的微生物，能将 NH_4^+ 逐步完全氧化为 NO_3^-。这些菌类的独特之处在于其携带 AOB 与 NOB 的同源基因组，使得它们能够同步进行 AOB 的 NH_4^+ 氧化与 NOB 的 NO_2^- 氧化。由于其基因组中未发现编码一氧化氮还原酶（Nor）及细胞色素 c 蛋白的基因，它们无法将 NO 还原为 N_2O，因此这一过程不产生 N_2O 排放。全程氨氧化菌在低 DO（溶解氧）条件下可以成为硝化过程优势菌属，但随 DO 浓度增加，AOB 活性逐渐增加，全程氨氧化菌会失去竞争力。

在厌氧条件下，厌氧氨氧化菌能以亚硝酸盐作为氧化剂将氨氧化成 N_2。厌氧氨氧化菌有一个独特的胞内体——厌氧氨氧化体（anammoxosome），占细胞体积的 50%~80%，是厌氧氨氧化反应的场所。该反应过程主要包括三个步骤：在亚硝酸还原酶（Nir）的作用下，NO_2^- 被还原成 NO；在联氨合成酶（HSZ）作用下，NO 与 NH_4^+ 缩合成 N_2H_4；最后在联氨水解酶（HDH）作用下，N_2H_4 被分解为 N_2。

有些氨氧化菌（如 *Nitrosomonas* 和 *Nitrosospira*）还可以同时进行反硝化过程。该过程首先将 NH_4^+（或 NH_3）氧化成 NO_2^-，然后将 NO_2^- 逐步还原成 NO、N_2O 和 N_2，这两个阶段可属于硝化过程和反硝化过程。此类硝化细菌反硝化过程不会有 NO_3^- 生成。有利于硝化细菌反硝化的环境条件是高 NH_4^+（或 NH_3）含量、低有机碳和氧气含量及低 pH。

总体上说，作为一个微生物主导的过程，硝化过程的速率受土壤温度、水分条件、土壤氧化还原电位及 pH 等的影响，同时也与反硝化过程及有机碳过程相关。

（二）土壤中的反硝化过程

反硝化（denitrification）作用通常是在厌氧环境下，一系列土壤微生物将 NO_3^- 逐步还原成 N_2 的过程。参与反硝化作用的微生物构成了一个广泛的生理类群，包括细菌、真菌和古菌。在有氧条件下，土壤氧化还原电位（Eh）约为 800mV，当 Eh 下降到 500mV 以下时，反硝化微生物利用硝态氮作为电子受体，同时氧化土壤中的有机碳或其他可作为电子供体的化合物，并将氮素还原。反硝化过程包含 4 个反应步骤：NO_3^- 先被还原为 NO_2^-，然后转化为 NO，接着转化为 N_2O，最后转化为 N_2，即

$$NO_3^- \longrightarrow NO_2^- \longrightarrow NO \longrightarrow N_2O \longrightarrow N_2$$

这一系列反应由特异的酶参与，包括硝酸还原酶（nitrate reductase，Nar）、亚硝酸还原酶（nitrite reductase，Nir）、一氧化氮还原酶（nitric oxide reductase，Nor）及氧化亚氮还原酶（nitrous oxide reductase，Nos），其中 Nir 是这一系列反应中的关键限制性酶。由于反硝化过程中氮的各个价态需要较低的 Eh 水平，因此 4 种酶均受 O_2 调控。有些微生物拥有上述 4 种还原酶，并完成全部的反硝化过程。但有些参与反硝化过程的微生物只包含部分反硝化还原酶，因此需要不同的微生物在土壤中共同作用来完成整个还原过程。在反硝化过程中，一些气态中间产物，包括 NO、N_2O 和 N_2，会从反硝化反应发生的微生物细胞周质中溢出，并最终排放到大气中。尽管反硝化过程通常被视为一种厌氧过程，但在某些情况下，如副球菌属、假单胞菌属、克雷伯菌属、根瘤菌属、产碱杆菌属和芽孢杆菌属等，即使在好氧条件下，也能通过合成和利用周质硝酸盐还原酶（Nap）进行反硝化作用，这称为好氧反硝化。

硝酸盐还原的最终产物也可能是 NH_4^+，这一过程称为硝态氮异化还原成铵（dissimilatory nitrate reduction to ammonium，DNRA）过程：

$$NO_3^- \longrightarrow NO_2^- \longrightarrow NH_4^+$$

该过程分为两个阶段，首先在 Nar 或 Nap 催化下，NO_3^- 还原成 NO_2^-；然后再由 Nir（与反硝化过程的 Nir 不同）将 NO_2^- 还原为 NH_4^+。有机质含量充足的环境（如作物根际）有利于 DNRA 过程的硝酸盐还原。在有机碳含量高而 NO_3^- 浓度低的还原性条件下，NO_3^- 的 DNRA 过程会高于反硝化过程。DNRA 过程不产生 NO、N_2O 和 N_2，可减少土壤的 N_2O 排放和氮损失。

大多数反硝化作用是通过异养细菌进行的，依赖土壤有机碳的可用性。因此反硝化作用与易分解有机质之间有很好的相关性，水溶性有机碳是土壤反硝化速率可靠的量化指标。

（三）土壤中 N_2O 产生机制和途径

在氨硝化过程中，中间产物羟胺（NH_2OH）是产生 N_2O 的关键前体之一。NH_2OH 转化为 N_2O 主要通过两个生物过程实现：①在无氧条件下，羟胺氧化还原酶（HAO）中的 c 型血红素 cytP460 将 NH_2OH 直接氧化为 N_2O；②在 HAO 催化 NH_2OH 氧化为 NO 的过程中，AOB 释放两个细胞色素分子，参与 AOB 电子传递，其中的 c554 分子可以作为一种一氧化氮还原酶，把由 HAO 催化产生的 NO 还原为 N_2O。

在反硝化过程中，异养反硝化细菌以有机物作为电子供体，在不同氮氧化物还原酶催化作用下将 NO_3^- 依次还原为 N_2。参与催化异养反硝化过程的酶包括 Nar、Nir、Nor 和 Nos（图 11-1）。Nos 的最大还原速率大约是 Nar 或 Nir 的 4 倍。因此在缺氧或厌氧条件下，N_2O

可以被彻底还原，不会发生 N_2O 积累。但如果 Nos 活性在某些环境条件下受到抑制，如有一定量的 DO 存在、低 pH、高 NO_2^- 浓度和 C/N 较高等，则会抑制 Nos 的速率从而导致 N_2O 的积累和排放增加。

低 DO 浓度（DO＜1.5mg/L）会对硝化过程第二阶段的 NOB 产生明显抑制作用，使得 NO_2^- 进一步氧化受阻，造成 NO_2^- 积累。此时，能够同步进行反硝化的氨氧化菌会合成 Nir 和 Nor 将 NO_2^- 经 NO 还原为 N_2O，或合成异构亚硝酸还原酶（Ntr）直接将 NO_2^- 还原为 N_2O（图 11-1）。这两个途径的 N_2O 形成在 DO＜0.2mg/L 时作用最为明显。由于 Nor 在有氧条件下不会受到抑制，且该类 AOB 中没有发现编码 Nos 的基因，所以 AOB 反硝化终产物是 N_2O，不产生 N_2。

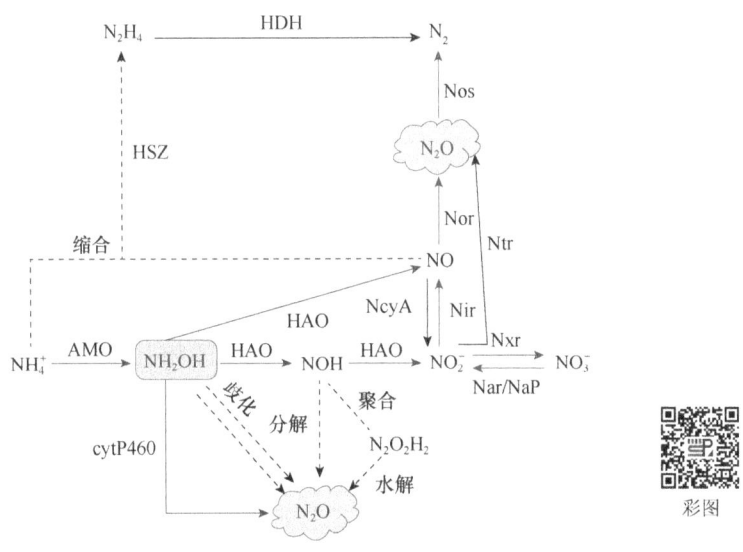

图 11-1　土壤中的氮过程及 N_2O 排放

微生物过程是土壤中产生 N_2O 的主要途径。除此之外，非生物化学途径也会产生少量 N_2O。NH_2OH、NOH 和 HNO_2 等是化学产生 N_2O 的主要前体。NH_2OH 除能通过自身歧化反应产生 N_2O 外，还可与 O_2 和 HNO_2 反应产生 N_2O。氧化还原活性金属（如铁和锰）、有机物（腐殖酸和黄腐酸）和氮循环中间体之间的化学反应也可能产生 N_2O。

二、N_2O 排放过程模拟分类

在农田生态系统中，氮肥的施用是导致农田 N_2O 排放的关键因素。氮素添加到土壤后，由于氮元素的多价态特性，与其相关的生物地球化学过程非常复杂。本节以 DNDC 等模型为例，描述农田土壤中氮素循环过程及其产生的 N_2O 排放模拟。

（一）N_2O 排放的过程模型

DNDC 模型是 20 世纪 90 年代开发的生物地球化学模型，广泛用于模拟农业生产活动中的 N_2O 排放。DNDC 模型将 N_2O 排放分为硝化和反硝化两个主要过程，其中反硝化过程是 N_2O 最主要的排放来源。

在 DNDC 模型中，主要考虑微生物机理的 N_2O 排放，而硝化过程中 NH_2OH 通过自身歧化反应等化学过程产生 N_2O 未被纳入模拟。模型将硝化过程的 N_2O 排放与硝化速率（R_N）

描述为固定的比例关系[式(11-1)]。硝化速率(R_N)受反应底物 NH_4^+、硝化细菌生物量($B_{Nitrifier}$)和土壤 pH 共同影响[式(11-2)]。硝化细菌生物量变化($dB_{Nitrifier}/dt$)是菌群死亡率(dD/dt)和生长率(dG/dt)平衡后的结果[式(11-3)~式(11-5)]。土壤中其他环境因素对硝化过程的影响被量化为对 $B_{Nitrifier}$ 影响的函数[式(11-6)和式(11-7)]。土壤中溶解有机碳含量(DOC)和土壤水分(WFPS)的变化分别在模型的碳模块和水分收支模块中进行模拟,需要整个模型中不同模块的耦合模拟来完成。

$$N_2O\_N = 0.0024 \times R_N \tag{11-1}$$

$$R_N = 0.005 \times [NH_4^+] \times B_{Nitrifier} \times pH \tag{11-2}$$

$$d(B_{Nitrifier})/dt = (dG/dt - dD/dt) \times B_{Nitrifier} \times f(T) \times f(W) \tag{11-3}$$

$$dG/dt = 0.0166 \times \{[DOC]/(1.0+[DOC]) + f(W)/[1.0+f(W)]\} \tag{11-4}$$

$$dD/dt = 0.008 \times B_{Nitrifier}/(1.0+[DOC])/[1.0+f(W)] \tag{11-5}$$

$$f(W) = \begin{cases} 0.8+0.21 \times (1.0-WFPS) & WFPS > 0.05 \\ f(W) = 0, \text{otherwise} & \text{其他} \end{cases} \tag{11-6}$$

$$df(T) = 3.503^{[(60-T)/25.78]} \times e^{[3.503 \times (T-34.22)/25.78]} \tag{11-7}$$

式中,R_N 为硝化速率;$B_{Nitrifier}$、[DOC]和[NH_4^+]分别为硝化细菌生物量(kg C/hm²)、DOC(kg C/hm²)和 NH_4^+(kg N/hm²)含量;WFPS 为土壤总孔隙度含水量(%);$f(T)$ 和 $f(W)$ 分别为土壤温度(T,℃)和土壤湿度的影响函数。

反硝化过程的各个步骤组成一个不同价态氮之间相互转换的过程网:$NO_3^- + 2e^- \longrightarrow NO_2^- + e^- \longrightarrow NO + e^- \longrightarrow N_2O + 2e^- \longrightarrow N_2$[式(11-8)~式(11-17)],氮素从最高的价态(NO_3^-)逐步递减并最终被还原成 N_2。

由反硝化过程导致的各价态氮素(NO_x)减少量:

$$d[NO_x]/dt = (U_{NO_x}/Y_{NO_x} + M_{NO_x} \times [NO_x]/[N]) \times B_{Denitrifier} \times F_{pH\text{-}NO_x} \times F_T \tag{11-8}$$

各价态氮素的反硝化细菌数量的生长速率:

$$U_{NO_x} = U_{NO_x,max} \times [[DOC]/(K_c+[DOC])] \times [[NO_x]/(K_n+[NO_x])] \tag{11-9}$$

$$U_{DN} = F_T \times \sum (U_{NO_x} \times F_{pH\text{-}NO_x}) \tag{11-10}$$

$$d(B_{Denitrifier})_g/dt = U_{DN} \times B_{Denitrifier} \tag{11-11}$$

硝化细菌数量的死亡速率:

$$d(B_{Denitrifier})_d/dt = M_c \times Y_c \times B_{Denitrifier} \tag{11-12}$$

DOC 消耗和 CO_2 产生速率:

$$d[DOC]/dt = (U_{DN}/Y_c + M_c) \times B_{Denitrifier} \tag{11-13}$$

$$d[CO_2]/dt = d[DOC]/dt - d(B_{Denitrifier})/dt \tag{11-14}$$

氮同化速率:

$$D[N]/dt = [d(B_{Denitrifier})_g/dt]/(C/N)_{Denitrifier} \tag{11-15}$$

土壤温度和 pH 影响函数:

$$f(x) = \begin{cases} 2.0^{(T-22.5)/10.0} & T \leq 60.0 \\ 0 & T > 60.0 \end{cases} \tag{11-16}$$

$$\begin{cases} F_{pH\text{-}NO_3} = 1 - 1/[1+e^{(pH-4.25)/0.5}] \\ F_{pH\text{-}NO_2} = F_{pH\text{-}NO} = 1 - 1/[1+e^{(pH-5.25)}] \\ F_{pH\text{-}N_2O} = 1 - 1/[1+e^{(pH-6.25)/1.5}] \end{cases} \tag{11-17}$$

式中，NO_x 为 NO_3^-、NO_2^-、NO 和 N_2O 四个氮的价态；U_{NO_x} 和 $U_{NO_x,max}$ 分别是 NO_x 还原菌的相对生长速率和最大相对生长速率（1/h），即每小时各个价态 N 还原菌群数量相对于全部反硝化菌群的增长比例；U_{DN} 为全部反硝化菌的相对生长速率（1/h）；Y_{NO_x} [kg C/(kg NO_x-N)] 和 M_{NO_x} [kg NO_x-N/(kg C·h)] 分别为反硝化消耗 NO_x 时可获得的 NO_x 菌群生长量和 NO_x 菌群代谢的 NO_x-N 系数；Y_c 和 M_c 分别为反硝化消耗 DOC 时可获得的菌群生物量增量 [kg C/(kg DOC-C)] 和菌群代谢的 DOC 系数 [kg DOC-C/(kg C·h)]；d$(B_{Denitrifier})_g$/dt 和 d$(B_{Denitrifier})_d$/dt 分别为硝化细菌生物量的生长和死亡速率；K_n (kg N/hm^2) 和 K_c (kg C/hm^2) 分别为土壤中 NO_x 和 DOC 的半饱和浓度；[NO_x] (kg N/hm^2)、[N] (kg N/hm^2) 和 [DOC] (kg C/hm^2) 分别为土壤中 NO_x、全氮和 DOC 的含量密度；F_T 和 F_{pH-NO_x} 是土壤温度和土壤 pH 的影响函数；(C/N)$_{Denitrifier}$ 为反硝化菌的碳氮比。

DNDC 对不同价态的氮（在模型描述中抽象化为 NO_x，与其他语境中的 NO_x 含义不同）采用同样的计算框架方程，每一步的 NO_x 减少（d[NO_x]/dt）都等于其反硝化微生物生长（$B_{Denitrifier}$）和生命维持过程需要消耗的 NO_x 量 [式（11-8）]。这一消耗量与 U_{NO_x}、$B_{Denitrifier}$ 直接相关，并受到土壤温度 [式（11-14）] 和土壤 pH [式（11-15）] 的直接影响。因反硝化过程需要厌氧环境，在这一前提下的水分条件变化不再是限制因子，模拟方程中也不再有水分函数。式（11-8）中的 U_{NO_x}/Y_{NO_x} 和 $M_{NO_x}\times[NO_x]/[N]$ 分别代表单位时间（1h）、单位质量的 NO_x 还原菌群（以每千克菌群生物量碳计）生长和生命维持需要的氮量。每个反应步骤的 U_{NO_x} 由参与反应的还原基质（作为电子供体的 DOC）和硝态氮（作为厌氧环境下电子受体的 NO_x）含量及代表关键消化酶催化效率的 $U_{NO_x,max}$ 来计算 [式（11-9）]，其中 [DOC]/(K_c+[DOC]) 和 [NO_x]/(K_n+[NO_x]) 分别代表 DOC 和 NO_x 的含量（溶解浓度）与其反应速率之间的关系曲线。U_{DN} 是全部反硝化菌群的相对生长速率（1/h）[式（11-10）]，用于计算反硝化菌群的增量速率 [式（11-11）]。

与 Y_{NO_x} 和 M_{NO_x} 类似，反硝化过程的 DOC 参数 Y_c 和 M_c 分别表示反硝化菌群生长时消耗 DOC 的效率和维持代谢消耗的 DOC。这两个参数在不同的反硝化菌群中保持不变。M_c 同时也表示反硝化菌群死亡时可释放到环境中的 DOC 比例。式（11-12）中 Y_c 用于将反硝化菌群死亡产生的 DOC（$M_c\times B_{Denitrifier}$）转换为菌群生物量碳。式（11-13）用于计算反硝化细菌的生物量增长及维持代谢所需的 DOC，此过程产生的 CO_2 量等于总 DOC 消耗量与同化为反硝化菌群生物量碳之间的差值 [式（11-14）]。最后，氮同化速率用菌群增加量除以菌群的碳氮比来计算 [式（11-15）]。

另一个广泛使用的过程模型是 DayCent，通过硝化和反硝化过程来模拟 N_2O 排放 [式（11-18）～式（11-21）]。其中，硝化过程的 N_2O 排放（N_{N_2O}）计算如下：

$$N_{N_2O}=F_{WFPS}\times F_{pH}\times F_T\times(K_{mx}+N_{mx}\times F_{NH_4^+}) \tag{11-18}$$

式中，F_{WFPS}、F_{pH}、F_T 和 $F_{NH_4^+}$ 分别为土壤水分（以 WFPS 计）、土壤 pH、土壤温度和土壤中 NH_4^+ 含量对硝化过程 N_2O 排放的影响函数（图 11-2）；K_{mx} 和 N_{mx} 分别为源于土壤有机质周转和外源 NH_4^+ 可导致的最大 N_2O 排放通量 [g N_2O-N/(hm^2·d)]，在不同的土壤性质（如土壤质地）下，K_{mx} 和 N_{mx} 需要利用试验数据加以标定。

由反硝化过程的 N_2O 排放（D_{N_2O}）：

$$D_{N_2O}=D_{N_2O+N_2}/(1+R_{N_2/N_2O}) \tag{11-19}$$

$$D_{N_2O+N_2}=\min[F_{d(NO_3^-)},F_{d(CO_2)}]\times F_{d(WFPS)} \tag{11-20}$$

$$R_{N_2/N_2O} = \min[F_{r(NO_3^-)}, F_{r(CO_2)}] \times F_{r(WFPS)} \tag{11-21}$$

式中，$D_{N_2O+N_2}$ [g N/(hm²·d)] 和 R_{N_2/N_2O} 分别为反硝化过程的 N_2O+N_2 合计排放量和 N_2、N_2O 排放量比值 $F_d(NO_3^-)$ 和 $F_d(CO_2)$ 分别为给定土壤 NO_3^- 含量水平（μg N/g）和土壤呼吸速率 [kg C/(hm²·d)] 条件下最大气态氮（N_2O+N_2）通量 [g N/(hm²·d)]；$F_r(NO_3^-)$ 和 $F_r(CO_2)$ 分别为给定土壤 NO_3^- 含量水平（μg N/g）和土壤呼吸速率 [kg C/(hm²·d)] 条件下最大 N_2/N_2O 值；$F_d(WFPS)$ 和 $F_r(WFPS)$ 分别为土壤水分含量（以 WFPS 计）对气态氮通量和 N_2/N_2O 值的影响函数。各个因素对反硝化过程 N_2O 产生和排放的详细函数表达可参见 Parton 等（1996）。

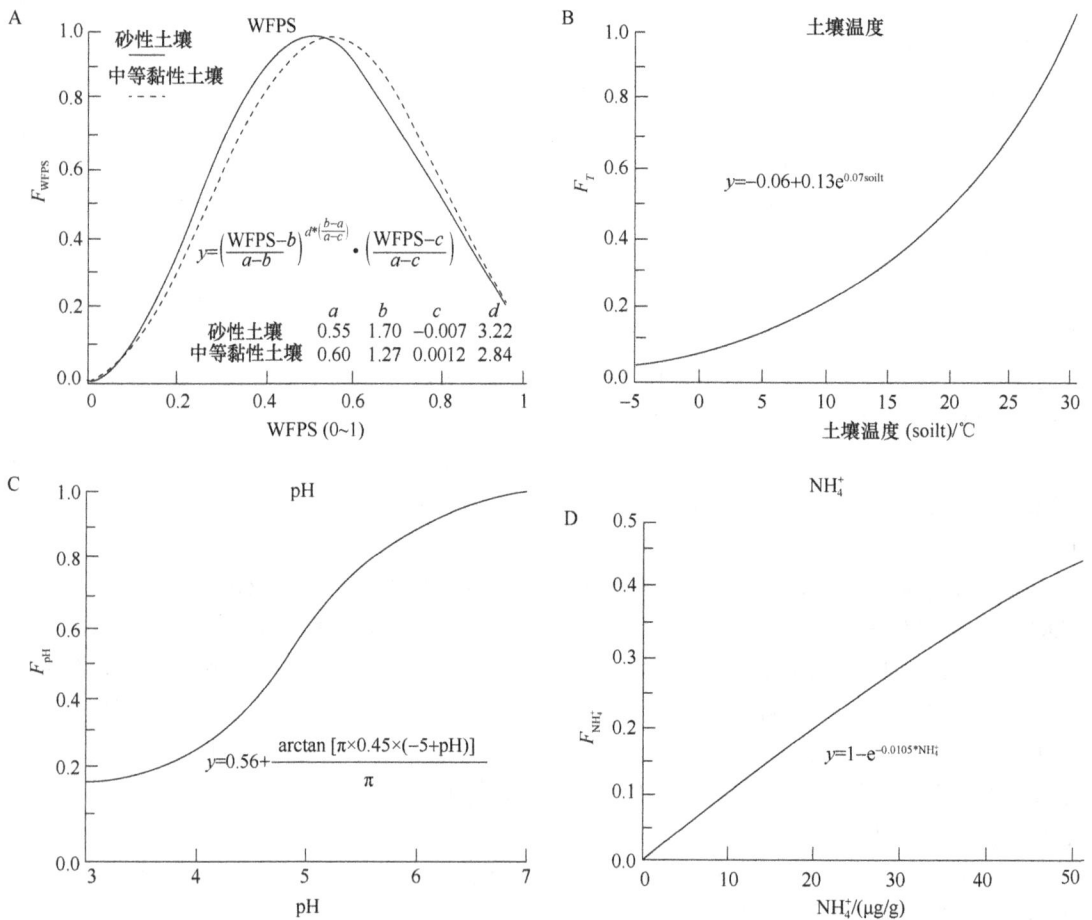

图 11-2 DayCent 模型中环境因素对硝化过程 N_2O 排放的影响函数（改绘自 Parton et al.，1996）
公式中的因变量 y 分别表示 F_{WFPS}、F_T、F_{pH} 和 $F_{NH_4^+}$

该模型假设硝化过程的气态氮排放与硝化速率成正比，而硝化速率主要取决于土壤中反应底物 NH_4^+ 的浓度，并受到土壤温度、土壤 pH 和土壤水分含量的影响。在给定的 NH_4^+ 浓度水平下，硝化速率随土壤温度升高而增加，但达到一定温度阈值（通常是当地最热月份的平均土壤温度）后，温度不再成为影响硝化速率的限制因素。土壤水分影响函数 F_{WFPS} 在 WFPS 为 50%左右时达到最大，并随着 WFPS 的增加或减少而降低。在通透性更好的土壤中（如砂壤），最适 WFPS 水平相比于黏性土壤更低。此外，当土壤 pH 小于 7 时，硝化速率会随着 pH 降低而下降。

在模拟反硝化过程 N_2O 排放时,其模拟策略是首先计算土壤反硝化过程中 N_2 和 N_2O 的总排放量,然后根据不同环境条件下 N_2 和 N_2O 排放比(R_{N_2/N_2O})来分别计算 N_2 和 N_2O 各自的排放量。这些排放量均受土壤 NO_3^- 和土壤碳供应(以有机碳分解速率表达)限制,在模拟计算时取两者供应的最小值[式(11-20)、式(11-21)]。在反硝化过程中,土壤中的可利用有机碳是还原硝态氮的电子供体,氧的存在会与硝态氮形成碳竞争,并严重抑制反硝化过程。模型利用 WFPS 来表达土壤的还原状态。当 WFPS 小于80%(砂性土壤)或60%(黏性土壤)时,反硝化过程很少发生,$F_{d\,(WFPS)}$ 函数取值接近零。随着 WFPS 增加,反硝化过程逐渐增强。黏性重的土壤会增加 N_2O 在土壤中的滞留时间,并使其更多地还原为 N_2,从而增加 N_2:N_2O 值[$F_{r\,(WFPS)}$],减少 N_2O 排放。

(二)农田 N_2O 排放的统计模型

田间试验观测到的农田 N_2O 排放多在施肥和降水(或灌溉)后,在其他时间很难观测到明显的 N_2O 排放,这种非连续性的排放给过程模拟造成了很大的困扰。从人为活动导致 N_2O 排放的角度来看,可只关注施肥导致的农田作物生长季的 N_2O 排放量。

1. IPCC(2006)指南中的农田 N_2O 直接排放 IPCC(2006)指南中以投入农田的总氮量作为基数,利用一个简单的排放系数(称为排放因子)来计算投入氮量造成的 N_2O 排放(称为 N_2O 直接排放):

$$N_2O\text{-}N = (F_{SN} + F_{ON} + F_{CR} + F_{SOM}) \times EF \tag{11-22}$$

式中,F_{SN}、F_{ON}、F_{CR}、F_{SOM} 分别为施用化肥的 N 量,施用动物粪肥、堆肥、污水污泥和其他有机肥中的 N 量,作物残余物(地上部和地下部)中的 N 量,土壤有机碳矿化分解释放的 N 量;EF 为 N_2O 的排放因子。不同的农田和作物排放因子的差异巨大,基于文献综述分析给出的旱地农田的 EF=0.01(0.003~0.03),稻田的 EF=0.003(0.000~0.006)。

除了直接排放,IPCC 方法指南中还给出计算 N_2O 间接排放的方法。间接排放是指施入农田的 N 以气体形式(以氨气为主)排放到大气中或以可溶性 N 通过土壤径流流出农田,随后通过氮沉降或径流输入到其他土壤中造成的 N_2O 排放。N_2O 的间接排放同样可以利用排放因子法计算。

2. 对 IPCC(2006)指南中的农田 N_2O 排放因子的修正方程 施肥土壤的 N_2O 排放首先取决于氮肥施用量,其次还与土壤水分条件密切相关,为了体现水分状况对 N_2O 排放的影响,Lu 等(2006)建立了降水修正的 N_2O 排放因子法:

$$N_2O\text{-}N = 0.0186(\pm 0.0027) \times P \times N_{input} \tag{11-23}$$

式中,N_{input} 为施入农田的总 N 量;P 为农田所在区域的年降水量(m)。

第二节 农田 CH_4 排放过程模拟

稻田作为甲烷排放的重要源头,其排放机制包括甲烷的产生、氧化和排放途径。在稻田淹水条件下,甲烷的产生主要是在厌氧环境中由产甲烷菌催化完成,主要包括两种微生物途径:一是氢营养型产甲烷菌,二是食乙酸产甲烷菌,它们均依赖于土壤有机物的厌氧分解。甲烷氧化和消耗主要由甲烷氧化菌完成,这些菌主要存在于根部氧化膜中。甲烷向大气中的传输主要通过三种途径:一是通过植株的通气组织,二是通过气泡排放,三是液相扩散。水稻植株通过其通气组织将甲烷从土壤传输到大气。气泡排放则发生于甲烷在土壤中的浓度超过其溶解度，从而形成气泡并上升至大气中。液相扩散是甲烷通过土壤溶液的液相传输进入大气。水稻植株通气组织的发育、根生物量、土壤温度及水稻生长阶段等因素均会影响甲烷的排放。本节以 CH_4MOD 和 DNDC 为例，介绍了模型如何模拟稻田甲烷产生、氧化和排放的过程。

一、稻田甲烷排放机制

（一）甲烷在稻田土壤中的产生机制

非淹水条件下，农田土壤孔隙中含有氧气，土壤的氧化还原电位（Eh）约为+800mV。稻田淹水后，当环境中各种氧化物质，包括 O_2、Fe^{3+}、Mn^{2+}、SO_4^{2-}、NO_3^- 等逐渐耗尽，其 Eh 可降至-300mV。稻田中甲烷的产生主要依赖厌氧条件下产甲烷菌（一大类古菌）的活动。淹水导致的厌氧环境是稻田甲烷产生的前提条件。有机质的厌氧降解需要许多种细菌的共同协作来产生甲烷基质，每种细菌都在有机质的降解链的特定位置发挥作用，并最终产生出产甲烷菌所需要的简单含碳化合物。乙醇、短链脂肪酸等糖类水解产物可在厌氧条件下被氢还原菌利用而产生 H_2 和 CO_2。然后氢营养型产甲烷菌（hydrogenotrophic methanogen，占已知 68 个菌种的 77%）利用 H_2 还原 CO_2 从而生产出 CH_4。氢营养型产甲烷菌还能够利用其他还原性物质如甲酸、CO 或乙醇代替 H_2 作为电子供体来还原 CO_2 产生 CH_4。例如，60%的氢营养型产甲烷菌可利用甲酸根进行代谢。另一种产甲烷菌——食乙酸产甲烷菌（aceticlastic methanogen，占已知菌种的 14%）的代谢基质为乙酸根，通过分解乙酸产生甲烷。这两个途径的甲烷产生量之比受到土壤有机物厌氧分解过程的化学计量的限制。在土壤有机物（如水稻秸秆）降解完全的情况下，>67%和<33%的甲烷会分别通过乙酸分解途径和氢营养途径产生甲烷。土壤温度下降会增加乙酸分解途径产甲烷的比例，相反，高温有利于氢营养途径甲烷的产生。第三个途径是通过分解含甲基的有机化合物产生 CH_4，这一途径的甲烷产生机制多发生于盐度较高的海洋及潮间带环境中。

（二）甲烷氧化消耗

稻田土壤中产生的甲烷不会全部排放到大气中，实际上，绝大部分甲烷在排放到大气中之前就被甲烷氧化菌（methanotroph）所消耗（图 11-3）。根部氧化膜中甲烷氧化菌的含量是大块土壤中的 10 倍，比土表氧化层多 1/3。在不同土壤中甲烷的培养实验表明，甲烷氧化的能力受土壤深度的影响，甲烷氧化在 0～1cm 的土壤层最大。大多数 CH_4 氧化细菌都是中温型微生物，最适温度为 30℃，因此温度的变化对 CH_4 氧化有显著的影响。在 5～36℃，甲烷氧化率随温度上升而增加，因为在这种情况下甲烷氧化酶的活性成为氧化率的控制因子。不同土壤中甲烷氧化的最佳温度通常为 31～38℃。此外，湿度也会影响甲烷的氧化。适宜的土壤湿度可以增加土壤中的微生物量，但土壤湿度对甲烷氧化的最佳值在不同土壤中有很大的差别。这是由土壤中水与有机质的作用造成的，与土壤的密度、微孔的数量和有机质的含量有很大关系，这些因子会影响到甲烷运输到氧化区的量。

土壤中氧气的混合比高于 1%～3%时，甲烷的氧化对氧气混合比的变化不敏感，而氧气的混合比低于 1%～3%时，甲烷的氧化率迅速下降并接近于零。好氧食甲烷菌同时需要甲烷和氧的存在，因此它们多聚集在有氧与无氧环境的交界面区域。由于水稻植株有发达的通气组织，大气中的氧会通过这些通气组织输送到根系以维持根呼吸并扩散到根际形成根际氧化

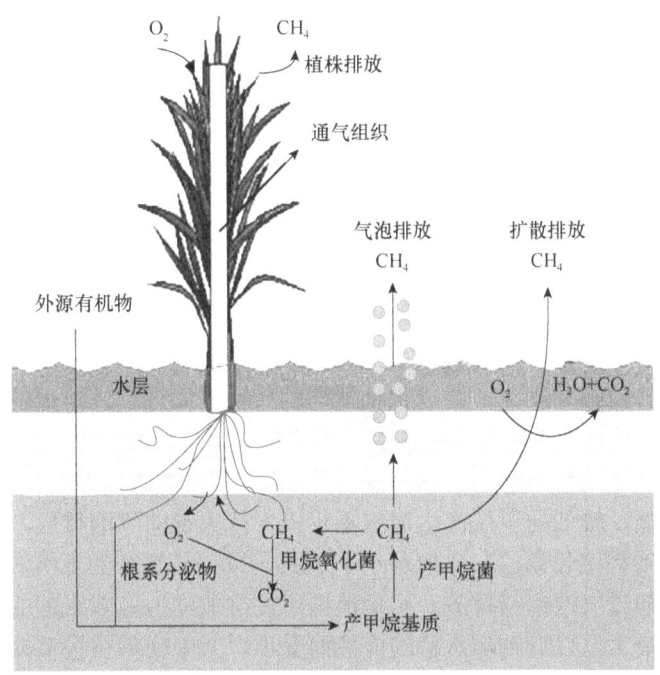

图 11-3 稻田甲烷排放主要过程

层。因此在淹水稻田中只在水土交界面薄薄的氧化层土壤中和植物体的根部氧化膜存在氧气，甲烷在土壤中的有氧氧化主要发生在土壤表层的有氧层和根周围。甲烷在通过植株的通气组织向大气传输过程中，根际及通气组织中的甲烷氧化菌消耗掉了超过 90%的甲烷。我国水稻种植实践中，为了提高水稻产量，会在稻株分蘖盛期前排干水分晒田以抑制过多的无效分蘖，并促进根生长以增强抗倒伏能力。晒田促使水稻根系更加发达并改善根际通气环境，从而增强其中的甲烷氧化能力。与全生育期淹水相比，晒田能减少超过 60%的甲烷排放。

（三）甲烷向大气中的传输

土壤中未被氧化消耗的甲烷通过各种途径排放到大气中，这些途径包括水稻植株的通气组织、气泡排放及溶解扩散等。水稻植株输送甲烷首先通过根系吸收甲烷溶液来进行。土壤孔隙中的甲烷和植物茎秆中的气态甲烷浓度与土壤中的甲烷产量和地下根系生物量之间具有密切的关联。土壤甲烷通过植株的排放过程为，分布在稻田土壤中的水稻根系能主动吸取溶有 CH_4 的土壤溶液，具有活性的水稻植物体内（从根系到茎、鞘）发达的通气组织里充满气体，当 CH_4 被提取到水稻根系的皮层组织后很快气化而进入这些通气囊腔，然后通过在通气囊腔中的扩散并通过叶鞘进入大气。植株通气组织越发达，土壤与大气之间的气体交换强度越高。幼小的水稻幼苗，其通气组织还未充分发育，通气能力很有限；老化而不具活性的水稻植物体，其通气组织已被破坏，水面以下的部分不再具有通气囊腔而完全失去了通气组织的功能，根系也不再有活性吸收土壤溶液中的水分和养分。另外，植株的通气组织不仅为甲烷从土壤向大气提供了通路，同时大气中的氧气等也能够通过这一途径通过植株根系进入土壤，提高甲烷在土壤中的氧化率。植株对甲烷和氧气的传输阻力会因生长期的不同和植物品种的不同而变化。水稻植物体在成熟期释放的甲烷量是苗期的 20 倍，传输阻力最小的时期是水稻抽穗期。

气泡排放形式源于土壤中甲烷的产生使得土壤溶液中的甲烷超过饱和溶解度，溶液中过多的甲烷分子相互聚集成甲烷气泡，当气泡增大到一定程度或者是土壤溶液受到扰动，气泡就会在浮力作用下直接上升并最终进入大气。由于速度很快，甲烷气泡在上升过程中几乎不发生任何氧化。

由于稻田土壤溶液中甲烷的浓度远远大于大气中甲烷的浓度。土壤中溶解的甲烷浓度比大气中的甲烷浓度高1~4个数量级。因此在稻田土壤与大气之间存在着甲烷的浓度梯度，这种浓度梯度是使甲烷从土壤向大气排放的根本动力。不仅通过植株通气组织的甲烷排放依赖于这种动力的推动，同时这种动力也促使甲烷通过土壤溶液的液相传输向大气排放。液相排放由于受到溶液分子运动的阻力，扩散速度很慢，在甲烷进入土壤表面的含氧水层时，它们将大部分（80%）被氧化，只有一小部分能够进入大气。

三种甲烷传输排放路径相比，通过水稻植株的传输占甲烷总体排放的55%~75%。植株对甲烷排放的作用，早稻大于晚稻，并且水稻植株排放甲烷能力的季节变化早、晚稻相类似，即在早稻生长初期（插秧后10d内的秧苗返青阶段），植物体通气组织和根系发育都不完善，同时土壤温度也较低，较低的甲烷产生通量不足以支持大量的气泡排放，植株传播占总排放率的70%以上。而晚稻生长期这一比值却小于40%，原因是那时的土壤温度较高，较高的甲烷产生通量更多地通过气泡途径排放。水稻植株甲烷排放能力随着水稻的生长不断增强，到水稻抽穗中期达到最大，以后则随水稻的成熟而变小。其中晚稻在拔节期植株传播的比例达到最大并开始下降，到抽穗中期已降到60%以下。早稻植株甲烷排放的最大值发生在抽穗中期并开始迅速下降。在生长期内水稻植株排放甲烷的能力与水稻生物量之间呈正相关。

水稻田覆盖水中明确存在向上递减的甲烷浓度梯度，通过液相扩散方式排放约占甲烷排放总量的5%。稻田甲烷液相扩散方式的排放量是土壤可供应甲烷和稻田覆盖水中的实际甲烷浓度及近地面风速的函数。稻田甲烷的气泡排放形式主要发生在水稻植株还很幼小的灌溉初期，水稻植株的存在能够明显减少气泡的排放，在不种水稻的田中气泡排放要明显大于种有水稻的。随着植株的长大，通过水稻通气组织的排放逐渐居于首要地位。

总体上说，在水稻发育初期，由于植株通气组织不够发达，土壤中的甲烷主要通过气泡形式扩散到大气，但是随着水稻生长，甲烷逐渐从气泡排放转换为以植株通气组织传输为主。稻田甲烷的产生及排放在不同水稻品种间差异很大，可能的原因主要是不同品种的通气组织及根际环境不同。影响稻田甲烷排放的环境因素还包括土壤质地、气温及大气 CO_2 浓度等。未来升温及大气 CO_2 浓度升高有进一步促进水稻种植甲烷排放增加的可能性，但水稻品种改良、精细化田间水分管理和适当调整有机物投入方式等措施可显著降低稻田甲烷排放量。

二、稻田甲烷排放模拟模型

（一）CH_4MOD 模型对稻田甲烷产生及排放的模拟

1. 稻田甲烷产生的模拟　　稻田甲烷的产生是土壤有机质经过一系列土壤微生物作用降解的结果。稻田土壤中产甲烷基质的来源一是水稻植株的代谢有机物，包括根际代谢的分泌物及代谢凋落物；二是加入土壤中的外源有机物（包括前作残茬、有机肥、作物秸秆等）。土壤原有有机质的存在也会成为土壤甲烷产生的基质，但是由于它的主要成分是难以降解的腐殖质等，在稻田中其作为土壤产甲烷基质的作用与前两项有机质源比较可以忽略（在自然湿地中，由于土壤有机碳含量很高，其基质贡献需要纳入模拟）。另外，由于土壤微生物的活动受到多种环境因子的影响，包括土壤温度、含水量、氧化还原电位、土壤机械组成，因而土壤中甲烷的产生也相应地受到这些土壤环境因素的影响。关于土壤 pH 对稻田甲烷产生率的影响，有研究认为随着稻田淹水，土壤的 pH 会趋于中性，因此土壤 pH 对稻田甲烷产生的影响作用可以不予考虑。

CH$_4$MOD 模型模拟的稻田甲烷产生过程如下：

$$P = 0.27 \times F_{Eh} \times (C_{OM} + C_R) \tag{11-24}$$

$$C_R = 1.8 \times 10^{-3} \times VI \times SI \times TI \times W^{1.25} \tag{11-25}$$

$$C_{OM} = 0.65 \times SI \times TI \times (k_1 \times OM_N + k_2 \times OM_S) \tag{11-26}$$

式中，P 为稻田土壤中甲烷的产生率 [g/(m^2·d)]，由产甲烷基质和土壤氧化还原电位（Eh）水平共同决定；C_{OM} 为源于稻田中外源有机物（秸秆、有机肥等）分解供应的产甲烷基质；C_R 为水稻植株根系分泌物供应的产甲烷基质。外源有机物首先按照其分解速率常数划分为易分解组分（OM$_N$）和难分解组分（OM$_S$），其分解速率常数分别为 $k_1 = 2.7 \times 10^{-2}$ 和 $k_2 = 2 \times 10^{-3}$。由水稻植株根系代谢产生的土壤甲烷基质（C_R）是植株生物量（W）的函数，并且与水稻品种有关（水稻品种参数化为品种系数 VI）。

上述方程中 SI 和 TI 分别为土壤质地和土壤温度的函数，表示这两种环境变量对产甲烷菌活动的影响：

$$SI = 0.325 + 0.0225 \times SAND \tag{11-27}$$

$$TI = Q_{10}^{\frac{T_{soil}-30}{10}} \quad (\text{当 } 30℃ < T_{soil} \leqslant 40℃ \text{ 时}, T_{soil} = 30℃) \tag{11-28}$$

式中，SAND 为土壤的砂粒百分含量（%）；T_{soil} 为土壤温度（℃），可通过耕层土壤温度与近地面气温的经验方程估算。

产甲烷菌是一组在厌氧环境下活动的微生物，只有当土壤的氧化还原电位足够低时，土壤中才开始有甲烷产生。这种影响可用氧化还原电位系数（F_{Eh}）来量化模拟：

$$F_{Eh} = \exp\left(-1.7 \times \frac{150 + Eh}{150}\right) \quad (\text{当 } Eh < -150 \text{mV 时}, Eh = -150 \text{mV}) \tag{11-29}$$

2. 稻田甲烷排放的模拟　　与许多水生植物一样，水稻植株从茎秆到根部存在着气体通路，用以在根部淹水时通过这个通气组织由大气向根系输送氧气来满足根系呼吸的氧需求。在氧气通过植株通气组织向根部扩散的同时，同样地由于存在从土壤到大气的 CH$_4$ 梯度，CH$_4$ 也通过这条通路向大气扩散排放。在水稻通气组织中方向相反的氧气与 CH$_4$ 气体传输使得一部分 CH$_4$ 在这一过程中被氧化。随着水稻的生长，植株的通气组织也更加发达，氧气和 CH$_4$ 的传输阻力降低，通量加大。但是由于这一过程中存在着 CH$_4$ 的氧化，因此总的结果是随着水稻的生长，甲烷通过这一途径的排放占甲烷产生量的比例（F_p）在降低。对这一规律的模拟在 CH$_4$MOD 模型中采用一个依赖于作物地上生物量变化的公式 [式（11-30）] 进行：

$$F_p = 0.55 \times (1 - W/W_{max})^{0.25} \tag{11-30}$$

式中，W 和 W_{max} 分别为某一给定日期的生物量（g/m^2）和生育期的最大生物量（g/m^2）。

甲烷通过气泡向大气的排放主要发生在水稻生长的初期，随着水稻通气组织的逐步发育，甲烷排放逐渐过渡到通过植株通气组织的途径进入大气。这个过程与水稻植株根生物量（W_{root}）呈负相关 [式（11-31）]：

$$E_{bl} = 0.7 \times (P - P_0) \times \ln(T_{soil}) / W_{root} \tag{11-31}$$

式中，E_{bl} 为甲烷通过气泡方式的排放速率 [g/(m^2·d)]；P_0 为土壤中产生甲烷气泡的临界甲烷生产率 [g/(m^2·d)]，当 $P > P_0$ 时，便会有甲烷气泡产生。

（二）DNDC 模型对稻田甲烷产生、氧化及排放的模拟

DNDC 模型通过计算产甲烷菌底物（包括电子供体和受体）来模拟甲烷的产生[式(11-32)]。底物来源为土壤中有机物及植物根系分泌物，并经厌氧降解产生的 H_2 和 DOC 等。DNDC 的土壤有机物降解模块用于模拟不同有机物在土壤中的分解及各个碳库的转化和变化，DOC 通量被假设为各个碳库转化通量的固定比例。土壤 Eh 在模型中随电子受体物质（O_2、NO_3^-、Mn^{4+}、Fe^{3+} 和 SO_4^{2-}）在淹水后逐步消耗而降低，Eh<-150mV 后启动甲烷生产模拟。甲烷的氧化受土壤中甲烷和氧气含量的共同影响[式(11-33)]，土壤温度的作用采用基于 Q_{10}[式(11-33)中 Q_{10}=2.0，参考温度为25℃]参数的影响函数。甲烷排放的三条路径以通过植株通气组织排放为主[式(11-34)]。这一途径的排放通量是水稻通气导度（D_{tiller}）、水稻分蘖株密度（N_{tiller}）和土壤中甲烷含量（$[CH_4]$, mol/m^3）的函数。甲烷通过气泡的排放也是土壤中甲烷含量（$[CH_4]$, mol/m^3）的线性函数，并且与水稻植株总导度（$D_{tiller} \times N_{tiller}$）呈负相关。温度会影响到甲烷气体的饱和溶解度，并且气泡的传输是一个物理过程，受土壤总孔隙度影响显著，因此甲烷的气泡排放在 DNDC 模型中也是土壤总孔隙度和温度的函数[式(11-35)]。与其他两条途径相比，甲烷的扩散传输排放较小，是甲烷在土壤溶液中垂直浓度梯度（$d[CH_4]/dz$）的线性函数，且同样受到土壤孔隙度和温度的影响。到目前为止，DNDC 模型在最初模型（Li et al., 1992; Li, 2000）的基础上衍生出较多不同的版本（Zhang et al., 2002; Fumoto et al., 2008），其中对于甲烷产生、氧化和排放的模拟也差别较大。

$$PRD_{CH_4}=0.18\times[D]/(K_D+[D])\times 4.6^{(T-30)/10} \quad (11-32)$$

$$OXD_{CH_4}=0.13\times[CH_4]/(0.045+[CH_4])\times[O_2]/(0.033+[O_2])\times 2.0^{(T-25)/10} \quad (11-33)$$

$$EMS_{CH_4}=D_{tiller}\times N_{tiller}\times[CH_4] \quad (11-34)$$

$$EBU_{CH_4}=0.025\times(1-2\times D_{tiller}\times N_{tiller})\times POR\times F_T\times[CH_4] \quad (11-35)$$

式中，PRD_{CH_4} [mmol/(kg·h)]、OXD_{CH_4} [mol/(m³·h)] 和 EMS_{CH_4} [mol/(m²·h)] 分别为稻田甲烷的生产、氧化和植株途径的排放速率；D_{tiller} [m³/(h·tiller)] 和 N_{tiller} (tiller/m²) 分别为水稻植株的气体扩散导度和植株密度（以分蘖数计），D_{tiller} 为水稻发育期和土壤温度的函数，由经验公式计算（Fumoto et al., 2008）；[D]、[O_2] 和 [CH_4] 分别为稻田土壤中甲烷电子供体基质（包括 DOC 和 H_2）、氧气和甲烷含量浓度（mol/m^3）；K_D 为产甲烷基质的半饱和浓度，DOC 的 K_D=1.6mol/m^3，H_2 的 K_D=2.87$mmol/m^3$；POR 为土壤总孔隙度；T 为土壤温度（℃），由 DNDC 的土壤热交换模块计算；EBU_{CH_4} 为甲烷通过气泡途径的排放速率 [mol/(m²·h)]；F_T 为土壤温度的经验函数。

第三节 农田土壤有机碳动态模拟

土壤中的有机碳以多种形态存在：新进入土壤的有机物（作物秸秆、枯死的根系）是相对完整的有机物形态，经一定程度降解后变为半腐解状态；土壤生物和微生物是以活体状态存在的有机物；可溶性的有机碳存在于土壤溶液中；还有与土壤矿物颗粒（主要是黏粒）结合并进一步构成土壤团聚体的有机物。这些有机物形态之间在土壤生物化学过程中相互转化，是土壤碳库动态的主要机制。但是从模拟的角度来讲，将土壤有机碳库依据其不同组分的降解速率差异来划分为多个分库更便于模拟。不同的碳动态模型基本上遵循相似的模拟框架，

差异主要在于土壤碳库的划分方案及对各种影响土壤中碳周转的因素所采用的函数描述。

一、RothC 模型的土壤碳动态模拟

RothC 模型是最早的模拟农田土壤碳周转动态的模型。在 RothC 模型中（图 11-4），进入土壤中的植物凋落物首先被分为两个组分库：易分解植物残体（DPM）、难分解植物残体（RPM）。不同的有机物质类别（植物类别及根、茎、叶等器官类别）具有特定的 DPM/RPM 组分比例。对于农作物来说，DPM/RPM 通常为 1.44，也就是说 DPM 含量为 59%，RPM 含量为 41%。DPM 降解后全部分解成 CO_2，但 RPM 会有一部分转为微生物碳（BIO）和腐殖化有机质碳（HUM），转化比例与土壤黏粒含量有关 [式（11-41）]。模型中各个碳组分库的降解方程均采用一级动力学函数，并引入温度、水分及植被覆盖状况对降解速率的影响函数 [式（11-36）]。在 RothC 模型中，温度、土壤水分对土壤有机碳降解过程的影响被描述为气温和水分亏缺量的函数 [式（11-38）和式（11-39）]。由于土壤温度数据比常规的气温观测数据更少，式（11-38）中直接利用气温而不是土壤温度的处理方式简化了模型的应用。出于同样的考虑，土壤水分状况对土壤碳过程的影响函数 [式（11-39）] 也直接采用基于气象数据的水分亏缺量来计算。模型还引入了一个速率影响因子 f_C，用于描述有无植被覆盖对土壤碳过程的影响 [式（11-40）]。但这一因子所基于的机理并不清晰，可能与植被生长过程中的根际代谢分泌物及相关的转化有关。土壤质地对有机碳过程的影响不像温度、水分等因素那样被描述为影响降解速率的函数，而是被描述为影响有机碳库分解为 CO_2 和转化到其他碳库中的通量比 [式（11-41）]：碳库损失量的 $R_{soil}/(1+R_{soil})$ 以 CO_2 的形式排放到大气中，其余部分 $[1/(1+R_{soil})]$ 转移到 BIO+HUM 库中（图 11-4）。在被转化为 BIO+HUM 碳中，BIO 和 HUM 的比例分别为 46% 和 54%。

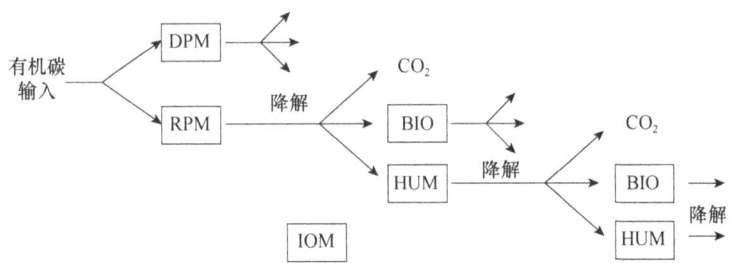

图 11-4　RothC 模型的模拟框架示意图

RothC 模型首先将进入土壤的有机物按照类型不同（木质素含量等的差异）计算其 RPM 和 DPM 比例，作为 RPM 和 DPM 库的碳库收入量。在计算其分解过程中，参数化其转为 BIO 库的比例作为 BIO 库的收入量，同时也分别有一定比例的碳转为 HUM 库的收入量。BIO 和 HUM 库在降解过程中也存在相互转化。IOM 库的降解非常缓慢，在 RothC 模型中用一个依赖于土壤碳库总量（SOC）的公式 [式（11-37）] 计算：

$$dC_i/dt = k_i \times f_T \times f_W \times f_C \times C_i \quad (11\text{-}36)$$

$$IOM = 0.049 \times SOC^{1.139} \quad (11\text{-}37)$$

$$f_T = 47.91/[1+e^{106.06/(T+18.27)}] \quad (11\text{-}38)$$

$$f_W = 0.2 + 0.8 \times (TSMD_{max} - TSMD_{acc})/(0.556 \times TSMD_{max}) \quad (11\text{-}39)$$

$$f_C = \begin{cases} 0.6 & \text{有植被覆盖} \\ 1.0 & \text{无植被覆盖} \end{cases} \quad (11\text{-}40)$$

$$R_{soil}=1.67\times(1.85+1.60\times e^{-0.0786\times clay}) \quad (11\text{-}41)$$

式中，C_i 为碳库 i（i 分别代表 DPM、RPM、BIO 和 HUM）的有机碳含量（t C/hm²）；k_i 为碳库 C_i 的降解速率常数（1/年），其对于 4 个碳库的取值分别为 DPM 取 10.0，RPM 取 0.3，BIO 取 0.66，HUM 取 0.02；f_T、f_W 和 f_C 分别为气温（T，℃）、土壤湿度和地表覆盖状况对有机碳周转速率的影响；$TSMD_{max}$ 和 $TSMD_{acc}$ 分别为表层土壤（0~23cm）水分亏缺的最大值和累积量（mm），$TSMD_{max}$ 与土壤黏粒百分含量（clay，%）有关，$TSMD_{max}=-20-1.3\times clay+0.01\times clay^2$ [式中，clay 为土壤黏粒含量（kg/kg）]，$TSMD_{acc}$ 用月降水量与潜在 75% 蒸发量的差值来累加计算。

二、Agro-C 模型的土壤碳动态模拟

Agro-C 模型是一个农田生态系统模型，专门用于模拟农田中的碳动态。该模型中凋落物库分为易分解组分库和难分解组分库，其分库比例由凋落物中的氮含量（g/kg）和木质素含量（g/kg）决定，其中易分解组分比例（%）为：$F_L=(150+1.5\times$含氮量$-0.57\times$木质素含量$)$。土壤有机碳则分为轻组和重组碳库两部分。与 RothC 类似，每个分库的分解过程均采用一级动力学函数 [式（11-42）]。式（11-42）中 f_T、f_W、f_S 及 f_{pH} 分别为土壤温度、水分、土壤质地及土壤 pH 对有机碳分解的影响函数 [式（11-43）~式（11-46）]：

$$dC_i/dt = k_i \times f_T \times f_W \times f_S \times f_{pH} \times C_i \quad (11\text{-}42)$$

$$f_T = 2.4^{(T_s-10)/10} \quad (11\text{-}43)$$

$$f_W = 0.49 \times \exp(3.88\times W - 5.4\times W^2) \quad (11\text{-}44)$$

$$f_S = 1 - 0.26\times clay \quad (11\text{-}45)$$

$$f_{pH} = 1/[1+e^{-2.5\times(pH-5)}] \quad (11\text{-}46)$$

式中，C_i 为第 i 个碳库（易分解凋落物库、难分解凋落物库、土壤有机碳轻组库、土壤有机碳重组库）的碳含量（g C/m²）；dC_i/dt 为碳库 i 的日降解量 [g C/(m²·d)]；T_s、W 和 clay 分别为土壤温度（℃）、土壤体积含水量（cm³/cm³）和土壤黏粒含量（kg/kg）。各个分库的降解速率常数（k_i）及其在降解过程中的转化比例如表 11-1 所示。

表 11-1 Agro-C 各碳库降解速率参数及降解转化比例

参数	含义	数值*	半衰期/年
k_L (d⁻¹)	外源易分解有机碳一阶动力学速率常数	2.6×10^{-2}	0.1
k_R (d⁻¹)	外源难分解有机碳一阶动力学速率常数	8.4×10^{-4}	2.3
k_{LC} (d⁻¹)	土壤轻组有机碳一阶动力学速率常数	2.5×10^{-4}	7.6
k_{HC} (d⁻¹)	土壤重组有机碳一阶动力学速率常数	1.8×10^{-5}	105.4
F_{LL}	易分解有机碳进入土壤轻组有机碳库的比例	0.30	
F_{RL}	难分解有机碳进入土壤轻组有机碳库的比例	0.45	
F_{LH}	土壤轻组有机碳进入重组有机碳库的比例	0.45	

*一阶动力学常数的参考温度为 10℃

Century 模型对土壤碳的模拟思路也与 RothC 模型类似，但在 Century 模型中，土壤有机碳分为速效库、慢性库、惰性库三个库，凋落物被分为代谢性组分库与结构性组分库。土壤速效库包括微生物及其产物，是土壤活性碳氮，周转时间低于 5 年。慢性库包括难分解的土壤有机碳，周转时间为 20~40 年。惰性库是指土壤中极难分解的有机碳，相对稳定。Century 模型中凋落物分库比例也是由凋落物中的氮含量（g/kg）和木质素含量（g/kg）决定的。

DNDC 模型包含植物凋落物碳、微生物碳、易分解腐殖质、惰性腐殖质 4 个土壤有机碳库。每个库又包含具有不同分解速率的两个或多个子库。每个子库的日分解速率根据其分解速率常数、土壤黏粒含量、土壤 N 的有效性、土壤温度、土壤湿度等而有所不同。一个子库分解后会有一分部转化到另一个子库。与土壤硝化和反硝化过程密切相关的溶解有机碳（DOC）在其他碳库分解时有一定比例的转入，并经由微生物活动直接分解为 CO_2。

第四节　农作系统温室效应评估

在农田生态系统模型中，对不同时空和环境条件下温室气体排放的模拟结果进行校正和验证是确保其可靠性的关键步骤。参数校准的过程涉及将模型的输出与实测数据进行比较和调整，以达到较高的一致性。模型验证是将经过校准的模型应用于独立的观测数据集中，以评估其模拟效果。这些模型需要依赖大量的输入数据，包括气候、土壤、作物生长等信息，以进行有效的模拟。经过严格验证的模型可用来预测历史和未来气候条件下温室气体排放的趋势，以及不同农田管理情景下的影响。模型模拟通常采用规则的栅格数据形式，或基于行政区划进行模拟分析。

一、温室气体排放模型校正和验证

大部分生态系统模型是由基于各种试验观测总结出的经验方程组成的，经验方程的可靠性在很大程度上取决于验证，因此模型在应用前需要进行参数校准和模型的适用性验证，以评估其模拟性能。

由于生态系统过程的复杂性，在不同的时空尺度和环境条件下，模型的参数需要利用实测数据进行本地化校准，以最大限度地减少模拟偏差，降低模拟结果的不确定性，这一过程称为模型的校准。用于模型校准的观测数据称为模型训练集。模型验证是将经过校准的模型应用在独立于验证数据集的观测环境中，通过对比模型输出结果与对应的观测结果，评估模型的模拟效果。用于模型效能评估的观测数据称为模型验证集。模型的校准和验证均需要实测数据的支持，在实测数据有限的情况下，需要一些将观测数据进行分组的方法以同时满足模型校准和验证的需要，并保持训练集数据和验证集数据的独立性。这些方法包括：①hold-out 验证。将观测数据分成若干份，取其中一部分作为验证集，其余作为训练集。训练集占总观测数据的比例越高，出现过拟合的可能性也越大。经验性地，训练集和验证集的占比取 7∶3 或 8∶2。②交叉验证。按照 hold-out 验证的框架，随机选择训练集和验证集，重复进行。一种比较特殊的情况是每次只保留一份数据为验证集，其余用于模型校准。③Bootstrap 采样方法。对于总数为 n 的实测数据集，进行 n 次有放回的随机采样，从而得到大小为 n 的训练集。n 次采样过程中有的样本会重复进行采样，有的样本未被采样，未被采样过的样本作为验证集用于模型验证。

由于农田温室气体模型通常描述诸多作物生长及土壤生物物理和化学过程，驱动模型的输入数据需求较多，输出的变量除了温室气体通量数据，也包括作物生物量、土壤碳库变化、氮磷等营养元素变化等。用于模型校准和验证的模型输入数据必须全部具备以驱动模型运行，但与模型输出相对应的观测数据，在观测频率、观测要素覆盖度方面则比较灵活。例如，在利用观测数据对 Agro-C 模型模拟作物生长的校验中，用于模型验证的输出变量可以是不同作物发育阶段的植被 LAI 和地上生物量，而不必有自养呼吸的碳通量。但是在另外的研究中，也可以利用生态系统碳通量（NEE）数据对模型的模拟效果进行验证（Huang et al., 2009）。

Agro-C 模型模拟作物碳过程的实测数据验证过程如下（张晴，2014）。

此例中用于模型参数校准和模型验证的数据来源于中国生态系统研究网络（CERN）的农田试验站观测数据。观测数据包含了各观测站点不同作物从出苗（移栽）到成熟的各个主要生长阶段的观测数据，观测数据包括作物发育期数据（播种、出苗/移栽、孕穗、开花、成熟和收获）、田间管理措施数据、生物量动态数据（从出苗/移栽至成熟每一个生育期观测一次总生物量及各器官的生物量，每一个生育期观测一次叶面积指数）、土壤理化性质数据（土壤 pH、砂粒含量、黏粒含量、容重、土壤总氮含量）等。

将水稻、小麦和玉米的地上生物量模拟值与观测值做回归分析（表 11-2），结果显示水稻模拟结果与观测结果之间的决定系数 R^2 为 0.87（$n=141$，$p<0.01$），相应的回归方程为 $y=0.83x+31.44$；小麦决定系数 R^2 为 0.81（$n=79$，$p<0.01$），相应的回归方程为 $y=0.68x+100.25$；玉米决定系数 R^2 为 0.95（$n=77$，$p<0.01$），相应的回归方程为 $y=0.96x+35.06$。

表 11-2　中国水稻、小麦和玉米生物量过程模拟结果验证

作物类型	RMSE/%	RMD/%	EF	样本数
水稻	31.96	−6.23	0.87	141
小麦	41.33	−0.77	0.79	79
玉米	22.41	6.29	0.94	77
水稻+小麦+玉米	32.52	−0.95	0.87	297

注：RMSE. 均方根误差；RMD. 相对平均偏差；EF. 模型效率

对各种控制试验条件下稻田甲烷排放过程的模拟也可以直观地表现出模型的模拟效果。例如，Fumoto 等（2008）利用日本国立农业环境技术研究所（NIAES）实验站的稻田甲烷排放观测数据验证了 DNDC 模型对不同有机物添加情景下稻田甲烷过程排放的模拟。

在日本国立农业环境技术研究所（NIAES）实验站，一项试验对比了全淹水稻田水稻秸秆添加（添加量为 2.1t C/hm^2）、无秸秆添加但水稻收割后短茬留田和短茬被移除三个农作情景下稻田的甲烷排放。DNDC 对全淹水稻田的甲烷排放季节变化格局具有良好的再现能力，并能够体现出不同有机物还田造成的甲烷排放差异（图 11-5A）。在另一项研究中，中国传统稻田耕作中分蘖盛期烤田可显著减少水稻后期的甲烷排放，CH$_4$MOD 模型也有能力对这种变化进行模拟再现（图 11-5B）。

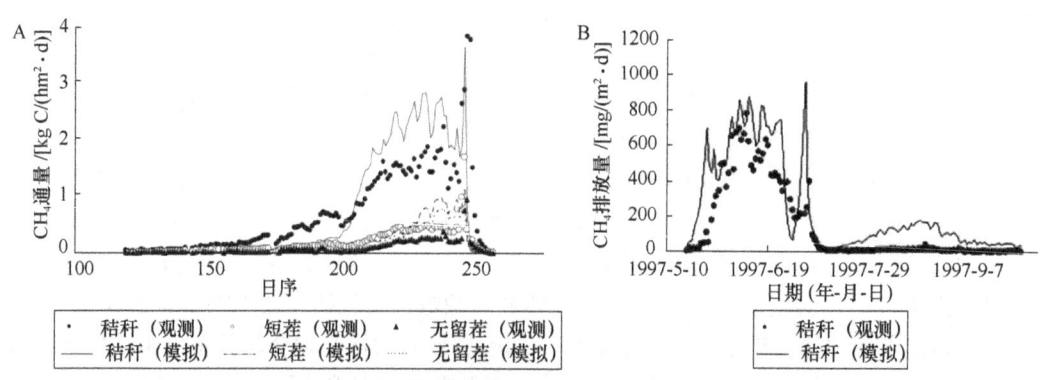

图 11-5　稻田甲烷排放过程模拟验证
A. DNDC 模型对比 NIAES 观测的全淹水稻田甲烷排放（引自 Fumoto et al., 2008）；
B. CH$_4$MOD 模型对比北京中期烤田观测的稻田甲烷排放（引自 Huang et al., 2004）

在 Costa Rica 的玉米种植试验中，施加氮肥（30kg 硝酸铵＋90kg 尿素）促使农田土壤 N_2O 排放。排放峰值分别发生在施肥后，并逐渐降低到很低的水平。DNDC 模型对于 N_2O 在施肥后的排放峰值及其排放强度具有很好的模拟能力，并能够体现出 N_2O 在其他时间内的低排放状态（图 11-6）。

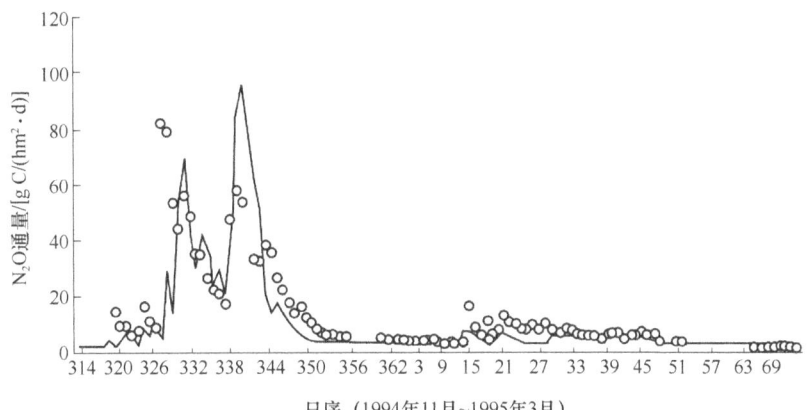

图 11-6 DNDC 模型模拟施肥旱地 N_2O 排放的验证（引自 Li，2000）

实线为模型模拟输出，空心圆为实测 N_2O 排放

二、模型的应用和区域模拟

经验证有效的模型可用于模拟农田温室气体排放的历史变化、空间分布特征，预测不同环境和管理情景下的未来变化趋势，分析各种技术措施的相对减排效果等。在区域尺度上，驱动模型的空间单元划分取决于模型输入参数在空间上的可获得性。由于空间化的气候、土壤等数据大多以规则的栅格数据形式存在，因此农田温室气体模型的区域尺度模拟应用也多采用规则的栅格划分方案。农田管理数据（施肥、灌溉、轮作、秸秆还田等）也相应地统一空间化为栅格数据。例如，利用 Agro-C 模型模拟中国农田 1980~2008 年近 30 年的土壤碳变化。这一案例中，驱动 Agro-C 模型的数据包括逐日最高、最低气温，降水量和太阳辐射；土壤砂粒、黏粒含量，初始有机碳含量，土壤容重，pH；农田分布、作物轮作、每个作物的出苗（移栽）、抽穗、收获日期；农田施肥、秸秆还田率、灌溉、翻耕及大气 CO_2 浓度变化等。输入数据均统一处理为 10km×10km 栅格数据，模拟结果也输出为栅格数据。模拟结果显示，华东、华中和华南农田土壤有机碳增加速率最快；东北地区土壤有机碳呈明显减少趋势，其主要原因是该区农田初始土壤有机碳密度高，但耕作过程中有机物投入量少。20 世纪 80 年代、20 世纪 90 年代和 2000~2008 年中国大陆农田土壤有机碳年均增加速率分别为 15Tg/年、25Tg/年和 33Tg/年。近 30 年累计增加有机碳 730Tg。以行政区划为空间划分单元的模拟方案也在很多研究中被采用，这种方案更方便农业统计和管理数据的直接应用，但气候和土壤数据需做进一步的空间处理以统一到行政区划上。一项利用 DNDC 评估美国加利福尼亚州农田 2000~2015 年 N_2O 排放变化的研究采用了分县模拟的方式。这一模拟直接利用研究区内 58 个县的农业统计数据，包括总计 54 种农作物的播种面积、产量、耕翻、化肥施用、粪肥施用、作物秸秆还田、灌溉等农作数据，以及逐日气象数据、土壤容重、黏粒含量、SOC 含量、pH 等土壤特征数据。为驱动模型分县模拟，1km×1km 的栅格气象数据采用最近邻域法转为分县数据，土壤特征数据采用面积权重法转为分县数据。模型模拟不仅给出了研究区

农田 N_2O 排放的时间变化和空间格局，还详细输出了不同作物种植的 N_2O 排放及农作管理、土壤特征、气候变化因素等对 N_2O 变化的贡献（Deng et al., 2022）。

复习思考题

1. 什么是土壤的硝化和反硝化？硝化和反硝化过程产生 N_2O 的机制有什么异同？
2. 与 DNDC 模型相比，DayCent 模型没有显式地描述土壤碳和硝化菌活性对反硝化过程 N_2O 排放的影响，这样做的优缺点各是什么？
3. DNDC 和 DayCent 等过程模型描述了土壤中与 N_2O 排放相关的关键氮过程，如何用这些过程模型分析农田土壤中施肥导致的 N_2O 排放和自然条件下的 N_2O 排放？
4. 晒田能够减少稻田甲烷排放的机理是什么？
5. CH_4MOD 模型和 DNDC 模型中如何描述土壤质地对甲烷过程的影响？
6. 水稻生长过程如何影响稻田甲烷的产生、氧化和排放？CH_4MOD 模型和 DNDC 模型对这一影响的模拟分别是怎么实现的？
7. 作物生长过程对农田土壤碳过程的影响有几个方面？其机理分别是什么？
8. 农田生态系统碳过程与森林、草地等自然生态系统碳过程有什么异同？哪些是农田生态系统碳过程模拟需要特别关注的？
9. 农田生态系碳收支和土壤碳收支均可用于评估农田碳源汇，你更倾向于用哪一个？理由是什么？
10. 如果要评估农田生态系统的综合温室气体排放，你打算采用什么方案？请给出简要的方案描述。

第十二章
作物模型参数估算与不确定性分析

在作物模型应用过程中,需要调整模型的参数值来模拟特定的环境,并对其应用的区域及品种的适用性进行评价,以提高模型的模拟精度。模型参数估算,即模型参数调试,主要是指对作物品种参数的估算,是农作系统模拟模型应用的前提。在农作系统模拟模型中,品种参数是指反映品种遗传特性的一组特征值,它和气候、土壤及管理措施一起作为模型运行所需要的 4 类重要输入数据。品种参数作为一类重要的模型参数,反映了不同作物品种在基因型上的差异,如开花前热量需求等物候发育上的差异、比叶面积等生理特性上的差异、植株高度等形态学上的差异等。品种参数的设置能够使得作物生长模型适用于不同的基因型品种。因此,获得可靠的参数信息对作物生长发育和生产力形成的模拟分析十分重要。参数估算一般采用研究区域内获得的实测数据,同时改变模型的参数值,减小实测值与模型模拟值之间的误差,从而提高模型在该区域内的适用性。模型的参数估算就是把模型参数调整到合理的范围内,从而使模型模拟的结果与观测值具有可比性。本章从作物模型参数敏感性分析、作物模型不确定性分析、作物模型参数估算、基因效应与品种参数估算 4 个方面介绍参数估算在作物模型应用中的作用。

第一节 作物模型参数敏感性分析

作物模型是描述作物生长过程及其与环境间定量关系的计算机程序或数学方程。因其具有省时、省力、可重现的特点,在作物栽培、水肥管理、气候变化等方面发挥着日益重要的作用。作物模型应用于某一特定区域时,需要对参数进行校正和适用性验证,但因作物模型中参数众多,难以实现对所涉及的全部参数进行测量和校正,而敏感性分析则为参数的筛选提供了便利。敏感性分析(sensitivity analysis,SA)可用于判别参数对模型模拟结果影响的程度,通过校正影响较大的参数而固定影响较小或者无影响的参数,从而减少模型校正的工作量。

一、敏感性分析的概念与意义

农业生态系统运行过程十分复杂,涉及众多的物理过程及生化反应,因此作物模型虽然拥有众多优点,但同时也面临着参数过多、难以获取的问题。以 DSSAT 模型为例,仅要求输入的土壤参数就有 10 多个,如果再考虑根据土壤异质性进行分层,则需要输入的土壤参数数量会成倍增加。虽然土壤参数具有明确的物理含义,可以根据田间实测数据确定,但是在实际应用中,由于田间土壤的异质性,一些土壤参数的测量值可能变化范围较大,同时一些参数的测量极其复杂烦琐,很难对模型所涉及的全部参数进行测量和标定,所以在模型的实际应用中通常只测量和标定对模型模拟结果影响较大的参数,而固定或简单处理对模型模拟结果影响较小的参数。因此,筛选出对模拟结果敏感的关键控制参数,从而减少田间实测参数数量、降低模型输入参数获取难度,对模型参数校正及后续模型本地化、区域化应用至关重要。

敏感性分析可以确定参数对模型模拟结果的影响，从而筛选出对模拟结果敏感度较高的参数。敏感性分析的实质是利用逐一变化相关变量数值解释输出变量受这些因素变动影响程度的规律，通过量化输出变量敏感性程度直观讨论模型参数的敏感性，从而得到对输出变量影响较大的参数。敏感性分析方法的原理为：假设模型 $y=f(X_1, X_2, \cdots, X_n)$（$X_i$ 为模型的第 i 个属性值），令每个属性在可能的取值范围内变动，研究和预测这些属性的变动对模型输出值的影响程度，根据影响程度的大小确定参数敏感性，敏感性越大，参数对模型的影响程度越大。在模型校正过程中，若选择了不敏感的参数进行优化，不仅无法提高模型的模拟精度，反而增加工作量；通过固定敏感性较低的参数值，仅校正对输出变量影响大的参数，能够有效减少处理数据量，为提高后期参数调整和优化工作的效率奠定基础。

二、敏感性分析方法

参数敏感性分析方法具体可分为局部敏感性分析方法和全局敏感性分析方法两类。其中，局部敏感性分析方法的原理简单，主要在单一参数变化范围内检验参数的敏感性，但该方法存在以下几个缺陷。

1）只能分析单个参数对模型输出结果的直接影响，无法分析参数间的交互作用对模型输出结果的影响。

2）不适用具有复杂结构和多维参数空间的模型，否则分析结果会存在一定的误导性。

3）无法对分析结果进行自我校验。

4）无法对变化范围较大的参数进行敏感性分析。

因此，局部敏感性分析方法只适用于过程简单的线性模型，在多参数、过程复杂的作物模型中应用效果较差，会影响模型本地化和区域化结果。相较于局部敏感性分析方法，全局敏感性分析方法考虑了参数间的相互影响，更适合作物模型多参数的特点，能够更好地避免"异参同效"现象的出现。全局敏感性分析方法在水文模型中使用较为成熟，目前已被许多学者应用于作物模拟模型。全局敏感性分析方法包括傅里叶振幅敏感性检验法（Fourier amplitude sensitivity test，FAST）、Morris 法、LH-OAT（Latin-Hypercube-one-at-a-time）法、普适似然不确定性估计法（GLUE）、Sobol 法及扩展傅里叶振幅敏感性检验法（EFAST）等。根据分析原理，这些方法可分为定性分析和定量分析两类，或者分为筛选法、回归法和方差法。定性分析主要是定性地按照敏感性大小排列输入参数，包括多元回归法、Morris 法、FAST 法等；定量分析是以大量计算为前提，根据计算结果定量地确定各参数的敏感性，目前常用的方法有 Sobol 法和 EFAST 法，而这两种方法的核心都是利用方差表示模型输出的敏感性，相应的计算量也较大。全局敏感性分析方法不仅可以同时检验多个参数变化对模拟结果的影响，还评估了参数对模拟结果的直接和间接影响，因此被广泛应用于地学、农学等领域的模型参数敏感性分析中。近年来，不少学者已将全局敏感性分析方法成功应用到作物生长模型的参数敏感性分析中。

（一）FAST 法

FAST 法最早由 Cukier 等提出，核心是利用周期取样法在参数空间生成一个搜索曲线，每个参数随机取样都有一个特征频率，该频率可以确定参数对基于傅里叶转换的模型输出结果方差的贡献。FAST 法能够为所有输入参数提供转换，可迅速得到准确的数值，同时为所有输入参数引入一个共同的独立变量。输入参数通过与独立变量同时变化的方式使输出结果成为独立变量的一个周期函数,通过建立这种相互关系对输出数据进行傅里叶分析,得到各频率的傅里叶频谱曲线,以此研究输入参数对输出参数的影响。傅里叶频谱曲线值大小取决于输出与输入参数的敏感性方法和特定频率的关系,频谱曲线值越大,输出值与参数关系越敏感。然而,该方法由于局限于估测模型参数的主要影响引起的部分方差,因此只适用于参数独立的模型。

(二) Morris 法

Morris 法由 Morris 在 1991 年针对局部敏感性分析方法存在的缺点,首次提出并率先使用,Campolongo 又在此基础上进行了改进。Morris 法以一次变化法为依据,基于参数空间的搜索方法,利用微分逐个计算参数的敏感性,然后根据敏感性重要程度进行排序。其主要思路是假定衡量参数灵敏程度的"基本因素"服从某分布,得到该分布的均值和标准差以确定参数的敏感性。参数所对应的均值越大,该参数对模型输出的影响越大,参数对应的标准差越大,则该参数与其他参数间的交互作用越大。相比于以模型结果方差分解为各参数与参数间方差的 EFAST 法来说,其计算过程和计算量大大减少,是准确性和效率折中的一种选择,对于输入参数众多或计算成本高的模型有较好的适用性。

(三) LH-OAT 法

OAT(one-at-a-time)是一种局部敏感性分析方法,它通过逐一改变模型的一个输入参数,同时保持其他参数不变,来观察和分析该参数对模型输出的影响。LH-OAT 法是改进后的随机 OAT 法,该方法集合了随机 OAT 法的精准性和 L-H(Latin-Hypercube)抽样法的稳定性,即应用 OAT 法改变每个 L-H 抽样参数组的参数,从而提高模型运算的效率。在 LH-OAT 法中,L-H 采样法的稳定性能够保证所有参数的范围以 OAT 算法的精度采样,使得模型每次运行得到的输出量的变化归因于输入参数的改变,合理的参数取值范围是 LH-OAT 法成功的关键。LH-OAT 法的原理为,首先将参数空间分为 M 层,利用 L-H 抽样在这 M 个值域内随机生成 N 个 L-H 抽样点;然后对所有的 L-H 抽样点的参数进行随机扰动,但每次只对 1 个参数进行变动,一共要进行 P 次参数扰动,1 个 L-H 抽样点会产生 M 个参数组,N 个 L-H 抽样点总共产生 $N(M+1)$ 个参数组;最后对参数组重复运行模型 $N(M+1)$ 次,再平均得到各参数组的最终全局敏感性和数值顺序。

(四) GLUE 法

水文学家 Beven 结合 RSA(regionalized sensitivity analysis)法和模糊数学的优点,于 1992 年提出基于贝叶斯理论的 GLUE 法。GLUE 法并非 RSA 法一样简单地对参数集进行"是"和"否"的二元划分,而是将模拟结果与实测数据进行对比,依照似然度区分不同的参数,即越接近实测值的模拟值,其对应参数的可信度越高,似然度越大。若两值间差值超过规定区间,对应参数的似然度等于 0。然而,似然度函数并没有标准的定义,其选择具有明显的主观性,这种似然度函数选择的差异,可能对模型的敏感性分析结果产生一定的影响。GLUE 法能使用接受范围的参数分布与原始均匀分布对比的形式进行敏感性分析,同时也可用累积似然度进行全局分析。如果所取参数对似然度的影响显著,则表明参数的累积似然度分布与原始的分布差别大;如果参数对目标函数计算结果的影响不突出,则表明参数似然度分布接近于均匀分布。这使得 GLUE 法极大地降低了选用单一最优值进行预测带来的风险,在复杂的模拟环境下这种对模型参数本质的认识方法更有效。

（五）Sobol 法

Sobol 在 1993 年根据方差分解理论得到 Sobol 法，该方法在运算过程中考虑了参数间交互作用对模拟结果的影响，是定量敏感性分析中效率较高的方法。其核心是将模型看作单一参数及各参数间互相组合的函数，通过分析得到参数一阶、二阶及更高阶的敏感度。一阶敏感度表明参数的主要影响，二阶和更高阶敏感度表明参数间互作的影响。作为最具代表性的全局敏感性分析方法，Sobol 法利用 Monte Carlo 法对参数空间进行采样，基于模型分解原理由参数对输出方差的贡献比例进行敏感性分级，采样方法较为稳定。

（六）EFAST 法

EFAST 法是 Saltelli 等结合 Sobol 法和傅里叶振幅敏感性检验法（FAST）的优点所提出的全局敏感性分析方法。该方法是基于方差的定量全局敏感性分析方法，即应用该模型输入参数变化而产生的模型结果的方差来反映研究参数的重要性（或敏感度）和对模型结果变化的贡献程度（图 12-1）。模型结果的总方差 V 由各参数 x_i 及参数间相互作用的方差得到，模型结果的总方差 V 可分解为

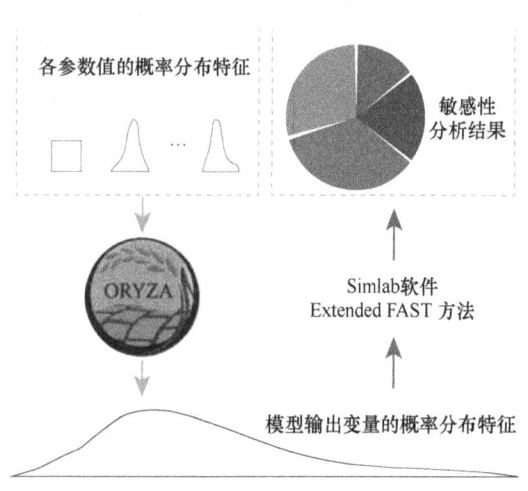

图 12-1 基于 EFAST 法的 ORYZA 模型参数敏感性分析过程

$$V=\sum_{i=1}^{n}V_i+\sum_{i<j\leq n}^{n}V_{ij}+\cdots+\sum_{i<j\leq n}^{n}V_{1,2,\cdots,n} \tag{12-1}$$

式中，V 为模型的总方差；V_i 为参数 x_i 自身变化引起的模型方差；V_{ij} 为参数 x_i 通过 x_j 作用贡献的方差；$V_{1,2,\cdots,n}$ 为参数 x_i 通过余下 $n-1$ 个参数相互作用贡献的方差。

定义参数及参数相互作用的方差与总方差的比值为敏感性指数，反映参数 x_i 对模型输出总方差的直接贡献率，即参数 x_i 的一阶敏感性指数 S_i 可表示如下：

$$S_i=\frac{V_i}{V} \tag{12-2}$$

同理，参数 x_i 的二阶［式（12-3）］、三阶［式（12-4）］敏感性指数可表示为

$$S_{ij}=\frac{V_{ij}}{V} \tag{12-3}$$

$$S_{ijm}=\frac{V_{ijm}}{V} \tag{12-4}$$

参数 x_i 的总敏感性指数即各阶敏感性指数之和，表示如下：

$$ST_i=S_i+S_{ij}+S_{ijm}+S_{1,\cdots,i,\cdots,k} \tag{12-5}$$

总敏感性指数反映了参数直接贡献率，以及通过参数之间的相互作用间接带来的模型输出对总方差产生的影响。由于作物模型中包含多个参数之间的相互作用，可采用全局敏感性分析方法来分析作物模型中参数对输出结果的影响。EFAST 法通过对模型输出方差的分解，可定量地获得参数的一阶敏感指数和总敏感指数，这就使得 EFAST 法可以同时检验多个参数

的变化对作物模型模拟结果带来的影响,并且可分析每一个参数变化对模型模拟结果带来的直接和间接影响。

第二节 作物模型不确定性分析

作物生长模型综合了作物生长发育的内在特性及其与环境因素及管理措施间的互作机理,运用数学语言对复杂的作物生产系统精简化表达,能够对作物生长发育、光合生产、干物质积累分配和产量、品质形成等生理过程进行动态模拟。目前作物生长模型已经被广泛应用于作物生产力预测预警、管理方案动态生成、气候效应量化评估、适宜品种优化设计、耕地利用决策评价等方面。随着作物模型的广泛应用,其预测的准确性逐渐成为模型应用研究中的热点。作物模型是现实世界中生物和非生物因素相互作用的不完美近似,在某些情况下,模型的结构、输入数据和参数选择导致的不确定性有可能超过时空变异导致的不确定性,从而限制模型模拟结果的准确度。分析模型模拟结果准确度的过程即模型的不确定性分析。作物生长模型的不确定性主要是指模型的模拟结果与实测值的偏离性,模拟是一种近似,模型的描述性语言不可能完美贴合作物生长发育的全部细节,总是存在一定程度的简化和偏离。作物模型不确定性主要来源于模型结构、模型参数取值、模型输入数据、模型使用者的主观不确定性(如专业知识的储备量、对模型的熟悉程度等)等。虽然模型在校正过程中采用大量观测数据消除了参数取值的不确定性,但是其预测结果仍存在一定的不确定性。此外,模型总是为了特定的目标不断地改进,现有不同模型之间在结构和参数设置上都存在较大的差别,因此作物生长模型的不确定性依然存在。不确定性分析是基于模型的风险分析和决策的重要组成部分,它能够给风险分析人员和决策者提供模型输出结果的准确性程度。

一、作物模型不确定性来源

(一)模型结构的不确定性

模型的结构设计和复杂程度随不同的应用目的而有较大差异,其结构上的不确定性是模型不确定性的重要来源之一。作物生长受到很多因素的限制,在实际应用中,作物模型基于理论假设和边界条件限制,只考虑了一些关键影响因子(如水分、养分、光照等),而忽略了其他因素(如病虫害、杂草等)的影响。作物模型中不同模块之间的耦合关系比较简单,缺乏交互影响作用的描述,且部分子模块采用大量的经验公式。由于模型自身采用一定的经验公式或物理描述公式对植物生理生长过程进行描述,实际的植物生理生化过程十分复杂,涉及植物体内水分、营养的运输,细胞的活动甚至基因的表达,而模型的公式一般是对植物生长过程的一种近似,存在一定的偏差。随着研究的不断深入,可以揭示植物体内更加深入的机理,建立具有更多机理性的作物模型,对作物生长的描述更加准确,从而减小不确定性。因此,作物模型描述真实系统时存在一定的"失真现象",会导致模型模拟结果的偏差,即在结构上具有一定的不确定性。

(二)模型参数取值的不确定性

模型参数的不确定性是由于参数的选取偏离实际,导致模拟结果存在偏差。作物模型的参数可分为三类:①田间管理参数,随着田间管理方法或措施而改变;②作物参数,受到作物品种、气候、环境等因素的影响;③土壤参数,与土壤特性相关,具有很强的空间变异性。

作物模型中参数的不确定性主要是指作物参数和土壤参数的取值具有较强的不确定性。导致模型参数取值不确定性的原因主要如下。

1）对于可直接观测获得其值的模型参数，由于环境、气候及观测误差的影响，其值仍具有一定的不确定性。

2）作物模型的"异参同效"效应导致不同的参数值组合可满足相同的目标函数收敛条件。

3）参数估计方法的选择导致模型参数取值的不确定性，如试错法中参数的取值受到模型使用者主观不确定性的影响较大。

4）模型参数自动优化算法中，参数初始值、迭代次数、目标函数等因素的影响容易使模型参数的取值陷入局部最优，导致模型参数取值的不确定性。

5）参数值反演过程中，实测值的时空变异性会引起参数值的不确定性。

这些参数的取值一般不具有固定的值，而服从一定的概率分布，是导致模型输出结果不确定的主要原因之一。通过选取参数优化方法，进行参数敏感性分析，即在合理范围内设定不同的参数取值来驱动模型模拟作物生长，使模拟值和实测值趋向一致性。在此过程中，敏感性参数得到校正，参数不确定性减小。

（三）模型输入数据的不确定性

模型输入数据的不确定性主要包括两个方面：一是田间观测数据的不确定性，如观测设备、观测方法等因素对观测数据的准确性具有一定的影响。观测数据取样点的选择不合理或样本数量太少均会导致观测数据不具代表性。各种田间管理措施，包括播种、中耕、灌溉、施肥、喷药等过程，由于人为操作不当，在同一处理小区水肥药不均匀，作物生长存在差异导致实测值存在一定的误差。为减少田间数据采集误差，在实际大田试验中，应该采取精细的管理措施，控制变量，尽量保证统一处理内的一致性，降低人为因素的影响，包括在数据观测与采集过程中，也要做到精益求精，按照统一的、标准化的流程进行采样，取样方法要符合统计学规律。二是气象数据的不确定性，如区域产量预测中气象资料的空间分辨率与模型的应用尺度不一致会导致模拟结果有较大的不确定性。尤其是在气候变化影响评价研究中，运用全球气候模型（GCM）降尺度生成气象数据的过程具有极大的不确定性。此外，不同的大气环流模型或不同的降尺度算法也会导致气象数据的不确定性。

（四）模型使用者的主观不确定性

模型使用者的主观不确定性主要体现在模型的选择和模型参数的校正过程中，其不确定性主要包括以下几点。

1）作物模型应用于区域尺度上的产量预测时，模型使用者对尺度提升方法的选择和作物模型的选择可能对预测结果产生影响，尤其是当模型的设计尺度与应用尺度不一致时会增加预测结果的不确定性。

2）模型参数校正过程中，模型使用者对校正方法或参数优化算法的选择均可能对模型模拟结果产生一定的影响。

3）模型参数校正过程中，模型使用者对不同目标函数的选择也会导致模型预测结果的不确定性。

4）模型使用者对观测数据质量的评估主要依赖于主观意识，这也会导致一定的不确定性。

二、作物模型不确定性的研究方法

关于作物模型不确定性的研究方法，可将其归纳为4类。

1）假设模型结构、模型输入数据及模型参数均为可确定的，不包含随机成分，模型的不确定性仅体现为模拟值与实测值之间的偏差，且假定模型校正期间的模拟偏差是导致模型预测偏差的主要原因。当前，该方法应用最多，主要用于评价作物模型的适用性。

2）假定模型的结构完美，模型参数取值和模型输入数据由于观测误差、观测困难或具有较大的时空变异性等因素的影响而存在一定的不确定性。该方法中模拟结果的不确定性主要来源于模型中参数值和输入数据的不确定性，主要研究手段是通过参数敏感性分析识别模型中的敏感参数，然后采用GLUE法、马尔可夫链蒙特卡罗（MCMC）法及贝叶斯法等方法分析模型参数取值的后验分布，并据此计算模型模拟结果的置信区间。近年来，该方法在作物模型不确定性分析中的应用广受关注。

3）主要考虑模型结构的不确定性，通过多模型的联合运用，以模型集（multi-model ensemble）的形式模拟作物生长，减少模型结构差异导致的模拟结果的不确定性。该方法主要用于作物模型与气候模型耦合进行气候变化对作物产量或农业系统影响的评估。

4）考虑模型结构、模型参数取值及模型输入数据的不确定性，并通过计算这些不确定性来源的分布特性评估模型模拟结果的不确定性程度。该方法中作物模型结构上的不确定性及模型使用者的主观不确定性通常难以量化，因此该方法的研究和应用尚处于不成熟阶段。

第三节 作物模型参数估算

通过准确的方法进行参数估算是进行模型应用、提高模型可预测性的基础。参数估算是农作系统模拟模型应用的必要前提，原因在于当在新的环境条件下应用模型时，模型使用者需要根据新的环境重新进行参数调试，即参数估算是需要经常重复的内容。对于相同的算法，不同的参数值往往导致截然不同的模拟结果，这就要求模型使用者格外重视参数值的准确性。因此，作为模型使用者，通常不需要去了解模型的公式，但是依然要了解及运用该模型的参数估算方法。

一、作物模型参数估算理论

根据实测值反推参数属于参数估算的问题。对于线性方程或者简单的非线性方程可以用最小二乘法来解决。基于过程的作物模型，刻画了光合、干物质分配、土壤水分运移和蒸发等众多生物物理过程，往往包含的方程较多，模型的非线性效应很明显，大多数参数的取值均不能通过直接测量得到，且存在较大的不确定性，一般的最小二乘法和非线性参数估计方法难以获得全局的最优解。因此，作物模型的参数值通常根据模型输出变量（如叶面积指数、生物量等）的田间试验数据进行估算。通常，作物模型参数估算有以下几个特点。

1）模型结构复杂、参数较多，而田间试验数据十分有限，不可能同时估算所有的模型参数，否则容易导致"参数过度化"。

2）模型参数估算相关的先验信息难以有效利用。

3）作物模型的田间试验数据包含不同变量，且这些变量的观测时间为作物生长过程中的不同生育阶段或来自不同的田块、不同的试验处理，所有试验数据之间有密切的关系，不是完全独立的,而在模型参数估算中往往无法体现这些信息。

4)作物模型中的参数值具有较大的不确定性,观测数据的样本数量、观测误差、目标函数及其收敛条件等对参数估算的结果均有影响。

5)作物模型中的很多参数均具有物理或生理意义,有些参数的取值范围很大且参数之间具有一定的相关性,增加了参数估算的难度。

6)作物模型的参数估算过程是一个多目标优化问题,必须综合考虑多个变量(如产量、叶面积指数、生物量等)的模拟效果或多个子过程之间的平衡(如根系吸水过程、氮素吸收过程等),而各变量在目标函数中的权重具有一定的主观不确定性。

因此,作物模型参数估算仍是一个尚未完全解决的难题。当前作物模型参数估算的主要理论包括以下两种。

(一)频率论

频率论的基本思想是模型参数存在"真实值"且固定,一般通过全局寻优算法,运用最小二乘原理使模型模拟值与实测值之间的偏差最小。目前,作物模型参数估算中使用的传统优化方法包括"试错法"、牛顿法、Levenberg-Marquardt 算法及单纯形法等,这些方法通常是局部优化算法,即从一个初始点出发,根据目标函数梯度信息等手段在参数取值空间内确定搜索方向,从而找出最优解。然而,局部优化算法受到初始值的影响较大,且容易陷入局部最优,导致优化结果具有很强的不稳定性,当其应用于结构复杂、高度非线性、多参数的作物模型时,往往搜索不到全局最优参数组合,从而影响到模型的模拟精度和可靠性。因此,智能优化算法被应用于作物模型的参数估算。常见的智能优化算法有复合型混合演化算法(SCE-UA)、模拟退火(simulated annealing,SA)算法、遗传算法(genetic algorithm,GA)等。例如,Ferreym 等将模拟退火算法应用于 CERES-Maize 模型的参数校正,缩短了模型参数校正的时间,较好地利用了不同来源的试验数据,并提高了模型的模拟精度。庄嘉祥等基于个体优势遗传算法(individual advantages genetic algorithm,IAGA)对 RiceGrow 模型和 ORYZA2000 模型的参数进行了自动校正,并认为该方法相较 SCE-UA 等方法在作物模型参数估计中更具有优势(图 12-2)。刘铁梅等采用遗传算法与模拟退火算法相结合的随机搜索方法,确定了大麦叶面积指数模型的参数值。智能优化算法在作物模型参数估计中的应用,提高了模型参数估算效率和准确性。

(二)贝叶斯理论

贝叶斯理论的基本思想是模型参数为随机变量,没有固定的值,但满足特定的概率分布。该方法主要基于贝叶斯理论框架,根据参数值的先验信息(如先验概率分布特征)和田间试验数据计算参数值的后验概率分布。随着人们对模型不确定性的深入认识,以及计算机技术的发展和蒙特卡罗模拟法的广泛应用,近 20 年来在作物模型不确定性分析和参数估算领域,贝叶斯法受到了国内外学者的青睐和关注。当前,常用的基于贝叶斯法理论的参数估算方法有 MCMC 法、GLUE 法。其中,GLUE 法被集成到 DSSAT 系统中作为内置参数估计工具,得到了广泛应用。姚宁等运用 GLUE 法对 DSSAT-CERES-Wheat 模型进行了参数校正,验证了 GLUE 法具有较好的收敛性和可靠性。何亮等采用 MCMC 法对 WOFOST 模型中的敏感参数进行了估计,通过对比分析不同校正方案的参数估计结果,表明 MCMC 法具有很好的稳定性,运用该方法能有效提高模型的模拟精度。Makowski 等分别采用 GLUE 法和 MCMC 法

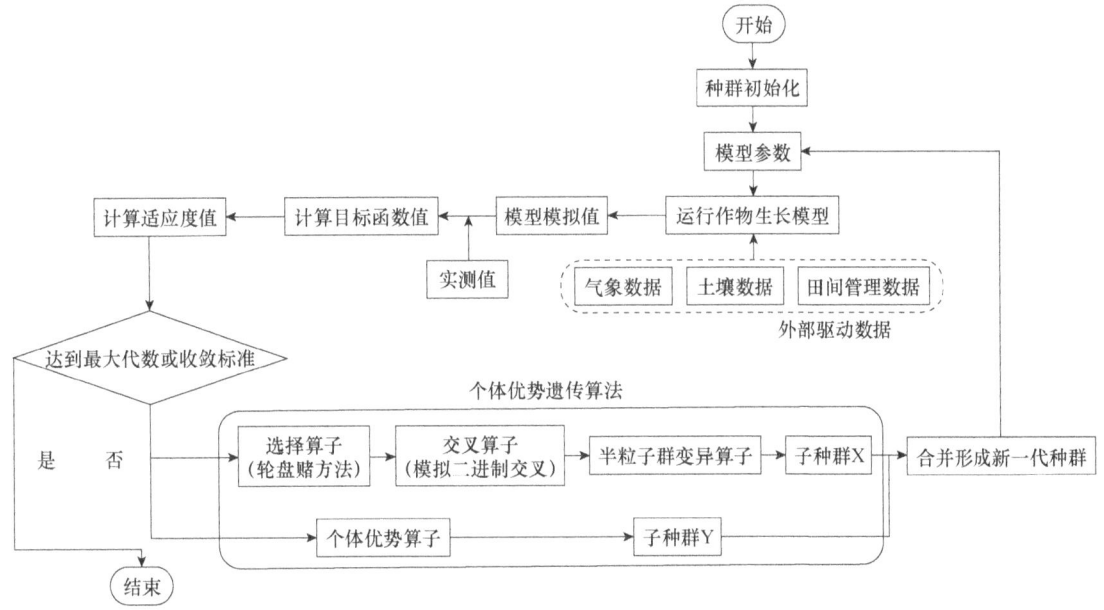

图 12-2 基于 IAGA 的作物生长模型参数优化流程图

对一个包含 22 个参数的非线性模型进行了校正，通过对比分析两种方法的参数估算结果，发现两种方法的参数估算结果十分相近，均能在少量观测数据的情形下实现模型参数的估算，并能极大地提高模型的模拟精度。

二、常用的作物模型参数估算方法

（一）PEST 参数估算方法

PEST（Parameter Estimation）为参数优化软件，是利用高斯-马夸特-利文贝格（Gauss-Marquardt-Levenberg，GML）算法来求模型模拟值与实测值差异函数的最小值。与试错法相比，PEST 优化算法具有十分明显的优势，即收敛速度很快，且能更准确地校正模型参数。PEST 参数估算的主要步骤包括：首先，根据预设值选定初始参数向量，开始运行模型得到模型模拟结果向量。由参数估计向量、模型模拟结果向量和实测结果向量组成雅可比矩阵（Jacobi matrix），利用一阶泰勒展开式对矩阵进行数值求解；然后，根据由参数范围和迭代次数确定的参数增量向量，不断更新参数向量重复计算直到收敛。例如，利用 PEST 对 DSSAT 模型进行参数估算时，先将作物遗传参数设定为缺省值，在 DSSAT 模型中运行相关的试验文件得到模型的输出文件，通过 PEST 命令使需要调试的品种参数与 PEST 对应，并设置各个参数的取值范围，同时将 DSSAT 中的实测值和模拟值文件通过 PEST 命令连接起来，经过约 100 次迭代得到一组最优参数组合。

PEST 软件的核心是求解目标函数的最小值，软件运用了 GML 算法求解，该算法是基于牛顿法和梯度下降法的一种非线性优化方法，能够在多维的参数空间内优化模型输入参数，迭代逐步逼近目标函数最小值，具有快速收敛、运行次数少的特点。目标函数方程为外部模型多个输出变量的计算值与实测值的带权重最小二乘差异函数 φ，其公式为

$$\varphi = \frac{1}{n} \sum_{i=1}^{n} \{w_i [M(t_i) - S(F, t_i)]\}^2 \tag{12-6}$$

式中，F 为一系列作物参数；$M(t_i)$ 为在时间 i 的实测值；$S(F, t_i)$ 为模型在时间 i 的模拟值；

w_i 为实测值的权重系数；n 为实测值的个数。实测值可以是生育时期、叶面积指数、干物质量和作物产量等，根据目标函数输出值的种类和模型模拟的要求，设计不同的权重系数（w_i），使生育时期、叶面积指数、干物质量和作物产量模拟误差的比例控制在一定的范围内。

PEST 工具极大地缩短了参数估算时间，同时降低了人为主观因素的影响，实现了自动化参数估算。

（二）GLUE 参数估算方法

GLUE（generalized likelihood uncertainty estimation）方法是应用较为普遍的一种贝叶斯参数校正方法。在 DSSAT 模型中，调参程序包就是基于 GLUE 方法设计的。该方法计算每个模拟值与对应实测值之间的似然值，再利用贝叶斯公式计算产生模拟值的参数集的似然值，并以此构建模型参数后验分布。GLUE 参数估计主要步骤如下。

1) 设置参数先验分布，随机生成参数集。
2) 运行模型得到模拟值。
3) 计算模拟值与实测值之间的似然值。
4) 构建后验分布。

为了确保参数估计的准确性和后验分布计算的合理性，GLUE 应至少需要运行 6000 次。

（三）MCMC 参数估算方法

马尔可夫链蒙特卡罗（Markov chain Monte Carlo，MCMC）方法能够结合观测数据和参数的先验知识得到模型参数的后验分布，从而利用参数后验样本的均值或中值作为参数标定结果，并且可以通过后验样本的均方根偏差来定量表达模型参数的不确定性。MCMC 方法在水文模型、森林管理模型、林冠蒸腾模型等参数估算研究中已得到较多应用，并且显示出较强的适用性，其在作物模型参数估算与不确定性评价中也逐渐得到应用。目前，常用于品种参数估算的方法只能给出一套局部而非全局最优的参数组合，不能反映出品种参数"异参同效"（即不同的参数组合往往得到相同的模拟结果）的特点，或较难解决"异参同效"的问题，并且只能用于品种参数间无互作效应的模型参数估算。MCMC 方法是基于贝叶斯理论框架建立平衡分布为 $\pi(x)$ 的马尔可夫链，并对其平衡分布进行采样，通过不断更新样本信息而使马尔可夫链能充分搜索模型参数空间，最终收敛于高概率密度区，从而将一些复杂的高维问题转化为一系列简单的低维问题。MCMC 方法不仅能找到全局最优组合，还能反映品种参数"异参同效"的特点，并量化模型参数估计的不确定性。

以 MCMC 方法估算 WheatGrow 模型小麦生育期品种参数为例，具体流程如图 12-3 所示。

1) WheatGrow 模型中与小麦生育期相关的品种参数有 PVT、PS、IE、TS、FD 共 5 个，θ_i^k 分别代表 5 个品种参数（$i=1, 2, 3, 4, 5$）。首先在每个品种参数范围内随机选取一个初始参数，组成一套初始参数组合 θ_i^0，在未知品种参数概率分布的情况下，先假设其先验分布 q（$\theta_i^{new}/\theta_i^{k-1}$）（$k=0, 1, 2, \cdots, N$）为均匀分布，$N$ 设为 50 000。

2) 在 θ_i^{k-1} 基础上提出一个候选参数 θ_i^{new}，见式（12-7）。

$$\theta_i^{new} = \theta_i^{k-1} + r \times [\max(\theta_i) - \min(\theta_i)] / D \quad (12\text{-}7)$$

式中，r 为 0~1 的一个随机数；$\max(\theta_i)$ 和 $\min(\theta_i)$ 分别为参数 θ_i 的上下限；D 等于 5，控制着推荐步长的大小。

3) 将气象数据和栽培管理数据及 θ^{new}、θ^{k-1} 两套小麦品种参数输入生育期模型中，计算

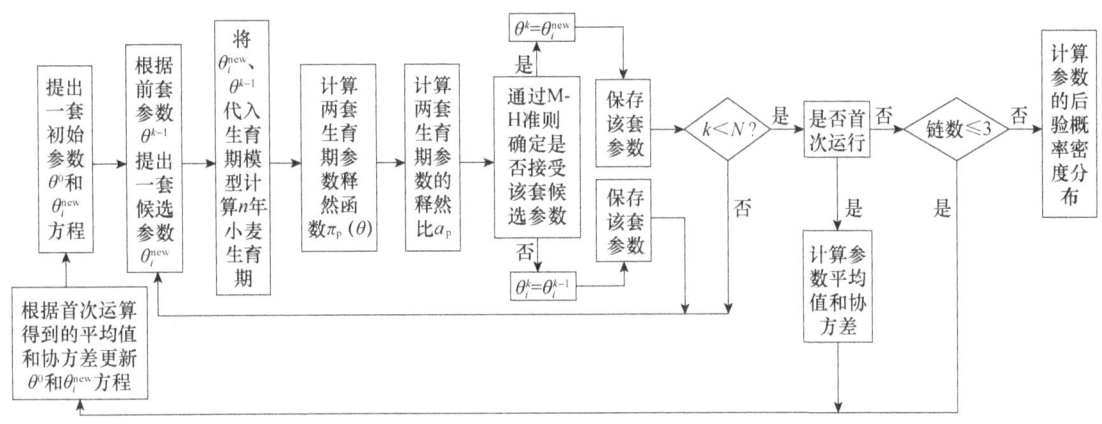

图 12-3 以 MCMC 方法估算 WheatGrow 模型小麦生育期品种参数流程图

出这两套品种参数对应的小麦生育期模拟结果。

4）基于田间实测小麦生育期数据和模拟的生育期结果，来计算小麦生育期参数释然函数 $\pi_p(\theta)$。

关于生育期数据，选择了小麦生长发育过程中的 3 个重要物候阶段，即拔节期、开花期和成熟期。因为不同年份的同一小麦品种的生育期是独立分布的，而同一年份内的小麦拔节期、开花期、成熟期之间存在一定的相关关系，因此在计算概率密度函数时，不能将这 3 个生育期看作独立的正态分布，需要考虑生育期之间的相互关系。由此根据三元概率密度函数来计算小麦生育期参数释然函数 $\pi_p(\theta)$，具体见式（12-8）～式（12-11）。

$$\pi_p(\theta) \propto \exp - \left[\frac{1-\rho_{23}^2}{\sigma_1 \times \alpha} x_1^2 + \frac{1-\rho_{13}^2}{\sigma_2 \times \alpha} x_2^2 + \frac{1-\rho_{12}^2}{\sigma_3 \times \alpha} x_3^2 + \frac{2(\rho_{13}\rho_{23}-\rho_{12})x_1 x_2}{\sigma_1 \sigma_2 \times \alpha} + \frac{2(\rho_{12}\rho_{23}-\rho_{13})x_1 x_3}{\sigma_1 \sigma_3 \times \alpha} + \right.$$
$$\left. \frac{2(\rho_{12}\rho_{13}-\rho_{23})x_2 x_3}{\sigma_2 \sigma_3 \times \alpha} \right] \tag{12-8}$$

$$\alpha = 1 + 2\rho_{12}\rho_{13}\rho_{23} - \rho_{13}^2 - \rho_{12}^2 - \rho_{23}^2 \tag{12-9}$$

$$x_j = \sum_{t=1}^{25} [O_j(t) - S_j(t)]^2 \quad j \in 1, 2, 3 \tag{12-10}$$

$$\rho_{xy} = \frac{\sum_{t=1}^{25}(x_t-\bar{x})(y_t-\bar{y})}{\sqrt{\sum_{t=1}^{25}(x_t-\bar{x})^2}\sqrt{\sum_{t=1}^{25}(y_t-\bar{y})^2}} \quad x, y \in 1, 2, 3 \tag{12-11}$$

式中，σ_1、σ_2、σ_3 分别为实测小麦拔节期、开花期和成熟期的方差；θ 为品种参数，包括 PVT、PS、IE、TS、FD；$S_j(t)$ 为第 t 年第 j 个生育期的模拟值；$O_j(t)$ 为第 t 年第 j 个生育期的观察值，$j=1$, 2, 3 分别代表着拔节期、开花期、成熟期；ρ_{12}、ρ_{13}、ρ_{23} 分别为实测小麦拔节期与开花期、拔节期与成熟期、开花期与成熟期之间的相关系数，其计算见式（12-11）；$\bar{x}$ 为实测小麦生育期平均值；x_t 和 y_t 分别为第 t 年实测小麦主要生育期的日期。

5）计算 θ^{k-1}、θ^{new} 下两套生育期品种参数的释然比 a_p，见式（12-12）。

$$a_p(\theta^{k-1}, \theta^{\text{new}}) = \min \left\{ 1, \frac{[\pi_p(\theta^{\text{new}})] q\left[\dfrac{\theta^{k-1}}{\theta^{\text{new}}}\right]}{[\pi_p(\theta^{k-1})] q\left[\dfrac{\theta^{\text{new}}}{\theta^{k-1}}\right]} \right\} \tag{12-12}$$

6）按照 M-H 准则，将计算得到的释然比 a_p 和均匀分布在 [0，1] 之间的随机变量 U 进行比较。如果 $a_p \geq U$，设定 $\theta^k = \theta^{new}$，否则设定 $\theta^k = \theta^{k-1}$。

7）重复步骤 2）~6），直到 $k = N$。

8）判断是否是首次运行，如果不是，则进入步骤 10），如果是，则计算以上步骤中所接受参数的后验概率密度分布的平均数和协方差，见式（12-13）~式（12-14）。

$$E(\theta_i) = \frac{1}{N-M+1} \sum_{k=M}^{N} \theta_i^k \quad (12\text{-}13)$$

$$\text{cov}(\theta_i, \theta_j) = \frac{1}{k} \sum_{k=M}^{N} [(\theta_i^k - E(\theta_i))][\theta_j^k - E(\theta_j)] \quad (12\text{-}14)$$

$$\theta_i^{new} = \theta_i^{k-1} + \text{mvnrnd}[0, \text{cov}^0(\theta)] \quad (12\text{-}15)$$

式中，$M = N/5$；$E(\theta_i)$ 为 θ_i 参数的平均值；$\text{cov}(\theta_i, \theta_j)$ 为参数之间的协方差。利用 Matlab 中的多元正态分布随机抽取样本 $\text{mvnrnd}[0, \text{cov}^0(\theta)]$，按照式（12-15）更新步骤 3）中的 θ_i^{new}，其中 0 为均值，$\text{cov}^0(\theta)$ 是参数 θ 的协方差矩阵；用 $E(\theta_i)$ 更新步骤 2）中的 θ^0。

9）根据新的 θ^0 和 θ^{new}，重复步骤 1）~7），$k = N$。

10）按照以上步骤重复完成 3 条马尔可夫链。

11）计算参数后验概率密度分布的平均数和标准差。

理论上，根据中心极限定理，通过 M-H 准则的马尔可夫链最终收敛于静态分布，其中 GR_i 为 Gelman 和 Rubin 在 1992 年提出的一种定量收敛判断指标，称为比例缩小系数，其计算基于马尔可夫链链内和链间方差，见式（12-16）~式（12-18）。检验每个参数的 GR_i 是否小于 1.2，如果全部小于 1.2，此时马尔可夫链达到收敛。

$$GR_i = \sqrt{\frac{W_i(N-1) + B_i}{W_i N}} \quad (12\text{-}16)$$

$$B_i = \frac{N}{C-1} \sum_{c=1}^{C} [\overline{\theta}_i^{(\cdot,c)} - \overline{\theta}_i^{(\cdot,\cdot)}] \quad (12\text{-}17)$$

$$W_i = \frac{1}{C(N-1)} \sum_{c=1}^{C} \sum_{k=1}^{N} [\theta_i^{(k,c)} - \overline{\theta}_i^{(\cdot,c)}] \quad (12\text{-}18)$$

式中，B_i 为链之间的变异；N 为重复的数目（$k = 1, \cdots, N$）；c 为链的数目（$c = 1, \cdots, C$）；W_i 为链内的变异。

第四节　基因效应与品种参数估算

作物生长与产量形成是复杂的数量性状，它的表现型是基因型与环境条件综合作用的结果。农作系统模拟模型能量化各个生理过程与环境条件间的非线性关系，然后综合这些关系，使作物生长和产量形成过程的预测建立在逐日模拟计算的基础上。作物生长模型中的品种参数也被定义为"遗传参数"，在作物生长模型建立之初，假定品种参数与对应的表型特征受相同遗传因素的影响，所以在不同基因型之间，作物生长模型品种参数与目标表型特征之间应具有相同或相似的遗传背景。因此，作物生长模型具有预测"基因-环境互作"（G×E）的潜力。然而，在作物模型构建之初，品种参数来源于少数代表性品种的表型观测值，这导致品种参数的遗传基础薄弱。通过对作物生长模型品种参数进行遗传解析，可深化对作物表型遗传背景的理解。现代基因测序技术的飞速发展使得作物基因信息的高通量快速获取变成现实，进而为量化作物生长模型中品种遗传参数与基因效应之间的关系，并深入解析作物生产力相关表型性状响应基因型（G）×环境条件（E）×管理技术（M）之间的互作机制奠定了良好基础，有望显著提升基于生长模型预测高通量作物表型信息的机理性和解释性，助力高效智慧育种。

一、作物模型品种参数遗传解析方法

作物动态模型一般包括作物发育期、叶面积增长、干物质生产与分配和产量、品质形成等模块。在早期的基于基因的遗传参数研究中，主要关注作物发育期模块，因为作物发育期是决定作物生长、产量和适应性的最重要因素。研究者对作物发育过程及其与环境的关系进行了详细研究，使得发育期模型结构变得成熟。目前研制的作物发育光温反应模型包含了基本营养生长期、最适温度、感温性和感光性等参数。这些参数的生物学意义明确，对于特定品种而言，其数值不会因环境而异，它们的变异主要受遗传因子控制。因此，可以通过分子标记技术和统计分析方法找到控制这些参数变异的基因，并通过基因的效应估算参数的大小。

作物动态模型的生理参数通常是一种数量性状，受多个遗传基因的控制。类似其他数量性状，它们常呈连续变异，并可能受多基因控制。这些控制数量性状变异的单个基因称为数量性状位点（quantitative trait loci，QTL）。随着基于 DNA 的分子标记技术和新的统计方法的出现，研究单个基因及其效应对作物数量性状的控制成为可能。通常，QTL 与遗传图上的某个分子标记位点相连锁，这种连锁关系可以通过统计方法进行分析，从而确定 QTL 在遗传图上的位置。作物动态模型的生理参数作为一种特定的数量性状，控制其变异的 QTL 可以通过分子标记方法进行判定。通过将作物生长发育的预测直接建立在单个 QTL 上，可以探索作物模型与 QTL 定位之间的互补作用。

以往的研究将作物动态模型的生理参数视为数量性状，并对控制这些参数变化的 QTL 进行定位研究。以往数量性状（尤其是产量相关的农艺性状）的 QTL 研究通常基于单一环境条件下的试验数据，如果数据来源于多年多地点的试验，由于环境的影响，性状观察值会随着环境条件的变化而变化，因此找到的 QTL 数量和效应也会随环境条件的变化而变化，出现所谓的"QTL 与环境互作"。由于动态模拟模型定量地描述了作物表型性状（如生育期天数）与环境条件（如温度、光周期）之间的关系，模型参数已排除环境的影响，相当于经典遗传学中的公式：表现型=基因型+环境，动态模型中的因变量就是上述公式中的"表现型"，自变量就是上述公式中的"环境"，模型参数对应于上述公式中的"基因型"。由于"表现型"数据包含环境效应，因此容易导致"QTL 与环境互作"。过去的 QTL 研究直接使用表型数据。先使用表型数据来估计模型参数，那么"基因型"数据就不再受环境影响，因此可以克服"QTL 与环境互作"。当然，这里的关键是模型本身是否真实地代表作物的生物学过程。将模型限定在我们已经深入研究的发育期模块中，其参数的生物学意义非常明确，预计利用该模型将表型数据分解为多个生理参数，可以修正"数量性状的基因表达常与环境有关"的说法。

二、基于基因效应的作物模型品种参数估算

模型的输入包括气象数据（温度、太阳辐射、湿度和降雨等）、管理措施（灌溉、施肥等）和模型参数。其中，模型参数中的品种参数称为遗传系数，因为它们往往反映了不同基因型之间的差异，并且受到较少或几乎没有环境因素的影响。与其他数量性状类似，品种参数通常呈连续变化，受遗传基因的控制。因此，它们也可以用于进行 QTL 分析，以找出控制

模型生理输入参数的相应遗传位点。通过根据基因型和其所含 QTL 效应的大小值计算基于遗传信息 QTL 的模型参数，可以建立基于 QTL 的模型来预测作物的生长发育，并实现从基因型到表型的预测。通常，基于 QTL 的模型分析包括以下步骤。

1）建立并校正作物模型。

2）利用分子标记对待研究的遗传群体进行基因型分析，构建遗传连锁图谱。

3）根据田间、温室等试验收集表型数据，计算模型参数。

4）对模型参数进行 QTL 定位分析，并估计相应 QTL 在染色体上的位置和效应值（加性效应、上位效应等）。

5）根据估算的 QTL 效应值和遗传群体中各株系的基因型，为每个株系计算基于 QTL 的模型参数。

6）根据基于 QTL 的模型参数，在不同时间和环境条件下应用模型进行作物的生长发育预测，并进行模型验证。

复习思考题

1. 什么是作物模型的参数敏感性？
2. 作物模型不确定性的来源是什么？
3. 作物模型品种参数估算理论有哪些？举例说明每种理论中有哪些代表性的方法。
4. 基于基因效应的作物模型品种参数估算有哪些优点？

第十三章
情景模拟与效应评估

构建农作系统模拟模型的主要目的在于应用模型对农作系统进行分析、优化，使农作系统达到高产、高效、优质、绿色、生态等生产目标。其中模型应用的主要方式是基于情景模拟手段，量化评估不同系统成分对农作系统的影响效应，进而通过选择合适的作物品种、调整管理技术方案等来实现农作系统的优化管理。本章主要从模型应用角度，介绍了农作系统模拟模型升尺度技术、气候变化效应评估与应对、作物管理方案优化设计、作物表型指标设计等方面的典型应用。

第一节 农作系统模拟模型升尺度技术

从模型的空间尺度来看，当前绝大多数农作系统模拟模型是基于田块尺度构建，主要是因为农作系统模拟模型是基于特定区域内的作物生长影响因素一致的假设条件而构建的。当模型应用于区域尺度时，由于区域内的模型驱动因素（气候、土壤、品种、技术等）普遍存在空间差异，因此必然面临着模型的升尺度问题。而通过将农作系统模拟模型与地理信息系统（GIS）和遥感（RS）耦合，可以实现在不同的空间和时间尺度上对农作系统进行定量化预测。

一、农作系统模拟模型与地理信息系统耦合

地理信息系统（GIS）是在计算机硬、软件环境的支持下，对空间数据进行采集、存取、编辑、处理、分析和显示的计算机应用系统。GIS 按研究的范围大小可分为全球性的、区域性的和局域性的；按研究内容的不同可分为综合性的与专题性的；按其数据类型则可分为矢量型、栅格型和混合型。近年来，GIS 呈迅猛发展趋势，已广泛应用于农业资源与环境的管理、规划及区划、农业灾害监测管理、数字农业等各个方面，并发挥着越来越重要的作用。

（一）基于 GIS 的农作系统模拟模型升尺度策略

农作系统模拟模型与 GIS 耦合实现区域农作系统生产力预测，一般有以下两种升尺度策略。

1. 基于空间插值的升尺度策略 空间插值作为一种重要的"由点到面"数据生成的空间分析方法，常用于观测点数据到区域数据的升尺度转换。其主要做法是，将区域范围内站点尺度的模型输入数据进行空间插值，以获取农作系统模拟模型运行所需输入参数的区域化栅格数据，之后逐栅格运行模型获得整个区域的模拟结果（图 13-1）。通常而言，此种方法需要准备的模型输入数据较多，且模型运行次数随着空间分辨率的提高而显著上升。

2. 基于空间分区的升尺度策略 空间分区是根据模拟区域内农作系统的环境和管理措施等的空间差异，将区域划分为多个假定的均质模拟单元，通过每个模拟单元内典型生态点模拟结果"以点代面"，获取整个区域的模拟结果（图 13-2）。该方法通过空间分区方式可

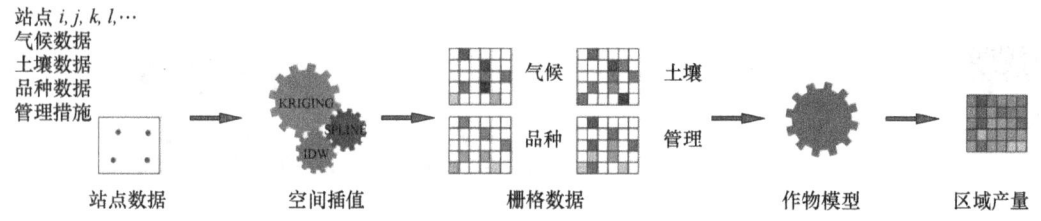

图 13-1　基于空间插值的区域生产力模拟

IDW. 反距离权重插值法；KRIGING. 克里金插值法；SPLINE. 样条插值法

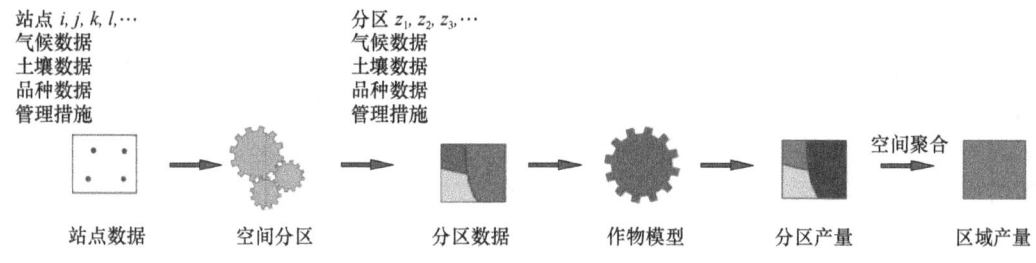

图 13-2　基于空间分区的区域生产力模拟

大大降低模型在区域尺度预测时的运行工作量，但空间分区的方法对整个区域生产力预测的结果影响较大。

以当前农作系统模拟方面的典型代表——农业模型改进与比较项目（agricultural model intercomparison and improvement project，AgMIP）为例，介绍在评估气候变化对全球尺度作物产量影响时，广泛采用的两种方法。第一，基于 0.5°×0.5° 栅格尺度运行农作系统模拟模型，形成了农业模型比较与改进项目栅格模拟（The AgMIP GRIDded Crop Modeling Initiative，AgGRID）方法；第二，基于典型站点尺度运行作物生长模型，其中在全球小麦作物模拟（AgMIP-wheat）中，首先在全球小麦主产区选择了 60 个代表性站点运行模型，之后将 60 个站点模拟的产量按照其代表的全球小麦总产中的权重升尺度得到全球小麦产量。

由于特定区域农作系统空间异质性的多样化，空间插值和空间分区普遍存在不确定性，直接影响了区域农作系统生产力的模拟效果。因此，在模型应用中通过比较不同方法对区域模拟结果的影响，选择适宜的升尺度策略，从而提高区域模拟的准确性。例如，通过研究空间插值过程中不同空间分辨率对模拟精度的影响，可确定我国不同作物种植区适宜的插值分辨率，从而同步提高区域模拟的精度和效率。

（二）农作系统模拟模型与 GIS 耦合方式

从上述农作系统模拟模型与 GIS 耦合的升尺度策略来看，GIS 在其中发挥的主要作用包括：①对模型输入变量的空间管理与分析，包括对区域尺度输入数据的存储、空间插值、空间分区等。②对模型模拟结果的空间分析，包括区域农作系统生产力的空间展示、空间聚合、变异分析等。

基于 GIS 所发挥的功能，目前实现农作系统模拟模型与 GIS 耦合的方式主要分为两种类型。

1. 紧凑型的耦合　紧凑型的耦合即农作系统模拟模型与 GIS 的深度耦合，可以通过将农作系统模拟模型深度嵌入 GIS，实现模型输入和输出等数据与 GIS 内在的数据模型和数据结构一致，这种耦合下农作系统模拟模型与 GIS 可使用统一的界面，一般可通过 GIS 的二次开发实现。

2. 松散型的耦合 松散型的耦合即农作系统模拟模型和 GIS 外在的结合，两者无统一的界面，主要通过中间文件即农作系统模拟模型的输入和输出相互连接，一般 GIS 仅用来产生空间数据库并作为空间分析和显示的工具。

二、农作系统模拟模型与遥感（RS）耦合

遥感（RS）是指遥远的感知，它是从不同高度的遥感平台（platform）上，使用各种传感器（sensor）接收来自地球表层各类地物的各种电磁波信息，并对这些信息进行加工处理，从而对不同的地物及其特性进行远距离的探测和识别的综合技术。

目前，遥感技术已经广泛应用于农业学科领域，如土壤学中的土壤调查、土壤侵蚀调查和土壤水分监测；草原学中的草原调查、估产与监测；农学中的长势监测与作物估产；植物保护中的某些病虫害调查与监测；农业气象中的农业气候研究与监测；农业生态学中的环境保护等。

在作物生产系统领域，RS 可在田块到区域等不同空间尺度，利用多种传感器快速实时准确地获取作物、土壤等状态信息，具有突出的时效性和空间性。但遥感数据的获取受到卫星运行周期和云雨等因素的影响，在作物整个生长期中只能获得有限的离散观测数据。而农作系统模拟模型是对作物生产系统及其与环境、技术、品种之间的动态关系进行定量表达，具有较强的机理性和时序预测性。因此，农作系统模拟模型与 RS 相结合，可实现遥感实时监测功能与模型时序预测功能的互补，提升对区域农作系统动态的预测精度，是实现区域化作物生长和生产力精确预测的有效路径。

（一）农作系统模拟模型与 RS 耦合策略

农作系统模拟模型与 RS 耦合主要涉及以下 3 种策略。

1. 基于驱动策略的 RS 与农作系统模拟模型耦合 驱动法是将遥感反演的参数作为模型输入参数或将遥感反演的状态变量直接替换模型模拟值，驱动模型继续向前模拟，也称为中间变量更新策略。该方法建立在遥感观测值比模型模拟值更准确这一假设基础上，驱动过程如图 13-3 所示。由于操作简单，驱动法在早期的研究中应用得比较多，但前提是遥感反演的参数要准确，且对遥感观测次数要求较高。由于该方法完全忽略了遥感数据反演参数过程带来的误差，现在已经很少被研究和采用。

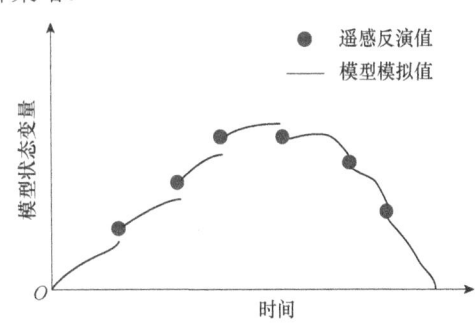

图 13-3 基于驱动策略的 RS 与农作系统模拟模型耦合示意图

2. 基于初始化策略的 RS 与农作系统模拟模型耦合 初始化策略是指通过调整作物生长模型中与作物生长发育和产量形成密切相关且在区域尺度上难以获取的模型参数，以减小遥感观测值或反演值与模型模拟值之间的差距，从而优化所选初始值或参数值，并将优化后的值输入作物模型进行作物生长参数或产量的模拟。初始化过程如图 13-4 所示。

初始化策略中用以比较的变量可以是农作系统模拟模型的状态变量［如叶面积指数（LAI）、叶片氮积累量（LNA）等农学参数］，也可以是作物光谱信息［如归一化植被指数（NDVI）、土壤调节植被指数（SAVI）、转换型土壤调节植被指数（TSAVI）等］。具体涉及的初始化方式如下。

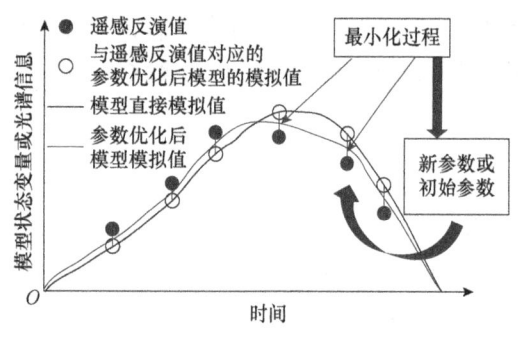

图 13-4 基于初始化策略的 RS 与
农作系统模拟模型耦合示意图

1)以一定步长变换生长模型的相关参数或初始值,使得模型模拟的状态变量与同时间的遥感观测值之差最小,以此得到模型的最优初始值或参数,在此基础上运行模型。

2)将辐射传输模型与农作系统模拟模型结合,通过优化算法最小化遥感观测的作物冠层反射率与耦合模型模拟的反射率之间的差异,从而得到作物模型最优的初始值或参数。目前常用的辐射传输模型为 SAIL 模型、PROSAIL 模型(植被冠层辐射传输模型)等。

以农学参数为耦合指标的初始化法需要先构建统计模型反演农学参数,统计模型与辐射传输模型相比较为简单、实用,但统计模型依赖于植被类型和作物生育时期,通用性较差,因此以光谱信息为耦合参数的初始化法目前研究较多。初始化法以遥感观测值比模型模拟值更准确为假设,这种假设同样忽略了遥感观测值的误差,对遥感观测值的准确性有较高要求。

3. 基于顺序同化策略的 RS 与农作系统模拟模型耦合 顺序同化策略是指以某时刻遥感观测值和模型模拟值的滤波结果来修正之后时刻模型模拟的状态变量。顺序同化使得模型模拟的状态变量不断更新为最优预报值,是一种时间连续且可应用于实时模拟的数据同化方法。该同化策略同时考虑遥感观测值与模型模拟值的误差。顺序同化过程如图 13-5 所示。

顺序同化策略要求用遥感观测值至少同化一个模型状态变量值。在顺序同化策略中,除了可

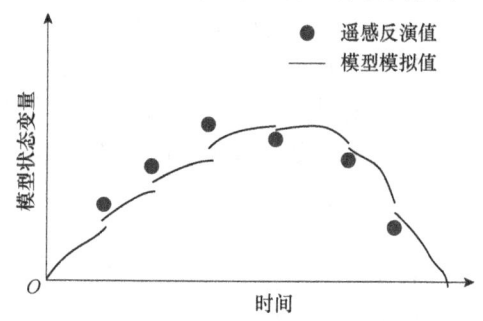

图 13-5 基于顺序同化策略的 RS 与
农作系统模拟模型耦合示意图

通过遥感反演的农学参数来同化状态变量,也可通过同化作物光谱信息来获得最优状态变量。直接利用遥感光谱信息作为同化参数可在一定程度上避免遥感反演农学参数过程所产生的误差。顺序同化策略是以对某一时刻模型模拟值的优化可提高其后时刻的模拟精度为前提,同时考虑了遥感观测值与作物生长模型的模拟误差,而非直接假设遥感监测或模型结果为真值,从理论上讲是最优的,目前应用较为广泛。目前常用的顺序同化方法包括扩展卡尔曼滤波(extended Kalman filter,EKF)、集合卡尔曼滤波(ensemble Kalman filter,EnKF)和粒子滤波(particle filter,PF)等。

(二)农作系统模拟模型与 RS 耦合的影响因素

1. 耦合参数 RS 与模型耦合过程中,常用的耦合参数包括作物生长或生理指标,如叶面积指数、叶片氮含量、地上部干物质重等。其中,叶面积指数(LAI)是最常见的待同化的作物生长状态变量。LAI 是农作系统模拟模型中最重要的变量之一,是反映作物冠层光合作用、呼吸作用、蒸腾作用的重要参数,与作物的干物质累积和产量形成有着密切关系,同时 LAI 也能利用遥感手段进行监测。例如,利用一种新的粒子群优化算法,将遥感数据与水稻生长模型(RiceGrow)相结合,基于初始参数反演策略,通过光谱遥感和卫星图像获取水稻叶面积指数和叶片氮积累量(LNA)作为耦合参数,进行播种期、播种量和施氮量等初

始参数的优化,进而实现区域水稻产量的可靠预测。

2. 直接耦合遥感参数 直接耦合遥感参数有光谱反射率、植被指数等。直接利用遥感光谱信息作为同化参数可在一定程度上避免遥感反演农学参数过程所产生的误差。例如,将遥感与小麦生长模型(WheatGrow)相耦合,基于生长过程同化策略,同时加入 PROSAIL 辐射传输模型,以不同生育时期的小麦植被指数为信息耦合参数,通过同化遥感反演的时序性植被指数与 WheatGrow-PROSAIL 模型模拟的时序性植被指数,获得最优的叶面积指数序列,并以此驱动 WheatGrow 模型,从而准确预测冬小麦生长指标和籽粒产量。分析 4 种不同植被指数[NDVI、RVI(比值植被指数)、SAVI、EVI(增强植被指数)]对 WheatGrow 模型与 PROSAIL 模型顺序同化的效果,发现 SAVI 在测试案例区作为耦合参数效果最佳(表 13-1),LAI 和 LNA 预测值与实测值之间的 R^2 达到 0.582 和 0.560,均方根误差(RMSE)分别为 0.918g/m^2 和 1.368g/m^2。除单一耦合参数外,近年来有相关研究开始尝试同时耦合多个生长状态参数或多源遥感光谱参数,以进一步提高耦合后的预测效果。

表 13-1 不同植被指数作为同化参数的模拟结果分析

植被指数	LAI		LNA	
	R^2	RMSE/(g/m^2)	R^2	RMSE/(g/m^2)
NDVI	0.324	1.165	0.442	1.546
RVI	0.455	0.981	0.570	1.494
SAVI	0.582	0.918	0.560	1.368
EVI	0.464	0.998	0.561	1.428

3. 耦合时期 耦合时期主要取决于所用遥感信息的时相。由于不同时期遥感信息反演作物生长参数的精度可能会存在差异,导致采用不同时期的遥感信息耦合模型时精度不一。例如,前期研究发现,在耦合小麦生长模型 WheatGrow 和 PROSAIL 模型预测区域小麦产量时,如用一个生育时期的遥感数据进行耦合,孕穗期是耦合的最佳窗口;如有多个生育期遥感数据,则基于拔节期到灌浆期的时序遥感数据预测精度最高。

4. 优化算法 遥感反演和模型模拟的状态变量值的迭代过程往往通过最优化算法进行。参数优化算法主要是通过调整作物模型中与生长发育和产量形成密切相关的、常规方式难以获得的参数或初始条件,最小化遥感观测值与模型模拟值之间的差异,以达到优化作物模型的目的。不同优化算法在耦合过程中的精度、效率等方面存在差异,目前,常用的农作系统模拟模型同化的优化算法包括单纯型搜索算法(simplex search algorithm,SSA)、最大似然法(maximum likelihood method,MLE)、复合型混合演化算法(shuffled complex evolution method developed at the University of Arizona,SCE-UA)、Powell 共轭方向法(Powell's conjugate direction method,CDM)、粒子群优化(particle swarm optimization,PSO)算法、遗传算法(genetic algorithm,GA)、模拟退火算法(simulated annealing algorithm,SAA)等。

以地面光谱遥感反演的 LAI/LNA 作为外部同化数据,用于 RiceGrow 模型输入参数的初始化分析,并比较不同优化算法和耦合点的精度。结果表明,当选取 PSO 算法及采用 LAI 和 LNA 共同作为耦合参数时,获取到的 3 个待优化参数(播种期/移栽期、播种量和施氮量)与真实值间的误差值最小,分别为 2.66d、8.48%、7.58%(试验 1)和 3.16d、7.91%、-7.67%(试验 2),这与正确性验证结论基本一致(表 13-2)。

表 13-2 基于地面光谱数据的模型初始化参数精度

试验	优化算法	耦合参数	相对误差（RE）			RMSE		
			播种期/移栽期/d	播种量/%	施氮量/%	播种期/移栽期/d	播种量/(kg/hm²)	施氮量/(kg/hm²)
试验 1	SCE-UA	LAI	−4.33	13.73	−13.58	4.47	9.89	49.16
		LNA	−6.5	16.79	−11.88	5.48	12.46	39.01
		LAI+LNA	4	−10.67	−8.49	3.46	9.55	34.48
	PSO	LAI	−3.33	−9.03	−8.07	3.83	11.38	10.83
		LNA	−3	11.63	9.03	4.75	14.2	10.46
		LAI+LNA	2.66	8.48	7.58	3.33	8.57	7.99
试验 2	SCE-UA	LAI	−5.34	13.84	−18.72	5.02	11.71	61.02
		LNA	−5.83	−16.29	−14.68	6.47	11.48	43.87
		LAI+LNA	4.16	−12.76	−11.44	5.49	10.34	47.4
	PSO	LAI	−3.83	8.62	−9.77	4.66	11.23	14.25
		LNA	−5.67	8.85	8.51	4.08	12.57	11.09
		LAI+LNA	3.16	7.91	−7.67	5.75	10.09	9.56

第二节 气候变化效应评估与应对

以气候变化为主的全球环境变化已经是不争的事实，它对自然生态系统和社会经济系统产生了重大影响，严重威胁着人类生存环境和可持续发展。自 1988 年联合国政府间气候变化专门委员会（IPCC）成立以来，已经发布的 6 次气候变化评估报告中系统地阐述了人类活动与全球气候变化之间的联系，气候变化对自然、社会和经济系统的潜在影响，以及适应和减缓气候变化的可能对策。气候要素（日照、温度、湿度、风等）是作物生长发育的首要决定因子，其变化直接影响农作系统的生产力，从而影响粮食安全。大量研究证实，农作系统是对气候变化最为敏感的生态系统之一。准确预测和评估气候变化对农作系统中作物的影响程度与相应机制，是农作系统适应与应对未来气候变化的基础。农作系统模拟模型为量化气候、土壤、品种和管理措施对农作系统生产力的影响及制订适应性对策提供了重要工具。

一、气候变化对农作系统的主要影响

气候变化已经对农作系统的各个方面产生了广泛影响。当前，对作物生产而言，全球气候变化主要体现在大气 CO_2 浓度升高、温度升高、全球变暗、降雨模式改变及极端天气事件频发 5 个方面。CO_2 浓度、温度和太阳辐射是影响作物生长发育的重要环境因子，这些环境因子的变化均会影响作物的生长发育和生产力形成过程，并最终影响作物的产量和品质。

（一）大气 CO_2 浓度升高的影响

1. 对生育期的影响 作物生育期对大气 CO_2 浓度升高的响应因作物品种、CO_2 浓度升高方式和程度及环境条件等的差异而不同。通常认为，CO_2 浓度升高会导致叶片气孔导度降低，蒸腾作用减小，作物冠层温度和冠层空气温度升高，从而加速作物生育进程，缩短生

育期。

2. 对光合作用的影响 CO_2 是作物叶片进行光合作用的原料。作物对 CO_2 浓度升高的直接感知和响应主要通过叶片光合作用来实现。CO_2 浓度升高可以提高 Rubisco 的底物利用率，加快羧化速率，从而提高作物叶片的净光合速率，即 CO_2 浓度升高对作物有"肥料效应"。但随着处理时间的延长，CO_2 浓度升高对作物光合作用的促进作用逐渐减少，甚至光合速率在生育后期会降低，即出现光适应现象。

叶片是光合作用最主要的器官。一般来说，CO_2 浓度升高会增加作物的叶面积指数。然而在整个作物生长阶段，叶面积指数随 CO_2 浓度升高的增加并不会一直持续，有时可能会降低。经研究发现，CO_2 浓度升高会增加分蘖数，从而可以增加叶面积指数；但同时会使叶片变厚，这限制了叶面积指数的增加。

3. 对干物质生产与分配的影响 CO_2 浓度升高可以通过增加碳的同化率，平衡光合作用与呼吸作用，从而促进作物干物质的积累。但从生长动态来看，CO_2 浓度升高对作物干物质积累的促进作用随着生育进程的推移逐渐削弱甚至消失。此外，CO_2 浓度升高还会影响作物植株干物质在各个器官间的分配规律。CO_2 浓度升高促进作物根系生长，从而增大了作物根冠比。而对作物地上部的研究表明，CO_2 浓度升高，小麦和水稻茎鞘分配指数增加，叶分配指数减少，穗分配指数及收获指数提高。但也有研究表明，CO_2 浓度升高导致穗分配指数及收获指数降低。

4. 对产量形成的影响 对于禾本科作物，在 CO_2 浓度升高的条件下，作物生育前期分蘖速度明显加快，但生育后期分蘖消亡速度加速或没有变化，最终单位面积有效穗数增加。单位面积有效穗数的增加可能导致单位面积颖花量过多而不能被有效维持，从而颖花退化数增加，最终每穗粒数减少。但也有研究表明，CO_2 浓度升高使每穗粒数有所增加或无显著变化。CO_2 浓度升高还会促进作物籽粒伸长、增宽，提高灌浆速率，使籽粒大小和灌浆速度提前达到最大值，促进库容的形成；但后期灌浆速率下降，加上灌浆时间缩短，导致充实不良，因而对籽粒充实和粒重并没有显著作用。

5. 对水分利用的影响 通常认为，CO_2 浓度升高会降低气孔导度从而降低蒸腾速率，因此作物水分利用效率会随 CO_2 浓度的升高而提高。在叶片水平上，CO_2 浓度升高会导致叶片气孔开度缩小，部分气孔关闭，降低气孔导度，水分由内向外排放的阻力增加，从而单位叶面积蒸腾速率下降，水分利用率提高。在群体水平上，CO_2 浓度升高后，叶片气孔导度降低，也会导致群体蒸腾速率下降；然而，植株高度和叶面积增加，又会加强群体的蒸腾作用。

与其他气候变化因子（如温度升高等）不同，大气 CO_2 浓度升高的独特性在于其迅速上升的趋势不可逆转、全球均一性（时空变异小）及其对作物生长的"肥料效应"。因此，CO_2 浓度升高对作物的影响被认为是评估全球变化对未来粮食安全潜在影响及制订适应策略不确定性的主要因素。

（二）温度升高的影响

适宜的温度是作物生长发育的重要条件之一。一般而言，作物生长发育的各个过程均存在最低、最适和最高温度，即三基点温度。温度升高会通过影响作物发育改变作物生长周期，还会通过影响作物生理生化反应速率及器官分化与生长而影响作物生产及产量形成。由于不同作物、不同品种及不同生育期对温度的要求均不同，温度升高对作物生长发育和产量、品质形成的影响较为复杂，可能因环境温度、种植区域、作物品种及生长阶段的不同而不同。

1. 对生育期的影响　　温度升高一般会缩短作物生育期，并且在一定的温度范围内，温度升高幅度越大，生育期缩短越明显。温度升高对作物生育期的影响在作物不同生长阶段也不同，典型作物如小麦、水稻和玉米等在温度升高的情况下，营养生长期一般会缩短，而生殖生长期无明显改变，且生育期的变化具有地理和物种特异性。

2. 对光合作用的影响　　当温度低于最适温度时，光合速率受到物质传输速率的限制，光合速率随温度的升高而提高，超过适宜温度后，酶失去活性，光合速率反而会降低。同时，一定范围内的温度升高可以提高气孔导度，而温度过高会使叶片气孔导度产生强烈的适应，使叶片的气孔关闭，气孔导度降低，从而阻碍 CO_2 的供应，降低光合速率。

此外，作物不同生育期对温度的要求不同，因而不同生育期的光合作用对温度升高的响应也存在差异。叶面积对温度升高也有类似的响应，即温度低于作物能耐受的最高温度时，温度升高会使叶面积指数增加；但当温度超过作物生长最适温度时，高温会对叶片发育带来负面影响，使叶面积指数降低，进而影响群体光合作用。

3. 对干物质生产与分配的影响　　一般认为，温度升高会缩短作物生育期，因而不利于地上部干物质的积累。但在温度较低的高纬度寒冷地区，作物生长季的平均温度可能低于叶片光合作用和干物质积累的最适温度，因而适度升温可以调节作物的物候发育，刺激酶活性，促进光合作用，从而可能有利于作物的干物质积累。对于不同作物品种及不同生长阶段，温度升高对作物干物质积累的影响也不尽相同。

此外，温度升高还会造成小花败育、缩短籽粒灌浆时间，从而减小籽粒的库容，阻碍干物质从营养器官向籽粒的转运，降低穗分配指数，增加茎鞘和叶片的分配指数。但也有研究表明，温度升高会降低叶片和穗占全株干物质的比例，而增加茎鞘和根系占全株干物质的比例。

4. 对产量形成的影响　　对于禾谷类作物，温度升高能够促进分蘖的发生，从而增加单位面积的有效穗数。温度升高对结实能力和粒重的影响通常是负面的，且不同生育期温度升高的影响不同。温度升高导致籽粒灌浆速率加快，但有效灌浆时间缩短，籽粒充实度降低，从而使粒重有所下降。温度升高同样会影响籽粒结实率。以水稻为例，随着温度升高，水稻结实率呈二次曲线衰减的趋势。

5. 对品质形成的影响　　温度可以通过影响作物的碳氮代谢，进而影响作物理化性状，特别是籽粒品质形成相关的酶活性，最终改变作物品质指标。对于稻麦等禾谷类作物来说，温度升高对籽粒蛋白质和淀粉含量的影响有一定差异，通常会造成籽粒蛋白质含量升高和淀粉含量降低。此外，超过最适温度之后，温度升高还可能导致其他品质指标变劣，如高温使稻米整精米率下降、垩白增加、米饭食味变差。除了碳氮代谢，其他营养元素如 Fe、Mn、Cu、Zn 的吸收和利用也会受到温度升高的影响，但目前研究对籽粒不同营养元素含量的影响不尽相同。

（三）全球变暗的影响

作为作物进行光合作用的能量来源，太阳辐射是作物生长发育的基础。太阳辐射改变会直接影响植株光合作用，进而影响作物生长及产量和品质形成。全球变暗在降低太阳总辐射的同时，提高了其中的散射辐射比例，而作物对太阳总辐射降低和散射辐射比例提高的响应不同。

1. 太阳总辐射降低　　太阳总辐射降低会直接影响作物的光合作用，进而影响植株干物质和营养元素的积累与分配，并最终影响产量形成。通常认为，太阳总辐射适度降低有利于作物的生长发育，超过一定程度后则是不利的。但由于作物种类、品种的不同及太阳辐射降低程度、持续时间等的差异，不同研究中作物对太阳辐射降低的响应有所差异。

一般认为光照强度低于200μmol/（$m^2 \cdot s$）时，叶片的光合速率随光照强度增强呈线性提高；高于200μmol/（$m^2 \cdot s$）时光合速率受到Rubisco等光合作用酶活性或其他过程限制，即叶片的光合速率随入射辐射的增强，其提高速度逐渐减缓，光能利用率逐渐降低。超过光饱和点后，光合速率不再随入射辐射强度的增加而提高，这一现象称为光饱和现象。太阳辐射适度降低可以避免光抑制危害，进而确保叶片光合速率稳定甚至有所提高。但是太阳辐射降低超过一定程度后则会导致气孔关闭，光合电子传输能力降低，Rubisco等光合作用酶活性降低，同时还会降低蒸腾速率及呼吸速率，最终降低叶片光合速率。

叶片是植物进行光合作用的主要器官，其特征会直接影响植物冠层光截获和光合碳同化能力，而太阳辐射变化会改变叶片的结构与形态特征及生理生化特性。通常认为，太阳辐射降低时，单位面积的叶片重量减少，即作物叶片变薄，叶面积增加，气孔密度降低，造成叶片的吸收率和反射率降低、透射率提高。此外，叶片中吸收和传输太阳能的光合色素含量在低光强下也会增加。另有研究指出，太阳总辐射降低延缓了叶绿素降解速率，从而延缓了叶片衰老。

作为光合同化的主要能量来源，太阳辐射是影响干物质积累的主要气象因子。太阳总辐射降低，植株体内碳水化合物合成受到抑制，各器官积累的干物质均有所下降，最终地上部总干物质降低。在太阳总辐射降低的情况下，干物质向叶片的分配比例增加，而向穗的分配比例减少，使得穗干物质降低幅度大于茎叶干物质的降低幅度。

太阳总辐射降低对产量构成因素也会产生不利影响。太阳总辐射降低，稻、麦等谷类作物的无效分蘖数增加，有效分蘖数减少；同时，籽粒灌浆速率降低，灌浆时间缩短，结实率降低，籽粒重量和有效籽粒数减少，收获指数降低，最终导致产量下降。但也有研究表明，太阳总辐射降低延缓了叶片衰老，进而延长了灌浆时间，但是这并不能补偿灌浆速率降低造成的减产。

2. 散射辐射比例提高 目前关于散射辐射影响的研究多是以森林或草地等自然生态系统为研究对象，以作物为对象的研究实验相对较少。但普遍认为，散射辐射比直射辐射更容易被作物所利用，因而散射辐射比例提高有利于作物生长与产量形成，这可以补偿太阳总辐射降低对作物生长造成的部分损失，这一补偿作用就是通常所说的散射辐射"肥料效应"。

与单一方向入射的直射辐射相比，从天空各个方向而来的散射辐射具有更强的穿透性，从而可以有效改善太阳辐射在作物冠层中的分布。当作物冠层由直射辐射照射时，太阳辐射集中照射在冠层顶部的一小部分叶片，而冠层中下部的大部分叶片都处于阴影之中；相反，在散射辐射下，太阳辐射从各个方向入射到冠层，产生更加均匀的冠层光分布，减少处于阴影中的叶片比例。

散射辐射比例提高，一方面降低冠层顶部叶片接收到的辐射强度，有效地避免顶部叶片出现光饱和现象；另一方面使冠层中下部叶片接收到更多太阳辐射，提高中下部叶片光合速率。散射辐射比例提高使中下部叶片接收到更多辐射的同时，也分配到更多的氮素，这可以延缓底部叶片衰老，增加冠层叶面积指数。因此，散射辐射比例提高可以提高作物冠层光合生产力，进而提高冠层光能利用率。

（四）极端气候事件的影响

在农业领域，极端气候事件主要是指作物遭受的极端气象灾害。作物生产中常见的极端气候事件类型包括高温热浪、低温冷害/冰雹、干旱、洪涝等，其中极端高温和低温事件是当前受到广泛关注的类型。大量观测事实表明，极端气候事件对作物生长发育和生产力形成有着显著的不利影响。而极端气候事件对作物生产力的影响程度主要由极端气候事件的发生强度、持续时间等因素决定，且不同敏感性的作物品种受到极端气候事件的影响也会出现显著差异。

1. 高温胁迫　　高温胁迫是指大气温度超过作物生长发育所需的上限温度，对作物生长发育及产量造成的危害。目前，主要以温度和高温持续天数来判别高温胁迫，主要的判别指标包括平均气温、最高气温和高温持续天数。在生产实践中，小麦、水稻、棉花、玉米等多种作物都会受到高温胁迫。目前，一致认为一定强度的高温会影响作物生长发育进而降低产量。

在作物生育期方面，目前常见的生育后期高温胁迫会显著影响作物衰老和灌浆进程，进而影响作物成熟期。以小麦为例，高温胁迫会加速冠层衰老，导致成熟期提前。在光合作用方面，高温处理使作物叶片的净光合速率显著降低，这主要是由于一定程度的高温胁迫会影响叶绿素含量，破坏叶片的细胞质膜结构，加速叶片的衰老进程，降低绿叶面积，进而导致生物量积累明显下降。而在籽粒产量形成方面，作物孕穗开花期的高温胁迫会显著影响小花育性和受精，进而导致结实率降低和籽粒数下降。作物灌浆期的高温胁迫则会显著降低籽粒灌浆速率，导致籽粒重下降，出现瘪粒、皱缩籽粒等。此外，高温胁迫通过改变作物的碳氮代谢会显著影响作物的籽粒品质，其中主要体现在籽粒中淀粉和蛋白质含量的改变。以小麦为例，大量研究表明花后的高温胁迫会显著升高籽粒蛋白质含量。

2. 低温胁迫　　低温胁迫是指在作物整个生育期或某个生育期，气温低于作物所需的临界温度而造成减产的现象。从低温冷害形成的机理角度出发，作物低温冷害主要有延迟型冷害、障碍型冷害和混合型冷害3种。延迟型冷害是作物生长季节持续低温导致积温不足使作物不能正常成熟而减产；障碍型冷害是生殖生长关键期内短期强低温天气使生殖生长受到抑制而导致减产；混合型冷害是延迟型冷害与障碍型冷害在同一生长季中相继出现或同时发生，进而给作物生育和产量形成带来严重危害。

低温胁迫对作物生育进程、植株衰老与死亡、同化物积累与分配及产量形成等过程的影响显著。首先，温度是决定作物生育进程的主要外因。低温胁迫下，作物每日累计的有效积温下降，特别是当温度低于基点温度时，发育停止，生育进程明显推迟。低温胁迫导致的植株衰老和死亡程度与低温胁迫的强度、持续时间、发生时期有关。非致死性的低温冷害使作物呼吸作用增强，能量产生和物质合成受阻，严重影响植株的生长发育，加速植物的衰老，而致死性的低温霜冻害会对作物器官造成不可逆的影响，特别是叶片、茎节、小花和分蘖等器官。在同化积累与分配方面，低温胁迫对光合作用的影响主要包括对叶片光合能力、有效光合面积和有效光合时间的限制。低温抑制作物生长，减少光能有效截获，从而引起光合作用的反馈抑制。低温条件下，光合作用由于酶反应受到限制而遭受抑制，使光合碳同化对氧浓度变化不敏感，继而降低作物叶片光合能力。此外，低温胁迫导致的叶片光合色素含量下降是光合能力下降的主要原因之一，且温度越低，持续时间越长，叶绿素含量下降越多。低温胁迫导致光合代谢紊乱，能量平衡被打破，同化物输出受阻，进而显著影响了作物的物质分配与产量形成。以小麦为例，拔节期至抽穗期的低温胁迫，使同化物向库器官的分配受到阻碍，导致小麦产量降低。在产量结构方面，在小花原基分化至四分体等温度敏感期遭遇低温胁迫，作物小花分化数减少，退化小花数增加，幼穗死亡率提高，严重影响幼穗的正常发育，进而导致籽粒数和粒重显著降低。

二、气候变化对作物生产力影响效应的定量评估

自 20 世纪 90 年代以来，气候变化对作物生产和粮食安全的影响受到广泛的关注，多种量化评估方法被大量应用于不同时空尺度和不同区域的气候变化对作物生产力影响的评估。总体而言，目前受到广泛认可的气候变化对作物生产力影响效应评估的方法主要有以下 3 种。

（一）气候变化响应观测试验

气候变化响应观测试验主要是通过自然或人为改变作物生长过程中的气候因子，模拟自然气候变化环境，以获得农作系统生产力对气候因子改变的响应规律。自 20 世纪 80 年代气候变化对农业的影响受到广泛关注以来，以模拟 CO_2 浓度升高为代表的气候变化响应观测试验广泛开展。根据试验条件的差异，这类试验总体可以分为两类，一是通过开顶室（open top chamber，OTC）或人工气候室开展。其中早期的观测研究以 OTC 居多，后期随着试验条件的改善，越来越多的研究开始采用大型人工气候室。这类研究多以盆栽或桶栽试验形式为主，因此作物生长的环境与大田相比有一定差异，可能会忽略其气候因子的响应。二是大田开放式环境的观测试验，其中以开放式 CO_2 富集试验（free-air CO_2 enrichment，FACE）为典型代表。大田开放式环境的观测试验可以较好地克服 OTC 或人工气候室对作物小气候的影响，特别是对作物根系生长的影响。但与 OTC 或人工气候室相比，大田开放式环境的观测试验可控制的气候要素较少，且试验运行成本较高。

从模拟的气候要素来看，开展较多的气候变化响应试验包括基于人工气候室开展的温度升高试验、基于 FACE 条件下的 CO_2 浓度升高试验、模拟全球变暗的遮阴试验等。早期的研究较多关注了单一气候要素，目前模拟多因素互作的试验越来越受到重视，如模拟增温和 CO_2 浓度升高互作的 T-FACE 试验。同时，近年来气候极端态变化的试验观测也越来越多，如基于人工气候室开展的极端温度试验等。

通过开展气候变化试验，可以直接观测农作系统中作物及土壤各个动态变量的实际响应，如作物光合速率、LAI、生物量、产量、土壤呼吸等，对于揭示气候变化响应机制至关重要。一般而言，气候变化观测试验可以揭示生态点尺度农作系统的气候变化响应。虽然受限于试验成本和条件，在区域乃至国家及全球尺度的观测试验难以进行，但在典型生态点开展的观测试验也可以直接为开展相关的模拟模型研究提供实测数据和观测结果支持。除了专门设计实施相关的气候变化观测试验，也可以通过研究历史作物生产数据和气象数据开展气候变化响应定量评估工作。

（二）基于统计模型模拟

气候变化对农作系统影响的统计模型，一般是从作物生理生态与气象要素之间的关系出发，通过确定合理指标建立的气候因素与作物产量或其生长发育之间关系的回归模型或描述性模型。统计模型一般不关注气候变化影响农作系统的机制，因此也称为经验模型。建立统计模型的数据一般是来自历史气候资料与相应条件下的作物产量等，可以是试验观测数据，也可以是历史作物生产的统计数据。在建立模型基础上，可以通过模型输入气候变量计算得到气候变化对农作系统的影响。

统计模型根据纳入研究因素数量和类型的不同，分为单一要素的回归统计模型和多元回归统计模型。由于作物生产受到多个气候因素的同时影响，因此多数研究需要选择与生产过

程密切相关的气候因子,建立多元回归统计模型进行分析,以提高模型模拟效果。就模型形式而言,需要根据不同因素与产量之间的关系采用线性或非线性形式进行量化。例如,部分研究考虑到温度对作物生长发育与产量和品质形成影响的非线性效应,采用二次函数形式拟合温度与作物产量、品质之间的关系。由于运用统计模型包含对技术进步因素稳定的假设,存在基于技术稳定的趋势产量,因此在研究气候变化对农作物产量、品质的影响时需要消除这种趋势产量的影响,常用的去趋势方法有一阶差分等方法。

下面基于美国农业部县级农业统计资料评估温度升高对美国小麦产量的潜在效应,介绍统计模型方法的应用。该研究中使用的小麦产量观测资料来自 1990~2010 年的美国 18 个主要小麦生产州,涵盖美国近 95%的小麦生产。参考前人相关的研究,建立了混合线性模型来量化小麦产量和气候因子之间的关系,具体如式(13-1)所示:

$$\log(\text{Yield}) = \beta_{\text{Year}} \times \text{Year} + \beta_T \times T + \beta_P \times P + \beta_{T \times P} \times T \times P + \beta_{\text{County}} + \varepsilon \quad (13\text{-}1)$$

式中,log(Yield)为实际观测产量的对数,主要是体现小麦产量变化的非线性趋势;β_{Year} 主要用于去除包括品种更新、管理技术改进及 CO_2 浓度升高对小麦产量的影响效应;Year 为年份;T 为小麦关键生育期(成熟期前 90d)的平均温度;P 为小麦关键生育期的降水量;β_T 为关键生育期的温度效应;β_P 为关键生育期的降水量效应;$\beta_{T \times P}$ 为温度和降水量互作效应;β_{County} 为不同县对小麦产量的效应;ε 为模型残差。

研究中使用的温度和降水量数据来自 AgMERRA 数据集,该数据集包括全球 0.25°×0.25°栅格尺度 1980~2010 年气象观测资料。计算关键生育期中使用的小麦成熟期资料来自过去 10 年美国农业部发布的各州小麦生育进程报告。本研究对冬小麦(1174 个县)和春小麦(262 个县)分别建立了回归统计模型。在所建立的冬小麦和春小麦回归统计模型中,小麦产量与温度之间的关系均达到极显著负相关($P<0.001$),模型决定系数 R^2 分别为 0.64 和 0.73。增温对美国小麦产量的影响效应等于其对冬小麦和春小麦产量效应的加权之和,权重由两种小麦总产占全国小麦总产的比例确定。拟合模型的回归系数表明,在全球增温 1℃情景下,美国小麦产量平均降低 6.6%左右。

经验模型的建立较为简单,所需要的参数较少,导致其存在一些固有的不足,主要包括以下三个方面:一是对未来气候的变化考虑得较为简单,未来气候变化幅度可能超出统计模型构建时所使用的历史资料范围,因此模型能否用于未来气候变化的影响评估受到普遍质疑;二是统计模型忽略了作物产量对技术进步和气候变化的敏感性;三是这类模型中通常不涉及经济与社会因素的影响,因而存在一定的局限性。

(三)基于过程的农作系统模拟

农作系统模拟模型通过预测不同气候情景下的农作系统生产力,从而评估气候变化的效应。一般而言,基于农作系统模拟模型开展气候变化效应评估研究的主要步骤如下。

1. 设计气候变化情景 主要是明确需要评估的气候变化情景,一般根据研究目的进行设计。例如,需要评估历史气候变化效应,可以直接选择历史观测情景;对于未来气候变化效应的评估,则可以选择固定幅度的气候变化情景(如在现有温度基础上增温 2℃),也可以选择气象学家预估的未来可能的气候变化情景,其中以 IPCC 气候变化评估报告提出的各种温室气体排放情景为典型代表(如 RCP 8.5 等),目前已经更新到第六次气候变化评估报告。

2. 生成不同情景下的气候数据 由于农作系统模拟模型一般需要输入逐日气象资料,因此需要基于选择的气候变化情景生成逐日的气象资料。主要方法包括直接基于现有的逐日历史气象资料生成逐日气象资料，或者基于气候模型[如全球气候模型（GCM）、区域气候模型（RCM）]输出的逐月尺度气象数据，通过统计降尺度、气象生成器等手段生成逐日气象资料。

3. 基于农作系统模拟模型的模拟　　将生成的不同气候情景逐日数据输入农作系统模拟模型，分别运行模型得出模拟结果。当前定量评估气候变化效应中，一般选择同时模拟基准气候情景和气候变化情景下的系统生产力，两个情景下的生产力相对变化即气候变化的效应。为分离气候变化对农作系统的效应，在模拟不同情景下的生产力时，通常将其他输入因素保持固定不变。

4. 模拟结果对比分析　　对不同气候情景下模型预估的农作系统生产力进行对比分析，即可得到气候变化效应值。在分析气候变化对作物生产力的影响后，还可以将模型预估结果与农业经济模型等耦合，用于分析气候变化对粮食供需产生的影响。

与观测试验相比，农作系统模拟模型具有成本低、时效高、变量易于控制等优点，而与统计模型相比，农作系统模拟模型具有较好的机理性，因而成为气候变化影响评估的主要研究方法。但农作系统模拟模型运行一般需要较多的作物品种参数，参数调试过程相对麻烦；此外，与其他方法类似，农作系统模拟模型在处理极端气候方面的能力仍然有限，需要进一步加强相关的研究。

以多模型集合方法定量评估全球增温 1.5℃ 和 2.0℃ 情景对中国冬小麦生产力的影响为例，介绍气候变化效应定量评估的方法。为进一步控制全球变暖幅度，2015 年世界各国政府通过了《巴黎协定》，其主要目标是控制全球温室气体排放以保障到 21 世纪末期增温幅度较工业革命前低 2.0℃，并努力将增温幅度控制在 1.5℃ 以内（UNFCCC，2016）。在此背景下，基于多模型集合的方法，结合半度额外变暖预测与影响（Half a degree Additional Warming, Projections, Prognosis and Impacts，HAPPI）项目提供的 4 套全球气候模型（CanAM4、CAM4、MIROC5 和 NorESM1），系统评估了中国冬小麦生产在全球增温 1.5℃ 和 2.0℃ 气候情景下可能面临的挑战。

该研究选用了 4 套典型小麦生长模拟模型（CERES-Wheat、Nwheat、WheatGrow 和 APSIM-Wheat）在我国冬小麦主产区 129 个典型站点进行多模型集合评估。模拟的气候情景分别为历史情景（1980～2010 年）和两个增温情景（HAPPI1.5 和 HAPPI2.0）。结果发现，冬小麦营养生长期内的平均温度[即作物生长季温度（growing season temperature，GST）]在增温 1.5℃ 和 2.0℃ 情景下分别升高 0.6～1.4℃ 和 0.9～1.8℃，而在生殖生长阶段 GST 分别下降 0～0.9℃ 和 −0.3～1.1℃。小麦生育期内的平均温度升高，导致小麦全生育期[即作物生长季长度（growing season duration，GSD）]在增温 1.5℃ 和 2.0℃ 情景下分别缩短了 6～15d 和 8～18d。GST 的升高和 GSD 的缩短在西南冬麦区表现最为显著，明显高于北方麦区，且全生育期 GSD 的缩短主要是由营养生长阶段 GSD 的缩短导致的。

对于小麦产量而言，同一增温情景下不同模型对小麦潜在产量的预测表现出一定的差异，但其空间趋势一致，均表现为北部冬麦区、黄淮冬麦区和长江中下游冬麦区增产，而西南冬麦区减产。两个增温情景下 CO_2 浓度每升高 100ppm，中国小麦潜在产量增产率为 7%～14%，且 CO_2 浓度的升高对整个区域主要表现为正效应，在部分区域能抵消增温带来的负效应；但对于基准年代下小麦生育期平均温度（GST）大于 11℃ 的区域，CO_2 浓度的升高不能完全抵消增温带来的负效应。结合研究区域内的小麦种植面积数据，发现增温 1.5℃ 和 2.0℃ 情景下中国冬小麦总产分别增长 2.8% 和 8.3%，且黄淮冬麦区由于种植区域较大而增幅显著。

三、农作系统对气候变化的适应

应对气候变化的适应和调控途径是气候变化效应研究的核心目标。采用适宜的应对措施能够提高气候变化背景下作物生产系统的应对能力，缓解气候因子变化的负面影响，增强作物生产的稳定性。制订农作系统应对气候变化的适应性举措，是促进农业可持续发展、保障粮食安全的重要途径。总体来看，目前受到广泛关注的适应性对策主要有以下三类。

（一）种植制度和布局调整

气候要素的变化存在显著的时空差异性。以温度升高为例，在我国南北方作物主产区增温幅度存在明显不同，且季节增温幅度也存在波动。为合理提高气候资源与土地利用率，必须根据不同地区的气候变化趋势，因地制宜地调整作物种植制度、作物布局和品种布局，提高复种指数，进行合理轮作，规避气温升高、降雨变化等带来的不利影响。例如，增温对我国东北地区热量资源有显著正面效应，可以适当扩大水稻种植北界等。

（二）品种改良

随着气候变化，一些地区原有的某些农作物品种可能已经不能适应当地的气候环境，从而出现减产与受灾等问题，可以针对不同地域特点、灾害类型、种植制度，以不同技术指标为依据，筛选、培育、引进抗逆丰产性好、适应性强的作物新品种。例如，在温度升高背景下，作物生育期可能会显著缩短，不利于作物干物质积累，通过育种手段可以培育生育期较长的品种以适应增温的不利影响，特别是适应作物籽粒灌浆期的高温。

（三）生产管理措施优化

播种、施肥、灌溉等管理措施是作物生产获取高产、优质、安全农产品的基础。气候变化会使土壤肥力发生变化，温度和降水的变化会影响土壤肥料施用量和肥效，降雨模式的变化也会导致作物需水和用水发生变化。通过优化播种期、施肥和灌溉等措施，匹配作物生产对光照、温度、养分、水分的需求是重要的气候变化应对途径之一。

因地制宜地筛选出优化的作物生产措施是当前应对气候变化的主要途径。与传统农学试验相比，利用农作系统模拟模型开展模拟评估可以筛选的适应性对策更多、成本更低，逐渐成为制定气候变化应对措施的重要方法之一。该方法的核心也是基于情景模拟技术，开展不同适应性对策下农作系统生产力的模拟评估，进而筛选对比、确定最优的适应性对策。由于气候变化效应的时空变异，在开展区域尺度的气候变化适应性对策制订过程中，基于农作系统模拟模型的模拟方法可有效发挥模型情景模拟的优势，对制订区域特异性、系统性、适应性的对策具有重要意义。

下面以我国冬小麦主产区调整开花期应对气候变化作为案例介绍。以开花期分别推迟和提前 7d 与 14d 为例，结果发现，在基准年代下，开花期推迟情景下河北大部和山东西北部等区域减产幅度最大，最大达到 10.8%（开花期推迟 14d），而开花期提前情景下北部冬麦区的河北中北部和黄淮冬麦区的山东东部地区增产幅度较大。在增温情景下，随着开花期提前，增温对北部、黄淮和长江中下游小麦产量的负效应出现较大程度的缓解。小麦产量较基准年代的变化趋势由降低逐渐转变为升高，其中在河南东南部和安徽西北部地区开花期提前 7d 时可以完全抵消增温对产量的负面效应。在未来增温情景下，开花期提前 14d 时，西南冬麦区以外的其他区域增产幅度一般在 0～3%，其中黄淮冬麦区增产趋势明显。例如，在 HAPPI

1.5 情景下，河南东南部、安徽西北部及山东东部增产幅度最高可达 5.2%。而对于西南冬麦区，在同一增温情景下开花期提前或推迟 7d 和 14d 之间的相对产量效应差距不明显，整体产量表现为受到增温影响呈明显降低趋势。

第三节 作物管理方案优化设计

管理方案对作物产量和品质形成的影响极为复杂。传统的作物生产管理实践中，管理方案的确定主要依靠经验。随着农作系统模拟模型各个模块的构建与完善，模型的数字化设计与决策支持功能也得到不断拓展，基于农作系统模拟模型，建立综合性和智能化的作物生产管理决策系统，可以大大促进模型在生产实践中的应用。将不同的作物管理方案输入作物生长模型，可以模拟不同管理措施下的作物生产力变化情况，从而筛选出特定环境下最适宜的生产管理方案。以下主要介绍农作系统模拟模型在作物播种期调整、密度设计、养分管理优化和水分管理优化等管理方案优化设计方面的应用。

一、播种期调整

（一）作物适宜播种期的影响因素

作物播种期对作物的生育和生产力形成具有极大的影响，适期播种能使作物各生育时间处于最佳的生育环境，不仅保证作物能够充分利用温度、光照、水分等自然资源，还能避开低温、阴雨、干旱、霜冻和病虫害等不利因素，达到生育良好、稳产高产的目的。播种期的确定，一般应综合考虑气候条件、品种特性、种植制度、病虫害发生等进行合理安排。

1. 气候条件 根据各地温度、光照、降水等要素及灾害性天气出现时段的常年变化规律，以当地气温或土温能满足作物发芽要求时，作为最早播种期。例如，粳稻和籼稻分别以日平均温度稳定大于 10℃和 12℃的日期，作为其播种期。播种期的确定还应考虑作物的温度敏感期，如水稻抽穗期对温度反应敏感，35℃以上和 20℃以下都会导致空壳率增加；小麦播种期的确定还应考虑越冬前能否形成壮苗。除温度、光照外，对雨养作物来说，播种期的确定还需考虑土壤水分条件，即降水对播种的影响。

2. 品种特性 不同作物品种由于遗传组成的差异，对温度、光照等环境因子反应不一，造成品种的感光性、感温性、春化特性等生育特性不同。根据生育特性差异，常见的品种类型划分包括早熟品种、中熟品种和迟熟品种。

3. 种植制度 适宜播种期的确定要考虑到当地的种植制度，有利于周年各季作物的增产。特别是一年多熟制地区，收种时间紧，季节性强，在育苗移栽的种植方式下，应以茬口衔接、适宜苗龄和移栽期为依据，统筹兼顾全面安排。

4. 病虫害发生 调节作物播种期，使作物易感生育期与病虫发生季节错开是农业综合防治的重要环节。例如，水稻适期早播可避开三代三化螟、稻飞虱和稻瘟病等的危害；玉米适期早播，可减轻地老虎、玉米螟、丝黑穗病和大斑病的危害。

（二）基于农作系统模拟模型的作物适宜播种期设计

确定作物适宜播种期的传统方法是开展分期播种试验。而农作系统模拟模型可通过模拟作物生产力系统在不同品种和播种期下的综合表现，从而筛选并确定最适宜的播种期。对于周年轮作地区，还可以基于模型探索前后茬作物的最佳衔接组合方式。相比于分期播种试验，基于模型的作物播种期的优化设计可以有效弥补大田试验周期长、播栽期组合有限等缺陷。此外，在确定大范围的作物播种期时，由于不同地域气候条件具有显著的时空变异性，很难逐一开展播种期试验。农作系统模拟模型能够准确预测作物生长发育和生产力，因此能为作物适宜播种期的设计提供有效途径。

以我国单季稻主产区当前和未来气候条件下的最适宜播种期确定为例，介绍基于农作系统模拟模型的播种期优化设计。该研究基于 RiceGrow 模型，通过情景模拟试验方式进行。首先确定水稻最早及最晚播种期的标准是要保证其能安全出苗、安全齐穗及安全成熟。在水稻生产中，能够保证杂交稻和粳稻安全出苗的条件是日平均温度稳定大于 13℃ 和 10℃。因此，可以根据气象数据计算获得每年的最早播种期。水稻达到安全成熟的标准温度高于水稻的基点温度 10℃，因此将温度开始稳定低于 10℃ 视为水稻播种的最晚成熟期，进而通过 RiceGrow 模型模拟得到最晚成熟期所对应的最晚播种期。对于水稻抽穗开花期的安全齐穗而言，当抽穗期日平均温度达到 25～26℃，抽穗至结实期日平均温度达到 21～22℃，日温差达到 10℃ 以上时是最佳的抽穗结实期。在模型中引入高温影响因子和低温影响因子来分别表征不利高温和低温对结实率的影响，进而影响最终产量。

该研究采用我国单季稻区 254 个气象观测站点 1981～2011 年的逐日气象资料，以及筛选所得 2000～2011 年种植次数超过 6 次的 34 个品种，对模型品种参数校正之后，基于 1981～2011 年逐年最早播种期至最晚播种期的范围，以 1d 为步长进行播种期效应的模拟。将每个站点每年最高模拟产量所对应的播种期视为当年最适播种期，并将能获得每年最高产量 80% 的播种期范围视为当年适宜播种期范围。进一步分析能在 1981～2011 年产量有 75%～100% 与 85%～100% 的概率达到高产的适宜播种期范围，将这一播种期范围视为该品种在对应生态点的最终适宜播种期范围。

基于上述方法确定了我国单季稻主产区当前和未来气候条件下的最适宜播种期范围，其中未来气候情景来自全球气候模型 HadGEM2-ES 输出的 2020～2040 年、2041～2060 年和 2061～2080 年的 RCP8.5（representative concentration pathways 8.5）气候情景数据。从结果可以看出，2020～2040 年、2041～2060 年、2061～2080 年的水稻适宜播种期与 2000～2010 年相比，多数亚区的最适播种期都呈提前趋势，特别是在长江中下游单季稻亚区，各年代的适宜播种期均明显提前。

二、密度设计

（一）作物适宜密度的影响因素

农作系统生产力通常是指作物群体生产力。作物群体的结构和特性是由个体数及个体生育状况决定的，而个体的生育状况又反映出群体的影响。这主要是因为群体内部如温度、光照、CO_2、湿度、风速等环境因素是随着个体数目而变化的。群体内部的环境因素又反过来影响单株数目及其生长发育。因此，作物群体结构直接决定着农作系统的生产力，合理的群体结构是实现作物高产和优质的基础。

群体密度通常是指单位土地面积上作物群体的密集程度。群体密度是衡量作物群体大小的一个重要指标。群体过稀，单株生产力高，但株数不足，株间空地易生杂草，增加管理支出；群体过密，株数多而单株生产力差，浪费种子。只有株数适当，单株生产力和群体生产力都得到充分发挥，才能取得高产。对于稻、麦等作物来说，群体密度由基本苗和分蘖数共同决定，而玉米和棉花的群体密度在播种时决定。播种量或移栽密度直接决定了单位面积基本苗的多少，是作物群体生长发育、群体动态发展的基础。因此，一般来说，群体密度的优化设计主要是指播种量或移栽密度的设计。

合适的播种量一般根据作物品种类型、环境条件、生产条件、栽培技术水平、生产目标和经济效益综合决定。在相同的生产目标下，确定合理的播种量应掌握三个原则：一是品种特性，稻、麦等作物具有的分蘖能力直接影响群体密度动态。一般分蘖能力和分蘖成穗率高的播种量要相对少些。二是播种期早晚，播种期较晚造成作物生长季的气候条件不佳。以小麦为例，晚播小麦应适当加大播种量。三是土壤的肥力和水分等条件，土壤肥力水平较差、水分不足时也应适当增加播种量。

（二）基于农作系统模拟模型的作物适宜密度设计

农作系统模拟模型可模拟不同品种、气候和生产条件下不同播种量或移栽密度对农作系统生产力的影响，进而确定适宜的播种量和移栽密度。通常而言，农作系统模拟模型能综合考虑环境、品种和管理措施对作物生产力的综合效应，因此可以针对不同条件设计出适宜的群体密度，特别是针对不同因素的互作条件确定适宜的密度。

以不同生态点水稻适宜密度设计为例，介绍基于农作系统模拟模型的作物适宜密度设计。基于我国水稻主产区两个典型站点（南京和南昌）2007~2015年田间试验资料和1980~2015年的气象数据，对ORYZAv3、CERES-Rice和RiceGrow三套水稻生长模型校准后，模拟了不同移栽密度对水稻产量的影响。模拟结果表明，无论是单季稻、早稻还是晚稻，三个模型模拟的产量总体上呈现出随移栽密度的增大而增大的规律，但随着移栽密度的增大，产量增加的幅度逐渐减小。其中CERES-Rice模型在早稻中表现出随移栽密度的增加产量先增大后减小的趋势，水稻产量峰值出现在移栽密度为40穴/m^2。

三、养分管理优化

以施肥为主的农田养分管理对保证作物的高产优质和可持续性生产尤为关键，其中大量施用的化学肥料包括氮肥、磷肥和钾肥。近几十年来，随着作物集约化生产的不断发展，我国作物生产中氮肥施用量持续攀升，单位面积氮肥施用量已处于世界较高水平。然而，我国的作物氮肥利用率却比同期世界平均水平低20%~30%。生产实践证明，氮肥是把双刃剑。一方面，氮肥施用量不足，作物产量低、土壤氮肥力耗竭；另一方面，氮肥施用量过高，氮肥利用率下降、损失量增加，严重影响农业、社会和生态的可持续发展。此外，在同样的施肥量下，不同的基肥和追肥比例及追肥的施用时间均会显著影响作物产量、品质及养分利用效率等。因此，开展氮肥管理方案的优化设计，在实现作物优质高产的同时对提高肥料利用效率、降低环境影响具有重要意义。

（一）作物合理施肥的影响因素

作物合理施肥既可以供应作物营养，提高产量和改善品质，同时也可以改良和培肥土壤。从农作系统角度来看，合理施肥的基本原则包括培肥地力的可持续原则、协调营养平衡原则、增产和改善品质相统一原则、提高肥料利用率原则和减少环境污染原则。由于肥料施用效果受多种因素的影响，因此影响作物生长与土壤状况的因素均影响肥效。合理施肥方案须考虑到的主要影响因素如下。

1. 气候因素 温度、雨量、光照等主要气候因素可影响作物对养分的吸收、肥料在土壤中的变化及肥效发挥的快慢等。

2. 土壤条件 土壤条件直接影响作物对营养物质的吸收，也影响肥料在土壤中的变化及施肥效果，常见的主要土壤特性如下。

1）土壤 pH。土壤 pH 直接影响土壤中植物所需养分的有效性和作物根系生长发育，如影响磷、微量元素的有效性。

2）土壤供肥、保肥性能。除黑土和暗栗钙土含氮较多外，其他多数土壤都不同程度地缺氮。土壤保肥性能与土壤类型有关，砂土的保肥性差，黏土的保肥性好。施肥应根据土壤特性，因地制宜按土施肥。

3）土壤有害物质。土壤中有时会出现妨碍作物根系生长、吸收养分的有害物质，如水田硫化氢、有机酸、盐分、重金属等都会毒害根系，影响作物对养分的吸收。

3. 作物的营养特性 作物吸收养分具有选择性，存在营养最大效率期、营养临界期。在营养最大效率期，作物生长旺盛，所需养分多。在作物营养临界期和营养最大效率期施肥，能取得最佳施肥效果。

综合来看，合理施肥原则必须根据作物需肥特性、收获产品种类、土壤肥力、气候特点、肥料种类和特性确定施肥时间、数量、方法和各种肥料的配比。

（二）基于农作系统模拟模型的作物肥料管理优化设计

农作系统模拟模型能够动态模拟作物生长发育规律及其与基因型、环境和管理措施之间的交互作用（G×E×M），为作物肥料运筹的设计与评价提供有效工具。目前国内外广泛使用的农作系统模拟模型大多对农田土壤养分动态、养分吸收利用开展了模型算法构建与验证工作，特别是针对氮肥管理。从优化方案的内容来看，基于模型对作物氮肥管理方案进行设计主要包括两个方面：一是在播种前对作物基肥使用方案进行设计，主要是基于农田土壤养分、水分等信息，利用农作系统模拟模型对不同施肥量和基追比情景下的作物生产力和肥料利用效率进行定量评估，进而优选面向生产目标的适宜氮肥施用量和基追比；二是在作物生产中期基于作物长势对作物追肥方案进行优化设计。一般而言，确定作物追肥方案需要综合考虑当前作物生长状态和未来作物生长环境（如气候条件等）。图 13-6 为基于农作系统模拟模型对作物追肥量进行优化设计的示意图。其基本思路是，在作物追肥时期利用农作系统模拟模型在当前作物生长状态的基础上分别模拟不同追氮量在不同气候情景下可能的作物籽粒产量、籽粒品质及氮肥利

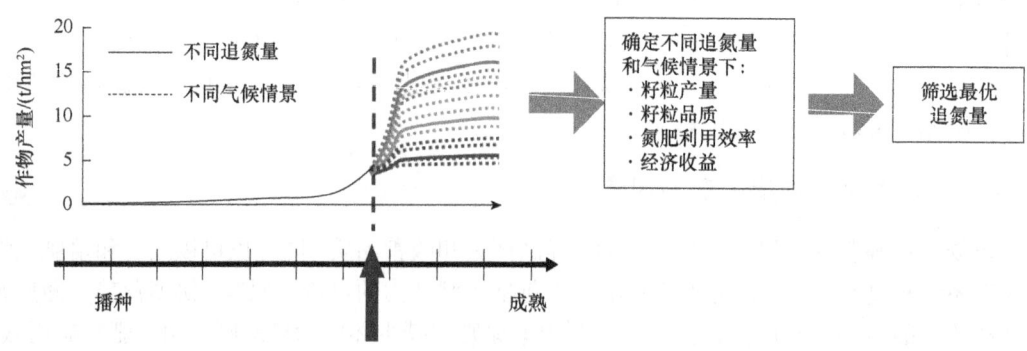

图 13-6 基于农作系统模拟设计作物追肥方案示意图

用效率等指标,进一步确定各追氮量下所有可能气候年型下的平均产量、品质及氮肥利用效率和收益,进而筛选得到目标产量、品质、养分利用效率和收益下的最优追氮量。除了对追肥量进行优化设计,还可以采用类似的情景模拟方法基于模型优化作物的追肥时期。

以江苏省如皋市水稻为例,介绍基于农作系统模拟模型确定水稻最优的施肥方案。该研究利用 ORYZA2000、RiceGrow、CERES-Rice 三套水稻模型模拟不同氮肥施用情景下 1981~2010 年的水稻产量变化,同时结合水稻价格、肥料价格及人工费用等,基于达到较高产量、收益和氮肥利用效率的累积概率,分析不同氮肥运筹方案对水稻生产的影响,在此基础上提出合理的施肥方案,以提高肥料利用效率、增加农民收入。情景模拟结果表明,施氮量及施肥比例对水稻产量有较大影响,在施氮量较低时,产量随施氮量的增加而增加,当施氮量高于 270kg/hm² 时,产量随施氮量的增加不明显(图 13-7);当施氮量高于 270kg/hm² 时,氮肥农学利用率(AE)随施氮量的增加呈明显降低趋势(图 13-8)。基追比对产量和氮肥农学利用率的影响相似,主要表现为适当氮肥后移可提高产量和氮肥利用效率,且 4 次施肥的产量高于 3 次施肥(图 13-9)。

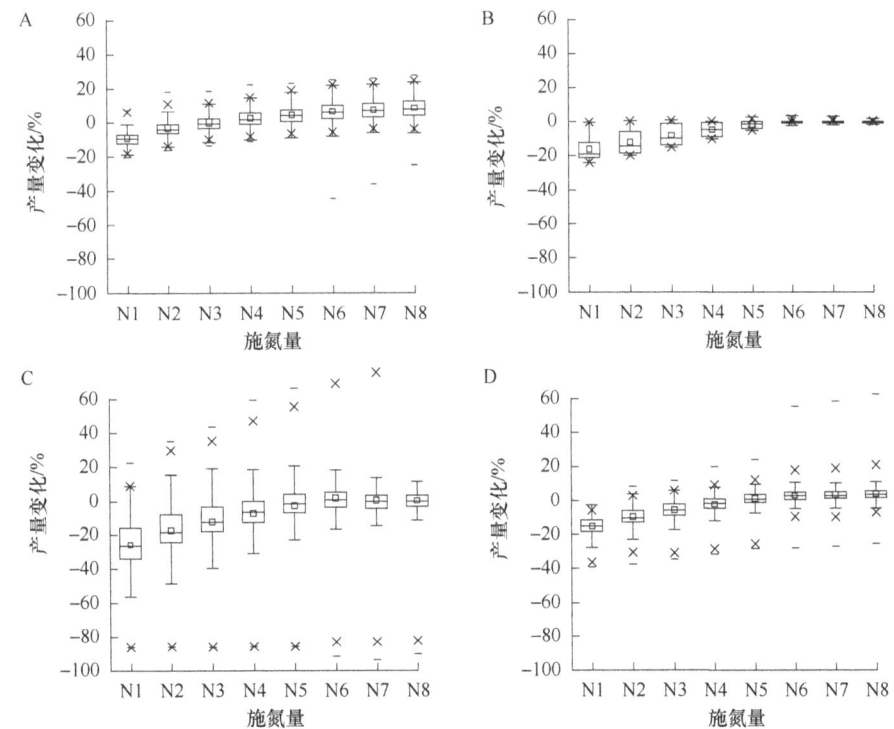

图 13-7 模型模拟的如皋市不同施氮水平下水稻产量相对于基准模式的变化

箱式图结果表示 30 年模拟结果的分布,其中箱子上下边界表示 25%~75%,箱子外延伸的上下线表示 10%~90%,箱子内部的实线表示中值,箱子内部的小方框表示平均值,箱子外的其余符号表示异常值。

A. RiceGrow;B. ORYZA2000;C. CERES-Rice;D. 3 套模型的平均值

N1. 150kg/hm²;N2. 180kg/hm²;N3. 210kg/hm²;N4. 240kg/hm²;
N5. 270kg/hm²;N6. 300kg/hm²;N7. 330kg/hm²;N8. 360kg/hm²。下同

四、水分管理优化

水分是作物生长发育必不可少的因素。在作物生长过程中,根据作物不同生育阶段的生育特点及其对水分的需求规律,通过合理的水分管理促进作物生长,协调群体与个体、地上

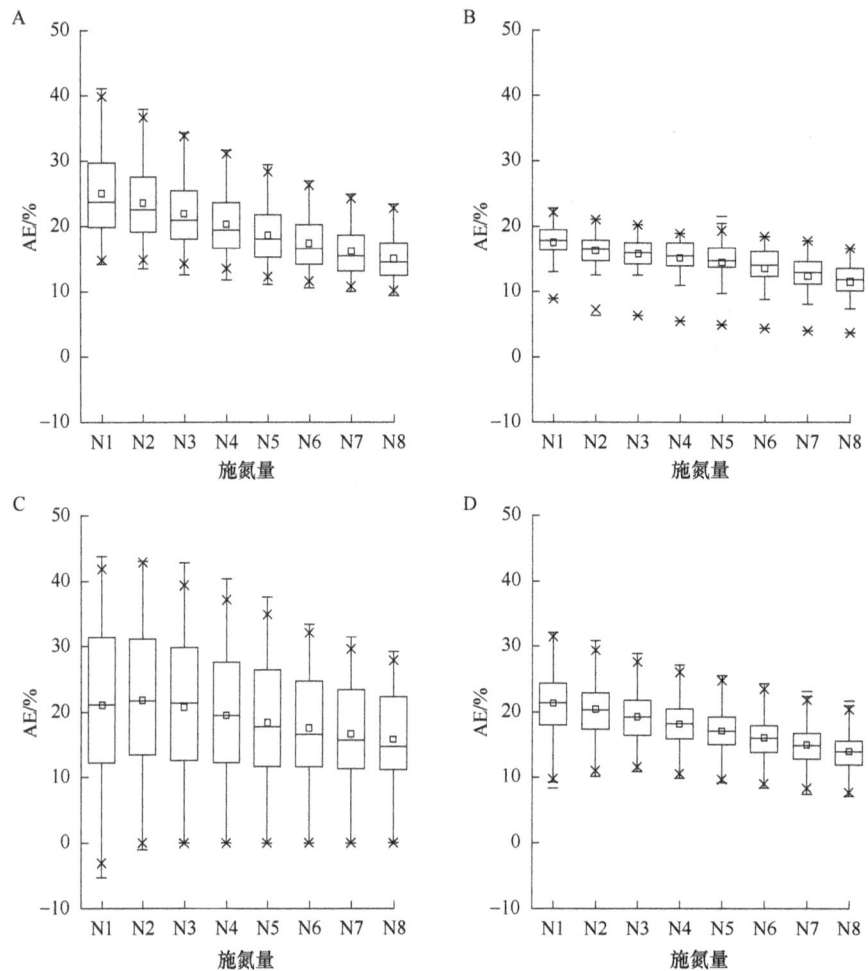

图 13-8　模型模拟的如皋市不同施氮水平下氮肥农学利用率（AE）相对于当地常规的变化
A. RiceGrow；B. ORYZA2000；C. CERES-Rice；D. 3 套模型的平均值

部与地下部、作物营养生长与生殖生长之间的关系，实现高产优质与水分利用效率的同步提高，是作物水分管理优化的重要目标。

（一）作物水分管理的影响因素

当前影响作物水分管理的主要影响因素包括作物水分需求特征、土壤含水量、气象条件等。

1. 作物水分需求特征　　不同作物水分需求有很大差异，同一作物不同品种的需水量差异也较为明显，抗旱品种的需水量明显小于不抗旱品种。同时，同一作物在不同生育阶段的水分需求也不一致，一般而言作物一生中大体是生育前期需水量较少而生育后期需水量较多。水分管理应该根据作物对水分的敏感程度来确定适宜的水分管理目标，使得土壤水分条件尽可能与作物需水特征吻合，提高水分利用效率。

2. 土壤含水量　　土壤水分是作物直接吸收利用水分的主要来源。土壤含水量直接关系到作物可利用的水分有多少。一般作物在土壤含水量为田间持水量的 60%~80% 时生长较好，土壤既有充足的水分供应，也有足够的空气供根系生长，但不同作物对土壤含水量要求有所差异。作物水分管理的核心即维持土壤含水量在适宜的水平。

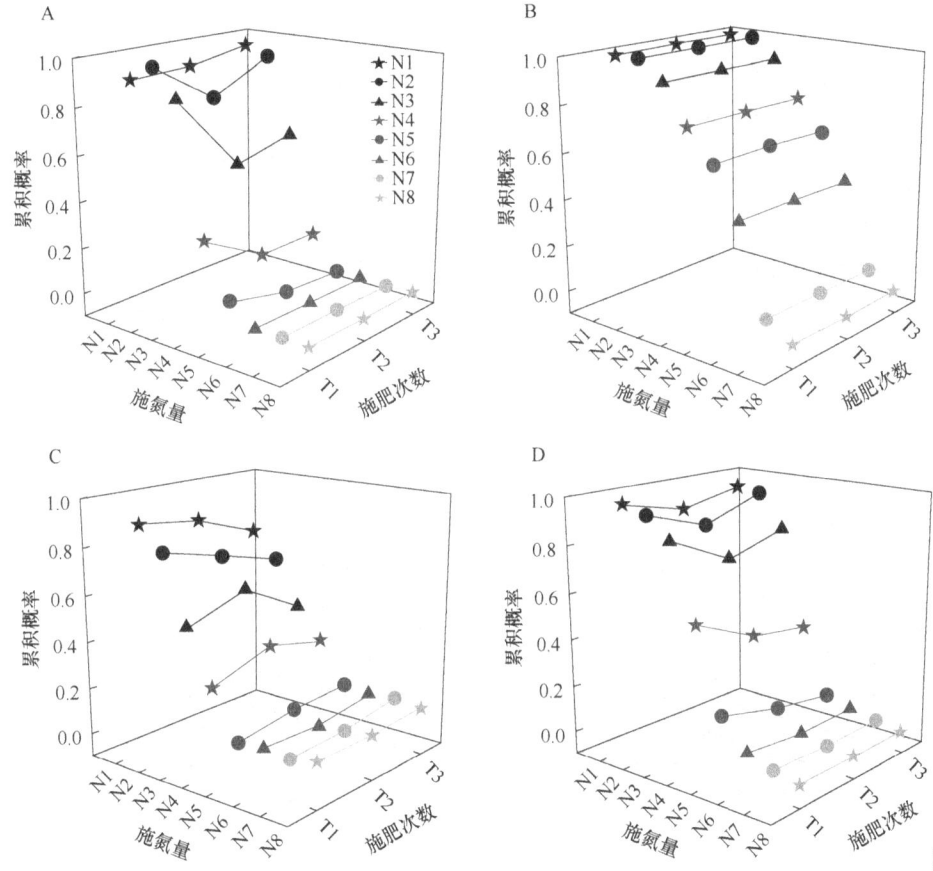

图 13-9 模型模拟的如皋市不同施氮水平和不同施肥次数下水稻产量达到
较高产量的 30 年（1981～2010 年）累积概率
A. RiceGrow；B. ORYZA2000；C. CERES-Rice；D. 3 套模型的平均值

T1. 施肥 4 次（基肥、分蘖肥、保花肥、促花肥）；T2. 施肥 3 次（基肥、保花肥、促花肥）；T3. 施肥两次（基肥、促花肥）

3. 气象条件 合理的水分管理方案在考虑当前土壤水分状态时，还必须考虑未来一定时间内的土壤含水量动态。一方面，气象条件通过温度、风速、辐射等要素直接决定了作物水分消耗情况。例如，在温度高、风速大的时候，作物蒸腾明显加速，导致土壤水分快速消耗。另一方面，气象条件也通过降雨等情况影响土壤含水量，因此对未来可能的降雨进行准确预测预报在作物水分管理中具有重要现实意义。总体而言，气象条件对未来一段时间内土壤含水量有重要影响，在确定作物水分管理方案时必须要考虑气象条件，尤其是在确定灌溉量及灌溉时间等方面。

（二）基于农作系统模拟模型的作物水分管理优化

作物水分管理优化主要是根据作物蓄水特性、土壤含水量及天气条件等来合理决策灌溉量和灌溉时间。农作系统模拟模型可以综合作物、土壤和天气等多方面因素对作物水分管理的影响而优化水分管理。当前，基于农作系统模拟模型对作物水分管理的主要途径是通过情景模拟方法，基于当前作物长势、土壤含水量，结合未来的天气状况，模拟不同灌溉量和灌溉时期下作物生产力变化情况，进而筛选确定适宜的水分管理方案。

以郑州 1991～1992 年冬小麦水分试验资料为例，介绍基于 WheatGrow 模型进行水分管理方案的优化设计。为确定郑州 1991~1992 年冬小麦生长季的优化灌溉制度，应用了郑州在该冬小麦生长季的灌溉试验资料进行决策分析。试验品种为'西安 8 号'，播种期为 10 月 24 日。逐日气象资料来源于中国地面气象观测月报，由当地气象站观测获得。所用模型为国家信息农业工程技术中心研制的小麦生长模拟模型 WheatGrow。设小麦收购价为 1.2 元/kg，实际水价加上管理费为 0.25 元/m^3。

通过设置灌两次水和三次水的不同灌溉时期和灌溉量，可以模拟得到小麦增产情况和效益费用（表 13-3）。从结果可以看出，冬小麦生长季内灌三次水，产量、效益费用差值均比仅灌两次水明显增高，而效益费用比值变化不大，未见明显降低。非充分灌溉的效益费用比值比充分灌溉的略高。该年灌两次水的优化灌溉制度为返青期（3 月 6 日）灌水 42.5m^3/hm^2 和拔节期（4 月 3 日）灌水 42.5m^3/hm^2。如生长季内灌三次水，在充分灌溉时，以冬前分蘖水＋起身水＋拔节水的效益费用比值最大；如实施非充分灌溉，则以起身水＋拔节水＋孕穗水灌三次水的效益费用比值最大。总体而言，随灌溉次数的增加，灌溉耗水量增加，产量呈增加的趋势，但效益费用比值下降，即灌溉水分利用效率降低。综合效益分析表明，冬前分蘖期＋返青期＋拔节期灌三水的灌溉制度兼顾了节水（灌水量少）、高产、高效（效益费用比值较高）的多个目标。这一结果和有关地区的灌溉试验研究所得结论一致。

表 13-3　郑州地区灌两次水、三次水下的冬小麦种植效益费用分析

灌溉方式	灌溉日期（日序, D）	灌水量/(m^3/hm^2)	增产量/(kg/hm^2)	增加产值/元	灌水费用/元	效益费用比值
充分灌溉	329＋35	36.0＋34.0	77.1	92.46	17.50	5.28
	329＋66	36.2＋33.3	82.4	98.87	17.38	5.69
	329＋88	47.0＋33.3	96.0	115.20	20.08	5.74
	329＋106	56.0＋33.3	90.6	108.63	22.33	4.87
	66＋94	42.5＋42.5	106.9	128.07	21.25	6.03
	66＋106	48.8＋42.5	109.3	131.15	22.83	5.75
	88＋106	50.7＋38.0	104.3	125.08	22.18	5.64
	66＋111	55.6＋42.5	103.8	124.49	24.53	5.08
	329＋66＋95	33.3＋36.2＋43.2	122.8	147.33	28.18	5.23
	329＋66＋106	33.3＋36.2＋47.6	125.8	151.00	29.28	5.16
	329＋88＋106	33.3＋47.0＋37.2	126.8	152.15	29.38	5.18
	66＋94＋111	42.5＋42.5＋40.4	127.2	152.59	31.35	4.87
非充分灌溉	329＋25	26.7＋28.0	62.5	75.00	13.68	5.48
	329＋66	26.7＋29.0	70.2	84.28	13.93	6.05
	329＋88	37.6＋26.7	78.9	94.73	16.08	5.89
	329＋106	45.1＋26.7	72.9	87.41	17.95	4.87
	66＋94	34.0＋34.0	93.8	112.61	17.00	6.62
	66＋106	43.6＋34.0	92.2	110.58	19.40	5.70
	88＋106	40.6＋32.9	86.9	104.31	18.38	5.68
	66＋111	45.8＋34.0	88.1	105.68	19.95	5.30
	329＋66＋93	26.7＋29.0＋34.2	108.8	130.51	22.48	5.81
	329＋66＋106	26.7＋29.0＋40.2	108	129.60	23.98	5.41
	329＋88＋106	37.6＋26.7＋32.6	109.0	130.86	24.23	5.40
	66＋92＋106	34.0＋34.0＋25.7	116.0	139.25	23.43	5.94

第四节 作物表型指标设计

作物表型是基因型与气候条件、土壤环境、管理措施相互作用的结果。农作系统模拟模型可以综合定量基因型、环境条件、管理技术及其互作对作物生产力的影响,因而在作物表型预测和辅助育种选择方面具有巨大的应用潜力。基于作物生长的预测功能,可以快速、有效地筛选不同环境和管理措施条件下的适宜作物表型特征,进而设计出理想品种的生理和株型特征,辅助智慧育种。此外,随着基因测序技术的快速应用和作物表型高通量测量技术的发展,将作物基因型效应与农作系统模拟模型相耦合,构建基因型效应的模型,可以直接预测不同基因型在不同环境和管理措施下的表型特征,对于加速作物不同品系的表型鉴定选择,进而实现高效育种具有重要意义。本节主要介绍农作系统模拟模型在作物株型设计、作物理想品种设计等方面的应用情况。

一、作物株型设计

作物的形态结构很大程度上决定着作物的竞争能力和资源获取强度,如作物冠层对太阳光辐射的截获能力、相邻植株根系之间对土壤水分和养分的竞争能力等。其中株型特征,特别是地上部的茎型和叶型,是影响作物冠层光分布及光合作用最重要的形态结构因素之一。受作物冠层结构及各器官的几何形状等影响,作物冠层的光分布具有很大的空间变异性,应用仪器测定光分布通常费时、费力和费钱。而基于作物功能-结构模型,可以实现作物冠层光分布的精确模拟,最终预测出不同冠层结构下群体光能利用率与光合作用。

基于作物功能-结构模型的虚拟试验,其最为重要的应用领域是作物株型设计。为大幅度提高作物产量,需培育超级作物品种,如超级杂交稻,而为了获得超级品种必须优化作物株型。依据作物功能-结构模型可以建立超高产作物株型设计系统,通过情景假设方式来虚拟设计不同株型,模拟各种株型下植株各个器官的形态和空间位置,进一步利用虚拟试验来模拟光线在作物冠层内的传输、反射和透射等,就能精确模拟各种株型的光截获能力与光合产量形成能力,进而优选出理想株型,为作物育种明确方向。

下面以不同冠层结构的稻麦冠层光合作用模拟分析为例,介绍作物株型的优化设计思路。以基于过程的 CropGrow 模型为基础,通过耦合稻麦形态结构与冠层光分布模型,构建基于冠层结构和光分布的稻麦光合作用模拟模型。通过组合模型中不同的冠层结构参数,设置紧凑型和披散型两种不同株型稻麦品种,定量分析不同株型品种的消光系数、冠层辐射分布、光合速率的变化规律及其分布特征等。

模拟结果表明,稻麦冠层内光合速率的分布总体上与冠层内光分布趋势相似,在冠层上部由于辐射较强,紧凑型品种和披散型品种的叶层光合速率相近,以披散型品种截获光能较多而略高。由于紧凑型品种的群体消光系数较小,有利于光向下层的透射,因而中下部叶片能截获较多的光能,冠层中下部的光合速率显著大于披散型品种。拔节前两个株型品种的冠层日光合速率大致相等,随后直到灌浆后期,紧凑型品种的冠层日光合速率都大于披散型品种。

此外,稻麦冠层光合速率日变化趋势与冠层光合有效辐射相同,即在各生育时期内均呈正午高、晨昏低的单峰曲线(图 13-10)。在一天中的大多数时段,特别是拔节后的生育阶段,紧凑型品种比披散型品种的冠层消光系数更小,到达冠层同一高度处的辐射强度更高,光合速率更快。由于叶片总是对入射角接近其切线方向的光线遮挡较小，而对垂直于叶片切线方向的光线遮挡较大，因此在晨昏前后太阳高度角较小时，紧凑型品种的消光系数会大于披散型品种，导致冠层基部辐射强度和光合速率都略低于披散型，但差异不明显。在小麦作物上，两种株型拔节前的消光系数变化规律基本一致，模拟值变化幅度都较大，而拔节后紧凑型品种的消光系数变化幅度较披散型品种大（图 13-11）。

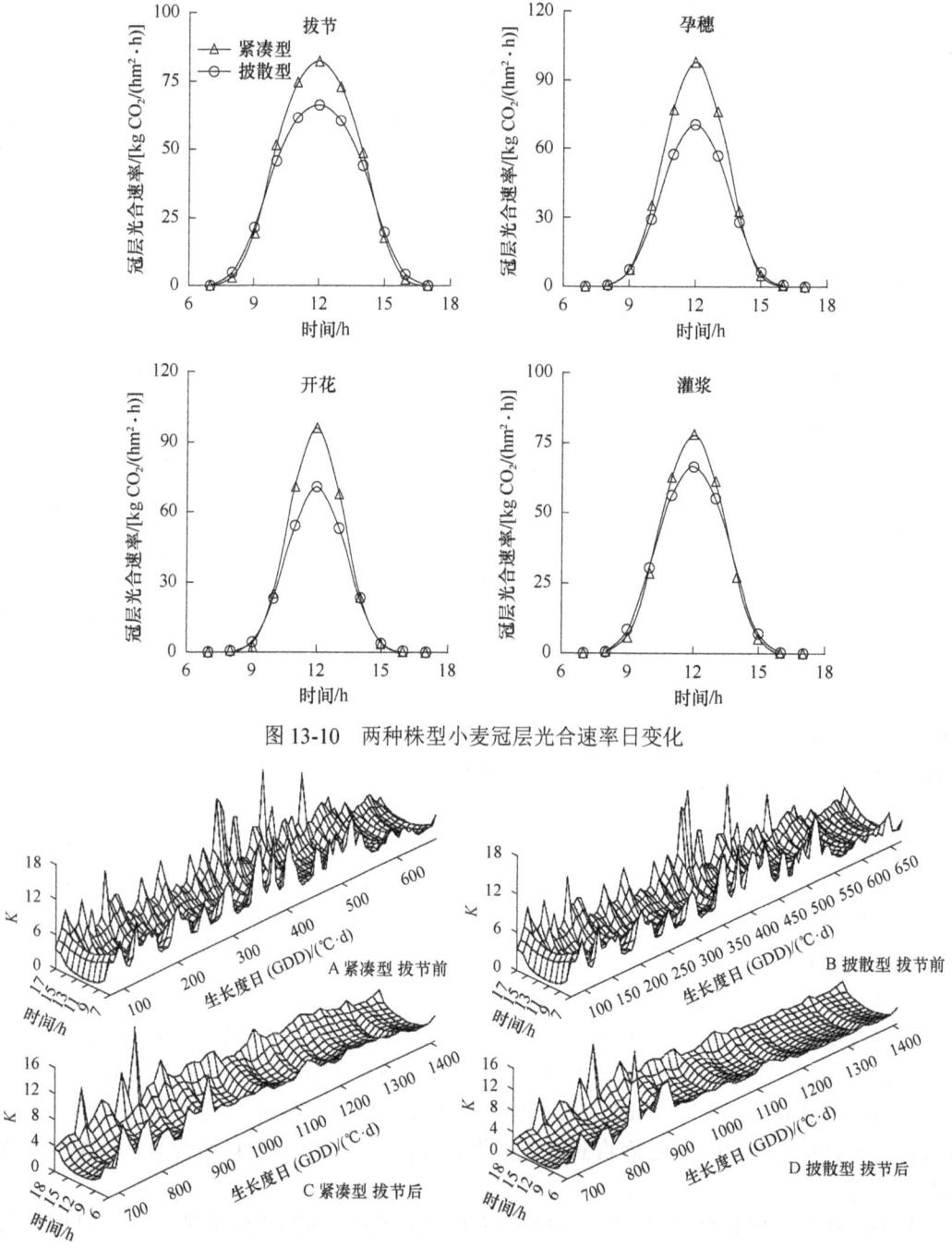

图 13-10　两种株型小麦冠层光合速率日变化

图 13-11　两种株型小麦冠层消光系数（K）的动态变化

分析两种株型冠层光合速率与叶面积指数（LAI）的关系发现，当 LAI 较小时，披散型品种有利于截获更多的光能，其冠层光合速率略高于紧凑型品种，但差异不明显。随着 LAI 的增大，紧凑型品种的冠层光合速率迅速递增，披散型品种增加较少并逐渐趋于平缓。紧凑型品种由于光容易透射到冠层中下部，且上部叶层仍远离光合作用上限，随着辐射强度的增大，冠层光合速率显著增加。总体来看，在相同叶面积指数条件下，紧凑型品种的增产潜力依赖于较大的太阳高度角，而辐射强度相同时，则依赖于较大的 LAI（图 13-12）。

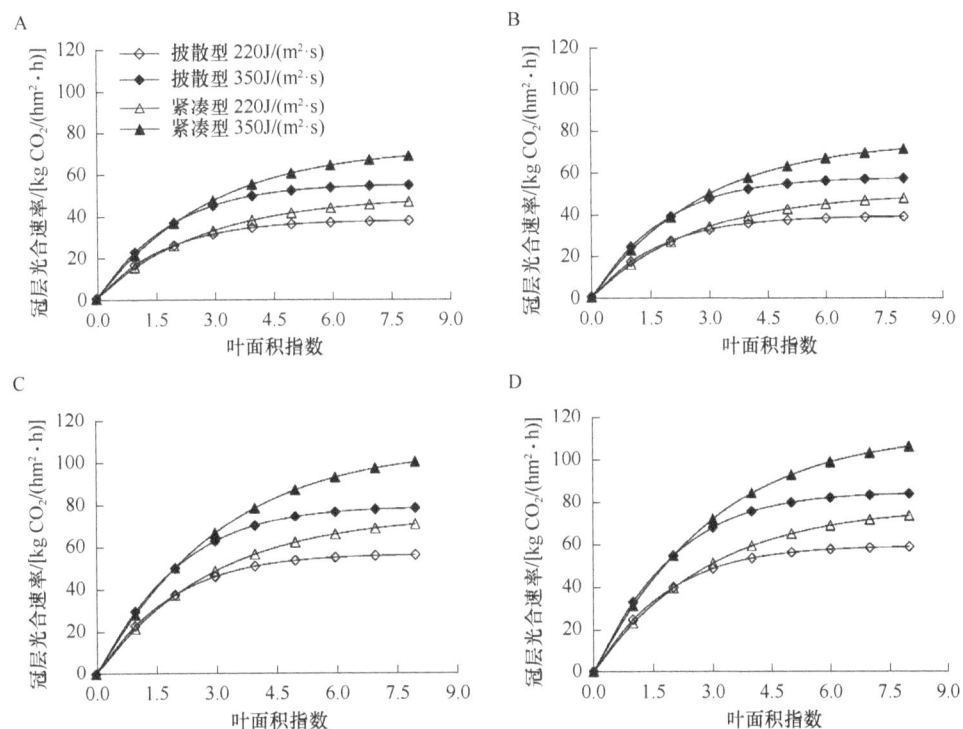

图 13-12　不同叶片光合效能下紧凑型和披散型冠层光合速率与叶面积指数和辐射强度的关系
A. EFF=0.3，AMAX=40；B. EFF=0.3，AMAX=50；C. EFF=0.5，AMAX=40；
D. EFF=0.5，AMAX=50。EFF 为初始光能利用率，AMAX 为最大光合速率

二、作物理想品种设计

农作系统模拟模型通过一系列遗传参数来表征作物的遗传特性。基于作物生长模型进行作物表型指标设计的本质是通过设计作物品种的遗传参数来实现。其主要手段是通过大量的情景模拟试验，分析比较不同遗传参数组合在不同环境和管理措施下的表型特征，进而确定最优的遗传参数组合，可称为理想品种。基于作物生长模型的理想品种设计通过以下两个层次来表征理想品种的遗传信息。

（一）基于农作系统模拟模型的品种参数

现有农作系统模拟模型的品种参数本质是反映品种的部分主要特性，属于表型特征。将设计的不同品种参数组合输入模型，进而识别和确定某一特定环境下提高作物生产力的适宜性状组合，可以直接基于现有的作物生长模型进行。

以生育期相关参数为例进行介绍。在水稻作物上，选取黑龙江五常、河南信阳、江苏徐

州和兴化、安徽合肥 5 个单季稻种植点作为研究生态点。在各生态点代表性品种的品种参数基础上，分别以 0.1、0.4、0.4 的步长改变 RiceGrow 模型中的基本早熟性（IE）、光周期敏感性（PS）和温度敏感性（TS）共 3 个生育期参数，并随机组合得到 3969 个水稻基因型。利用不同年型的气象资料，通过运行模型来模拟各基因型下的生育期和产量变化趋势。在不同生态点和不同年型下，除信阳和合肥两地的偏冷年型，其他生态点不同年型均可通过改变生育期参数而达到产量增加 5%以上的目的。同时，满足增产 5%以上的生育期参数在各研究点均有较大的差异，其中 PS 值在各生态点均减小，而 IE 和 TS 值的变化相对复杂，增加或降低的幅度大小也不等。

进一步分析平均年型下，比当地代表性品种生育期更短、产量更高的品种参数分布，除五常市 IE 和 PS 的分布与其他生态点有所差异外，其他各点不同生育期参数的频率分布范围及趋势较为一致。选取各生态点品种中产量最高的生育期参数组合进行模拟，与历史年份实际生育期比较，5 个生态点大部分年份高产组合品种的预测生育期比当年历史品种的实际抽穗期平均缩短 9d，预测成熟期平均缩短 6d；而在产量表现上，绝大部分年份高产品种组合的预测产量均高出当年历史水稻品种的实际产量，平均增产 17.5%，具有显著的增产效果（图 13-13）。

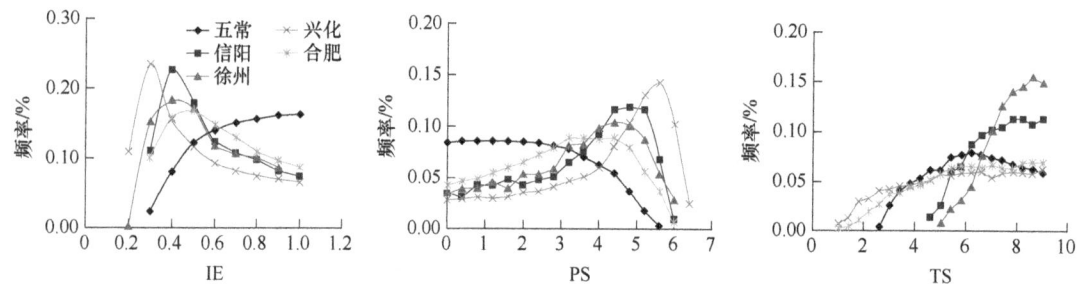

图 13-13 不同生态点水稻生育期参数组合频率分布

在小麦作物上，选取南京、徐州、郑州、泰安及保定 5 个生态点，以小麦生育期在各个生态点对照品种基础上延长 7d 为设计目标，发现各生态点的小麦优化设计的品种参数组合是不一致的。以两参数组合设计为例，在南京生育期延长 7d 时，产量增加幅度在 5%~8%，各品种参数的变化范围为生理春化时间控制在 58%~100%，基本早熟性减小 3%~5.2%，光周期敏感性增加 15%~28%，温度敏感性增加 12%~19%；而在保定，生育期延长 7d 时，产量增加幅度在 5.1%~7.4%，各品种参数的变化范围为生理春化时间控制在 6.7%~67%，基本早熟性减小 1.3%~7.6%，光周期敏感性增加 7.4%~48%，温度敏感性增加 3.3%~20%。总体来看，在对照品种基础上改变某一品种参数可以调控小麦的发育和产量，但相同品种参数的变化在不同生态点间的调控效应是不一致的。

（二）基于基因效应模拟模型的遗传信息

传统农作系统模拟模型中不同品种的基因效应多是通过品种参数加以体现的，与作物实际基因型存在较大差异。现代基因测序技术的飞速发展使得作物基因信息的快速获取变成现实，进而为量化农作系统模拟模型中品种遗传参数与基因效应之间的关系奠定了良好基础，有望克服传统模型中品种遗传参数的机理性不足这一难题。通过利用基因效应来定量模拟作物生长模型中的品种遗传参数，探索主要性状基因效应与环境及管理措施之间的互作机制和定量方法，可以构建以"基因效应-遗传参数-田间表型-生产力形成"为主线的基于基因效应的农作系统模拟模型，为作物表型高效预测与育种性状快速选择奠定数字化技术基础。基于基因效应的农作系统模拟模型，可以直接基于基因等遗传信息来预测不同品系在不同环境条件下的主要表型性状，进而筛选确定能满足目标性状需求的遗传信息组合，为作物育种的品系选择乃至分子育种设计提供直接依据。

实现基于遗传信息的作物品种优化设计，首要是构建基因效应的模拟模型。通常而言，作物模型的每个品种参数均应处于简单且独立的遗传控制之下，而一组不同的品种参数可以描述某一特定基因型品系的遗传特性。因此，当前建立基因效应模拟模型的主要途径是探索建立农作系统模拟模型相关品种参数与对应表型特征直接相关的基因位点信息的关联模型，进而用基因信息代替品种参数作为农作系统模拟模型的输入参数。根据可利用的遗传信息类型，可将其分为三类。

1）针对目前遗传功能已经明确的主效基因，一般通过少数几个主效基因的等位基因位点信息直接确定对应的品种参数值。当前主要以简单的表型特征，如抽穗期、开花期等为主。例如，已有研究建立了基于春化基因 Vrn 和光周期基因 Ppd 位点信息的小麦生长模型 CERES-Wheat 和生育期参数的估算模型 APSIM-Wheat。

2）对于尚未明确遗传机制的复杂性状，可以对模型相关参数进行数量性状基因座（quantitative trait locus，QTL）分析，并明确各个 QTL 的效应值，进而依据各个 QTL 效应值来估算群体各个基因型的参数值。

3）当前全基因组测序技术提供了涵盖整个基因组水平的遗传信息，利用海量的单核苷酸多态性（SNP）信息建立预测模型，可以进一步丰富建模所需的遗传信息来源。

总体而言，目前基于基因效应的作物表型指标设计方法和技术还处于不断探索和完善中。在当前作物智慧育种的迫切需求下，农作系统模拟模型必将发挥更重要的作用。但同时也对农作系统模拟模型本身提出了更高要求，尤其是对表型的预测精度、预测指标的丰富程度等方面，这也直接催生了下一代农作系统模拟模型的构建与应用。

复习思考题

1. 简述农作系统模拟模型升尺度策略及其优缺点。
2. 简述农作系统模拟模型与遥感耦合的策略。
3. 举例说明农作系统模拟模型在农业上应对气候变化、智慧农业、智慧育种等方面的典型应用。

第十四章 基于模型的农作决策支持系统

本章视频

农作决策支持系统是数字农作的技术载体和应用平台。利用作物模拟模型、专家系统、智能算法、"3S"技术[遥感技术（RS）、地理信息系统技术（GIS）和全球卫星导航系统技术（GNSS）]、网络技术、组件化设计等关键技术，根据系统的设计目标及要求，在构建农业数据库的基础上，将模拟模型的预测功能、智能算法的数据挖掘功能、"3S"技术的实时监测与分析功能及组件化设计的即插即用功能相融合，形成具有综合性、智能化、通用性、网络化、标准化特点的决策支持系统，能对不同环境条件下的作物生长状况做出实时预测并提供优化管理决策，实现作物生产的高产、优质、高效、安全和持续发展。农作决策支持系统的快速发展和广泛应用为农业生产管理的现代化和信息化提供了技术平台，正在对农业科技和作物生产产生深刻的影响。目前，在农业生产上，基于生长模型的农作决策支持系统的研究和应用已经获得很大的成功，主要用于作物生产力预测、气候变化效应评估、管理方案优化设计、品种设计评价及耕地利用评估等方面。

第一节 农作决策支持系统的概念、特征与功能

20世纪70年代发展起来的决策支持系统，是在传统的管理信息系统理论基础上发展起来的一门适用于不同领域的、概念和技术都是全新的信息系统发展分支，也是目前发展最为迅速的一个分支。根据农业生产系统的自组织特征，日益复杂的农业信息处理需要现代地理信息技术的支持，农作决策支持系统成为信息时代指导农业生产的重要技术手段。

一、决策支持系统的发展历程

（一）决策支持系统的产生背景

计算机最早应用于科学计算，20世纪50年代以后，其应用范围逐渐扩展到电子数据处理（electronic data processing，EDP）。EDP把人们从烦琐的事务处理中解脱出来，大大地提高了工作效率。但是任何一项数据都不是孤立的，它必须与其他工作进行信息交换和资源共享，因此有必要对一个企业或一个机关的信息进行整体分析和系统设计，从而使整个工作协调一致。在这种情况下，20世纪六七十年代以电子数据处理为基础的（management information system，MIS）应运而生，使信息处理技术进入了一个新的阶段，并获得迅速发展。

MIS是一种支持管理活动和管理功能的信息系统，是由人和计算机结合的，对管理信息进行收集、存储、维护、加工、传递和使用的系统。MIS能实测企业的各种运行情况，利用过去的数据预测未来，利用信息控制企业行为，帮助企业实现其规划目标。因此，MIS能把孤立的、零碎的信息变成一个比较完整的、有组织的信息系统，不仅解决了信息存放的冗余问题，而且大大提高了信息的效能。但是MIS只能帮助管理者对信息做表面的组织和管理，而不能把信息的内在规律深刻地挖掘出来为决策服务。

20世纪70年代末，学术界对MIS进行了认真的反思。人们发现，MIS在解决现实世界问题时，特别是在解决比较复杂的社会、经济、环境和农业等问题时，遇到了不少障碍。一方面，MIS的许多模型、方法往往看起来有用，但有时并不真正能用，很多研究成果仅仅停留在研究室里和书面报告中，大部分束之高阁，真正被决策者采纳并付诸实施的成功案例并不多，系统分析人员与决策者之间缺乏必要的沟通。另一方面，刻板的结构化分析方法、漫长的生命周期及信息导向的开发模式，也使MIS难以适应多变的外部及内部管理环境，对管理人员的帮助也十分有限。这种始于20世纪70年代末的反思产生了另一个重要的结论，即信息系统本身无法取代决策者做出决策，支持决策者才是它的任务。于是人们自然期望能有一种全新的、用于管理的信息系统，它在某种程度上可以克服上述缺点，为决策者提供一些切实可行的帮助。庆幸的是，自20世纪70年代末以来，能实现这一任务的相关学科都有了长足的进步，运筹学模型、数理统计方法及其软件已发展完善，突破单一效用理论框架的多目标决策分析、人工智能的知识表达技术、专家系统语言及智能用户界面的发展，小型、高效率、廉价的计算机和工作站、数据库管理系统、图形专用软件和各类软件开发工具等的出现，为广泛地研制决策支持系统提供了良好的技术储备。

（二）决策支持系统的发展

1971年，Scott Morton在《管理决策系统》一书中第一次指出了计算机对于决策者的支持作用，提出了决策支持系统（decision support system，DSS）的概念，当时行为科学的研究开始成为一个很活跃的技术领域。1971~1976年，从事决策支持系统研究的人数逐渐增多，大部分人认为决策支持系统就是交互式的计算机系统，并把注意力集中到有限理性（bounded rationality）、非结构任务（unstructured task）、组织的信息处理（organizational information processing）和决策者的认知特征（cognitive characteristics of decision maker）等技术设计上。经过几年的努力，到了20世纪70年代末，决策支持系统基本走上正轨，形成了一批很有影响的决策支持系统。Keen等（1978）对20世纪70年代末以前的这些理论、实践、行为和技术上的观点进行了归纳和综合，编辑了一套丛书，阐述了决策支持系统的主要观点，初步构造了决策支持系统的基本框架。到了20世纪80年代，决策支持系统得到了更迅速的发展，1980年Sprague提出了决策支持系统三部件结构（对话部件、数据部件、模型部件），明确了决策支持系统的基本组成，极大地推动了决策支持系统的发展。它成为一个非常流行的名词术语，只要是为管理服务的软件，都被冠以决策支持系统的名字。

20世纪八九十年代，专家系统的研究与发展，给决策支持系统注入了新的活力，增强了决策支持系统的主动功能。决策支持系统开始与专家系统（expert system，ES）相结合，形成智能决策支持系统（intelligent decision support system，IDSS）。智能决策支持系统既充分发挥了专家系统以知识推理形式解决定性分析问题的特点，又发挥了决策支持系统以模型计算为核心的解决定量分析问题的特点，充分做到了定性分析和定量分析的有机结合，使解决问题的能力和范围得到了一个大的发展。智能决策支持系统是决策支持系统发展的一个新阶段。20世纪90年代中期出现了数据仓库（data warehouse，DW）、联机分析处理（on-line analysis processing，OLAP）和数据挖掘（data mining，DM）新技术，DW+OLAP+DM逐渐形成新决策支持系统的概念，因此将智能决策支持系统称为传统决策支持系统。新决策支持系统的特点是从数据中获取辅助决策的信息和知识，完全不同于传统决策支持系统用模型和知识辅助决策。传统决策支持系统和新决策支持系统是两种不同的辅助决策方式，两者不能相互代替,而应相互结合。目前,如何让机器和人一起完成一系列信息处理活动,仍然是决策支持系统研究的重要目标。在未来,决策支持系统除了涉及计算机有关技术,将进一步涉及智能技术,如在人机界面的自然语言理解和处理方面。值得注意的是,未来研究的着眼点仍然在辅助决策上,要求结合目标和背景运用智能技术,而不是在计算机上开发智能技术。决策支持系统的继续发展将更面向实际,以辅助和支持决策者解决实际问题。

二、决策支持的基本概念

决策支持系统是辅助决策者通过数据、模型和知识,以人机交互的方式进行半结构化或非结构化决策的计算机应用系统。它是 MIS 向更高一级发展而产生的先进信息管理系统。它为决策者提供分析问题、建立模型、模拟决策过程和方案的环境,调用各种信息资源和分析工具,帮助决策者提高决策水平和质量。

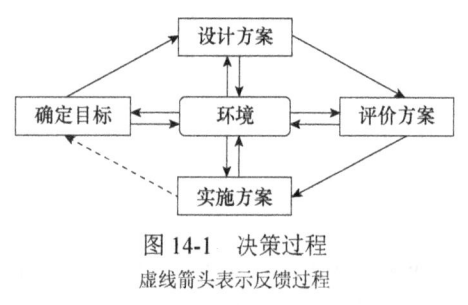

图 14-1 决策过程
虚线箭头表示反馈过程

决策过程是决策科学体系的基础。所谓决策过程是人们为实现一定目标而制订的行动方案,并准备组织实施的活动过程。这个过程也是一个提出问题、分析问题、解决问题的过程,一般的决策过程可用图 14-1 表示。

人的决策过程一般包括确定目标、设计方案、评价方案和实施方案 4 个阶段,但决策科学所研究的对象主要包括前三个阶段。环境既包括客观物质世界,也包括与决策人密切相关的社会系统(由人及人与人之间的关系组成)。人们在决策时,一方面必须认识环境,了解有关的信息。这些信息包括客观物质世界的真实映照和社会系统的有关政策、价值观及决策机制等。另一方面在决策的各个阶段还要受到环境的制约,如决策问题的目标确定可能受到环境中较高层次目标的约束;方案设计必然要受到现实可行性的限制等。

Simon(1960)把决策问题分成程序化决策和非程序化决策。现在,对决策问题一般用"结构"这个概念来描述,把决策问题分成结构化、半结构化和非结构化三种。所谓结构化决策问题是指上述三个步骤都能使用确定的算法或决策规则来表达和设计各种解答方式,并从中选择最佳的一个。在问题求解过程中,这三个阶段都不能按上述的方法来决策问题,就称为非结构化决策问题。在某些条件下,其中的一个或两个阶段由于认识不清楚而无法完成清晰的描述,但其余的阶段具有良好的结构,能够对它进行清晰而准确的描述,就称这类问题为半结构化决策问题。结构化决策问题是常规的、可重复的,每一个问题仅有一个求解方法,可以用程序来实现,这就是 MIS 解决的问题。非结构化决策问题不具备已知求解方法,或者具备若干求解方法但所得答案不一致,难以编制程序来完成,而人则是处理非结构化决策问题的能手。半结构化决策问题兼有结构化和非结构化决策问题的特点,一方面它可以通过编制程序进行定量分析和计算,或者运用相对明确的决策原则和方法来解决;另一方面它还要依靠人的知识、经验和直觉来判断与选择。把计算机和人有机结合起来,就能有效处理半结构化决策问题,这就是 DSS。因此,决策支持系统并不企图解决一切决策问题,它不过是在结构化的基础上向前迈进了一步,希望能够通过人机对话来解决一些更符合实际的问题,它并不想取代决策者,只是辅助与支持决策者进行决策。

三、决策支持系统的定义与特征

在决策支持系统的发展过程中，决策支持是一个先导的概念，决策支持的概念形成若干年以后，才出现决策支持系统。直到现在仍然认为决策支持是比决策支持系统更基本的一个概念。决策支持的基本含义是用计算机帮助决策者对半结构化或非结构化问题做出决策，而不是代替决策者做出决策。至于决策支持系统，时至今日仍没有一个学术界公认的定义。许多学者在这方面做了大量的努力，试图给出 DSS 的定义，目前有不少文献对 DSS 的定义做了如下的表述：凡能为决策者提供支持的计算机系统，这个系统能充分利用合适的计算机技术，针对半结构化或非结构化问题构造决策模型，通过人机交互方式支持决策者制定管理决策。但是这个定义并不完善，因为 DSS 并没有标准模式或标准规范。凡是能达到决策支持这一目标的所有技术都可以用于构造 DSS。不同时期、不同用途、采用不同技术所构造的 DSS 可能完全不同，但有一点是共同的，那就是 DSS 一定能起决策支持的作用。

另外，DSS 具有 5 个方面的基本特征：①支持半结构化或非结构化决策过程；②传统数据存取及检索技术与现代模型或分析技术的结合；③易于为非计算机专业人员以交互会话的方式使用；④强调对环境及用户决策方法改变的灵活性及适应性；⑤支持而不是代替决策者制定决策等。同时，国内学术界常用决策支持系统的构成部件来表述 DSS 的结构特征，包括模型库及其管理系统、交互式计算机硬件及软件、数据库及其管理系统、图形及其他高级显示装置 5 个方面。

上述特征是一个范围较宽的集合，其中关于"决策支持系统是解决半结构化决策问题"的观点较为抽象，但是体现了决策支持系统一定要高于管理信息系统，充分利用计算机的新技术，逐步将那些非结构化决策问题转变为半结构化决策问题或结构化决策问题的特征。

四、基于模型的农作决策支持系统

随着决策支持系统的迅速发展，涌现出许许多多的 DSS 软件产品，如财务决策方面的 DSS、支持警察力量部署的 DSS、土地规划方面的 DSS 等。同时，农业生产管理的决策支持系统也获得了成功的开发和应用。特别是 20 世纪 90 年代以来，科学家提出多种不同的作物生产决策支持系统。总的来看，比较成功的农业生产决策支持系统的主要类型包括传统概念的农业专家决策系统和基于模型的作物生产管理决策支持系统等。

传统概念的农业专家决策系统是指运用人工智能的基本原理和方法，通过总结、汇集有关领域专家的思想、技术、经验所建立的计算机决策系统。近年来，这一类专家系统的研制和应用成为高新技术应用于农业生产的成功实例，也为农业系统管理决策的信息化和现代化带来了新的生机和活力。

基于模型的作物生产管理决策支持系统是指利用作物模型对作物系统运行结果的预测和分析，给决策者提供支持，辅助作物管理者进行决策，同时帮助作物管理者了解实际的决策行为及其影响因素等，以启发作物管理者寻求改进决策效能的途径。其中，作物模型有生长模型与知识模型两大类。生长模型是指利用系统分析方法和计算机模拟技术，对作物生长发育过程及其与环境和技术的动态关系进行定量的描述和预测；而知识模型是指在充分理解和分析专家经验与知识的基础上，基于作物与环境的关系，提炼和总结出有关作物生育与管理调控指标的定量化模型。知识模型实际上是通过对传统知识规则的进一步提炼，以提高专家系统的时空适应性和动态控制能力。基于生长模型的农作决策支持系统是在作物生长模型构建的基础上，利用计算机软构件技术封装发育进程、光合同化、物质分配、器官建成、产品形成、养分动态、水分平衡等模块算法，结合决策支持技术，研制开发的作物生长模拟软件系统。系统实现了对作物生长发育过程及其与环境、技术的动态关系的定量描述和预测，可以对不同条件下的作物生长动态进行定量模拟；评价气候变化效应，制订适宜的管理决策方案，可为作物生长预测、生产管理、气候效应评估、粮食安全预警等提供决策工具。一个典型的基于生长模型的农作决策支持系统，是在作物生长模型的基础上，增加数据库、情景模拟、策略评估等功能，辅助或支持用户进行决策。一般来说，基于生长模型的农作决策支持系统应具有以下几个特征，其中系统性和预测性是其最显著的特征。

1. 系统性 对整个农作系统进行全面的定量描述和预测，包括作物阶段发育、器官建成、同化物的积累与分配、产量和品质的形成、土壤水分和养分动态及作物品种特性等。

2. 动态性 系统应该包括受环境因子和品种特性驱动的各个状态变量的时间变化及不同生长发育过程间的动态变化关系。

3. 机理性 在经验性或描述性的基础上，通过深入的支持研究，模拟较为全面的系统等级水平，从而提供对主要生理生态过程的理解或解释。

4. 预测性 通过正确建立系统的主要驱动变量及其与状态变量的动态关系，对不同系统进行可靠而准确的预测。

5. 通用性 系统模型原则上适用于任何地点、时间和品种。

6. 研究性 可利用作物生长模型进行作物生理生态及管理调控方面的模拟研究，避免实物研究中干扰因素多、周期长、费用高等不足。

第二节 农作决策支持系统的设计与实现

在系统工程思想指导下，根据研究目的明确研究内容和研究手段，着重明确模型在农作决策支持系统中的重要作用和相互关系。在总结与提炼已有研究成果的基础上，以软件工程思想为指导，针对作物生产系统的特点，构建农作支持系统的体系结构和功能框架。并以软件开发方法论为指导，实现现有模型组件的标准化，并设计系统数据库结构，研究模型、"3S"和数据库之间的耦合与集成机制及方法，按照模块化、构件化的设计思想进行系统集成开发，构建数字农作支持系统。

一、农作决策支持系统的结构设计

（一）系统设计目标

根据软件工程思想，系统设计开发的目标是在给定成本、进度的前提下，开发出具有可修改性、有效性、可靠性、可理解性、可维护性、可重用性、可适应性、可移植性、可追踪性和可互操作性，并满足用户需求的软件产品，这些目标具体如下。

1. 可修改性 容许对系统进行修改而不增加原系统的复杂性，它支持系统的调试和维护。

2. 有效性 有效地利用计算机的时间资源和空间资源。各种计算机软件无不将系统的时空开销作为衡量软件质量的一些重要技术指标。

3. 可靠性 能够防止由概念、设计和结构等方面的不完善造成的软件系统失效，具有挽回操作不当造成的软件系统失效的能力。在软件开发、编码和测试过程中，必须将可靠性放在重要地位。

4. 可理解性 系统具有清晰的结构，能直接反映问题的需求。可理解性有助于控制软件系统的复杂性，并支持软件的维护、移植或重用。

5. 可维护性 软件产品交付用户使用后，能够对它进行修改，以便改正潜在的错误，改进性能和其他属性，使软件产品适应环境的变化等。

6. 可重用性 概念或功能相对独立的一个或一组相关模块定义为一个软部件。软部件在多种场合的可应用程度称为部件的可重用性。可重用的软部件有的可以不加修改直接使用，有的需要修改以后再用。

7. 可适应性 可适应性即软件在不同的系统约束条件下，使用户需求得到满足的难易程度。适应性强的软件应采用广为流行的程序设计语言编码，在广为流行的操作系统环境中运行，采用标准术语和格式书写文档。适应性强的软件较容易推广使用。

8. 可移植性 可移植性即软件从一个计算机系统或环境搬到另一个计算机系统或环境的难易程度。为了获得比较高的可移植性，在软件设计过程中通常采用通用的程序设计语言和运行支撑环境。可移植性支持软件的可重用性和可适应性。

9. 可追踪性 可追踪性即根据软件需求对软件设计、程序进行正向追踪，或者根据程序、软件设计对软件需求进行逆向追踪的能力，它依赖于软件开发各个阶段文档和程序的完整性、一致性和可理解性。

10. 可互操作性 可互操作性即多个软件元素相互通信并协同完成任务的能力。为了实现可互操作性，软件开发通常要遵循某种标准，支持这种标准的环境将为软件元素之间的可互操作提供便利。

（二）软件工程原则

为了达到以上目标，在软件开发过程中必须遵循下列软件工程原则。

1. 抽象 抽取是最基本的特性和行为，忽略非基本的细节。采用分层次抽象的办法可以控制软件开发过程的复杂性，有利于软件的可理解性和开发过程的管理。

2. 信息隐藏 信息隐藏即将模块中的软件设计决策封装起来的技术。模块接口应尽量简洁，不可罗列可有可无的内部操作对象。

3. 模块化 模块是程序中逻辑上相对独立的成分，它是一个独立的编程单位，应有良好的接口定义。模块化有助于信息隐藏和抽象，有助于表示复杂的软件系统。模块大小要适中，过大导致模块内部复杂性增加，不利于调试、重用、修改和理解，而太小会导致控制系统复杂性。

4. 局部化 要求在一个系统内，物理模块之间在逻辑上相互关联，且需要集中的计算资源。从物理和逻辑两个方面保证系统中模块之间具有松散的耦合关系，而在模块内部具有较强的内聚性，这样有助于控制复杂性。抽象、信息隐藏、模块化和局部化的原则支持软件工程的可理解性、可修改性和可靠性，有助于提高软件产品的质量和开发效率。

5. 一致性 整个软件系统的各个模块均应使用一致的概念、符号和术语；程序内部接口应保持一致；软件与硬件接口应保持一致；系统规格说明与系统行为应保持一致等。一致性原则支持系统的正确性和可靠性。

6. 完整性 完整性即软件系统不丢失任何重要成分，完全实现系统所需要功能的程度；在形式化开发方法中，按照给出的公理系统，描述系统行为的充分性；当系统处于出错或非预期状态时，系统行为能保持正常。完整性要求人们开发必要且充分的模块。

7. 可验证性 开发大型软件系统需要对系统逐步分解，系统分解应该遵循系统容易检测、测试、评审的原则，以便保证系统的正确性。

（三）系统结构设计

基于模型的农作决策支持系统由模型库、数据库、人机接口三部分组成（图 14-2）。各部分既相互独立，又紧密衔接，形成有机的整体结构。用户从人机接口界面录入决策点信息，然后运行模型，模型通过调用模型库中的模块和数据库中的数据（或人机接口读入数据）进行计算，其结果直接存入数据库或从人机接口输出（包括界面显示和打印输出）。

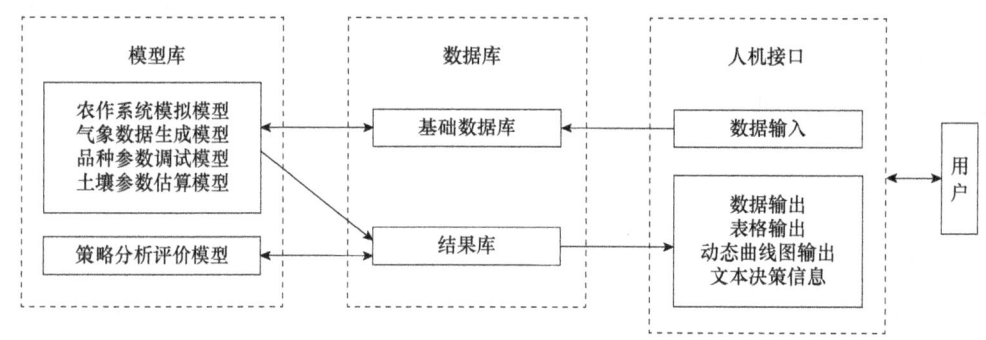

图 14-2 作物生长模拟及决策支持系统结构图

1. 数据库 主要包括三类数据。第一类是气象数据库，存储作物生长季节的逐日气象要素，包括日期、日最高气温、日最低气温、日照时数和日降水量。第二类是土壤数据，存储反映土壤物理性状的数据，包括土壤类型、土壤深度、土层厚度、pH、有机质含量、全氮含量、硝态氮含量、铵态氮含量、速效磷含量、全磷含量、速效钾含量、缓效钾含量、容重、黏粒含量、实际含水量、田间持水量、永久萎蔫点、饱和含水量、碳酸钙含量。除土壤类型为字符串型外，其他数据均为浮点型。第三类是品种数据，品种的遗传参数包括品种基本早熟性、光敏感因子、温度敏感性、灌浆期因子、总叶片数、比叶面积、叶热间距、千粒重、收获指数、伸长节间数、品种分蘖能力、籽粒淀粉含量、籽粒蛋白质含量等。

2. 模型库 模型库是存储模型和表示模型的计算机系统。本系统中的模型库除了农作系统模拟模型（如 WheatGrow、RiceGrow）外，还包括气象数据生成模型、品种参数调试模型、土壤参数估算模型及策略分析评价模型等。

（1）气象数据生成模型 可根据多年月平均资料，方便、快捷而又准确地自动生成一年中的逐日气候数据（包括逐日最高气温、最低气温、平均气温、日照时数和降水量等）。

（2）品种参数调试模型 根据田间观测值，分别利用迭代求近法和遗传算法，自动估算新品种的遗传参数。

（3）土壤参数估算模型 根据土壤有机质含量、容重、砂砾含量、黏粒含量、粗粒含量等估算较难获取的田间持水量、饱和含水量、有效含水量等指标。

（4）策略分析评价模型 对模型运行结果进行分析比较后生成决策方案。模型结果评价可参照的指标一般为作物产量水平、品质指标（一般参照蛋白质含量）、肥水利用效率或农户收益。依用户选择的目标不同，建立不同的策略评价模型。

3. 人机接口 通过下拉菜单、工具条、图标、图形和表格等方式与用户进行交互，在界面上给出逐级菜单选择提示,用户通过简单的鼠标点按或快捷键敲击即可完成系统界面上的参数输入,以及模型运行结果与决策信息的生成。

二、农作决策支持系统的实现

农作决策支持系统的构建,首先是选择适合的开发环境与工具,选择适合的编程语言来组织模型算法和系统界面,然后根据系统的特点选择适合的数据库工具并进行数据库设计,最后综合集成整个决策支持系统。

（一）系统开发工具

1. 软件开发工具与编程语言

（1）Visual Studio　　Visual Studio 是微软公司开发的一款集成开发环境（integrated development environment，IDE）软件,自1995年Visual Studio 初版（俗称 Visual Studio 4.0）发布以来,每两年左右都会升级一次。目前 Visual Studio 成为一套完整的开发工具集,包括整个软件生命周期中所需要的大部分工具,可帮助开发者高效地进行应用程序的设计、开发、测试和发布。Visual Studio 支持用户通过多种不同的程序语言进行开发,但历代版本所支持的语言并不完全相同,最新版本 Visual Studio 2022 支持 C#、C++、TypeScript、JavaScript、Visual Basic 和 Python 等语言,并提供了广泛的项目模板和工具,可开发各种不同类型的应用程序,包括桌面应用程序、Web 应用程序、移动应用程序、云服务等。Visual Studio 从 2002 版本以来引入了建立在.NET Framework 上的托管代码机制,实现同一个项目中支持不同语言所开发的组件,帮助开发者将精力更多地集中到处理业务逻辑方面,不必再把时间花费在写 IDL（接口定义语言）和 Register 代码上,而且使用.NET Framework 来管理内存、线程及进程,可保障程序运行得更可靠和更安全。

（2）ASP.NET　　ASP.NET（Active Server Page.NET）是微软公司开发的 Web 应用程序开发框架,它是.NET Framework 的一部分,旨在简化 Web 应用程序的开发过程。ASP.NET 提供的最常用开发模型是 MVC（Model-View-Controller）,MVC 模型通过将应用程序分为模型（数据）、视图（用户界面）和控制器（处理请求和响应）三个部分来提供更好的代码结构和可维护性。ASP.NET 还支持 Web Forms 模型,该模型提供了一种基于事件驱动的开发方式,开发者可以使用可视工具来创建 Web 页面,并通过处理事件来响应用户操作。ASP.NET 支持 C#、Visual Basic 等多种编程语言,提供了数据绑定、验证、用户认证等丰富的内置控件,还提供了表单认证、角色管理、授权等多种安全性功能,可以与 Visual Studio 等流行的开发工具无缝集成。Visual Studio 自 2002 年以来集成了 ASP.NET 的开发环境,并历经多个版本升级,为开发者提供了丰富的工具和功能,帮助快速构建安全、高性能的 Web 应用程序。

（3）C#　　C#是一种通用的、静态类型的、面向对象的编程语言,由微软公司开发。C#基于 C 和 C++,但去掉了宏、多重继承等复杂特性,并借鉴了 Java 的一些特点,具有强大的类型安全和异常处理机制,被认为是一种简单、现代且功能丰富的语言。C#具有清晰、简洁的语法,支持封装、继承和多态等面向对象特性,还支持 LINQ、多线程编程、异步编程、元编程等,具有图形界面、网络编程、数据库访问、安全控制等各种丰富的类库和 API（应用程序编程接口）,开发人员可以便捷地使用它来构建在.NET Framework 上运行的各种安全、可靠的应用程序。Visual Studio 等 IDE 对 C#有很好的支持,提供了丰富的调试、代码补全和重构等功能,助力 C#被广泛应用于不同类型应用程序的开发中。

（4）IntelliJ IDEA　　IntelliJ IDEA 又称为 IDEA，是一款由 JetBrains 公司开发的集成开发环境，主要用于 Java 开发，但也支持其他编程语言，如 Kotlin、Groovy、Scala 等。IntelliJ IDEA 在业界被公认是最好的 Java 开发工具，具有智能代码助手、代码自动提示、重构、JavaEE 支持、版本工具（Git、SVN 等）、JUnit、CVS 整合、代码分析、创新的 GUI 设计等功能。而且还在支持微服务框架和 Web 开发、远程开发与协作、Kubernetes 和 Docker 集成等方面为开发者提供了许多工具和功能。

（5）Java　　Java 是 Sun 公司基于 C++开发的一门面向对象的编程语言，不仅摒弃了难以理解的多继承、指针等概念，还继承了 C++的多种优点，因此 Java 具有简单易用和功能强大两个特征。Java 作为静态面向对象编程语言的代表，极好地实现了面向对象理论，允许开发人员以优雅的方式实现复杂的功能。Java 具有易上手、易理解、健壮、安全、跨平台、多线程、分布式等特点。自 2009 年 Sun 公司被 Oracle 公司收购后，Java 变更为由 Oracle 公司运营和维护升级。Java 拥有丰富的类库和框架，提供了各种功能强大的工具和技术，能够支持桌面应用程序、Web 应用程序、分布式系统和嵌入式系统等各种类型应用程序的开发。Java 是一种被广泛用于 Web 应用程序开发的语言，常用的 Java Web 开发框架包括 SSH（Struts、Spring 和 Hibernate）和 SSM（SpringMVC、Spring、MyBatis）等，开发技术包括 Java Server Pages（JSP）、Java Servlet、Java Server Faces（JSF）等。其中 Spring 是一个强大且被广泛使用的框架，它提供了大量的功能，包括依赖注入、面向切面编程、MVC 模式支持等。JSP 是 Java 的服务器端页面技术，它允许开发者在 HTML 代码中嵌入 Java 代码，为用户的 HTTP 请求提供服务，并能与服务器上的其他 Java 程序共同处理复杂的业务需求。

2. 数据库管理工具选择　　数据库管理系统（DBMS）是系统中信息存储和管理的关键部分，也是系统的基础，因此在服务器端数据库管理系统的选择至关重要。目前，比较常用的数据库管理系统主要有以下几种。

（1）Access　　Access 是微软公司推出的基于 Windows 的桌面关系数据库管理系统（RDBMS），是 Office 系列应用软件之一。它操作灵活、转移方便、运行环境简单，对于小型网站的数据库处理能力效果不错。Access 基于 Windows 操作系统下的集成开发环境，该环境集成了各种向导和生成器工具，极大地提高了开发人员的工作效率，使得建立数据库、创建表、设计用户界面、设计数据查询、报表打印等可以方便、有序地进行。Access 支持开发数据库互连（open data base connectivity，ODBC），利用 Access 强大的动态数据交换（DDE）和对象链接和嵌入（OLE）特性，可以在一个数据表中嵌入位图、声音、Excel 表格、Word 文档，还可以建立动态的数据库报表和窗体等。Access 还可以将程序应用于网络，并与网络上的动态数据相链接。利用数据库访问页对象生成 HTML 文件，轻松构建 Internet/Intranet 的应用。但是 Access 不支持并发处理，数据库易被下载，存在安全隐患，数据存储量相对较小，数据量过大时严重影响网站访问速度和程序处理速度等问题。

（2）My SQL　　My SQL 作为一种基于开放源码的关系型数据库管理系统，也支持标准的结构化查询语言。My SQL 以其简单易用且免费的特点为广大编程爱好者所喜爱。虽然采用 My SQL 可以降低成本，但是它不是商业化的数据库软件，因而在售后服务及产品的后续方面缺乏可靠的技术支持与保障。因此，在重要的信息管理系统中很少采用 My SQL。

（3）Sybase　　Sybase 是基于客户/服务器体系结构的数据库。它支持共享资源且在多台设备间平衡负载，允许容纳多个主机的环境。它是真正开放的数据库。它公开了应用程序接口 DB-LIB，鼓励第三方编写 DB-LIB。由于开放的客户 DB-LIB 允许在不同的平台使用完全相同的调用,因此访问 DB-LIB 的应用程序很容易从一个平台向另一个平台移植。存储过程、触发器和多线索化,使其具有较高的性能。

(4) SQL Server　　SQL Server 是由微软公司推出的基于 Windows 操作系统的数据库管理系统,它是一种高性能、多用户的关系型数据库,用户可以实施大范围的分布式信息处理。它提供了一个数据库引擎,可以用于小型到大型的系统开发,并具有高利用率、安全性、事务处理和容错性,提供了对大量数据管理的数据安全性及完整性进行管理的手段,提供了用于重复使用的存储过程,使用定制动态链接库的扩充存储过程,执行引用完整性的触发器,以及用于字段及数据类型的验证规则。

(5) Oracle　　Oracle 是由甲骨文公司推出的关系型数据库管理系统,也是最专业化的数据库管理系统之一,它被广泛应用于 Windows、Unix、Linux 等各类操作系统平台,引入共享 SQL 和多线索服务器体系结构,减少了资源占用,使之以较少的资源就可以支持更多的用户。提供了基于角色(role)分工的安全保密管理。在数据库管理功能、完整性检查、安全性、一致性方面都有良好的表现。支持大量多媒体数据,如二进制图形、声音、动画及多维数据结构等。提供了新的分布式数据库能力,可通过网络较方便地读写远端数据库里的数据,并有对称复制的技术。

(6) MongoDB　　MongoDB 是一个开源的、基于分布式文件存储的 NoSQL 数据库。它由 C++ 语言编写,对于支持分布式集群系统具有天然优势,能够提供可扩展的高性能数据存储解决方案。它存储的内容没有结构限制,是类似 json 的 bson 格式,因此可以存储比较复杂的数据类型。它最大的特点是支持的查询语言非常强大,其语法有点类似于面向对象的查询语言,几乎可以实现类似关系型数据库单表查询的绝大部分功能,而且支持对数据建立索引。

(二)系统数据库设计

基于模型的农作决策支持系统的数据库主要包括气象、土壤、品种、管理措施等数据库,不同的农作决策支持系统在具体的数据要求上不一样,但大部分是相似的,以下给出了一些典型的数据需求。

1. 气象数据表　　存储不同年份逐日气象数据,这些数据主要是历史的或生成的未来的气象数据,主要包括地区名称、纬度、日期、日最高气温、日最低气温、日照时数及降水量等。

2. 土壤数据表　　存储反映不同地区不同类型土壤特征的数据,包括土壤类型、耕层深度、pH、物理性黏粒含量、容重、孔隙度、裸土反射率、凋萎系数、田间持水量、饱和含水量及作物生长季开始的土壤水分和养分状况(包括土壤实际含水量、全氮含量、有机质含量、速效氮含量、速效磷含量、速效钾含量、缓效钾含量、有效钾含量等)及含盐量、坡度等。

3. 品种数据表　　涉及作物品种的基本遗传特征参数,包括产量及产量结构、主要品质指标、收获指数、叶片发育及分蘖特性(总叶片数、叶热间距、最大叶面积指数、伸长节间数、基本苗、分蘖能力、有效分蘖成穗率等)、生理春化时间、温度敏感性、光周期敏感性,以及籽粒和秸秆中的氮、磷、钾含量,穗粒数及穗数对增产的贡献率,耐肥性及抗病性等。

4. 管理措施数据表　　包含多种作物栽培管理措施及其相关信息,涉及选用的品种、播种时间、种植密度、施肥的时间和数量及灌溉时期和灌水量等。

5. 农资行情信息表　　存储农机具、农药、肥料、种子、柴油等相应的价格和供应商信息,用于经济效益的计算与优化评估。

6. 病虫草害信息表　　存储作物全生育期主要病虫草害的典型发病区域、发病症状、发生规律、测报办法及防治措施等信息。

三、农作决策支持系统的功能

以南京农业大学研制的作物生长模拟及决策支持系统为例，在作物生长模型构建的基础上，利用计算机软构件技术封装发育进程、光合同化、物质分配、器官建成、产品形成、养分动态、水分平衡等模块算法，进一步与 GIS、RS 等技术耦合，拓展数据管理、参数生成、策略评价等功能，研制开发了作物生长模拟软件系统，并集成开发了作物生长模拟及决策支持平台，实现了文件管理、数据管理、参数优化、生长模拟、遥感耦合、生产力预测、方案设计、效应评估、安全预警、产品发布、系统帮助等综合功能（图 14-3），具有多功能、空间化、数字化、可视化等特点。

（一）文件管理

可以实现基本的文件操作功能，包括打开文件、保存或打印结果文件及登录或退出系统。其中登录操作设置了系统使用权限，具有权限的用户才能对系统的维护功能（如数据管理）进行操作，一般用户只能浏览系统信息，无法实现对数据库的访问、查看与增删。系统运行结果与决策方案均以文本文件的形式保存，从而方便用户查看与使用。

（二）数据管理

主要实现数据库中基础数据（气象、品种、土壤与管理数据）的生成、输入、查询等功能。通过调用气象生成模型生成用户所需年份的逐日气象数据，经系统确认后可保存至气象数据库中。通过调用品种参数调试模型生成用户所用品种的遗传参数，经系统确认后可保存至品种数据库中。通过土壤参数估算模型辅助用户估算土壤田间持水量、饱和含水量、有效含水量等难以测算的土壤参数。同时，特定年份和时期的历史气象资料或预报气象资料也可由用户实时输入和保存。

（三）参数优化

实现了品种参数调试、气象数据生成、土壤参数估算及各农作区常规栽培管理措施配置等。通过输入试验观测资料、历史气象、土壤理化参数及常规栽培措施等数据，结合机器学习和传统统计方法，实现了模型遗传参数的估计、未来气象数据的生成、土壤相关参数的估算及常规栽培措施配置。

（四）生长模拟

主要实现作物生长动态的模拟功能。通过调用农作系统模拟模型，访问数据库获取模型必需的基础数据，并输入模型所需的界面参数，即可运行模型，所得模型输出结果存放于数据库系统的结果库中，并可按照用户所选功能模块分别显示生育进程、器官生长、光合生产、物质分配、养分动态、水分动态、产量和品质形成等过程的实时模拟结果。

（五）遥感耦合

主要包括遥感信息与作物模型耦合的三种策略：初始参数反演、中间变量更新和生长过程同化。初始参数反演策略通过调整模型初始输入参数值使得模型模拟值逼近遥感观测值，

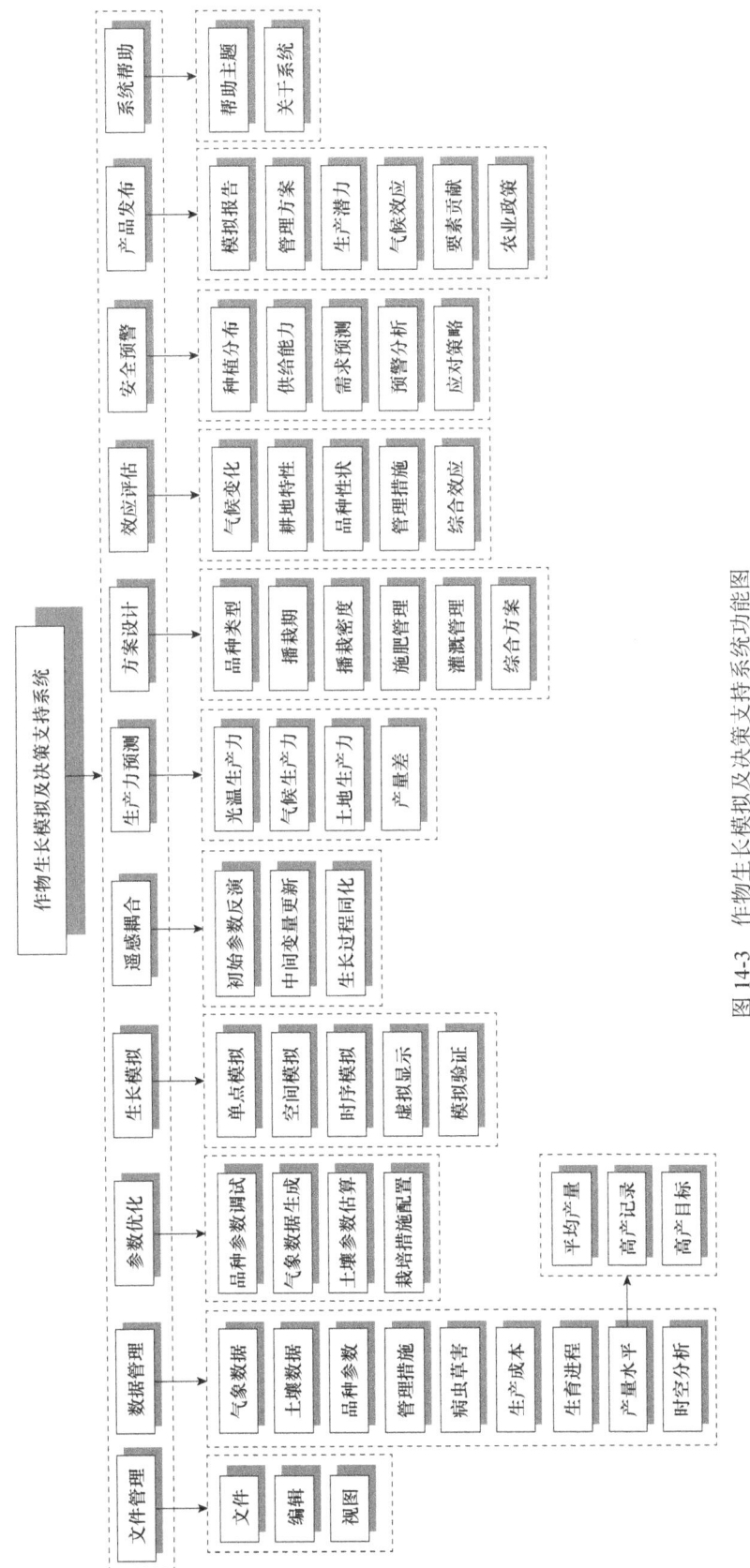

图 14-3 作物生长模拟及决策支持系统功能图

中间变量更新策略是以遥感观测值替换模型模拟值，生长过程同化策略是利用某时刻遥感观测值来优化同时刻模型模拟值并改变优化时刻之后的模型模拟状态变量。通过输入遥感信息及必要的品种、管理和气象信息，针对不同需求选择不同的策略。

（六）生产力预测

主要实现不同层次的作物生产力预测和产量差分析，具体包括光温生产力、气候生产力、土地生产力和产量差分析。通过输入区域尺度上气候、土壤、品种、管理措施等数据，运行作物生长模型，输出得到区域尺度作物光温生产力、气候生产力、土地生产力，进一步通过分析不同层次之间作物产量差异得到不同产量差时空特征。

（七）方案设计

通过循环多次调用作物生长模型，实现作物栽培管理的单项方案评估与综合方案评估。依用户目的分别实现不同品种、播栽期、播栽密度、施肥或灌溉管理的模拟试验；每次模拟试验都生成一个结果文件，保存于数据库管理系统中的结果库。进一步利用分析评价模型，对结果库中的多个模拟试验结果进行分析，为用户生成适宜品种、播栽期、密度、施肥量及灌水方案等单项决策方案。综合方案则是用户可同时选择品种、播栽期、密度、施肥和灌溉管理等多个管理措施进行组合模拟试验，最终为用户生成最优化的综合性决策支持方案。

（八）效应评估

主要实现气候变化、耕地特性、品种性状、管理措施和综合效应。通过进行不同历史和未来气候、土壤特性、品种参数、管理措施等单项情景模拟及以上 4 种要素的综合模拟，将模拟结果保存在结果库中，循环结束后，对不同年际间的模型输出结果进行差异分析，找出产量与品质等指标的变化规律，评价气候、耕地、品种、管理及其综合变化下的变化效应。

（九）安全预警

通过区域生产力水平，包括作物种植分布与供给能力，定量评估环境要素变化对作物生产的影响，结合粮食需求供给模型，计算粮食需求；结合供给和需求预测，实现粮食安全保障的预测预警与应对策略制订。

（十）产品发布

功能无缝对接 CropGrow 的 Web 版服务平台（www.cropgrow.net），实现模拟报告、管理方案、生产潜力、气候效应、要素贡献、农业政策等应用报告的生成及实时在线发布。

（十一）系统帮助

对系统的使用提供帮助文档，指导用户正确操作与运行系统。同时，提供系统的开发研制单位与版权说明。

第三节　典型农作决策支持系统的介绍

目前世界上主要的基于模型的农作决策支持系统包括美国的 DSSAT、澳大利亚的 APSIM、荷兰和国际水稻研究所共同研制的 ORYZA v3、法国的 STICS 及中国的 CropGrow 等，由于各个国家对农业的理解、生产方式、研制目标等不一致，这些系统在模型算法、作物类型及系统功能等方面略有区别，但总体上在输入输出、情景模拟、参数设置等方面都是相似的，这些基于生理生态过程的作物生长与生产力形成模拟模型，一般以日为步长，均包括阶段发育与物候期、器官发生与建成、光合生产与物质积累、同化物分配与产量和品质形成、养分动态和水分平衡等子模型，可动态预测不同条件下作物生长发育与产量形成过程。基于构建的作物生长模型进行情景模拟、效应评估与决策管理。以下介绍一些国内外著名的基于模型的决策支持系统。

一、CropGrow

CropGrow 是南京农业大学国家信息农业工程技术中心从 1994 年起，经过 20 余年开发而成的，是在构建水稻（RiceGrow）、小麦（WheatGrow）生长模型的基础上，利用计算机软构件技术封装发育进程、光合同化、物质分配、器官建成、产品形成、养分动态、水分平衡等模块算法，进一步与地理信息系统、遥感等技术耦合，拓展数据管理、参数生成、策略评价等功能，研制开发的作物生长模拟软件系统，并集成开发了作物生长模拟及决策支持平台，涵盖了数据管理、参数优化、生长模拟、遥感耦合、生产力预测、方案设计、效应评估、安全预警、产品发布等综合功能，具有多功能、空间化、数字化、可视化等特点。CropGrow 是在.NET 环境下应用 C#语言开发系统人机界面，采用 Excel 设计数据库结构，分别实现了稻、麦生长模拟及决策支持系统的各项功能，图 14-4 为小麦生长模拟及决策支持系统主界面。

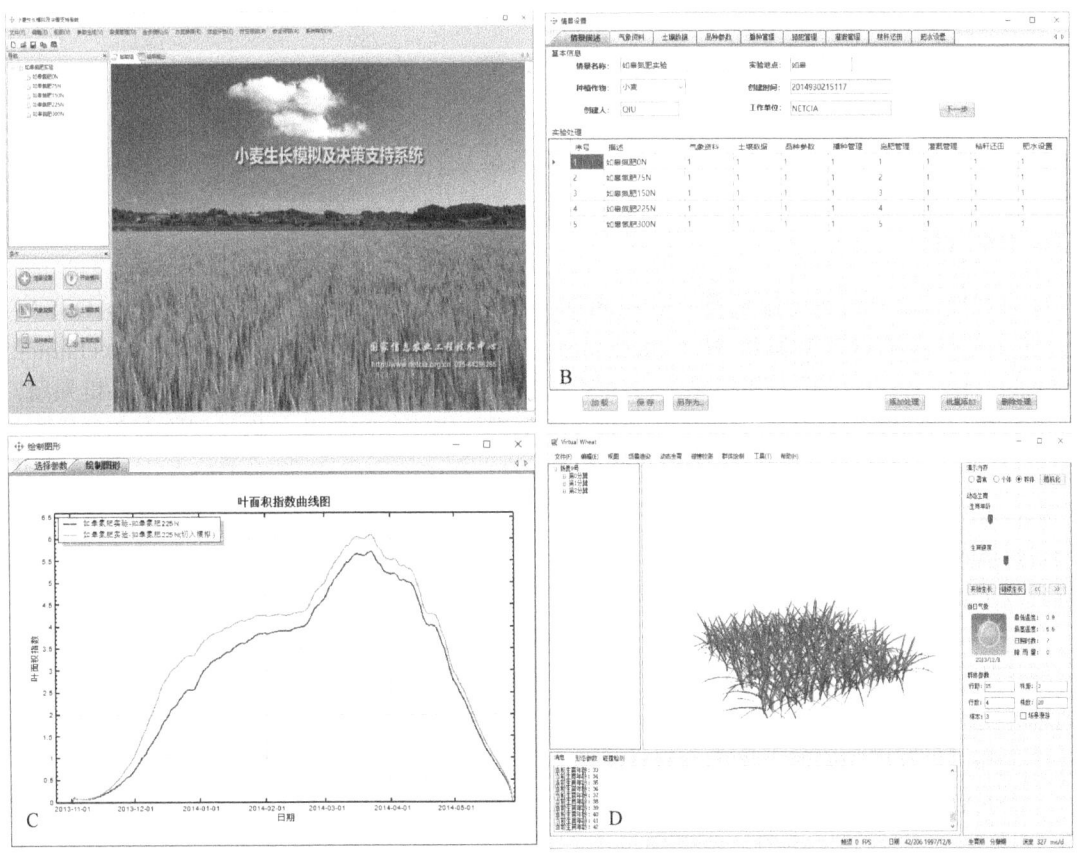

图 14-4　小麦生长模拟及决策支持系统主界面

二、ORYZA v3

ORYZA 系列模型是由国际水稻研究所和荷兰瓦赫宁根大学联合开发的水稻生长模型。ORYZA2000 是在 20 世纪 90 年代中期，在模拟水稻潜在产量的 ORYZA1、模拟水分限制条件下水稻生产的 ORYZA-W 及模拟氮素限制条件下水稻生产的 ORYZA-N 的基础上整合而成的。2017 年，菲律宾国际水稻研究所又在 ORYZA2000 的基础上进行了改进，构建了 ORYZA v3 版本（图 14-5）。其在土壤水分、作物叶片氮含量动态、水胁迫及氮胁迫的模拟方面均有显著的改进。该模型由多个子模块构成，包含作物生长和发育模块、蒸散和水分胁迫模块、植株氮素平衡及土壤水分平衡模块等，能够模拟潜在、水氮限制条件下水稻的生长发育。ORYZA 模型一直被用于确定更好的水稻作物管理方案，评估气候变化的影响，并协助技术的传播和水稻品种的发布及针对目标环境的水稻育种。

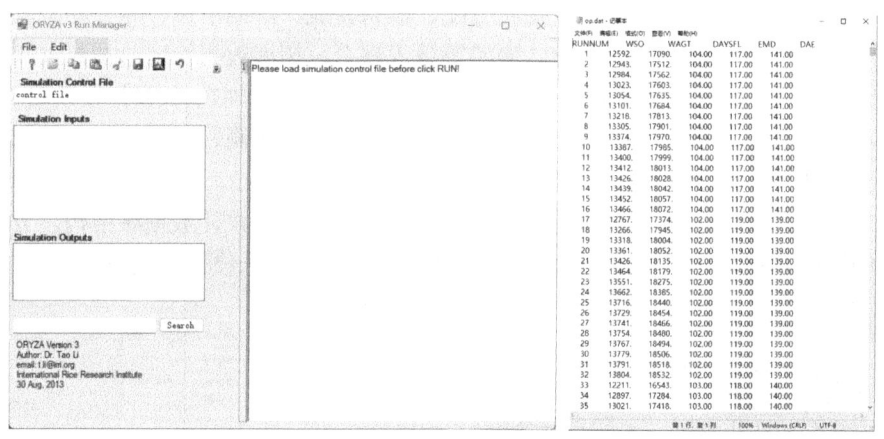

图 14-5　ORYZA v3 输入输出界面

三、DSSAT

农业技术转移决策支持系统（decision support system for agrotechnology transfer，DSSAT）是在农业技术转移国际基准网（international benchmark sites network for agrotechnology transfer，IBSNAT）的赞助和指导下，由夏威夷大学开发研制的综合作物模拟计算机系统。其开发的目的是将各种作物生长模型及相关模型进行模块化和汇总，将模型输入和输出变量格式化，以便模型的普及和应用，促进模型在农业生产中的应用和推广。DSSAT 包含了小麦、水稻、玉米、大豆、棉花等 40 余种作物模型。这些作物模型覆盖了多种主要粮食作物和经济作物，以及一些特殊作物和牧草等。DSSAT 整合了多个作物模型、气象模型和土壤模型，使得用户可以对多个农田因素进行综合分析，更全面地了解农作物的生长和生产。DSSAT 拥有一个主驱动程序、一个土地单元模块，以及构成作物系统土地单元的主要组成部分的模块。主要模块包括天气、土壤、植物、土壤/植物/大气界面和管理组件，这些组件共同描述了土地单元上土壤和植物在时间上的变化。DSSAT 将所有作物的模型纳入了一套代码中，使得所有作物都可以利用相同的土壤模型组件。这一设计极大地简化了作物轮作的模拟。

DSSAT-CSM 系统中最重要的系列模型是 CERES 系列模型，其中包括土壤水分平衡、氮素平衡、生长发育等子模型，可以模拟不同气候、土壤、水稻品种和水肥管理方案下水稻的生长发育和产量形成，该模型还考虑了 CO_2、虫害等因素及土壤水分亏缺对作物生长的影响效应。除了帮助使用者进行作物生产管理决策,也能为合理利用自然资源提供参考指导。图 14-6 展示了 DSSAT 系统的主界面和模型运行界面。

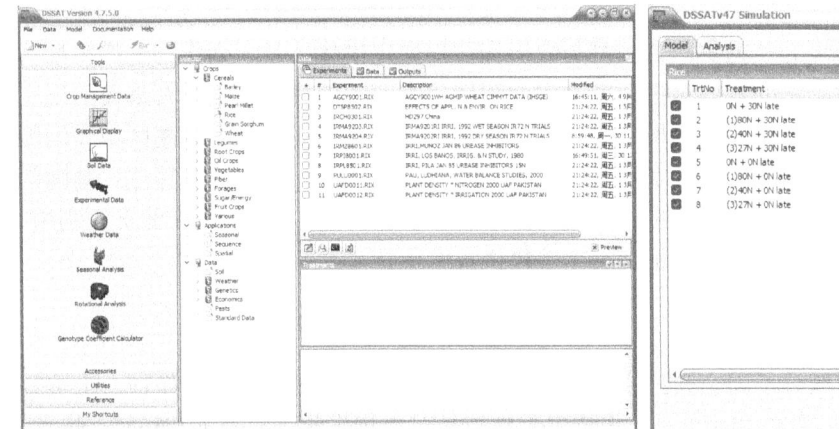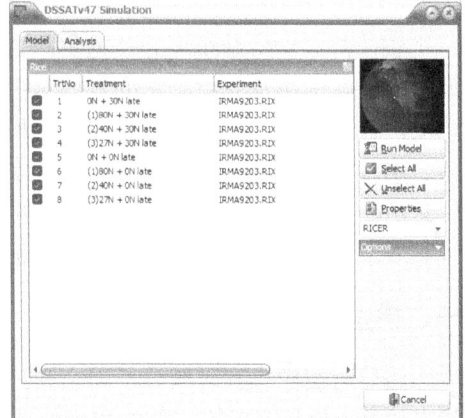

图 14-6　DSSAT 系统的主界面和模型运行界面

四、APSIM

农业生产系统模拟器（agricultural production systems simulator, APSIM）是由澳大利亚联邦科学与工业研究组织（CSIRO）开发,并在全球范围内得到广泛应用的农业系统建模和模拟平台。APSIM 自 20 世纪 90 年代问世以来,涵盖了不同作物、土壤、气候等多个模型,围绕植物、土壤和管理进行模块化的构建。这些模块包括多种作物、牧草和林木,土壤过程包括水分平衡、氮磷转化、土壤特性及管理调控作用。可以在考虑气候、基因型、土壤和管理因素的情况下预测作物产量,旨在模拟农业系统中的生物物理过程,特别是与气候风险相关的生产管理对经济和生态的影响。APSIM 常用于探讨粮食安全、气候变化适应和减缓及碳交易问题领域的备选方案和解决办法等相关问题,可用于研究农业景观的变化,从基因表达的模拟到多个农田和更大范围的系统。

APSIM 模型框架由一系列模块组成,主要包括生理过程组件（用于模拟农业生理和物理过程）、管理模块（允许用户指定所模拟场景的管理规则）。此外,APSIM 模型框架还具有各种用户界面,用于模型构建、测试和应用,以及各种界面和关联数据库工具,用于可视化和进一步分析输出（图 14-7）。

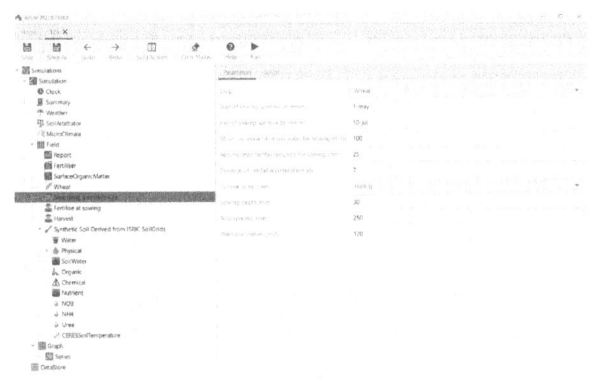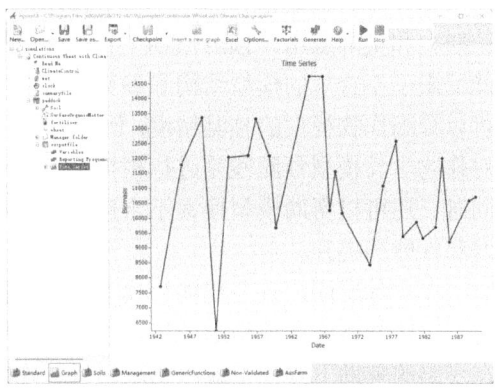

图 14-7　APSIM 系统的主界面

第四节 农作决策支持系统发展展望

农作决策支持系统可为作物生产力预测与效应评估提供定量化工具，为作物生产精准管理提供科学的决策支撑，它的发展对推动智慧农业和现代农业的研究与应用具有重要的现实意义。然而未来需要加强过程模型的机理性、提升决策的准确性和实时性、提高区域预测能力、增强决策系统的应用性等。因此农作系统还需加强与遥感监测、人工智能算法、基因效应解析、数字孪生和智能农机等技术的耦合，以期更好地为生产力预测预警、农业资源利用、智慧农场管理、育种优化设计及国家粮食安全等提供技术支持。

一、模型与遥感监测

遥感可在田块到区域等不同空间尺度，利用多种传感器快速实时准确获取作物、土壤等状态信息，具有突出的时效性和空间性。作物生长模型是对作物生长过程及其与环境、技术、品种之间的动态关系进行定量表达，具有较强的机理性和时序预测性。但是作物生长模型仅仅适合模拟单点尺度上的作物生长，当作物生长模型从单点研究发展到区域尺度应用时，模型在一些宏观资料的获取和参数的区域化方面出现很多困难，借助遥感技术的优势，将在遥感数据中获取的一些宏观信息嵌入作物模拟模型或校正有关参数，解决作物模拟模型参数区域化过程中的技术问题。因此，遥感信息与作物模型相结合，可实现遥感区域实时监测功能与模型时序预测功能的互补，提升对区域作物生长和产量、品质形成的预测精度，是实现区域化作物生长和生产力精确预测的有效路径。遥感信息与作物模型的耦合主要涉及三种策略，包括直接以遥感观测值替换模型模拟值（中间变量更新策略），通过调整模型初始输入参数值使得模型模拟值逼近遥感观测值（初始参数反演策略），以及以某时刻遥感观测值来优化同时刻模型模拟值并改变优化时刻之后的模型模拟状态变量（生长过程同化策略）。遥感与模型耦合过程中，常用的耦合参数既有作物生长或生理指标，如叶面积指数、叶片氮含量等，也可以直接耦合遥感参数，如光谱反射率、植被指数等。通过遥感信息与作物模型的耦合，可有效提升区域作物生产力的预测能力、优化作物管理水平、保障粮食安全等。

二、模型与人工智能算法

人工智能（artificial intelligence，AI）是当今科技领域最热门的话题之一。在过去几年里，随着云计算、大数据和深度学习等技术的进步，人工智能将有效地促进和支持知识模型的理论研究和实际应用。预测作物生长是作物模型最重要的功能之一，但作物生长模型的预测性能受限于不合理的模型结构和参数化，实际使用时往往具有较大误差。而基于人工智能算法可以提高作物模型的预测精度。例如，一种办法是用人工智能算法结合模型预测的历史经验，对作物生长模型预测残差进行模拟推断，以构建高精度的融合预测模型。在提升预测精度的同时，还可以帮助模型搜索不合理或具有局限性的算法结构和参数化，进一步促进模型的研发和性能的提升。

在实际层面，人工智能为模型赋予和拓展了更多应用场景。首先，通过结合模型和人工智能算法能将作物模型的模拟水平提升到农场、区域或全球水平。例如，机器学习算法可以在遥感的辅助下对一个地区的农田进行作物分类，进一步结合作物生长模型实现区域模拟。在农场、区域或全球层面，模型+人工智能可以协助系统优化和决策支持，构建农业生产智慧管理决策系统，提高管理决策的智能化程度。人工智能算法往往需要大量的数据，而农业数据收集是很困难的，尤其是植物表型数据采集费时费力。而作物模型模拟数据可为人工智能算法和模型训练提供替代性的样本数据。此外，作物模型的参数估算是其应用的重要难点，目前应用于模型参数的估算方法众多，包括遗传算法、粒子群算法及蒙特卡罗算法等智能估算方法，人工智能算法将为模型参数估算提供更强大且迅速的参数调优和智能辅助。

三、模型与基因效应解析

传统的作物育种通过人工选择和交配等手段，改良和培育具有特定性状和适应性的新品种，这代表了选择性状的遗传结构和环境因素的集聚效应。现代基因测序技术的飞速发展使得作物基因信息的快速获取变成现实。全基因组关联分析（GWAS）利用大规模的群体 DNA 样本进行全基因组高密度遗传标记分型，通过对群体中的个体进行表型检测，从而检测 QTL、鉴定目标性状的功能位点或筛选功能基因。基因组预测（GP）通过全基因组密集标记预测个体的总育种价值或表型特征。GWAS 和 GP 的目标性状是在个体或种群水平上的复杂特征，如抽穗期、籽粒产量等，是受多基因控制的性状。虽然可以通过 GWAS 和 GP 对单一简单性状进行单独分析，但现有的 GWAS 和 GP 技术，基于多个单一性状对复杂性状（如产量）影响的预测能力有限。其主要原因是这些技术没有考虑控制植物生长发育的基本过程，因此它们在分离基因型与环境交互作用和整合多个交互性状贡献方面的能力有限。作物生长模型具有分解复杂性状和过程的能力，使其能够在整合多成分性状（如光周期效应、早熟性、比叶面积）贡献的同时，明确地解释品种、环境与管理措施的相互作用。因此，作物生长模型与 GWAS 和 GP 的结合被认为是扩展基因组学研究潜力的强大技术，也为量化作物生长模型中品种遗传参数与基因效应之间的关系奠定了良好基础。

今后将系统量化作物重要功能基因对主要表型性状与产量、品质形成的调控效应，深入解析具有不同功能基因的作物遗传材料在不同年份、不同生态区主要表型性状（如生育期、株高、叶倾角、光合效率、氮素利用效率、千粒重、蛋白质含量等）的动态变化特征，研究创建基于基因信息［如单核苷酸多态性（single nucleotide polymorphism，SNP）］生理效应和遗传规律的作物遗传参数估算新方法，并融入已有的作物生长模型中，进一步探索主要性状基因效应与环境效应之间的互作机制与定量方法，揭示不同基因型品种对生态环境及管理措施的响应机制，构建可定量描述"基因效应-遗传参数-环境或技术-表型特征"动态关系的作物生长与生产力形成模拟模型（图 14-8），有效提升作物生长模型对作物表型特征的预测潜能，为量质协同提升目标下作物品种的数字化设计与评价奠定基础。例如，通过耦合基因效应模型与作物三维可视化模型有望为水稻理想株型的分子育种设计提供技术支持。另外，作物生长模型结合作物表型监测技术，可应用于高通量作物表型指标的动态模拟预测，为作物表型快速鉴定、作物株型优化设计等提供智能化工具。

四、模型与数字孪生

数字孪生的概念早在 21 世纪初便被提出，近年来，随着计算能力的大幅提升和信息基础设施的大力建设，以智能化为主题的第四次工业革命迅速兴起，数字孪生的概念也广受关注，数字孪生系统开始在各应用领域崭露头角。数字孪生系统综合运用感知、建模、虚拟现实、物联网、云边缘计算等多种技术，对物理空间进行描述、诊断、预测、决策，进而实现物理空间与虚拟空间的双向映射、实时通信与动态交互。数字孪生是通过物理层、数据层、

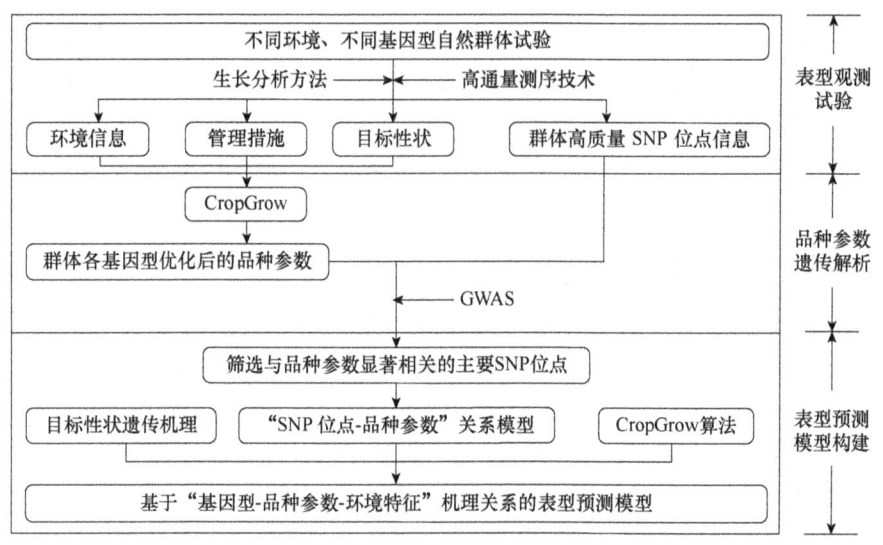

图 14-8 基于 SNP 效应构建表型预测模型的流程图

模型层和功能层来实现最终的运用,被用来在虚拟空间中测试真实的场景。数字孪生技术已经在制造、教育、建筑、医药和零售等很多行业进行了应用。

随着传感器、遥感、作物生长模拟、虚拟可视化等技术的快速发展,数字孪生作物系统的概念逐渐清晰起来,即将实体作物与虚拟作物的环境、生长、管理同步,通过作物实时状态监测与环境响应,以及与用户的可视化交互,实现作物-环境信息的实时获取、监测与传输,作物生长发育的动态预测,作物生产管理的优化决策,最终实现农作系统全生命周期的映射。数字孪生作物系统可分为实体作物系统、虚拟作物系统、模拟实验系统和智能管控系统(图 14-9)。通过"天、空、地"立体化感知技术,融合光谱图像、三维点云等数据,实时在线提取实体作物系统的表型参数和环境信息;利用作物三维形态建模、虚拟现实技术,构建作物功能-结构协同模拟模型及虚拟可视化技术;结合农田传感器、物联网、智慧农机等数字虚体,形成虚拟作物系统,实现对作物生产过程的数字化和可视化表达;在此基础上,结合智能算法与情景模拟设计,构建模拟实验系统,可进行预测预警、效应评估、管理决策等,实现作物生产的数字化设计与动态化预测;将模拟实验系统获得的耕种管收等数字化管理处方发给智能管控系统,实现作物生产作业的精确设计与智能控制;将虚拟条件下作物、环境、作业等数据与真实场景同步,构建从虚拟作物系统到现实世界的映射,形成作物数字孪生"感知-表达-预测-调控-感知"的闭环系统。

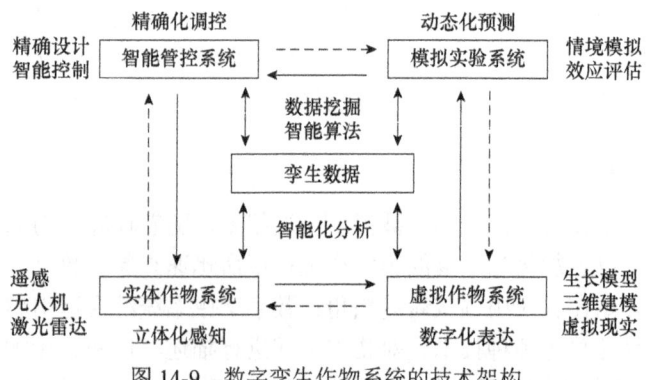

图 14-9 数字孪生作物系统的技术架构

数字孪生作物系统的构建与应用可为未来无人农场提供智慧大脑，可实现农作系统的数字化和可视化，量化作物-环境-管理相互作用动态规律与机理关系，为作物生长预测、环境效应评估及品种设计与改良等提供技术支持；可基于农田养分、作物长势及实时气象预报进行数字化设计，为作物生产提供施肥、喷药、灌溉等数字化管理处方；也可基于农机作业参数、数字化管理处方、农场数字地图等，进行农机作业路线的自动规划、作业任务的智能分配等。数字孪生作物系统的成功应用，将有助于加强对作物-环境-管理生产系统的理解与认识、减少作物灾害和生产管理风险、提高作物产量品质与资源利用效率、提升农场生产管理与经营效益。

五、模型与智能农机

智能农机是指农业生产中应用人工智能技术的农业机械设备。它结合了先进的传感器技术、数据处理能力和自主决策系统，使农业机械能够更加智能化、自动化地进行农业生产活动。利用智能农机，依托田间管理处方和导航平台，面向耕、种、管、收等主要作业环节，将智慧决策的结果付诸田间作业，从而实现变量作业与智慧管理等生产目标。智能变量作业的核心是先进的智能农机装备，是一种信息-农艺-农机一体化的融合系统。而作物模型是智能农机的大脑，由于其具备可解释性和可操作性的优势，在农作智慧决策中举足轻重。首先，作物模型可以定量模拟和动态预测不同农作方案的实施效果，实现田间作业处方的数字化设计与评价。其次，作物模型可以在不同时空尺度上耦合其他模型和技术，实现农作信息的高效处理、综合分析和统一决策。最后，作物模拟模型与决策支持平台可以有效连接多源农情感知终端和智能农机终端，为作物生产的种、肥、水、药等管理环节的大数据决策计算、智能推送提供信息化服务，并通过实时感知将作业状态和作业效果反馈给智慧决策，从而形成智慧农作数据流和作业流的闭环，实现"感知-决策-操作"一体化和系统化的智慧农作技术体系（图14-10），有利于推动农业产业的信息化，促进智能农机的产业化和市场化，助力农业生产管理的智能化和现代化。

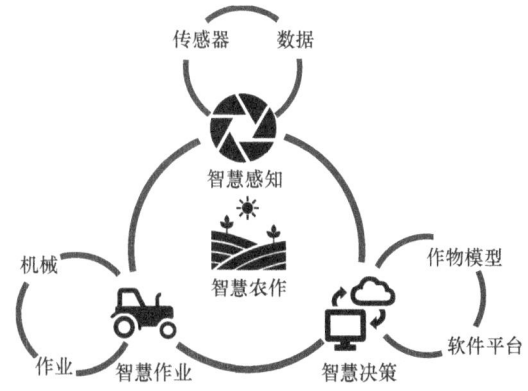

图14-10　信息-农艺-农机结合的智慧农作技术

复习思考题

1. 列举一个农业方面的结构化、半结构化和非结构化决策问题案例，说明三者的区别。谈谈随着技术的发展，哪些问题可以从半结构化、非结构化问题转化为结构化问题。
2. 概括总结基于模型的农作决策支持系统的定义、特征与作用。
3. 了解和使用2~3个基于模型的决策支持系统，谈谈它们的区别。
4. 结合本章知识，谈谈农作决策支持系统未来需要发展的具体功能。

主要参考文献

曹卫星. 2008. 数字农作技术 [M]. 北京：科学出版社.

曹卫星. 2011. 作物栽培学总论 [M]. 北京：科学出版社.

曹卫星, 程涛, 朱艳, 等. 2020. 作物生长光谱监测 [M]. 北京：科学出版社.

曹卫星, 郭文善, 王龙俊, 等. 2005. 小麦品质生理生态及调优技术 [M]. 北京：中国农业出版社.

曹卫星, 罗卫红. 2003. 作物系统模拟及智能管理 [M]. 北京：高等教育出版社.

曹卫星, 朱艳, 戴廷波, 等. 2023. 作物生态学 [M]. 北京：科学出版社.

常春义, 曹元, Mustafa G, 等. 2023. 白粉病对小麦光合特性的影响及病害严重度的定量模拟 [J]. 中国农业科学, 56 (6)：1061-1073.

常丽英. 2007. 水稻植株形态建成的模拟模型研究 [D]. 南京：南京农业大学.

陈国庆. 2004. 小麦形态建成模拟及可视化研究 [D]. 泰安：山东农业大学.

高鸿深. 2009. 决策支持系统（DSS）理论与方法 [M]. 北京：清华大学出版社.

高亮之. 2019. 农业模型学 [M]. 北京：气象出版社.

高亮之, 金之庆, 黄耀, 等. 1992. 水稻栽培计算机模拟优化决策系统 [M]. 北京：中国农业科技出版社.

高亮之, 金之庆, 黄耀, 等. 1994. 作物模拟与栽培优化原理的结合-RCSODS [J]. 作物杂志, (3)：4-7.

顾骏飞. 2014. 基于 QTL 的作物生长模型在育种中的应用及展望 [J]. 作物杂志, (1)：5.

黄健熙, 黄海, 马鸿元, 等. 2018. 基于 MCMC 方法的 WOFOST 模型参数标定与不确定性分析 [J]. 农业工程学报, 34 (16)：113-119.

黄健熙, 黄海, 马鸿元, 等. 2018. 遥感与作物生长模型数据同化应用综述 [J]. 农业工程学报, 34 (21)：144-156.

康孟珍, 王秀娟, 华净, 等. 2021. GreenLab 模型 20 余年研究回顾与展望 [J]. 农业大数据学报, 3 (3)：3-12.

雷晓俊, 汤亮, 张永会, 等. 2011. 小麦麦穗三维几何模型构建与可视化 [J]. 农业工程学报, 27 (3)：179-184.

廖要明, 张强, 陈德亮. 2004. 中国天气发生器的降水模拟 [J]. 地理学报, 59 (5)：689-698.

刘健, 姚宁, 夽海霞, 等. 2016. 冬小麦物候期对土壤水分胁迫的响应机制与模拟 [J]. 农业工程学报, 32 (21)：115-124.

刘涛, 杨晓光, 高继卿, 等. 2020. 不同粮食作物光能利用效率研究 [J]. 农业工程学报, 36 (24)：186-193.

刘铁梅, 曹卫星, 罗卫红, 等. 2001. 小麦物质生产与积累的模拟模型 [J]. 麦类作物学报, 21 (3)：26-30.

刘永和, 张万昌, 朱时良, 等. 2010. 基于广义线性模型和 NCEP 资料的降水随机发生器 [J]. 大气科学, 34 (3)：599-610.

罗卫红. 2008. 温室作物生长模型与专家系统 [M]. 北京：中国农业出版社.

孟亚利, 曹卫星, 周治国, 等. 2003. 基于阶段过程的水稻阶段发育与物候期模拟模型 [J]. 中国农业科学, 36 (11)：1362-1367.

戚昌瀚. 1998. 简论作物发育模型的生理参数的基因定位研究 [J]. 江西农业大学学报, (3)：3-6.

戚昌瀚, 殷新佑. 1994. 作物生长模拟的研究进展 [J]. 作物杂志, (4)：1-2.

石春林, 朱艳, 曹卫星. 2006. 水稻叶曲线特征的机理模型 [J]. 作物学报, 32 (5)：656-660.

宋利兵, 陈上, 姚宁, 等. 2015. 基于 GLUE 和 PEST 的 CERES-Maize 模型调参与验证研究 [J]. 农业机械学报, 46 (11)：95-111.

宋明丹, 冯浩, 李正鹏, 等. 2014. 基于 Morris 和 EFAST 的 CERES-Wheat 模型敏感性分析 [J]. 农业机械学报, 45 (10)：124-131.

谈峰. 2010. 基于模型的小麦根系可视化研究 [D]. 南京：南京农业大学.

谭君位. 2017. 作物模型参数敏感性和不确定性分析方法研究 [D]. 武汉：武汉大学.

谭子辉. 2006. 小麦植株形态建成的模拟模型研究 [D]. 南京：南京农业大学.

伍艳莲. 2009. 作物形态结构的可视化技术研究 [D]. 南京：南京农业大学.

伍艳莲, 曹卫星, 汤亮, 等. 2009. 基于 OpenGL 的小麦形态可视化技术 [J]. 农业工程学报, 25 (1)：121-126.

肖薇. 2005. 农田冠层能量平衡和小气候要素的特征与模拟 [D]. 南京：南京信息工程大学.

徐其军,汤亮,顾东祥,等. 2010. 基于形态参数的水稻根系三维建模及可视化[J]. 农业工程学报, 26 (10): 188-194.

严美春,曹卫星,李存东,等. 2000. 小麦发育过程及生育期机理模型的检验和评价[J]. 中国农业科学, 33 (2): 43-50.

严美春,曹卫星,罗卫红,等. 2001. 小麦地上部器官建成模拟模型的研究[J]. 作物学报, 27 (2): 222-229.

姚宁,周元刚,宋利兵,等. 2015. 不同水分胁迫条件下 DSSAT-CERES-Wheat 模型的调参与验证[J]. 农业工程学报, 31 (12): 138-150.

叶子飘,于强. 2008. 光合作用光响应模型的比较[J]. 植物生态学报, 32 (6): 1356-1361.

殷新佑,唐建军,刘桃菊,等. 2003. 作物发育模型生理参数的 QTL 定位与应用研究初报——以大麦品系的生育期预测为例[J]. 江西农业大学学报, (6): 839-843.

张静潇,苏伟. 2012. 基于 EFAST 方法的 CERES-Wheat 作物模型参数敏感性分析[J]. 中国农业大学学报, 17 (5): 149-154.

张晴. 2014. 气候变化背景下作物净初级生产力模拟及区域估计的不确定性研究[D]. 北京:中国科学院大气物理研究所.

张文宇. 2011. 小麦株型及冠层光分布模拟研究[D]. 南京:南京农业大学.

张永会. 2013. 水稻植株形态建模与可视化技术研究[D]. 南京:南京农业大学.

周天军,邹立维,陈晓龙. 2019. 第六次国际耦合模式比较计划(CMIP6)评述[J]. 气候变化研究进展, 15 (5): 445-456.

周彤,刘涛,武威,等. 2017. 几种常见作物模型的研究进展及其参数优化[J]. 上海农业学报, 33 (4): 152-159.

朱艳,曹卫星. 2022. 作物模拟与数字作物[M]. 北京:科学出版社.

朱艳,胡继超,曹卫星,等. 2005. 基于作物模型的农田水分管理决策支持系统研究[J]. 水土保持学报, (2): 160-162,198.

朱艳,刘小军,谭子辉,等. 2008. 冬小麦叶色动态的量化研究[J]. 中国农业科学, 41 (11): 3851-3857.

朱艳,汤亮,刘蕾蕾,等. 2020. 作物生长模型(CropGrow)研究进展[J]. 中国农业科学, 53 (16): 3235-3256.

Ali A, Streibig J C, Andreasen C. 2013. Yield loss prediction models based on early estimation of weed pressure[J]. Crop Protection, 53: 125-131.

Angstrom A. 1924. Report to the international commission for solar research on actinometric investigations of solar and atmospheric radiation[J]. Quarterly Journal of Royal Meteorological Society, 50(210): 121-126.

Arora V K, Singh H, Singh B. 2007. Analyzing wheat productivity responses to climatic, irrigation and fertilizer- nitrogen regimes in a semi-arid sub-tropical environment using the CERES-Wheat model[J]. Agricultural Water Management, 94(1-3): 22-30.

Bell M A, Fischer R A. 1994. Using yield prediction models to assess yield gains: A case study for wheat[J]. Field Crop Research, 36(2): 161-166.

Bellocchi G, Rivington M, Donatelli M, et al. 2010. Validation of biophysical models: issues and methodologies: A review[J]. Agronomy for Sustainable Development, 30(1): 109-130.

Bouman B A M, Kropff M J, Tuong T P, et al. 2001. ORYZA2000: Modeling Lowland Rice[M]. Makati City: International Rice Research Institute (IRRI).

Camargo G G T, Kemanian A R. 2016. Six crop models differ in their simulation of water uptake[J]. Agricultural and Forest Meteorology, 220: 116-129.

Caubel J, Launay M, Lannou C, et al. 2012. Generic response functions to simulate climate-based processes in models for the development of airborne fungal crop pathogens[J]. Ecological Modelling, 242: 92-104.

Chen H P, Sun J, Lin W Q, et al. 2020. Comparison of CMIP6 and CMIP5 models in simulating climate extremes[J]. Science Bulletin, 65(17): 1415-1418.

Chenu K, Porter J R, Martre P, et al. 2017. Contribution of crop models to adaptation in wheat[J]. Trends in Plant Science, 22(6): 472-490.

Deng J, Guo L, Salas W, et al. 2022. A decreasing trend of nitrous oxide emissions from california cropland from 2000 to 2015[J]. Earth's Future, 10(4): e2021EF002526.

Farquhar G D, von Caemmerer S, Berry J A. 1980. A biochemical model of photosynthetic CO_2 assimilation in leaves of C_3 species[J]. Planta, 149: 78-90.

Flerchinger G N, Pierson F B. 1991. Modeling plant canopy effects on variability of soil temperature and water[J]. Agricultural and Forest Meteorology, 56(3-4): 227-246.

Fumoto T, Kobayasi K, Li C, et al. 2008. Revised a process-based biogeochemistry model (DNDC) to simulate methane emission from rice paddy fields under various residue management and fertilizer regimes[J]. Global Change Biology, 14(2): 382-402.

Goudriaan J. 1977. Crop Micrometeorology: A Simulation Study[M]. Wageningen: Center for Agricultural Publishing and Document.

Goudriaan J, van Laar H H. 1994. Modelling Potential Crop Growth Processes: Textbook with Exercises[M]. Dordrecht: Kluwer Academic Publishers.

Graf B, Gutierrez A P, Rakotobe O, et al. 1990. A simulation model for the dynamics of rice growth and development: Part II-The competition with weeds for nitrogen and light[J]. Agricultural Systems, 32(4): 367-392.

Gu Y, Li G, Sun Y, et al. 2017. The effects of global dimming on the wheat crop grown in the Yangtze Basin of China simulated by SUCROS_LL, a process-based model[J]. Ecological Modelling, 350: 42-54.

Hanks R J. 1974. Model for predicting plant yield as influenced by water use[J]. Agronomy Journal, 66(5): 660-665.

Hasegawa T, Li T, Yin X, et al. 2017. Causes of variation among rice models in yield response to CO_2 examined with free-air CO_2 enrichment and growth chamber experiments[J]. Scientific Reports, 7(1): 14858.

Holzworth D P, Huth N I, Devoil P G, et al. 2014. APSIM-Evolution towards a new generation of agricultural systems simulation[J]. Environmental Modelling and Software, 62(12): 327-350.

Huang Y, Yu Y, Zhang W, et al. 2009. Agro-C: A biogeophysical model for simulating the carbon budget of agroecosystems[J]. Agricultural and Forest Meteorology, 149(1): 106-129.

Huang Y, Zhang W, Zheng X, et al. 2004. Modeling methane emission from rice paddies with various agricultural practices[J]. Journal of Geophysical Research: Atmospheres, 109(D8): D08113.

Jiang T, Dou Z, Liu J, et al. 2020. Simulating the influences of soil water stress on leaf expansion and senescence of winter wheat[J]. Agricultural and Forest Meteorology, 291: 108061.

Jiang T, Liu J, Gao Y, et al. 2020. Simulation of plant height of winter wheat under soil water stress using modified growth functions[J]. Agricultural Water Management, 232: 106066.

Jin X L, Kumar L, Li Z H, et al. 2018. A review of data assimilation of remote sensing and crop models[J]. European Journal of Agronomy, 92: 141-152.

Jones J W, Antle J M, Basso B, et al. 2017. Brief history of agricultural systems modeling[J]. Agricultural Systems, 155: 240-254.

Jones J W, Hoogenboom G, Porter C H, et al. 2003. The DSSAT cropping system model[J]. European Journal of Agronomy, 18(3-4): 235-265.

Keating B A, Carberry P S, Hammer G L, et al. 2003. An overview of APSIM, a model designed for farming systems simulation[J]. European Journal of Agronomy, 18(3-4): 267-288.

Kuo C W, Chang W C, Chang K C. 2014. Modeling the hourly solar diffuse fraction in Taiwan[J]. Renewable Energy, 66: 56-61.

Li C. 2000. Modeling trace gas emission from agricultural ecosystems[J]. Nutrient Cycling in Agroecosystems, 58: 259-296.

Li C, Frolking S, Frolking T A. 1992. A model of nitrous oxide evolution from soil driven by rainfall events: 1. Model structure and sensitivity[J]. Journal of Geophysical Research, 97(D9): 9759-9776.

Li T, Angeles O, Marcaida M, et al. 2017. From ORYZA2000 to ORYZA (v3): An improved simulation model for rice in drought and nitrogen-deficient environments[J]. Agricultural and Forest Meteorology, 237: 246-256.

Lindenmayer A. 1968. Mathematical models for cellular interactions in development[J]. Journal of Theoretical Biology, 18: 280-315.

Liu B, Asseng S, Wang A, et al. 2017. Modelling the effects of post-heading heat stress on biomass growth of winter wheat[J]. Agricultural and Forest Meteorology, 247: 476-490.

Liu B, Liu L L, Asseng S, et al. 2020. Modeling the effect of post-heading heat stress on biomass partitioning, and grain number and weight of wheat[J]. Journal of Experimental Botany, 71(19): 6015-6031.

Lu Y, Huang Y, Zou J, et al. 2006. An inventory of N_2O emissions from agriculture in China using precipitation-rectified emission factor and background emission[J]. Chemosphere, 65: 1915-1924.

McMaster G S, Wilhelm W W. 2003. Phenological responses of wheat and barley to water and temperature: improving simulation models[J]. The Journal of Agricultural Science, 141: 129-147.

Moot D J, Jamieson P D, Ford M A, et al. 1996. Rate of change in harvest index during grain filling of wheat[J]. Journal of Agricultural Science, 126: 387-395.

Pan J, Zhu Y, Cao W X. 2007. Modeling plant carbon flow and grain starch accumulation in wheat[J]. Field Crops Research, 101(3): 276-284.

Pan J, Zhu Y, Jiang D, et al. 2006. Modeling plant nitrogen uptake and grain nitrogen accumulation in wheat[J]. Field Crops Research, 97(2-3): 322-336.

Parton W J, Mosier A R, Ojima D S, et al. 1996. Generalized model for N_2 and N_2O production from nitrification and denitrification[J]. Global Biogeochemical Cycles, 10(3): 401-412.

Pinnschmidt H O, Batchelor W D, Teng P S. 1995. Simulation of multiple species pest damage in rice using CERES-rice[J]. Agricultural Systems, 48(2): 193-222.

Prescott J A. 1940. Evaporation from a water surface in relation to solar radiation[J]. Transactions of the Royal Society of South Australia, 64: 114-118.

Prusinkiewicz P. 1996. A look at the visual modeling of plants using L-systems[J]. Springer Berlin Heidelberg, 1278: 11-29.

Prusinkiewicz P. 1999. A look at the visual modeling of plant using L-systems[J]. Agronomie, 19: 211-224.

Prusinkiewicz P, Hanan J, Radomir M. 2000. An L-system-based plant modeling language[J]. Applications of Graph Transformations With Industrial Relevance, 1779: 258-261.

Radanielson A M, Gaydon D S, Li T, et al. 2018. Modeling salinity effect on rice growth and grain yield with ORYZA v3 and APSIM-Oryza [J]. European Journal of Agronomy, 100: 44-55.

Richardson C W, Wright D A. 1984. WGEN: A Model for Generating Daily Weather Variables[M]. New York: Department of Agriculture, Agricultural Research.

Ridley B, Boland J, Lauret P. 2010. Modelling of diffuse solar fraction with multiple predictors[J]. Renewable Energy, 35: 478-483.

Ritchie J T. 1998. Soil water balance and plant water stress[J]. Understanding Options for Agricultural Production, 7: 41-54.

Ritchie J T, Porter C H, Judge J, et al. 2009. Extension of an existing model for soil water evaporation and redistribution under high water content conditions[J]. Soil Science Society of America Journal, 73: 792-801.

Rötter R P, Hoffmann M P, Koch M, et al. 2018. Progress in modelling agricultural impacts of and adaptations to climate change[J]. Current Opinion in Plant Biology, 45: 255-261.

Saeid M, Babak M, Quoc B P, et al. 2020. Implementing novel hybrid models to improve indirect measurement of the daily soil temperature: Elman neural network coupled with gravitational search algorithm and ant colony optimization [J]. Measurement, 165: 108127.

Sau F, Boote K J, Bostick W M, et al. 2004. Testing and improving evapotranspiration and soil water balance of the DSSAT Crop Models[J]. Agronomy Journal, 96: 1243-1257.

Shuttleworth W J, Wallace J. 1985. Evaporation from sparse crops-an energy combination theory[J]. Quarterly Journal of the Royal Meteorological Society, 111(469): 839-855.

Singh U, Ritchie J T, Godwin D C. 1993. A User's Guide to CERES Rice, V2.10[M]. Muscle Shoals: International Fertilizer Development Center.

Spitters C J T, Kropff M J, Groot W, et al. 2010. Competition between maize and *Echinochloa crus-galli* analyzed by a hyperbolic regression model[J]. Annals of Applied Biology, 115(3): 541-551.

Sun T, Hasegawa T, Tang L, et al. 2018. Stage-dependent temperature sensitivity function predicts seed-setting rates under short-term extreme heat stress in rice[J]. Agricultural and Forest Meteorology, 256: 196-206.

Sun T, Zhang X, Lv S, et al. 2023. Improving the predictions of leaf photosynthesis during and after short-term heat stress with current rice models[J]. Plant, Cell & Environment, 46(11): 3353-3370.

Tang L, Zhu Y, Hannaway D, et al. 2009. RiceGrow: A rice growth and productivity model[J]. NJAS-Wageningen Journal of Life Sciences, 57(1): 83-92.

Thornley J H M. 1998. Modeling shoot-root relation: The only way forward[J]. Annals of Botany, 81: 165-171.

Thorp K R, Dejonge K C, Marek G W, et al. 2020. Comparison of evapotranspiration methods in the DSSAT cropping system model: Ⅰ.

Global sensitivity analysis[J]. Computers and Electronics in Agriculture, 177: 105658.

Thorp K R, Marek G W, Dejonge K C, et al. 2020. Comparison of evapotranspiration methods in the DSSAT cropping system model: II. Algorithm performance[J]. Computers and Electronics in Agriculture, 177: 105679.

University of New Hampshire. 2017. DNDC: Scientific Basis and Processes[M]. Durham, NH 03824, USA.

van Ittersum M K, Cassman K G, Grassini P, et al. 2013. Yield gap analysis with local to global relevance: A review[J]. Field Crops Research, 143: 4-17.

van Ittersum M K, Rabbinge R. 1997. Concepts in production ecology for analysis and quantification of agricultural input-output combinations[J]. Field Crops Research, 52(3): 197-208.

van Laar H, Goudriaan J, van Keulen H. 1997. Simulation of crop growth for potential and water-limited production situations: as applied to spring wheat[M]. *In*: Quantitative Approaches in Systems Analysis No. 14. Wageningen: AB-DLO.

Wallach D, Makowski D, Jones J W. 2006. Working with Dynamic Crop Models: Evaluation, Analysis, Parameterization, and Applications[M]. Amsterdam: Elsevier Science.

Wallach D, Makowski D, Jones J W, et al. 2018. Working with Dynamic Crop Models[M]. 3rd ed. Amsterdam: Academic Press.

Wang E, Brown H E, Rebetzke G J, et al. 2019. Improving process-based crop models to better capture genotype × environment × management interactions [J]. Journal of Experimental Botany, 70(9): 2389-2402.

Wang L, Lu Y, Zou L, et al. 2019. Prediction of diffuse solar radiation based on multiple variables in China[J]. Renewable and Sustainable Energy Reviews, 103: 151-216.

Willmott C J. 1981. On the validation of models[J]. Physical Geography, 2(2): 184-194.

Xiao L, Asseng S, Wang X, et al. 2022. Simulating the effects of low-temperature stress on wheat biomass growth and yield[J]. Agricultural and Forest Meteorology, 326: 108967.

Xiao L, Liu B, Zhang H, et al. 2021. Modeling the response of winter wheat phenology to low temperature stress at elongation and booting stages[J]. Agricultural and Forest Meteorology, 303: 108363.

Xiao W, Flerchinger G N, Yu Q, et al. 2006. Evaluation of the SHAW model in simulating the components of net all-wave radiation[J]. Transactions of the ASABE, 49(5): 1351-1360.

Yang X, Li J, Yu Q, et al. 2019. Impacts of diffuse radiation fraction on light use efficiency and gross primary production of winter wheat in the North China Plain[J]. Agricultural and Forest Meteorology, 275: 233-242.

Yang Y, Guo Y. 2018. Elucidating the molecular mechanisms mediating plant salt-stress responses[J]. New Phytologist, 217(2): 523-539.

Yin X Y, van der Linden C G, Struik P C. 2018. Bringing genetics and biochemistry to crop modelling, and vice versa[J]. European Journal of Agronomy, 100: 132-140.

Yin X, van Laar H. 2005. Crop Systems Dynamics: An Ecophysiological Simulation Model for Genotype-by- Environment Interactions[M]. Wageningen: Wageningen Academic Pub.

Yu Y, Huang Y, Zhang W. 2012. Modeling soil organic carbon change in croplands of China, 1980-2009[J]. Global and Planetary Change, 82-83: 115-128.

Zhang Y, Li C, Trettin C C, et al. 2002. An integrated model of soil, hydrology, and vegetation for carbon dynamics in wetland ecosystems[J]. Global Biogeochemical Cycles, 16(4): 1061.

Zhu H H, Jiang Z H, Li J, et al. 2020. Does CMIP6 inspire more confidence in simulating climate extremes over China[J]. Advances in Atmospheric Sciences, 37(10): 1119-1132.

Zhu T, Li J, He L, et al. 2021. The improvement and comparison of diffuse radiation models in different climatic zones of China[J]. Atmospheric Research, 254: 105505.